复杂软件设计之道：领域驱动设计全面解析与实战

彭晨阳　编著

机械工业出版社

领域驱动设计简称DDD，本书前6章全面解析了DDD的分析方法和技术架构，包括领域驱动设计基础、领域驱动战略设计（有界上下文和统一语言）、聚合设计、实体和值对象、CQRS架构和事件溯源，第7章使用经典的货物运输系统案例进行了完整、详细的综合演示。

本书同时引入了DDD的最新发展成果，如事件风暴建模，并以此建模方式替代传统的DDD建模方式讲解了多个案例。本书还涉及大量软件系统实现相关的技术和架构，读者在学习DDD的同时，也可以掌握这些技术、架构在DDD实现中的灵活应用。

另外，本书每个概念或方法的讲解过程都穿插了具体实例，以方便读者结合实例进行学习；第2～7章每章最后都有总结与拓展，将本章涉及的案例和知识进行总结，并引入国际DDD专家的心得经验，试图告诉读者一条DDD实战中行之有效的途径。

本书主要面向拥有一定实践经验的软件产品经理、领域专家、软件设计开发相关从业人员，相关初级从业者也可阅读本书。

图书在版编目（CIP）数据

复杂软件设计之道：领域驱动设计全面解析与实战 / 彭晨阳编著. —北京：机械工业出版社，2020.7（2023.1重印）

ISBN 978-7-111-66112-2

Ⅰ. ①复… Ⅱ. ①彭… Ⅲ. ①软件设计-研究 Ⅳ. ①TP311.1

中国版本图书馆CIP数据核字（2020）第127590号

机械工业出版社（北京市百万庄大街22号 邮政编码100037）
策划编辑：赵小花 责任编辑：赵小花
责任校对：张艳霞 责任印制：单爱军

北京虎彩文化传播有限公司印刷

2023年1月·第1版第6次印刷

184mm×260mm·22印张·541千字

标准书号：ISBN 978-7-111-66112-2

定价：119.00元

电话服务
客服电话：010-88361066
010-88379833
010-68326294

网络服务
机 工 官 网：www.cmpbook.com
机 工 官 博：weibo.com/cmp1952
金 书 网：www.golden-book.com
机工教育服务网：www.cmpedu.com

前　言

“领域驱动设计”一词源于 Eric Evans 在 2004 年出版的图书《Domain-Driven Design: Tackling Complexity in the Heart of Software》，而 Eric Evans 也因此被称为“领域驱动设计之父”。领域驱动设计简称 DDD，它是面向对象、设计模式、函数式编程的集大成者，是软件设计发展的主要方向之一。DDD 诞生十多年来一直处于高速发展中，其超前思想正在指引着企业软件技术的发展，清洁（Clean）架构、六边形架构、CQRS 架构、事件溯源架构、微服务架构、无服务器架构等都与 DDD 有着紧密联系，DDD 更是微服务架构实现的基础知识。

DDD 是一种平衡业务和技术设计的方法学。通常，我们把产品经理或领域专家称为业务人员，把程序员称为技术人员，一套高质量的软件产品或项目需要两者合作才能完成，但是由于他们各自的领域背景不同，所以难以沟通和合作，而 DDD 则提供了一套业务建模与实现方法来消除两者间的隔阂。

为什么写这本书

写这本书的原因有二。

DDD 中引入了上下文、聚合等难以理解或实践的概念，导致新手入门和使用比较难，而笔者自 DDD 出现以来，一直专注于其中，并在以 jdon 为主的分享平台上不断记录自己的使用心得和国外 DDD 的最新发展情况，所以编写此书，并且以国内软件设计人员更易理解的结构和语言对 Eric Evans 所著书中的抽象概念、建模方法进行了梳理和全面解析，以此作为多年沉淀的总结。这是原因之一。

自 DDD 出现以来，随着软件系统的日益复杂，其越发受到软件设计开发相关人员的重视，也得到了新的发展，比如事件溯源、事件风暴会议、失血/贫血模型与充血模型。对 DDD 中术语的逐步统一和规范，与各种典型技术与架构的结合实现……这是笔者编写本书的原因之二，即梳理 DDD 的现有发展成果，包括与 DDD 相关的技术与架构。

这本书写给谁

本书主要面向拥有一定实践经验的软件产品经理、领域专家、软件设计开发相关从业人员，产品经理等业务专家可以着重阅读前三个章节。

如果你是一个软件开发新手或还是一个在校学生，也推荐你阅读本书，因为其中的软件设计开发思路与方法定能为你带来极大启发。

如何阅读本书

本书分为 7 章，首先从 DDD 的起源、发展、特点等方面出发，呈现了 DDD 的全貌，然后分别介绍了领域驱动战略设计、聚合设计、实体和值对象、CQRS 架构、事件溯源，最后对 DDD 中经典的货物运输系统案例进行了完整、详细的讲解。

除了各章专门的实例解析外，每个概念或方法的讲解中都穿插了具体实例，读者可以结合实例来理解 DDD，学习 DDD 模型从无到有的分析过程。此外，本书也提供了开放的源码实现，还可通过书中的链接进行知识拓展。

如需获取书中所有链接的列表以方便查看其中内容，可添加机械工业出版社计算机分社官方微信，回复 66112 即可。

本书采用 Java 语言来具体实现，并涉及大量软件系统实现相关的技术和架构，主要包括数据库、Spring Boot、微服务、分布式事务等，读者在学习 DDD 建模方法的同时，也可以掌握这些技术、架构在 DDD 等实现中的灵活应用。

本书主要内容

本书各章内容大致如下。

第 1 章是领域驱动设计基础，介绍了 DDD 的起源、发展、特点、难点、应用场景，其中对领域复杂性、领域边界、业务策略和业务规则、统一语言和有界上下文等 DDD 建模方法中的关键概念和过程进行了综述，让读者对 DDD 建模的总体方向和思路有一个了解。

第 2 章是领域驱动战略设计。领域驱动设计分为战略设计和战术设计两个部分，本章的战略设计从宏观角度进行领域的分析设计，主要讲解了有界上下文、统一语言及多种有界上下文发现方法，也包括对业务平台与中台设计、事件风暴会议的介绍。

第 3 章是聚合设计，属于设计代码阶段，是战术设计部分，它与实体、值对象等对象类型概念共同表达领域模型。本章在介绍聚合设计概念的基础上，又详细讲解了设计聚合的几种方法，包括改变主谓宾顺序、根据领域事件设计聚合、根据单一职责设计聚合、按时间边界设计聚合等，最后以订单系统为例进行了实战解析。

第 4 章是实体和值对象，包括对实体的标识、设计、创建以及值对象与实体的区别、用值对象重构等的描述，并介绍了失血/贫血模型、充血模型、仓储，最后通过一个论坛系统对这些概念和过程进行了详细解析。

第 5 章是 CQRS 架构，基于对 MVC 模式、传统三层架构、传统 DDD 分层架构、清洁架构、六边形架构、垂直分片架构等的介绍与对比，主要讲解了 CQRS 架构的特点与实现，包括命令与查询分离、数据访问方式、数据同步等内容，最后是一个使用 Axon 框架实现 CQRS 架构的案例。

第 6 章是事件溯源，介绍了事件溯源的概念、优点与实现，具体包括基于事件溯源的聚合根设计、微服务中的分布式事务实现、使用 Apache Kafka 实现事件溯源、投射模式、更改数据捕获等内容。

第 7 章是货物运输系统。Eric Evans 的 DDD 原著中，该案例被拆分到了不同章节，考虑初学者更希望看到完整的分析和实现过程，从而更好地将理论应用于实战，本章从领域描述、发现领域事件、划分有界上下文到聚合设计与代码实现，对货物运输系统的

DDD 建模过程进行了全面、详细的阐述。

致谢

感谢曾任 IBM 咨询顾问的陈庆春同行的支持；感谢这些年来为笔者提供 DDD 项目实践、培训和咨询机会的各大软件企业；感谢机械工业出版社提供出版机会。

最后，DDD 的普及与发展需要更多人的加入与实践，希望本书能起到抛砖引玉的作用。本书多少带有笔者个人背景下的“偏见”，书中不足之处在所难免，敬请广大读者不吝指正，也可访问 www.jdon.com（解道 JDON）进行交流。

目　录

第 1 章　领域驱动设计基础

1.1　领域驱动设计的起源与发展

2004 年，Eric Evans 完成了《Domain-Driven Design Tackling Complexity in the Heart of Software》一书，提出了一套针对业务领域建模的方法论和思想——领域驱动设计，简称 DDD。DDD 可以说是一种艺术性的技术，是一种复杂软件如何快速应对各种变化的解决之道。

本章主要针对领域驱动设计的起源、发展、特点、难点，以及应用场景进行概述，让读者先从外部视角打量“领域驱动设计”，然后再逐渐深入其内部。这种从事物内外两个视角分析事物的方式是一套基本的逻辑分析和设计方法，领域驱动设计方法论总体上也是根据这种思路进行设计的。

1.1.1　程序员为难之处

在分工日益精细的今天，程序员或软件工程师被看作软件的构建者。同为构建，建筑工程在施工队进场开始构造之前，各种工程图样和材料都已经非常精确地准备到位，但是，在软件中没有足够时间收集所有的需求，即使收集了，需求也不是从创建软件角度去描述的。

需求表达往往带有个人知识“偏见”和逻辑漏洞。需求文档很可能是一位管理人员写的，因为他拥有丰富的专业领域知识，然而成为管理人员后，在长期和管理阶层的交互沟通中，他可能已经逐渐改变了原有的专业视角；很多产品经理是从程序员转行而来的，但是在创意与严谨逻辑的不断碰撞中，他们往往选择了创意，以表明其能胜任产品经理，当这些创意传达给程序员予以落实时，其中极可能存在巨大的逻辑漏洞。

没有足够时间收集需求，但快速行动的重要性已经扎根于程序员心中。没有足够的信息来构建软件，但是项目却有期限，因此程序员只能开始进行创造性的假设。程序员学会填补产品经理留下的空白，只是为了保持项目不断推进。当然，产品经理或客户会经常改变主意，这意味着程序员对留白处的创造性假设经常夭折，这让程序员很为难。

笔者曾经参与过一个大型项目，需求文档非常详细，而且团队从事这个行业已经有十多年，准备时间相当充裕，代码调试都已经准备就绪，只等客户一声令下，就进场实施项目。但是，问题就出在进场实施中。每个人都以为准备得非常充分，有些项目小组已经开始为下一个项目做准备了，但是客户发现这个项目根本无法运行。这里的运行不是程序无法运行，而是项目与客户的要求还差得很远。项目代码还处于 Demo 阶段，很多数据需要从其他系统获取或衔接，而这些接口只能在现场才有机会真正使用。尽管之前已经将接口有关代码准备得很充分了，但是真正与其他系统衔接起来时，问题非常多——项目组原来将业务的上下文场景设想得太简单了。

缺乏项目现场的业务上下文背景，需求文档只能抽象地表达一种通用业务要求，这种通用性其实忽视了很多特殊上下文，从而让软件系统变得像演示 Demo 系统一样简单。而程序员自身对领域知识的理解也是有限的，即使是开发过老版本的老员工，他们的理解也是片面的。有人说：程序员其实不是在编写代码，而是在摸索业务领域知识。

项目实际需求与程序员的理解之间存在客观的落差，但是程序员负责最终完成项目，如果这种落差没有被注意或发现，就只能由程序员自己创造。这种创造是在没有指导或指示的情况下进行的，当完成的项目放在客户面前时，客户才发现这不是自己想要的，双方很容易陷入尴尬甚至争执之中。

关键问题是：软件系统很难做到像建筑行业一样，程序员只要根据图样一步步实施就能完成项目。没有人可以完整设计出一个大型项目的图样，这是瀑布软件工程方法的致命问题。客户（尤其产品经理）虽然无法提供逻辑严密的软件实施路径，但是目标、要求还是可以描述得相当清楚的，而且也可以在实施过程中通过与程序员互动，帮助程序员快速理解该领域的本质，而程序员的严谨逻辑也能帮助客户或产品经理不断修补设计漏洞。

很多情况下，程序员之所以在项目开始迟迟不编码，是因为他们希望某人告诉他们该怎么做，但是这种情况一般不会发生，这时他们就开始发挥自己的创造力，但他们这种创造有时会使得项目偏离正确方向。如何发挥程序员的创造力，同时又能保持项目的方向不被程序员带偏呢？

解决方法就是让程序员尽早参与创意过程，与业务专家、客户、产品经理一起参加头脑风暴会议，不断缩小双方的思考或理解偏差。有逻辑性的正确设计会节省大量代码，因为用编码实践来试错的代价是昂贵的。编码涉及大量技术细节，细到一个字段的字节数都需要考虑，一旦发现代码实现的功能完全不是客户要求的，就只能全部推倒重来。成千上万行代码被删除了，好像它们没有存在过，它们存在过的意义就是让程序员明白：此路不通。项目组付出了大量加班时间，却可能被浪费在一个思想的试错上，或者只是让自己的领域理解更进了一步而已。

孔子说："学而不思则罔，思而不学则殆"，只是通过编码实践来学习业务知识，却不从思想层面去思考这些业务知识，就会陷入无头苍蝇般的忙碌中，并夸大每个项目或产品的特殊性，在不相信"银弹"的路上走上极端。

那么，程序员该如何将业务知识的学习和思考结合起来？如何通过有逻辑性的思考来提升自己的业务知识水平，从而编写出更专业的业务软件？

DDD 思想和方法论的诞生，可以说初步解决了程序员的这种困惑。DDD 建模思想不同于以往的面向对象分析设计思想那样，建模和代码之间还是存在落差，无法平滑衔接。它将分析和设计完美结合起来，通过引入上下文的特殊性，将项目的真正业务背景和集成复杂性引入设计建模阶段，虽然增加了设计的复杂性，但也提高了设计的实用性。不过，可能因为 DDD 引入了太多行话，导致其本身很难被传授。

1.1.2 技术负债与软件质量

DDD 这个术语来自 Eric Evans 的著作，首先值得关注的问题是：为什么会有对 DDD 的需求？为什么 DDD 会逐渐风生水起？其根本原因需要放在一个更大的上下文（或背景）中去寻找，这个上下文就是软件质量。

程序员每天的工作大部分是增加新功能，当完成需求中的所有功能后会长舒一口气，总算可以交付了。但“噩梦”可能才刚刚开始，为了赶工期加班加点编写出的代码质量如何？

谈到代码质量就会涉及另外一个软件质量领域的重要词语：技术负债。所谓技术负债，按照 Martin Fowler 的定义就是增加新功能所需的额外成本。

这句话怎么理解呢？先来打个比方：有一个新的音响，准备接到计算机上，但是电源插座上虽然有空余的插座孔，却无法插入新的音响插头，因此，要把电源插座上原来的插头拔出来，重新理一遍，以便让插头之间空隙大一些来插入新的插头。当把原来的插头拔出来时，发现很多线缆紧紧缠绕在了一起，需要把这些线缆分离以后才能将原来的插头移动到新的插座孔。

换一种思路：如果平时增加新线缆时，顺便把以前的线缆整理一下，彼此分离，井井有条，是不是就更容易替换或移动了呢？

也就是说，在平时增加新线缆（对应新代码）的同时，已经引入了复杂性，这个复杂性的成本就是一种债务，需要以后偿还——不会不还，只是时候未到而已。

技术负债就像技术前进途中的累赘一样，会像滚雪球那样越滚越大，不断拖延增加新功能的步伐，最终可能无法再为系统添加新功能。因此，技术负债的存在是导致软件质量下降的重要原因。软件质量下降以后，系统难以维护和修复，就会导致项目失败或者必须重写代码。

软件质量不同于其他商品质量。用户购买到一个商品以后，往往在使用过程中会直接发现该商品的质量问题，而软件质量不是直接被软件系统的使用者所感知的，也就是说，客户如果同时使用两种质量不同的软件系统，他们将无法发现两者的区别，即无法直接发现软件的质量问题。不过他们会发现，随着时间推移，自己的产品交付过程越来越长了。

软件质量问题不是直接面向用户，而是面向软件的开发团队。因为软件质量差，新程序员很难快速上手，无法形成生产力；修改别人的代码时可能一直不得要领；Bug 丛生，修复一个可能使得系统崩溃，一个都不修复系统反而能正常运行；修复 Bug 时牵一动百，修改一处却引起其他地方的连锁故障反应……这些都是软件质量低下的外在表现。软件质量高的系统则很少发生这些情况，这样新功能就能一直高效加入，旧功能也不断地通过重构得到增强。

正是由于软件质量不是最终用户所能感知的，导致行业内对软件质量没有过多重视——客户都没有提出改进要求，那么一切为客户服务的软件公司自然就没有动力去提升软件质量。而且行业内对软件质量存在一个认识误区：便宜确实没好货，但是质量高必然导致成本上升，而客户又不会察觉质量好坏，那么产品如何卖出好价格呢？

然而，软件并不是质量越高，成本就会越高。这好像违反常识，背后其实也与技术负债有关。如果将技术负债看成一种前进中的累赘，累赘遍布于代码各处，那么提高软件质量就是通过良好设计或重构来减轻这种累赘，从而能轻装上阵，新增功能就更加快捷，交付效率也会大大提升。

降低技术负债意味着软件质量提高，软件质量越高，修改拓展起来就越方便。

那么如何降低技术负债呢？这里存在一个适度问题。首先，代码越多，复杂性越高，技术负债肯定越高，那么就需要惜墨如金。有时为了写出正确可运行的简洁代码，可能要删除数十倍的代码，但也不是代码越少越好。有的代码只是考虑功能的实现，没有考虑到功能的对接或扩展，那么当需要对功能实现扩展时，就发现难以下手，甚至需要采取黑客破解的方式强行入侵修改，这些都是原来代码过于简单僵化的表现。

适度是在过度和不足中探索平衡的结果。代码适度的一个衡量标准是单一职责原则，即每个函数或类只能有一个职责，它就是为了这个职责而存在的，而不是为了多快好省，将多种功能放在一个类或函数中。

面向对象编程领域还有另外一个原则：DRY（不要重复自己）原则。对这个原则的共同理解是代码不应该重复，如果两段代码表示的是同一个职责，那么合并它们。但是，这种抽象合并会导致共享内核或共享库，最终造成代码各处对共享库或内核的依赖，这就很自然地引入了不必要的、偶然的复杂性——一旦共享库发生修改，牵一动百的事情就可能发生。这也是使用框架或库包的局限所在，框架和库包确实提高了生产效率，但是也限制了项目代码，因为代码会依赖于它。

很多时候，重复的代码可能会带来相当大的优势，重复能拖延决策，这是软件开发的黄金。这样，延迟到适当时机后从多个专业化角度重构，这比从单个方法层面进行抽象的重构要容易数倍。预先应用DRY，将导致构建领域中不存在的抽象，虽然这是体现程序员创造性的地方，但是笔者不推荐无中生有的创造，因为当时你的视角可能存在偏见。将一些函数合并在一起的原因常常是，这些函数虽然位于在不同的类中，但是功能看起来是相同的，但随着时间推移，当你的注意力从函数功能本身转移到它所在的上下文时，又会发现它们还是有些不同的。

只有当复杂性变得难以管理或业务模型有明确要求时，才应该对抽象进行重构，提前执行此类操作只会损害代码并引入大量意外的复杂性。

降低技术负债的另一个办法是引入架构元素，例如编码前通过对业务模型的头脑风暴，缩小领域专家和程序员之间的业务水平落差；编码完成后增加单元测试和集成测试，尽可能将测试、发布和运维自动化，实现DevOps哲学化管理。改善质量不是一个人的责任，而是每个人的责任。精益是丰田应用于它们如何在整个组织中制造汽车的理念，短短几年内丰田的快速发展证明了这种哲学方法的有效性。

当然值得注意的是，不要被打着提高软件质量的旗帜欺骗，在增加了复杂性的同时也阻碍了软件质量的提高。编程是人类思维的延展，保证程序员足够的休息时间和愉快的心情，才是提高软件质量的重要因素。没有良好的精力和敏捷的思维，头脑风暴会议只能成为一场瞌睡大会。

1.1.3 ER数据建模与面向对象建模

将用户的需求转化为软件代码的过程是软件的分析设计过程，这个过程一般有两种方式：ER数据建模法和面向对象建模法。

ER数据建模法是在接收到需求以后直接开始数据表ER模型的设计、实体表和表关系的设计。ER模型往往依赖于数据库技术，甚至与后者非常紧密地耦合在一起，虽然带来了效率的提升，但是高效率不代表高质量，而软件高质量却能带来高效率。

建模过程是一种翻译再表达的过程，其唯一要点就是翻译不走样，如果翻译过程过多引入其他干扰因素和知识，那么无疑会增加翻译的难度和复制的精确性。ER数据建模引入了数据库表技术，这种库表技术虽然因为SQL标准的普及而变得门槛较低，但是这也对存储过程或触发器等复杂技术的引入敞开了大门，进而要求开发者掌握每种数据库特有的"方言"，这样才能应用自如。这些都偏离了建模忠于输入需求的目标。如今，由于NoSQL等非SQL数据库日渐流行，包括全文搜索、Redis缓存数据库等各种数据库技术百花齐放，SQL不再是所有数据库遵循的标准用语，这些都为ER数据建模带来了新的挑战。

ER数据建模虽然也有一套分析设计方法论，但是由于过于注重数据库技术而忽视了业务上下文。CRUD是"增删查改"的简称，如果使用CRUD用语替代业务用语，例如使用"创建订单"替代"下单"，使用"创建帖子"替代"发帖"，使用"创建发票"替代"开票"等，虽然也容易让人明白，但是"下单"等用语才是真正的业务术语、业务行话，是这个行业内每个人都知晓的。作为软件系统不是去遵循这些用语习惯，而是进行转换改造，按照自己的理解生造出一些词，是不是会潜移默化地将业务需求引导到不同方向呢？

当使用CRUD这样的通用词替代业务术语以后，最大的遗憾是丢失了术语背后的上下文——在冬天说"穿得越少越好"与在夏天说"穿得越少越好"是不一样的。失去业务上下文以后，设计的逻辑性将很难去追溯和质疑。

例如，用ER数据建模工具为电商系统实现了一个订单表的CRUD功能，但是却不知道为什么电商系统会有一个订单表。也就是说，怎么会从电商系统中发现订单这个实体表，这个实体表从何而来？这些问题可能背后没有一套统一的逻辑方法来支撑，即使存在也因为这种数据抽象技术的表达而丢失了，或者变得复杂了。由于没有统一可演进的分析设计方法论，当接到另外一个全新的项目时，如果没有任何业务经验，则可能无从下手。

面向对象的分析与设计方法由此催生而蓬勃发展起来。顾名思义，面向对象的意思就是基于对象，直接面对的是对象而不是数据表、不是ER数据模型。那对象是什么呢？

首先从日常分析思维开始。对事物进行分析时经常先对它们进行分类，分类后根据其类别特征取一个名称。当然，这个名称不能是"类型1""类型2"……这和CRUD一样失去了业务上下文，还是无法清楚地表达事物的含义。其实生活中这样含糊的定义有很多，例如糖尿病有1型和2型，只有医学专业的人或病人自己才能明白它们两者的区别；又例如垃圾分类有干垃圾、湿垃圾、可回收垃圾和不可回收垃圾4种，这4种类别名称也是有问题的，在逻辑上并不能形成排斥补充的关系，至少不能一目了然。干与湿是一套标准，而可回收和不可回收又是一套标准，这两种标准如何放在一起呢？这两种标准是互斥的还是相容的？可见其逻辑漏洞还是很大的。产品经理或客户也常会设计出这样的矛盾体，如果没有进一步建模分析，程序员就很难用代码真正实现，即使强行推动，等到面临具体矛盾时，也会发现前面的代码白写了。

因此，逻辑一致性是分析思维的基础，至少不能自相矛盾，但是当需求复杂性提高时，这种矛盾经常不可避免，必须排除需求中自相矛盾的概念，才能更加完美地进行分门别类。

概念的分类前提是概念本身定义的严谨性。有了业务概念的严谨性和逻辑一致性以后，就可以使用明确的对象名称来表达它们了。但是有人认为，可以使用对象表达的概念，也可以使用数据结构表达。

那么，对象与数据结构有什么区别？

数据表是一种常见的数据结构，数据表中的数据是需要 SQL 动作去操作的，也就是说，数据结构中的数据是被外部的某些行为或函数操作的；虽然对象或类中封装的属性其实也是数据，但对象或类有行为方法，这些行为可以保护被封装的属性数据，外界需要改变对象中的属性数据时，必须通过公开的行为方法才能实现。因此，对象和数据结构两者的区别之一就在于对数据的操作是主动还是被动——对象是主动操作数据，而数据结构的数据是被动操作，这一区别使得两种方式下的分析设计思路和编程范式完全不同。

当使用这两个模型表达业务领域中的业务概念时，强调主动操作数据的类或对象更适合表达业务概念，因为业务领域中的业务策略或业务规则都需要动态操作去保证，它们的逻辑性需要主动操作数据来完成，如果只是一条条静止的规则数据，肯定无法保证业务规则的逻辑完整性和一致性。例如，if else 常用于执行业务规则判断和流程转向，如果没有这样的判断执行，再好的业务规则也无法应用到现实中。

从设计角度看，业务领域中的业务对象是定义业务行为的一种结构；数据表模式是定义业务数据的结构。它们一个注重业务的行为，另一个注重业务的数据，着重点不同，导致设计要求不同，也正是出于不同的设计要求才有对象和数据结构这两种不同的实现方式。通常，数据表结构一旦形成，就不会因为一个特定的应用而进行调整，它必须服务于整个企业，因此，这种结构是许多不同应用之间平衡的选择；而使用“对象或类”这种结构可以针对具体应用进行设计，将业务行为放入“对象或类”中，这样更能精确反映领域概念，保证业务规则的真正逻辑一致地实现，这是面向对象分析和设计（OOAD）的主要优点之一。

但是，传统的面向对象分析和设计也有问题，如分析和设计之间落差很大，甚至是分裂的。分析阶段的成果经常不能顺利导入设计阶段，设计阶段引入太多细节而歪曲了分析的宗旨。分析和设计分裂的根本原因是它们导向的目标不同，或者说面向的目标不同：分析人员的目标是从需求领域中收集基本概念，是面向需求的，而设计人员则不同，他们负责用代码实现这些概念，因此必须指明能在项目中使用编程工具构建的组件，这些组件必须能够在目标环境（比如 Java）中有效执行，并能够正确解决应用程序出现的问题。条条大路通罗马，分析人员负责指出罗马的方向，而设计人员负责找出通往罗马的某条道路，但是技术细节有时会让这个过程中产生绕路和不必要的复杂性，甚至走错方向，南辕北辙。

以上讨论了传统的 ER 数据建模的局限，以及传统的 OOA 和 OOD 之间的割裂现状，正是在这样的一个背景下，人们期待一种新的分析设计方法问世，它应比 ER 数据建模更加面向业务，能够弥补 OOA 和 OOD 之间的天然裂缝，于是，DDD 应运而生了。

1.1.4 DDD 的诞生和发展

自从 Eric Evans 的首本 DDD 书籍出版以后，涌现出很多书籍和文章扩展了其中的观点，人们创建了各种新的方法来应用这些原则，各种在线课程与会议遍布欧洲、亚洲和北美等世界各地，Evans 本人也认为，DDD 社区需要大家共同发展。

传统上，DDD 社区只由程序员和架构师组成，软件分析人员是其使用者，因为建模一直是分析的基础部分，但现在测试人员和产品设计人员正在发现 DDD 的价值。

DDD 还在发展之中，过去十多年中主要经历了三个阶段：首先是 Eric Evans 的理论原则创建和普及阶段；然后是引入领域事件、事件溯源阶段；最后是微服务架构的提出阶段。由于 DDD 提出的有界上下文已经将业务的边界划分清楚，所以微服务的实现就顺理成章了。当然，微服务架构的普及和发展也迅速促进了 DDD 的普及和发展。

同时，在人们不断丰富 DDD 的实现技术以后，突然回首才发现，DDD 中的战略模式需要更多的关注，因此，事件风暴等有关组织管理等方面的新事物开始出现。通过事件风暴会议发现领域中的事件，对领域的上下文进行切分，发现其中的聚合，这套方法变得越来越流行。之所以会这样，是因为大家发现寻找领域或上下文边界才是 DDD 中最难，也是最需要创造力的地方。边界或有界上下文是 DDD 专门用于解决复杂性的有力武器，是 DDD 的核心内容。

DDD 是专门解决复杂性的方法论，前面的描述中已经对复杂性有所提及。首先，当需求规模比较大时，需求内部之间可能会发生矛盾，有些矛盾隐藏得非常深，可能只能通过代码实践才会被发现，但是这种代价非常高。当然，使用 DDD 建模并不是为了将整个系统预先设计出来，而只是让一些有丰富领域知识和逻辑思考能力的人通过头脑风暴发现系统的复杂核心所在。

复杂性无法消除，问题空间的复杂性是天然存在的，一个大型系统肯定比小型系统复杂得多。那么人们对这种客观存在的复杂性就无能为力了吗？当然不是，人们理解复杂性有自己的一套分析方法，如分门别类，逐步、有层次地分解。DDD 关注的重点就是如何将复杂的问题空间通过逻辑分析解析出来，如同解析方程一样，从原来的混乱无序变得有条理、有层次，这样经过梳理的复杂性才是 DDD 需要的结果。由于分析结果变得有层次，相互隔离、松耦合，就能分派不同的团队专门处理各个问题的子域或有界上下文，分而治之。

DDD 在一定程度上帮助解决了程序员的主要困惑。当一个项目或产品启动时，着急的产品经理或项目经理经常发现程序员还在慢悠悠地工作，代码都没有编写一行。程序员迟迟不肯动手编程的根本原因在于：他们并没有得到更具有指导意义的设计，具有逻辑思考习惯的程序员根本不知道从哪里入手、怎么入手。建几个数据库，然后使用 CRUD 解决吗？但问题空间可能非常复杂，需要哪些数据表都不是很清楚，对这些数据表是否能够完成用户需要的功能心里也没底，更重要的是如此复杂的需求中有没有深坑？有没有逻辑矛盾？有没有带有个人职业背景偏见的观点？产品经理如此脑洞大开，其创意是否能够实施？

DDD 中的事件风暴（Event Storming）建模倡导将脑袋大开的产品经理和严谨求证的程序员召集在一起进行头脑风暴。大胆设想和小心求证在这里得到了融合，通过事件风暴会议，程序员能够更加理解业务领域知识，产品经理会发现自身的逻辑矛盾之处，通过反复迭代，创意开始变成可实施的产品。关键是，每个人对复杂性的认识逐渐一致，复杂性被专门隔离出来，可以先从容易的地方下手，逐步逼近复杂性。随着时间推移，每个参与者都会朝着目标更进一步，复杂性被肢解，由不同的团队专门负责不同的有界上下文或微服务，同时在敏捷实施过程中，不断调整人员。领域的边界划分不断演绎，只要发现复杂性凝聚的地方，就划定为有界上下文，割裂它与其他系统的关系，并派出精兵强将专门对付。

DDD 是复杂问题的解决之道。DDD 解决复杂性的方法并没有带来额外的复杂性，但是很多初学者还是觉得 DDD 复杂，难以掌握，行话很多。这些复杂性其实是因为初学者本身没有培养其中的逻辑分析思维。软件设计的思路难道就只是建数据表或实现 CRUD 的 SQL 编程，然后再放入一个微服务中？有没有想过 CRUD 本身已经脱离了业务场景，已经是一种抽象思考？这种抽象是否有必要，是否因为抽象而漏掉了重要细节？为学日益，为道日损，CRUD 是不是一种真正的“道”呢？有没有真正的“大道”只是自己没有意识到呢？

DDD 解决问题的方式继承了多年的面向对象分析设计方法学，同时吸收了函数式编程的优点。面向对象和函数编程其实并不是矛盾不可共存的，面向对象更符合人类的思考习惯，可以帮助人类实现分门别类的大方向分析，划分边界，封装复杂性等，而函数编程更符合数学思维，适合计算机模型本身，在将人类分类的结果交由计算机运行过程中能发挥重大作用，同时也能避免人类自身没有计算机精确、没有计算机逻辑严密的缺陷。副作用通常是人类容易犯的错误，做一件事本来是为了某个目的，结果却有了另外一个不好的结果，而函数式编程则可以避免这种副作用，从而规避副作用带来的技术债务，提升软件质量。

DDD 实施中最大的副作用是可变状态的管理。DDD 聚合根代表一个有界上下文的复杂核心概念，其复杂性来自聚合根实体的状态是经常可变的，例如订单的状态从支付变为发货，这种变化决定了整个系统的成败——如果一个订单没有支付，但是商家发货了，这样是不合理的。DDD 虽然通过边界划分和状态封装固定了复杂的可变状态，但是如果不结合函数式编程，这种可变状态产生的全局影响是很难消除的。如果一个新手程序员不小心改变了订单状态，这个订单就变得无从追查，损失的是客户利益，而采取事件溯源等方式，直接记录发生的领域事件，并不改变状态，所有需要订单当前状态的有界上下文自己通过遍历这些领域事件来合成当前状态，这样的状态既是实时的又是准确的，也是可以追溯的。

DDD 解决了传统面向对象分析和设计的割裂状态。面向对象分析的结果会被设计细节干扰，导致严重偏离分析方向，DDD 是一种“一竿子插到底”的方法，分析的结果必须经过设计细节验证。事件风暴倡导的是首先提取领域中发生的事件，从非常细节的动作入手来分析需求，而传统的面向对象分析方法则是主语名词法，首先寻找领域中有哪些实体名词，这种分析方法其实受到了 ER 数据模型的影响。主语名词法的严重问题是，如果人们无法发现主语名词，就只能替代以想象中的“上帝”了。

事件风暴从动词事件入手，虽然很琐碎，但是这些事件正是日后需要实现的功能激发的。事件离需求功能更接近，对领域事件进行分门别类，可以发现有界上下文和聚合。使用领域事件替代可变状态，可以实现有界上下文之间重要的状态传递，领域事件是就是 DDD 一竿子插到底的那根“竿子”。

当然，事件风暴是在传统 DDD 基础上演变发展出来的，传统 DDD 也可以通过 UML 顺序图使用动词分析法，这点在 Evan 的书中已经得到体现。无论事件风暴还是 UML，都是人类思想的表现形式，不必拘泥于表现形式，关键是要掌握 DDD 分析方法的核心：从细节动词入手发现有界上下文和聚合，以逻辑一致性为边界划分依据，对动作实现分门别类地划分。

人以群分，物以类聚，这里的“物”应该是动词事物，而不是名词。人其实也是一个活动的动词，但是人们习惯于名词主语思维，因此会给人贴上标签，标签是一个名词，代表一种状态，很显然这是粗暴简单的分门别类。人以群分的真正意思不是用标签划分。微信群是一种“人以群分”的典型代表，一个人可以参与不同微信群，参与这些微信群正是人以群分的体现。注意这里的用词：“参与微信群”，这是一个动词短语，如果去掉动词“参与”，这些微信群正是人以群分的体现，这其实就是用微信群作为标签对人进行分类，这也不符合真正原义。从这里可以看出，DDD 非常强调语言表达，可以说，DDD 是一种关于自然语言符号分析的方法学，它倡导的统一语言、无所不在的语言，正是从语言分析入手去发现上下文语境的。同一个领域模型在不同上下文语境中是不同的，因此需要分别建模，例如客户这个模型在客户管理上下文和订单上下文中是不同的，客户管理上下文中客户无疑是主语，是主导者，而在订单上下文中，客户只是订单这个主语的附加定语或组成信息而已。

总之，DDD 继承了传统面向对象分析设计方法，结合了函数式编程风格，同时照顾了 ER 数据模型的设计，可以说是过去这些主流方法学的集大成者，它通过划分边界、纲举目张、分而治之等分析方法直面分解复杂问题，而不是隐藏回避复杂问题。

DDD 遵从单一职责、少即是多、大道至简等设计原则，吸收了各种新的分析方法和思想，不断努力降低技术债务，提升软件质量，提高软件的可维护性和可拓展性。

笔者对此深有体会。本人一直对论坛系统开发有浓厚兴趣，曾经用过 Perl、PHP、JSP 和 Java 编写各种论坛系统，同时也负责这些论坛系统的运维，但是自从使用 DDD 重写论坛系统以后，才发现维护拓展一个系统竟如此简单，以前不愿意更改论坛代码，担心这样会中断论坛的运行，影响论坛的人气，现在几乎很少碰到这种情况；同时可以将论坛系统演变发展成为博客系统或类似微博的社区系统，这些都得益于对论坛系统的 DDD 建模和实现。在基于 DDD 的论坛系统中，模块之间松耦合，特别是核心部分得到隔离，核心部分又通过聚合凝聚在一起，很多核心功能通过聚合功能优化即可，摆脱了对数据库的依赖，数据库表字段的增加和修改几乎完全避免了，也不会对原始数据进行各种转换。其中所有的设计都是通过 Java 代码实现的，轻量且容易改变，如果通过 ER 数据模型实现，对旧数据的转换就让人生畏，关键有时还需要转换回去，几万行数据中任何一行数据有问题，转换就会失败，即使转换成功，在新系统中不能正常读写时，又会涉及旧业务逻辑和新业务逻辑的比较。使用 Java 在内存中计算排序或做各种处理，包括业务流程的变化都不影响数据表结构，通过新增数据表结构来实现新业务数据的保存，不去修改原有结构，通过 Java 的聚合模型将新旧数据表结构凝聚在一起。论坛系统的 DDD 实现方法会在本书后面章节的知识点讲解中作为实例具体介绍。

1.2 领域驱动设计的特点

DDD 的特点主要是定位于解决复杂性，解决复杂性的方法本身可能让初学者感觉复杂，正如牛顿力学让当时的人们难以理解一样，而现在人们在初中阶段都会学习牛顿力学，而且感觉并不是很复杂。因此，复杂性是相对而言的，本书的目的正是起到普及DDD的作用。

DDD解决复杂性的方法是积极面对，尽早发现复杂核心，划分边界，分而治之。虽然这种方法简单直接，但是由于软件本身发展的复杂性，人们的视线常常被误导，人们将解决复杂性、降低软件债务、提高软件质量的视线放在了技术手段上，而忽视了业务领域本身以及人自身的相互沟通和思维方法等因素。

DDD让人们将软件开发的重点从技术本身转移到需要解决的问题上，发现问题、理解问题才能解决问题。问题在哪里？关键点在哪里？复杂性在哪里？这些都需要辨识。问题的理解则更难，盲人摸象各执一词，如何达成共识成为关键。

发现和理解问题以后，如何解决问题就是关键，划分领域边界、有的放矢、纲举目张是其重要方法。

复杂性无处不在，有些存在于问题之中，有些存在于问题的理解之中，有些是解决问题时带来的，针对这些问题，DDD都有独特的应对之道。

1.2.1 发现和理解问题

DDD的革命性在于，它提出了面向业务领域的软件设计，也就是以业务为驱动的设计。可能有人产生疑问，还有不是面向业务领域的设计吗？其实，在软件设计中，很多人不知不觉采用了以技术为驱动，或者以数据为驱动的方式。这些都是软件开发过程中必不可少的环节，但是它们还是为了实现业务需求。软件设计中往往可能陷入对技术细节，或者陷入某些流行技术的狂热，手里有了一把锤子，看到什么都是钉子，为技术而技术，让最聪明的人员去攻克技术难题，而不是业务建模难题；同时，技术人员为了让自己的简历更充实，也乐意尝试一个个新技术，增加自己的技术使用经验，这样就很少有精力放在对业务需求的分析上了。

另外，技术团队在交流沟通中更习惯于使用技术术语（如字符串、整数、Map、List、循环等），而不是使用业务术语。例如，一个程序员通常会对另外一个程序员说："使用一个Map就可以了，使用一个表来存储它就可以了。"这些都是技术术语，用技术抽象来替代业务抽象，使得组织内行话变成"技术黑话"，即失去了一些业务含意。

DDD认为，技术架构的选择需要服从具体业务特点，如果抛开业务特点，那么通用意义上的"银弹"几乎是不存在的。没有一件衣服适合所有人穿，这也是解决方案的特点。

只有面向业务需求，才能使用面向对象的分析设计方法提炼出业务对象模型。当然，具体实现时不一定用面向对象编程（OOP）语言，也可以用函数式语言。所以，首先要瞄准业务需求中的问题。

问题空间是解决问题的目标所在，有了问题空间，才能提出解决方案，而解决方案的提出有赖于人们对问题知识的理解。这种理解是非常主观的，甚至可能是片面的，而且它会随着时间或新的见解发生变化。这些见解可以来自业务方面或软件工程师。这是一项集体努力，这一事实构成了DDD中最大的必须面对的问题，正如Alberto Brandolini所说："不是领域专家的知识进入了生产中的软件，而是开发人员自己的见解悄然渗透到了软件中。"

对问题空间中业务知识的理解不足与没有达成共识成为软件开发中的最大障碍，那么如何解决呢？

首先需要分析一下人们是如何描述问题空间的。对问题空间的描述有多种形式，如文字文档、用例场景图或会议形式。

无论文字文档还是用例场景图，这些文档的最大问题是缺乏及时性，常常会过时或与公司的集体看法不一致，也带有编写者自身的偏见；另外，文档确实在知识获取中至关重要，但是如果没有记录为什么做出其中决策的历史知识，很难创建当前架构的文档历史轨迹并使其保持最新。用例场景图等可视化形式有时并不一目了然，还是需要绘图者自己解释。他省略了哪些细节？为什么省略？他所取的抽象角度是否遗漏了重要信息？打个比方，这位绘图者也许只画一只大耳朵表示是大象，让人从大耳朵联想到大象——什么动物的耳朵这么大？八成是大象。这不是表达问题空间的精确方式，联想思维与精确分析思维是对立的，比喻、形象化这些几乎是联想思维的代名词，这实际上是一种模糊上下文边界的跳跃式思维，虽然对于学习知识有入门定位的帮助，但是深入理解知识还是必须深入事物内部和结合事物所处的上下文环境。

当然，有些企业可能都没有这些业务文档，实际上可能就没有产品经理，没有业务架构，那么只能从头开始收集公司内部的集体知识。这种收集方式有很多，如面对面访谈、成立专门领导小组、召开需求研讨会、头脑风暴与思维还原、角色扮演等。具体收集渠道还有观察与工作见习、原型演练、问卷调查、电子访谈、遗留代码分析（逆向工程）、阅读代码或其文档等。

这里介绍两种发现问题并能就理解问题达成共识的方式：面对面协作建模和阅读代码逆向工程建模。

（1）面对面协作建模

面对面协作建模的要点是：需要邀请掌握整个业务线的合适人员，并参加 4～6 小时的头脑风暴会议。这个会议的召集是存在难度的，参会人员同时有空的概率很小，需要平衡参加会议的合适人选。最忙的人可以不参加会议，可依靠甲方的 IT 负责人来筛选合适的人选，并找到一个“最佳点”——只要从他们那里可以获得最多领域知识即可。

如何让受邀者积极参与这次会议？如果能弄清楚他们的痛点并将其与参加本次研讨会的好处联系起来，他们就会更愿意参加，并可采取主动上门访谈的方式，这样就能让他们明白研讨会能够解决他们的痛点。

同时，需要让会议对所有相关人员保持开放，欢迎他们自己主动加入，包括性格保守的开发人员或“自卑”的测试人员。

参加会议的人数保持在 30 人左右，在这个会议里，每个人将领域中发生的事件活动写在墙上，并应按照这些动作事件发生的先后顺序排列。当人们写出发生的事件时，慢慢会谈到其背后存在的流程，而对流程讨论的深入意味着对企业业务规则的认识也在加深，例如在电商系统中，人们发现其中有以下领域事件。

1）用户将商品放入购物车的事件。

2）订单确认生成的事件。

3）支付完成的事件。

4）发货完成的事件。

在时间顺序中，挑选商品放入购物车的事件应该是在订单生成之前发生的，而订单生成以后才能进行支付。问题来了，订单生成以后必须支付吗？可以先发货后支付吗？不同的企业也许不同，这是不是每个企业自身的业务规则呢？如果企业的业务规则是必须先支付，那么规则决定了流程，而流程决定了事件的发生先后。

召开几十人的大型头脑风暴会议只能对问题空间中业务规则的理解达成一致，对基本业务名词术语形成普及或达成共识，但是不能替代个人学习。对问题空间的深入认识很难通过大会形式解决，需要每个人自行学习。

（2）阅读代码逆向工程建模

在这里，阅读代码逆向工程建模方法可能就对个人“修行”有独特的帮助。DDD 通常是在软件系统的第 2 版引入，因为这时大家已经通过 1.0 版本基本摸清了问题空间所在，在这种情况下，可以通过阅读 1.0 版本代码，使用 UML 建模工具进行逆向工程建模，将琐碎的代码或详细设计文档使用简要的 UML 图表达。这其实是一种浓缩业务领域重点的过程，在这个逆向过程中，会促使参与者不断重新思考问题空间，如这个代码模型真的能代表问题空间中的知识模型吗？它省略了什么地方？忽视了什么？是不是这种忽视导致代码模型偏离了知识模型？

例如，下面是 Product 类的 Java 代码：

```
public class Product {
    private String Id;
    private String name;
    …
}
```

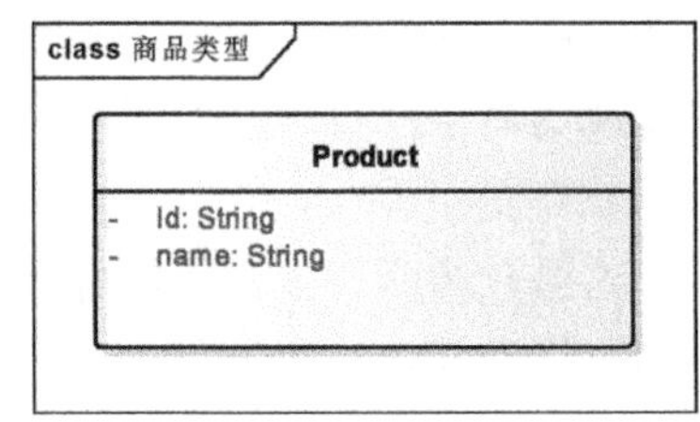

图 1-1　UML 类图

通过逆向工程转换为 UML 类图，如图 1-1 所示。

当然，对于一个复杂大型项目，一个类一个类地转换还是相当琐碎的，需要根据系统模块进行划分，从每个模块中找到那些实体代码，找出关键实体来代表这个模块。当然，可能原来的系统就是一个“大泥球”，那么这时还需要根据服务代码功能还原用例场景图。例如一个订单系统有商品服务和订单服务，这两个代码中揉入了具体代码框架等技术细节，那么就根据服务的接口进行逆向工程迭代，使用 UML 实现图 1-2 所示的顺序图。

在这个逻辑顺序图中，将功能的实现前后步骤抽象了出来，比如商品服务（Product Service）主要完成商品的新增、修改或查询功能，然后是用户进行下单、支付，商家进行发货，这样动作发生的时序就能一目了然，有助于分析这些动作之间是不是有必然的前后因果，如只有商品发布以后才能下单，这两者有强烈的因果关系，前后顺序不能颠倒，而下单、支付和发货之间则没有这种因果制约，有可能是货到付款，也有可能收款再发货。到底是先付款再发货，还是可以发货后再付款，这些取决于企业本身的业务规则。有的电商企业对回款要求比较高，不能承受欠款的资金压力，就只能选择先付款后发货，但是考虑到付款和发货之间不存在天然的因果关系，设计的模型必须支持可拓展到发货后再付款这个模式。详细设计后面章节会涉及。

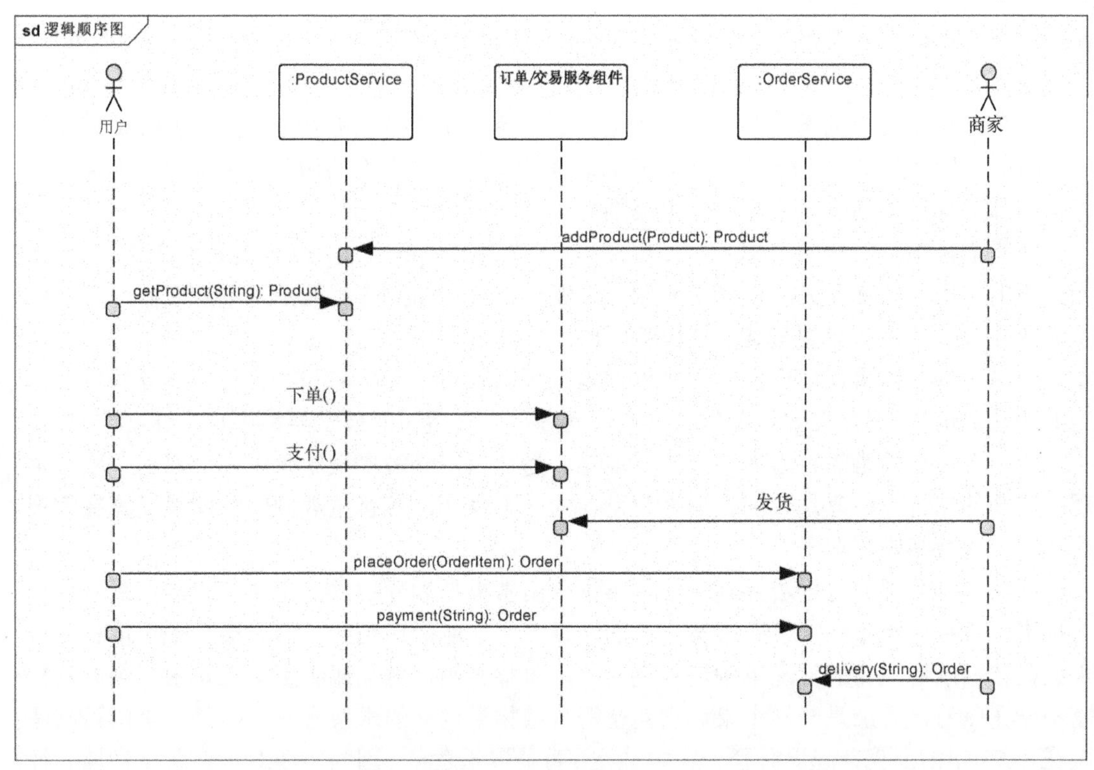

图 1-2 UML 顺序图

这里通过逆向工程发现了企业的业务规则，通常这隐藏在问题空间中，需要深入挖掘。没有业务规则的软件系统就只是一个 CRUD 系统而已，正是由很多业务约束和规则才使得简单的 CRUD 系统变得复杂，这是必须在问题空间中首先感知的要素。业务规则也是通过头脑风暴会议碰撞以后才能发现，因为表面上大家在会议中讨论的是领域中发生的事件，实际上是讨论了流程的合理性，而判断合理性的标准是企业制定的业务规则。

发现问题空间的业务策略和业务规则是 DDD 瞄准的目标（业务策略与规则见后面章节），找到目标以后，就要调整准星，以便精确瞄准问题空间中的复杂性问题。

1.2.2 领域即边界

既然 DDD 认为技术必须服从业务，那么业务本身的特点是什么？有没有一种通用业务设计适合所有行业？能否通过不同配置就能适合特定的业务场景呢？其实业界也在不断探索和尝试这条路，甚至通过画流程图就能自动生成特定的业务流程系统，其实这些方法论或系统在初期业务简单的情况下还是行得通的，但是随着时间推移和系统复杂性的增加，此路就行不通了。

例如，ERP 最初是为制造业创建的资源管理系统，以实现机器和原材料等资源的规划和调拨。由于工厂不同，ERP 系统可以高度配置，以满足不同工厂的需求。现在，这一点被夸大为针对任何业务领域只要一次性配置就能运行，实际上背后仍然是相同的资源流系统。但是当将一种业务领域变成另一种业务领域时，会忽视每种业务领域的具体特点，这样系统就变得越来越不精确了。因此，边界概念很重要，领域这个词语本身就带有“边界”的概念。

名称是认识万物的第一步，从“无名”跨越到“有名”，其中的重要一步就是划分边界。因此，“名称”和“边界”两者是互为联系的，当确定事物的边界后才能给它命名，也可从名称本身大概判断其边界或作用范围。

编程语言中有一个术语称为“作用域”，英文为 scope（其实也是边界的意思），它是指变量的作用边界是多大，从哪里开始、从哪里结束，如果作用域是函数方法内，那么就是从函数方法开始执行到其结束这段范围内。

命名和划分作用域很重要，同时也很难，所以有人说“命名和缓存失效是计算机中最难的两件事情”（缓存失效有关数据一致性问题，本书后面的技术架构中也会详细涉及）。

为什么命名很难呢？因为划分边界很难；为什么划分边界很难？因为边界这个圈是主观与客观的结合。边界是人们认识客观世界的一个媒介，带有主观倾向，同时又具有客观自然性，这就很难把握了。

通常根据分类法进行边界划分，将事物分门别类是划分边界的主要方式。但是这种分类标准受各种因素影响，包括人类自己的法规，例如前面谈到的垃圾分类，干垃圾和湿垃圾的是依据政府发布的管理条例进行定义的。再举一例，番茄属于蔬菜还是水果呢？从植物科学角度看，番茄是一种水果，它完全符合植物学定义的水果含义。但是，美国最高法院在 1893 年的尼克斯起诉海登一案中裁定：番茄属于蔬菜，因为需要对进口蔬菜种植者征税，番茄就被法院裁定为属于蔬菜了。

所以，领域的边界有时是模糊的，它是与该事物所处的上下文相关的：在科学这个上下文中，番茄属于水果；在烹饪这个上下文中，番茄属于蔬菜。

现在已经从领域讨论到边界，再次深入到“上下文”这个概念。值得注意的是，这里谈到了两种发现边界的方式：一种是通过客观事物的自然边界来发现，也就是事物自身（内部）的强烈结构特征所显示的边界；还有一种是通过客观事物所处的（外部的）上下文环境发现其边界。

例如，上市公司的股票价格到底代表什么？代表这家公司的价值，还是取决于股票市场表现出的价格？应该说两者都有，价值是由这家公司的内在质量决定的，而价格则是由其所处的股票市场决定的。人们常说价格围绕价值波动，其意思是：外在上下文的定价围绕着其内在价值波动。这在一定程度上是有道理的，但是也不一定，例如房价主要取决于地段，这个价格几乎不会围绕房子的内在质量波动，就是到了经济大萧条时期，它们的价格差比例也不会改变。从这些经济现象中可以看出，事物内在结构和事物所处外部上下文是决定事物边界的两个基础因素，并没有哪个更重要的区分。也正是基于这两种认识途径，才有了“价值”和“价格”两种不同的命名。

至此总结出一个核心概念：领域即边界，边界靠分类，分类需要从内外部入手。

DDD 就是一种不断追寻业务边界的设计思想、方法和活动，这种设计活动是一种主观与客观不断迭代的认识演变过程。

图 1-3 所示为通过机器学习识别公路照片的边界和名称。

图 1-3 通过机器学习自动识别名称和边界

1.2.3 解决复杂性

前面介绍的两点合起来实际上是为了解决业务领域中的复杂性问题，当业务不是很复杂时，可把精力用于钻研各种流行技术，交流沟通中可用各种技术名词替代业务术语的表达，也可以使用面向数据的分析方法将更多精力投入大数据的分析之中。

如果不能掌握各种技术方面的复杂性，那么就可能得到一个不太有用的系统。但是，如果无法掌握领域的复杂性，就会得到一个接近于零价值的系统。

例如，开发一套货物托运系统，领域的复杂性可能是这个系统的关键（可能技术架构也很复杂）。如果无法正确表达货物从物流公司发送到车队以及装载工具在哪些地点装卸的细节，那么货物就可能无法及时进行正确的托运，或最终导致错误托运。

在这种情况下，理解和建模货物处理领域应该是建模工作的重点，但是如果这时花时间去优化数据库连接池肯定是很糟糕的选择。因为，关键的复杂性是领域，如果不能解决关键的复杂性就会使得任何技术高超的解决方案都变得毫无意义。

那么什么是复杂性？

中文没有对复杂这个词语再进行详细分类，英文中复杂对应两个单词：Complex 和 Complicated，这两个词语都有复杂的意思，Complex 是 Simple 的反义词，而 Complicated 是 Easy 的反义词。如果某事物复杂，意味着其内部结构不简单（Simple），可能由很多组件或部件组成，Complex 代表事物内部（本身）具备天然的复杂性；而某个事物 Complicated 代表其不容易被使用，这已经和人的主观有关，这种复杂可能因人而异。软件工程中消除的是 Complicated，包括解决方案和代码要编写得让别人更容易读懂，当然这涉及很多针对复杂性的模式化处理，而模式是大家都明白的套路，如同武术中的基本套路一样，大家交流起来就容易得多。

对于业务领域中客观存在的复杂性，只要以一定的层次结构分解成复杂（Complex）的组件就能解决。一辆汽车的配件可能成千上万，那就分而治之，每个人完成几个部件的组装，且不相互影响。

所以，解决复杂性的两种方法是：拆解成松耦合的组件 + 使用容易让人明白的套路表达出来。

DDD 是怎么实现这两种方法的呢？

首先，DDD 通过引入“领域或子域”以及“有界上下文”来划分边界，边界一旦划分好，拆解的第一步就能完成；其次，DDD 引入各种模式名词，比如聚合、实体、值对象、工厂、仓储、领域事件，让知晓这些模式的人能够一下子定位到功能对应实现的组件。随着 DDD 的普及，这些名词已经逐步为大家熟知，对于理解一个 DDD 软件系统来说，熟知这些模式的人就不会感到其复杂（Complicated）了。

当然，对于初学者，理解 DDD 这些模式名词可能觉得比较难或复杂，DDD 相比数据库表设计或事务过程化脚本设计等传统设计方法，学习门槛确实比较高，但是随着业务领域复杂性的提高，使用 DDD 设计的软件系统应对需求变化和复杂性增加的能力也会提高，即软件交付效率高，反馈周期短；而使用传统设计方法虽然入手很快，用增删查改就可以马上搞定一个简单系统，但是随着业务复杂性的提高，代码的复杂度越来越高，可扩展性、可维护性也会越来越差。例如，新增记录时需要很多业务规则检查，修改也有权限要求，需要有各种数据的一致性、完整性检查，在使用数据库表设计时，会将这些需要数据检查的表放在一个库中，但是当表的数量很多时，不但会出现事务锁导致的性能问题，而且会产生单点风险，某个表的操作有一点问题就会使其他表不能被操作，同时带来代码的复杂性（Complicated），这么多表的操作语句如同大泥球一样混在一起，代码发生紧耦合，让人理解起来不方便，新手要了解一个功能时，需要把其他相关功能都看一遍，因为这些功能代码都放在几个事务脚本中（如服务的函数方法中），修改起来牵一动百，由此带来的工作量是多么巨大可以想象到。这种耦合在一起的大泥球也称为单体架构，代码库是统一的一个，数据库是统一的一个，服务是一个大服务，几十人围绕这样一个单体系统进行迭代开发，争夺同一处资源，其效率和生产力可想而知。

围绕一个 Git 库进行编程时，大家最讨厌的是别人使用 force 强行 Push，这样自己的代码可能被覆盖，那么为什么不把代码库分开呢？

将代码库分开需要首先将业务领域切分开，形成有层次的 Complex 结构，单体系统由于天然具有各种复杂性，催生了微服务架构。微服务是微小服务的意思，微小的边界是多大？多小算微小？这些都需要依赖 DDD 这套模式方法对业务领域进行切分。

对于业务复杂性的判断有以下依据可供参考。

1）系统是否有类似于 CRUD 的接口，是否由领域专家以 CRUD 术语描述？

如果是，则代表简单。

2）业务逻辑是否围绕输入验证？

如果业务规则只是对输入进行验证，没有自己独特的业务规则验证，则属于简单。

3）有复杂的算法和计算吗？

很显然，，如果有，就属于复杂了。

4）是否有应该执行的业务规则和不变量？

拥有系统自己的业务规则，这种业务规则是为了实现业务战略的，并且通过复杂的流程来保证，很显然比较复杂。

5）是否有复杂的 If…else 判断？结果代码的条件复杂度是什么？它有许多不同的执行方案吗？

如果是，则属于复杂；如果这种判断影响全局，那就属于更复杂了。

1.2.4 新的数据结构设计方式

业界对数据结构和算法哪个更重要争论已久，埃里克雷蒙德2003年在其UNIX哲学中提到，数据占主导地位。如果选择了正确的数据结构并组织好了，那么算法几乎总是不言自明的。笔者认为，数据结构是编程的核心，而非算法。

因此，需要拥有一套设计数据结构/数据表的方式，而DDD正是其中之一。

当然，ER模型的数据分析方法也是直接设计出数据表结构的方法，但是由于其和具体关系数据库相关，在如今NoSQL数据库流行的时代，ER模型分析方法无疑需要发展。其实在ER模型中有一种星形模型，非常类似DDD的聚合模型，如图1-4所示。

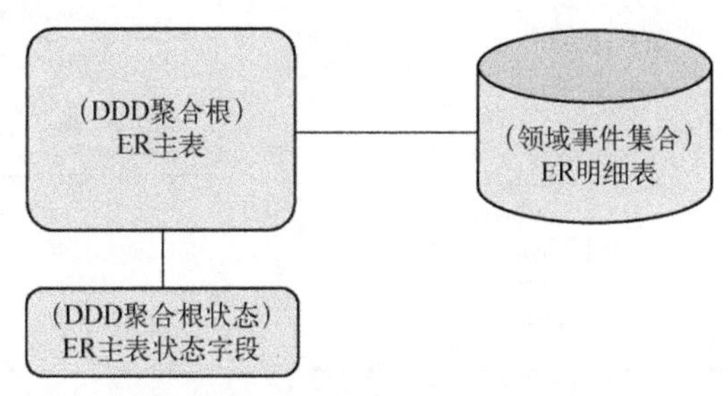

图1-4 DDD与ER两个方式的对比

DDD中的领域事件集合等同于ER中的明细表，明细表（事件）是造成主表（聚合根）变动的原因，假如主表是个人账户，而明细表代表进出明细，那么每发生一笔进出，个人账户的余额状态就会发生变动。

例如，如果个人账户余额初始是100元，今天进账30元，出账消费20元，那么个人账户的余额就是100+30−20=110元，状态值从100元变成了110元。

从ER数据库角度看：进账30元和出账20元属于进出明细，从DDD领域事件角度看，它们属于发生的两次事件，发生了进账30元事件和出账20元事件。

因此，数据库设计师或DBA等将知识结构发展到DDD是一种非常自然的方式。

当然，DDD不只是新的数据结构设计方式，还能将数据结构的算法和操作方式加入其中。DDD可以说是比ER模型设计更广泛的一种设计方法。

DDD设计结果主要是通过类（class）来表达其模型，类不仅仅是一种数据结构，而且带有主动操作数据结构的行为，类=数据结构+行为。如图1-5所示即为一个订单聚合案例图。

在订单这个聚合中，有订单条目、地址等业务对象，类图表达了订单和订单条目、地址之间的结构关系，虽然它是一张平面图，但是有主从关系，订单是父节点，其他都是子节点。这张图非常类似于数据表结构中的星形模型图，但是又包含比静态数据结构更多的信息，例如在订单中可能会有一个总价计算的函数，用来计算整个订单条目累计的总价格，这称为维持订单规则的不变性。不变性的规则指订单条目中各个商品价格的累计之和应该等于这个订单的总价格。

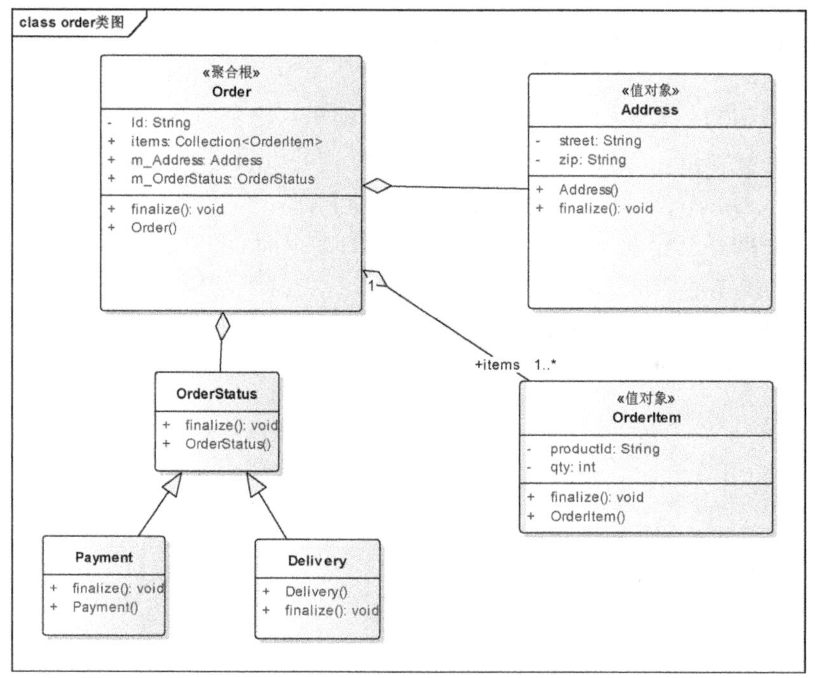

图 1-5　订单聚合案例图

如果说这种不变性约束可以使用数据库的外键来表达，那么看看订单状态 OrderStatus 这个对象，它有两个子状态：支付（payment）状态和送货（delivery）状态，这两个状态和父状态之间是继承关系，这种继承关系是数据表结构图无法表达的。

那么这种继承关系有什么好处呢？好处就是易于应对变化。应对什么变化呢？订单的状态随着订单处理流程的不同可能有很多，比如以后会在支付与送货之间增加一个审核状态（approved），那么这张数据结构的设计图几乎不会遭遇根本变化，只要再添加一个新的类 approved 即可。这就是类比纯数据结构更能应对变化的优势之处——容易添加新的类。也就是说，通过继承，让订单状态变化细节与订单这个总对象解耦，不会影响重要的父类了，这样整个结构就不需要太大的变动了。

1.2.5　需要注重产品的程序员

DDD 是打通软件产品的分析、设计、实现和运行整个流程的方法论之一，有了 DDD 知识，程序员将不只是一味地甚至扭曲地实现软件产品或项目，而是需要与产品设计人员、业务分析师或客户坐下来一起讨论，在这种情况下，需要程序员对产品本身感兴趣，而不只是对算法或数据结构等计算机技术感兴趣，这大概是计算机专业毕业工作后需要培养的专业习惯。

具有产品意识的程序员或工程师可能会想了解产品经理为什么要做出这样的产品决定，遵循马斯特的第一性原理，追根溯源，研究人们是如何使用软件产品的，并且热衷于参与产品决策的过程。如果这些程序员决定放弃软件工程学的乐趣，他们就很可能会成为一名优秀的产品经理。许多优秀的产品工程师都认为自己就是这种开发人员，在一流产品的生产运维公司中，注重产品的工程师可将团队带入新的高度，甚至有人得出结论：注重产品是帮助构建成功的产品、扩展自己并成为更好的产品经理的关键要素。

Shopify 工程主管 Jean-Michel Lemieux 这样定义产品工程师：他们是一旦有了产品基础就会积极参与“为什么”的那些开发人员，是渴望使用技术来解决人类/用户问题的工程师。

DDD 提出的各种方法，特别是无所不在的统一语言和有界上下文，能够帮助软件产品工程师更容易地深入理解业务领域。根据挪威语言学家奥列・亨里克・马加（Ole Henrik Magga）的说法，生活在斯堪的纳维亚半岛和俄罗斯北端的萨米人有 180 个与冰雪有关的单词。令人难以置信的是，他们还有大约 1000 字的驯鹿词，如果使用 DDD 为滑雪驯鹿行业建模，那么从 180 个冰雪行话或 1000 字的驯鹿词中寻找反映领域本身的统一语言，进而界定其上下文边界，是相当困难的。

事件风暴的发明者 Alberto Brandolini 说过：很多时候，有界上下文中的统一语言被一些本不应该在那个位置的语言定义了（注：一些行业术语或行话其实具有误导性），这需要一个提取领域纯度的思考，需要正确的抽象才能改变。这意味着通常要排除不属于统一语言的概念，设计最适合领域本身模型目的的语言。但是，对领域隐藏的详细信息了解得越多，命名它们就越难。

正如“行程（litineray）”是物流货运行业中的一个隐藏概念，在物流货运领域，没有人提到“行程”一词，不同岗位的人用不同的方式描述它，管理人员说它是制作的计划大表，司机说它是运输任务，而真正的概念被隐藏起来了。再以滴滴打车为例，当打车者提出打车要求后，有时打到的不是最近的空车，因为这些行程设计背后有很多复杂的算法甚至公平等道德因素，以至于遮蔽了更好地设计“行程”这个目的。当你接触到这个行业时，没有人会提到“行程”一词，尽管他们每天忙碌都是为了它，企业的盈利也是来自它，因为没有人站在 DDD 建模这个职业位置去看待这个行业，行业中的每个人都有自己的职业岗位，他们不会想一些对自己职业发展没有用的词语，那么作为为领域本身建模的人，我们就必须把“行程”一词挖掘出来，挖掘方法就是与领域专家对话。但是，领域专家说话的内容本身带有假设前提，要意识到他为什么得出这个结论，是在什么前提下得出这个结论的，就需要听者用心去挖掘。

所有这一切都来源于对产品的好奇心，如果只是敷衍了事，领域专家怎么说就怎么做，甚至让领域专家、产品经理或客户在需求上签字留存，恨不得对方签订生死状，这些都是错误的。

Uber 工程师 Gergely Orosz 认为注重产品的程序员应具有 9 个特征。

1）积极参与产品构想/意见。

2）对业务、用户行为和有关数据感兴趣。

3）具有好奇心和对“为什么”的浓厚兴趣。

4）是较强的沟通者，与非工程师保持良好关系。

5）预先提供产品/工程权衡，因为他们对产品“为什么”以及工程方面有深刻的了解，所以他们可以提出很少有人可以提出的建议。例如，在确定构建产品的工作量时，用于构建关键功能的工程工作可能很重要。许多工程师将开始寻找减少工作量的方法，并试图弄清楚减少工作量对功能本身的影响，而注重产品的工程师会从两个角度来解决这个问题：既要寻找工程权衡，又要寻找对产品的影响。他们还进行产品折中，评估工程影响，并且经常回到产品经理那里，建议要构建一个完全不同的功能，因为对产品的影响将是相似的，但是工程上的工作量要小得多。兼顾产品和工程方面的权衡以及两者的影响，是专心产品的工程师所拥有的独特优势。

6）边缘案例的务实处理。他们专注于“最低限度的可爱产品”概念，并评估边缘情况的影响以及处理情况。在发布早期版本之前，他们会找出大多数可能出问题的地方，并针对需要解决的极端情况提出建议，比如发现需求或产品设计中的逻辑矛盾之处。

7）注重快速的产品验证。

8）当某个功能的性能比预期的差时，他们会很好地了解不匹配的位置，并希望找到在产品计划和实际结果之间出现差距的根本原因，就像调试代码库中难以重现的错误一样。他们通常会花费大量时间与产品经理和数据科学家讨论假设和学习。

9）通过反复学习来增强对产品的直觉。

Gergely Orosz 也给出了成为更具产品意识工程师的几点提示。

1）了解公司成功的方式和原因，如商业模式是什么？钱是怎么赚的？哪些部门最有利可图？公司的哪些部门最能扩展？为什么？团队如何适应所有这些？

2）与产品经理建立牢固的关系。大多数产品经理会抓住机会来指导工程师，使工程师对产品感兴趣意味着他们可以进一步扩展自己。在进入项目之前，先问很多产品相关的问题，花一些时间建立这种关系，并向产品经理明确表示，自己希望更多地参与产品主题。

3）参与用户研究、客户支持和其他活动，在这里可以了解有关产品工作原理的更多信息。与经常和用户互动的设计师、UX 用户、数据科学家、运维人员和其他人员沟通。

4）提出支持良好的产品建议。对业务、产品和利益相关者有充分的了解之后，主动提出建议。比如，可以为正在进行的项目带来一些建议，或者建议更大的工作量，概述工程工作量和产品工作量，以便在待办事项中轻松确定优先级。

5）为项目提供产品/工程权衡。不仅考虑团队要构建的产品功能的工程设计权衡，还要考虑产品折中方案，从而减少工程工作量。对他人的反馈意见持开放态度。

6）要求产品经理经常提供反馈。成为一名优秀的产品工程师，意味着在现有工程技能之上还要建立良好的产品技能。产品经理会提供产品工程师在产品技能方面的表现的最佳反馈。寻求反馈，即了解他们对自己所提产品建议的重视程度，并就进一步发展的领域提出想法。

1.3 领域驱动设计的难点

前面阐述的 DDD 的几个特点可能恰好是 DDD 的难点所在。

相比数据库表的设计方法，DDD 综合了 OOAD 的优点，继承了逻辑分析方法学的特点，从事物内外部分别入手探索事物的边界，定位事物存在的意义。使用这套方式能够将复杂事物像剥洋葱一样层层分解成一个个小组件，当然，这样做也存在问题，即学习和掌握这套方法有一定的难度。幸运的是，这套方式是人们分析任何问题的通用方式，并不是什么奇技淫巧，学习可能是因缺乏阅历而导致的。

1.3.1 业务策略和业务规则

发现问题空间中的业务策略和业务规则是 DDD 瞄准的目标，那么什么是业务策略？什么是业务规则？它们和业务流程有什么关系？

首先，为什么要定位业务策略与规则？因为业务策略与规则是领域系统内的第一原则。

特斯拉创始人马斯克使用“第一原则”进行思考，从零开始设计廉价火箭，同时也彻底改变了电动汽车行业。第一原则是一个基本的、不言而喻的命题或假设，不能从任何其他命题或假设推导出来。

在数学和逻辑学中，第一原则是一个公理，公理是不能从该系统中的任何其他公式推导出来的。所有的定理都是从几条公理中推导出来的，因此寻找业务策略和规则就是寻找公理、寻找第一原则。

现在用一个例子来说明。看看下面的三句陈述。

1）所有男人都是人。

2）苏格拉底是个男人。

3）苏格拉底是人。

最后一句可以从前两句中推断出来。在这个系统中，第一原则是前两个句子。

在企业业务领域中，业务策略类似第一句陈述，业务规则类似第二句陈述，而业务流程类似第三句陈述。业务流程不是第一原则，但却是进入业务领域后容易接触和发现的，属于表象部分。

业务策略代表一种企业业务战略，而业务规则属于业务战术，如果自己创业开一家公司，会为这家公司制定一个战略目标，或者说这家公司的商业模式是什么？有了商业模式，才需要探索实现这个战略目标的多种途径，这些可落地执行的途径就是业务规则。

业务规则是业务策略的具体实现，这是两者的区别。业务策略的特点如下。

1）是不具操作性的指令。

2）通常要求员工翻译成具体的业务规则。

3）支持业务目标。

4）由一个或多个业务规则支持。

而业务规则的特点如下。

1）可操作。

2）具体性。

3）可测试。

4）用于支持策略的实现。

例如，租车公司的业务策略，从老板的角度看包括延长车辆的寿命和给租车者购买各种保险（当然是转嫁到租车人身上），这两个简单的业务策略实际概括了租车公司的经营目标，那么业务规则就是贯彻执行这两个业务策略的具体措施，如所有车辆都要三个月保养一次等这些带有具体数字的约束就成了业务规则，很显然，业务规则非常适合软件系统精确实现。

图 1-6 所示为对领域问题空间的分类划层。

在这四个层中，业务策略属于顶层，决定了领域方向，是核心竞争力的体现，而业务规则是贯彻执行业务策略的细化层，起承上启下的作用，能够指导运作逻辑层进行实操，是业务流程实现所在，也是软件具体介入的地方，是计算机语言代码运行的层。最后一个监控层对上层进行监控稽核或财务管控，保证资金流、信息流的安全可靠。

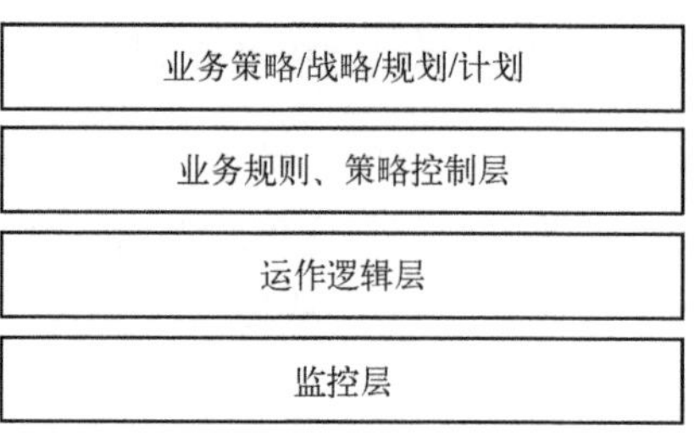

图 1-6　问题空间分类划层

理解和发现问题空间中的业务策略和业务规则非常重要，这是产品经理或公司战略的主要核心。举一个例子：如果为 Shopify 这家公司设计软件，首先需要了解它是干什么的，是不是一家类似京东、淘宝这样的普通电子商务公司。经过了解知道 Shopify 是一个运行于开店店主、物流系统和最终网购用户之间的平台，通过整合第三方物流公司（称为“第三方物流”）提供仓储和运输服务为商家和用户之间提供价值最大化的服务。Shopify 所做的是平台最擅长的部分，即作为价值链中两个模块化部分之间的接口。显然，这个接口是 Shopify 的核心竞争力和业务策略，具体的业务规则可能落实为为店主提供最方便灵活的网上开店工具和插件；集中采购第三方物流公司的运费，与多个第三方物流进行协商谈判，以便他们的库存能为客户提供更快速廉价的交付，这些业务规则最后都要通过 API 接口形式为商家提供服务。

制定业务战略是老板的事情，而落实和发现业务规则不只是公司管理人员的职责，也需要产品经理或业务分析师参与其中。这里介绍一下“业务分析”这门学科。业务分析是面向业务的一套分析学科，业务分析作为一种实践，通过战略分析、需求分析以及与利益相关者合作定义业务需求，从而有助于促进组织变革。业务分析需要确定业务问题的解决方案。解决方案通常包括软件系统开发组件，但也可能包括流程改进、组织变更或战略规划和政策制定。执行此任务的人称为业务分析师或 BA。

四种类型的业务分析如下。

1）业务识别：识别组织的业务需求和业务机会。

2）业务模型分析：定义组织的政策和市场方法。

3）流程设计：标准化组织的工作流。

4）系统分析：技术系统业务规则和要求的解释（通常在 IT 内部）。

其中业务模型的分析、流程设计等都属于业务规则的计划和制订，最终落实到软件系统可执行的业务逻辑。

从另外一个方面看，如果从公司商业模式和业务战略角度去发现业务策略和业务规则，就需要专门人员、专门知识和专门工具。而有些公司是一种服务类组织，专门接受客户或上级委托，编排计划、安排任务、跟踪流程，这类公司中的业务策略和业务规则比较容易发现。下面举一个详细例子说明策略和规则的发现以及分类对于提炼领域模型的好处。

这是一个货运车队调度的案例，其需求表达为图 1-7 所示的用例图。

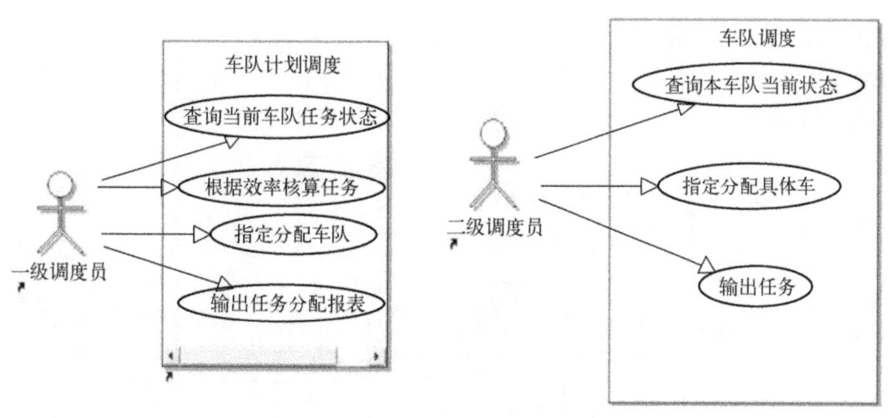

图 1-7　货运车队调度用例图

一级调度员根据客户委托的运输路线图进行行程计划调度；二级调度主要是规划具体车辆的某个行程段，跟踪车辆状态。

如果从业务策略和业务规则两个角度看，客户的要求属于业务策略，指定了运输公司为其服务的目标。客户委托一批货物给运输公司运输，运输要求是从出发地到目的地，这是一种路线上的要求，双方会根据这种运输要求和运输的货物达成协议，确定运输价格，影响运输价格的重要因素是运输路线，路线不同，运输成本和价格肯定不同，因此，这里的运输路线属于一种战略上的策略指定。

一级调度员会根据运输路线编排行程计划与任务。这里可以用普通旅游来类比。一个人想出行旅游，首先需要规划旅游路线（如从广州到北京游玩），第二步是制订行程安排：是直接从广州飞往北京？还是坐高铁先到武汉游玩几天，然后再到北京？如果选择后者，那么整个从广州到北京的行程就被划分为两段，即广州到武汉、武汉到北京。一级调度员的工作目标是确定行程计划与分配行程任务，如果说路线属于策略，那么行程就属于落实策略制订的业务规则，二级调度员再根据行程任务安排一个个具体行程段，这属于业务规则的进一步落实。针对这种运输业务规则建模，制订行程任务是重点，图 1-8 中用编排任务代表了编排行程任务。

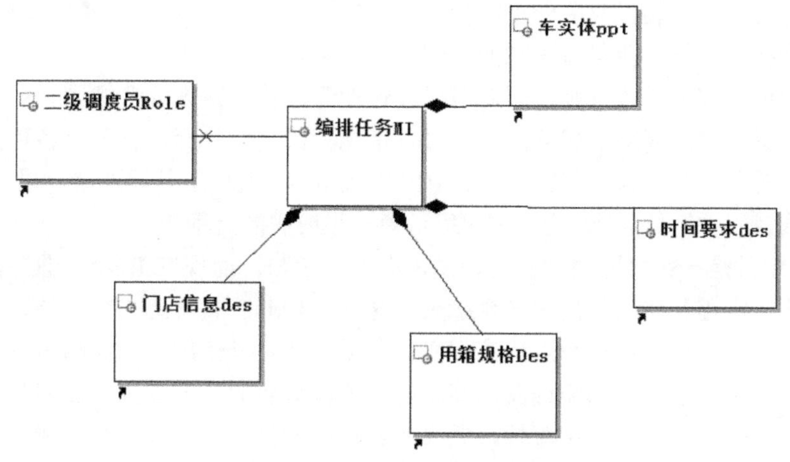

图 1-8　货运车队的业务规则建模

在上述行程制订的模型中，突出“编排（行程）任务”作为规则模型中的核心，车队调度（二级调度员）会根据行程任务再划分为一个个行程段，安排具体车辆实施这些行程段，如图 1-9 所示。

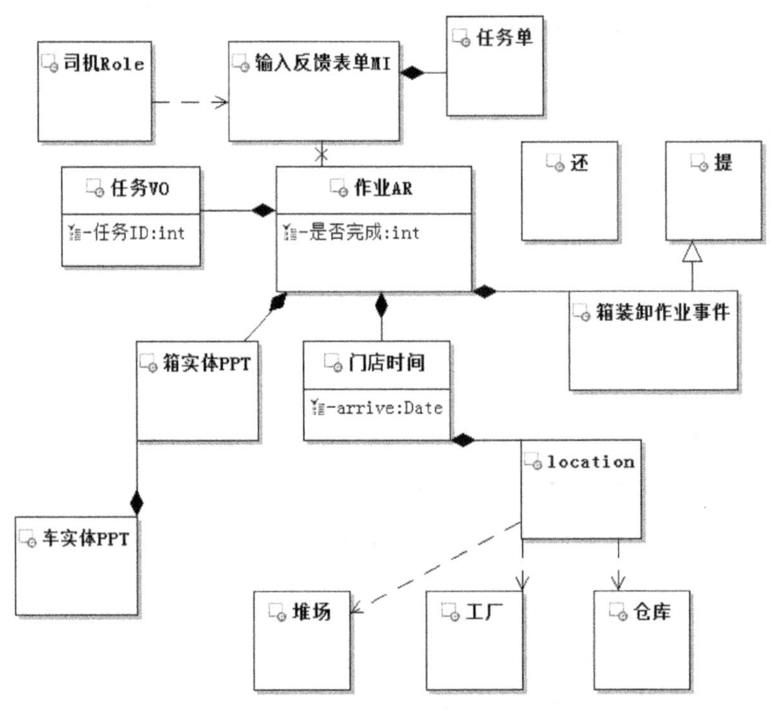

图 1-9　货运车队业务规则的实施

在这个行程段实施模型中，每个行程段的“作业”是业务规则的核心，每个行程段作业的分派与管理都得到了实现。行程段作业是用来实现整个行程的一个步骤，整个行程的内容使用图 1-9 中的“任务单”表示，任务单等同于行程任务单。

由于业务规则涉及具体量化指标，因此图 1-9 中将到达门店时间以及门店的位置种类都进行了详细的表达。这是完成一个行程段所需的信息，运输行程段包含何时在何地装货，何时在何地卸货，一个装货对应一个卸货。

最后，需要说明一下业务流程和业务规则的关系。

业务流程为了实现业务规则，因此可以通过业务流程去发现业务规则。业务流程是每个企业管理和运作中最复杂的部分，也是进行信息化的主要目标，甚至有各种流程可视化管理工具，分析师只要画画流程图（符合 BPMN 标准），流程工具软件就可以将 BPMN 流程图自动生成代码并运行起来。图 1-10 所示为一张请假的流程图。

图 1-10 中只是一张普通的请假流程图，有人工参与，而现在 BPM（业务流程管理）工具可以将人工流程和自动化流程结合起来。这种 BPM 工具看上去很方便、强大，但它们的致命问题是将重点放在流程上，流程变化非常灵活，只使用一个灵活工具，不管流程怎么变，都能画出一套漂亮的流程图，却忽视了流程背后的业务规则。流程是为了实现业务规则的，业务规则决定了业务流程，如果业务规则变化了，流程就会重新制订，新的流程有可能需要整合各种资源，包括人工和各种数据资源以及外部 API 等，涉及太多细节，

工作流或 BPM 工具就非常力不从心，而使用 DDD 则可以根据新流程对特定环节的上下文进行针对性代码开发，最后再整合集成起来。

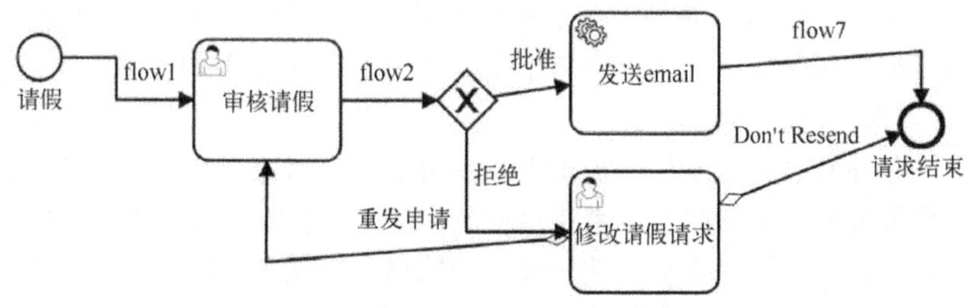

图 1-10　请假流程图

业务流程是表面的、显式的，而业务规则是隐含在业务流程中的，都是业务策略的具体实现。业务流程中会掺杂管理人员的思路，它是通过人工流程的管理来完成业务规则，当业务规则通过软件信息系统自动实现时，人工流程对业务流程的干扰因素必须排除。这种干扰因素表现为使用管理术语替代业务领域术语，如运输货运车队系统中，制作计划大表是作业流程中的重要步骤，但是计划大表是什么没有描述清楚，这是从管理流程角度命名的。其实这个计划大表是行程计划大表，编排任务是编排行程任务，不是抽象的运输任务，但是运输货运车队系统内部人员听到“编排任务”都会意识到是行程任务，也可能会从自己的角度理解，例如，司机听到“编排任务”意识到自己有出车任务，但是他不一定会抽象出准确的“行程任务”来详细说明它；一级调度员听到“编排任务”意识到自己需要安排这些任务，他也不一定会命名其为“行程”；经理等管理人员听到“编排任务”会想到这些任务是否会落实下去，效率如何，成本如何，他关注的重点也不是业务领域本身。这三种角色都出于自己的岗位角色对业务领域有自己的认识及偏见，当这三种角色和技术人员或产品设计人员一起进行头脑风暴时，大家才会意识到，需要将“编排任务”明确为“编排行程任务”，“行程”这个概念是汇合三种角色的“一孔之见”而形成的真正的“大象”。

因此，需要对现有的业务流程进行综合全面的分析，从中挖掘出领域本质，发现业务规则，界定领域的边界。在对业务流程的综合分析中，涉及业务行话或业务术语等统一语言，如何从这些行话或术语中挖掘领域本质，是 DDD 建模的重要一步。

1.3.2　统一语言与有界上下文

技术人员与产品经理之间经常存在鸿沟，例如，某产品经理转达客户的需求：将手机的背景颜色自动调成与手机壳颜色一致。客户的这条需求应该算是一条业务策略，产品经理没有将业务策略细化为业务规则，也就是可执行、可量化的规则。首先需要解决手机里的程序是自动感知手机壳的颜色，还是让用户自己输入手机壳颜色？这些都需要明确，如果不明确，直接做一个传话筒，就可能引起程序员的不满。

这种矛盾可能来自两个方面：公司人员对业务策略和业务规则无法分清，导致角色定位不清；不同部门之间的沟通方式有问题，没有找到一种统一的沟通语言。

前面谈到技术人员在技术团队内部的交流中，更习惯于使用技术级别（如字符串、整数、Map、List、循环等）的术语，而不是使用业务术语，而在产品团队或分析师团队甚至在管理层团队，大家都是使用业务术语进行交流的，那么两种团队之间就可能形成互不理解或经常误解的尴尬。

例如，在机场信息管理系统中，值机柜台的屏幕可能会显示旅客的“行李数量”，而登记门口的另一个屏幕可能会显示“行李数”，行李装载人员使用的计算机可能会显示“行李箱”，这些其实都是“行李数量”。

当然，统一业务术语不是编制一张词汇表就可以了，术语名词还取决于不同上下文，如上面的行李数量有可能在装载人员系统里就改为了“行李箱”，类似地方方言，这些都和特定上下文有关。也可能是这种复杂性导致人们的语言无法真正统一，如果发生这种不一致，就需要进行上下文中词语的翻译映射，将其明显标注出来。

所谓有界上下文（Bounded Context，BC）实际就是有边界或有界限的上下文，上下文可以理解为环境背景。如果说统一语言表达的是事物名称，是事物内部结构特征的凝聚表达，那么有界上下文就是事物所处的外部环境背景。前面反复强调了这种认识事物的方法论：领域即边界，边界靠分类，分类须从事物内外部入手。日常生活中分析任何事物其实都遵循这样从两个角度入手的规律，提炼概念或领域模型也是从这两个角度入手才能全面。

领域、有界上下文和统一语言的关系如图 1-11 所示。中间椭圆形表示有界上下文，存在于领域这个边界内。这个有界上下文的名称是“销售”，那么“销售”就是这个上下文的一个统一语言表达。当然，销售上下文中可能涉及“商品”这个词语，而在另外一个商品管理上下文中，也存在“商品”这个统一语言，这两个语言表达处于不同的上下文，所以它们的意义是不同的。

有界上下文这个 DDD 中的难点和复杂点会在后面章节专门讨论。

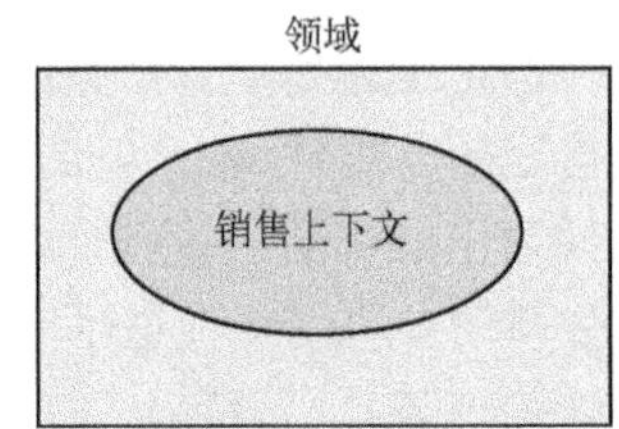

图 1-11　领域、有界上下文和统一语言的关系

1.3.3　领域模型的提炼

上节谈到了在不同上下文中语言的表达可能不同，这就为提炼模型带来了难度。在系统开发中，模型可以表现为 Excel 图表、流程图、UML 符号、Java 或 C#的类、数据表结构等。注意这些都是模型的表现形式，模型的内容是捕捉对问题空间的基本理解，并提炼出一组特定的概念。

提炼概念或模型遵循从事物内外部入手的原则，需要明确问题空间，发现其中的复杂性，将最复杂的部分圈起来形成核心攻关领域，发现统一语言和其所处的有界上下文，根据这两者提炼出领域模型。例如，上节提及的“销售上下文”，“销售”是这个上下文的统一术语，那么就可以提炼出一个“销售”模型。下一步是分析这个模型内部有什么、有什么结构特征、有没有业务规则隐藏其中，这些都是向事物内部深挖分析的步骤和方法。

一般业务规则是通过业务流程显现出来的，那么只要检查上下文中是否有业务流程就能触摸到业务规则。当拜访销售部门或与领域专家进行事件风暴会议后发现，销售上下文中发生的事件有：签合同；查询库存是否有货；发货或安排生产；跟踪应收账款。

表面的业务流程通常隐藏着业务规则，这里的业务规则是什么呢？

可以用反问法发现业务规则：如果没有这些流程、事件、步骤是不是也可以？领域专家会解释如果没有它们会产生什么后果（规则是用来防范坏的结果的），这样就离业务规则越来越近了。

通过这些事件会发现几个重要环节：签合同、发货、生产、收款。合同是起始点，然后根据产品的库存数量决定是发货还是安排生产计划，同时要制订好收款计划。业务规则必须做到详细量化，因此发货的时间地点必须明确，安排生产计划时生产完成时间也必须明确，这里涉及生产任务单下发到工厂或车间等的具体时间。

明确业务规则以后，可以说已经深入领域的复杂性核心，这时就可以提炼出概念模型了。提炼模型的要点如下。

1）简单准确。模型是对真实事物的简化理解，注意力需要集中在内部要点上。

2）通用统一。语言必须足够通用，应该是业务人员的务实术语，能够提供人们在谈论系统时可以使用的统一语言。

3）逻辑严格。逻辑上必须足够严格，从而可以成为编写代码的基础。

下面对这些要点进行详细说明。首先以人（Person）为案例，这里的统一语言名称为“人”，它的定义也考虑其所处的上下文，如果在工作单位上下文里，它的内部属性可以进行如下抽象。

```
class Person {
    private String id; //工号
    private String name;//姓名
    private String title ;//职位头衔
    void changeTitle(String newTitle){
        this.title = newTitle;
    }
    ......
}
```

在这个设计中，删除了一个人可能拥有的大量属性和行为，将其减少为与职场有关的三个基本属性。省略细节会使系统变得简单，可以带来很大的好处：准确性、简明扼要、纲举目张。

在“人”的领域中，“人”是一个复杂的交互实体，但在领域模型中，一个人是具有工号、姓名、职位和拥有变更职位能力的模型。当使用“人”这个词时，就涵盖了这些属性特征和能力行为，虽然属性与行为的数量不够全面，失去了一些丰富性，但获得了精确度。

提炼领域模型很难，因为对其所需的严格理解比大多数人想象的要深刻，为什么呢？因为提炼的领域模型会变成代码在计算机系统中反复执行，这样就会丧失像人工作业中针对特殊情况做灵活处理的机会，这种特殊处理是因为有人在现场，发现不符合业务规则的例外时解决即可。以自行车为例，如果要设计一个骑自行车的机器人，那么对骑行的理解需要比大多数自行车运动员等专家要更深刻——自行车如何能不偏斜而跌倒？自行车手会根据感觉进行平衡，但是机器人需要分析出各种力学参数。

这个骑车机器人的故事告诉我们，如果拜访领域专家的负责人，就会发现并没有现成的模型，也不能要求领域专家提供所需要的所有答案，而是要与领域专家一起分析问题来建立模型，这是一个迭代过程，需要探索许多可能的模型，并选择一个适合解决当前问题的模型。

同时，模型语言必须通用，是大家约定俗成的，使模型在描述系统时能够成为无处不在的统一语言，如在用户界面、文档、需求或用户故事、代码以及数据库表的讨论中使用相同的术语。

再回头看看销售上下文的例子。“销售”这个词语已经是销售上下文的统一语言，不会是“推销”“卖东西”等其他词语，提炼出的销售模型详细定义了“销售”这个术语，销售模型如下。

```
class Sales {
    private String saleId; //销售单号
    private String date;//销售日期
    ……
}
```

这个模型从名称到内部特征属性和能力都属于统一语言的范畴，销售单号、销售日期以及其他相关属性行为其实定义了“销售”这个词语的含义，这个定义仅基于这里的上下文，有可能换一家公司，“销售”的定义又不同了。

最后，模型必须严格，如果模型不严格而包含了模糊性，那么系统的一部分可能一会儿表现为一种形式，一会儿又表现为另一种形式。前面案例提到的“行李数量”不能有时称为“行李数”，有时称为“行李箱”，模型会落实为代码，术语名称不同，代码的变量名就不同，这些似是而非的不同名称难以让人区分。

为了让模型严格，还要将业务策略转变为业务规则或流程，甚至划分为一个个小的逻辑自治单位。以前面的租车公司为案例，在模型中无法表达租车公司的业务策略（必须通过延长车辆的寿命获取最大价值），而只能表达具体的业务规则：所有车辆都要三个月保养一次，轮胎 50000 公里更换一次。模型如下：

```
class CarMaintenanceSpecification {
    private String maintenanceTime; //保养时间
    private String tyresMile;//轮胎公里数
    ……
}
```

模型严格性还在于领域边界不能过于宽泛，过于宽泛的系统容易出错，可能导致安全漏洞，正如前面提到的 ERP 案例，不能希望在生产制造领域以外的地方还能使用 ERP，也不能构造一个可灵活定制各种属性的通用对象系统或数据表管理系统。领域边界越宽泛，精确性就越不够，使用起来就越不方便，还需要将自己的专业词语翻译到这样的通用系统上——如果想配置 ERP 系统来处理客户服务领域的投诉，需要做一些非直观的抽象：“客服人员可以看作一台生产设备，关于客服的投诉可以看作原材料，在投诉处理和反馈过程中由客服人员这台机器不断完善。”

以上讨论了模型提炼的三个要点：简单准确、通用统一、逻辑严格。这三者的关系有时可能会存在矛盾，细节越多越精确越严格，但是细节多了可能不够通用，如同规章制度，如果规定越细，执行起来反而不方便，但是也不能制定得大而化之，以至于无法严格执行。

提炼模型需要建模人员具有较强的逻辑思考能力，而逻辑能力的培养有多种途径：数学、计算机编程、从事律师辩护等，并不是理科背景的人在逻辑思考上一定会比文科背景的人强，而是在于多年的专业思考历练。

只要逻辑思考能力还不够，就需要有挑战自己思维习惯的勇气。大脑总是希望尽量减少能量消耗，因为大脑已经占据了整个身体所用能量的15%。这意味着，它不想一遍又一遍地思考所有事情。因此，大脑会创造捷径。当第一次有问题时，会借鉴其他人的经验，或者使用第一原则来得出结论，无论哪种方式，大脑都会记住这个结论，下次就无须再次思考，从上次的结论开始即可。随着时间的推移，大脑会越来越少地从第一原则开始思考，而更多地从结论开始，当基于一个结论推导出另外一个结论时，好像大脑的经验越来越丰富了，但实际上这套结论可能会过时，因为第一原则这个"根"在不同场景或上下文时就可能不同。

在模型构建中还要注重模型内部固有的张力关系，根据固有的张力能够从现实创造一系列强大模型。虽然大而逼真的模型为用户提供了丰富的细节和高水平的精确度，但由于它们的复杂性，其构建、跟踪和审计方面也更具挑战性。另一方面，小而健壮的模型通常更容易建立、遵循和审计，但缺乏决策所需的精确度。最好的模型可以协调这些对立的力量，从而使输入和输出尽可能简单，同时仍然为决策提供足够的细节。

1.4 领域驱动设计的应用场景

DDD是一套应付复杂性的分析设计方法，这个方法本身有一套范式，因此只要这套范式的使用效果相对于复杂性而言是合算的，成本不会高于收益，那么就可以使用DDD，它适合任何有一定复杂性的行业。

那么，如何衡量复杂性呢？从日常生活角度看，如果做一件事需要考虑全面，那么就可能有些复杂，如不但要把事情做好，还要考虑安全性、便利性，这些因素混合到一起就有了复杂性。举一个例子，和金钱有关的系统都应该比较复杂，财务系统、银行系统、金融系统、股票系统等都属于比较复杂的项目，因为金钱对于人来说很重要，金钱的往来流动不能出错，安全性需要考虑，但是过分强调安全又不方便，如银行网站为了提高安全性，登录时需要一个USB硬件加密器，无法和支付宝、微信支付的便利相提并论。但是后两者在安全性上也有一定漏洞，特别是数据完整性和一致性方面确实存在问题。

对于用户支付这个上下文，从DDD来看是一个支付聚合，无论使用多么复杂的分布式技术，都不能破坏这个聚合，这个聚合保证了所有相关子对象的更新一致性，如果不是从这个角度去设计并保证，随着时间推移和系统复杂性的提高，这种数据完整性就很难保证了。

通过DDD划分边界，突出聚合，保证数据一致性和完整性，将其放在整个系统的最高位置，这也是对重视资金安全性的充分体现，因此，金融、财务等系统是非常适合应用DDD的。DDD不但用于跟踪资金流，还能用于跟踪物流、资源流等随着时间变化的复杂应用场景。Martin Fowler认为软件系统本身就是一种跟踪系统，人们之所以依赖软件系统，是相信它的可靠性、完整性和安全性，软件公司帮助他们实现这样的系统时，千万别辜负他们的这些期待，过分沉湎于技术细节而失去了方向。

1.4.1 哪些应用不适合？

首先，传统的 CRUD 系统不适合使用 DDD。能够使用 CRUD 完成的系统大部分是简单系统，当然，如果在新增或修改时，对输入的数据需要验证，保证企业自身的业务规则，那么就该考虑使用 DDD 了。

其次，演示系统或教学案例系统也不适合使用 DDD。演示教程侧重于演示具体技术的使用，和业务无关，当然也不能完全脱离业务，所以使用关系数据库操作来代表业务操作更合适，很多人就是从这些演示教程一步步进入编程生涯的。业务问题基本都是转化为数据库表结构来实现的，也就是通过纯数据结构来完成，这样的系统如果再使用 DDD 重构就比较困难了，因为业务规则、模型核心都体现在数据表结构中，即使这些表结构设计不合理，考虑到大量历史遗留数据，也很难进行范式转换。

那么，DDD 一定适合新系统吗？也不一定。对业务需求的认识是通过不同的设计开发迭代完成的，一般情况下，1.0 版本是对需求摸索的初步映像和结果，是切入系统的起点，1.0 版本系统基本能让软件运行起来，满足客户的要求，如果这时客户提出更大的变动要求，那么 2.0 版本就可能适合使用 DDD 进行灵活性、复杂性的升级了。

1.4.2 适合微服务架构

前面是从应用类型的复杂性角度判断是否适合使用 DDD，也可以从架构角度判断。当前企业应用主要以 SOA 和微服务架构为主，这些架构主要偏重技术实现，将业务使用“服务”或“微服务”一个词语替代，服务内部是什么却被一言蔽之。服务代表业务，内部是业务逻辑，只要使用服务模型，SOA 和微服务架构就能实现很多好处，实际上，业务才是编程的核心。

例如，有一个系统是存储文档的数据库，它对外通过服务暴露了用于文档存储和查询的 API（也就是 CRUD 基础操作），但是很快有新的需求，需要更复杂的搜索功能，设计人员认为将此搜索功能添加到现有文档的 CRUD API 中违背微服务原则，因为“搜索”和“CRUD”属于不同类型的服务，另外搜索使用的数据库也不是普通关系数据库，可能是一个 NoSQL，因此他们决定创建新服务实现搜索功能。注意，这只是从“搜索”和“CRUD”是两个不同动作、活动，或者说不同的动词类型角度将两者区分为不同的服务类型，但是仅仅根据动词的不同进行分类还不够。

设计人员会创建一个包含搜索索引的搜索 API，该索引基本上是 CRUD 主数据库中数据的副本。两者数据需要同步，但是数据同步需要特别的并发机制或事务机制，如果没有就可能出现时而同步、时而不同步的情况。

切入该系统的视角并没有从领域模型入手，而是直接从动词入手，当然，也没有通过动词表象寻找背后的上下文规则或数据结构，结果，数据设计被忽视了，最后数据的完整性或一致性得不到保证。

这个案例说明：虽然使用了微服务架构，但是如果不考虑 DDD，同样会遭遇和以前大泥球的单体系统一样的问题。

第 2 章　领域驱动战略设计

领域驱动设计共有两个部分：战略设计和战术设计。战略设计也可理解为策略设计，是从宏观角度着眼于领域的分析设计，属于系统分析阶段，注重如何从有界上下文中寻找领域模型，战略模式由有界上下文、无所不在的语言和上下文映射组成；而战术设计属于设计代码阶段，使用聚合、实体、值对象等对象类型概念表达领域模型。

战略模式很容易映射到任何计算机语言，它主要涵盖更高级别的软件设计，例如怎样创建有界上下文，如何根据它们之间的关系集成这些有界上下文，以及如何通过上下文映射这些关系。这些模式都不依赖于所使用的编程语言或框架。

2.1　有界上下文

使用第 1 章的一套基本逻辑来理解有界上下文：领域即边界，边界靠分类，分类需从内外部入手。

当人们想认识一个事物时，需要注意其边界，如同在平面上画一个圈，就有了圈内和圈外，圈内属于事物的内部，而圈外属于事物所处的上下文、环境和背景。

事物外部上下文会对事物内部属性产生影响，虽然不是本质上的，但是人类观察到的结果如此。由于领域模型是人类主观的认识模型，因此不能将模型与其环境割裂开来。

上下文还体现在语言的表达上，例如下面的句子。

1）冬天：能穿多少穿多少；夏天：能穿多少穿多少。

2）剩女产生的原因有两个，一是谁都看不上，二是谁都看不上。

3）单身的原因：原来是喜欢一个人，现在是喜欢一个人。

“能穿多少穿多少”“谁都看不上”“喜欢一个人”字面上一样，意思却完全不一样。那么其真实含意从哪里去推敲呢？很显然从句子内部去分析得不到任何结果，那么从句子所处的上下文来理解。当在冬天这个上下文说“能穿多少穿多少”时，表示穿得越多越好；而在夏天这个上下文说：“能穿多少穿多少”时，表示穿得越少越好。第二、三句中的含意则是从上下文中的“剩女”“单身”去理解。

当提炼一个概念或模型时，不能只着眼于这个概念的内部特征，这是不自觉的直观认识，还需要注意其所处上下文，那么在 DDD 中有界上下文的定义是什么呢？

有界上下文是根据逻辑一致性划分软件的模式。也就是说：有界上下文是人根据客观事物中的一致性逻辑去划分软件。注意上下文不是软件中的模块，而是一个微服务。

有界上下文是主观和客观结合的一套方法，客观事物是一直变化运动的，没有静止的一条边界，DDD 中的边界是人为的一种划分，但是这种划分也不是随意主观的，而是根据客观事物的逻辑来划分，应保持逻辑一致性。

那么逻辑一致性代表什么？其实很简单，不矛盾的逻辑即为一致性，避免矛盾可从避免重复开始，重复重叠是最明显的矛盾。

“上下文”这个中文词语本身就有“承上文启下文”的意思，语境中需要照顾到上下文，不能太突兀，比如本来上文谈论 A 事情，下文突然又谈到 B 事情，有可能就变成话题终结者了。

当然，这样的上下文也不是没有边界，比如昨天谈的是 A 事情，过了一天还在谈 A 事情，这个上下文未免隔得太久了。

有界上下文是指在空间或时间上有边界的一段环境背景，它确定了每个模型的适用范围，模型体现了这个范围内的逻辑一致性。

这里有一个难点是：有界上下文是无形的，它不能直接反映出来，其逻辑一致性只能通过模型显现出来。模型的内部定义体现了其所在的上下文，例如从某个人说话的口音可以推断他是南方人还是北方人，南方或北方是上下文，口音是模型的内部定义。

看看下面这个 Person 的模型：

```
class Person {
    private String id; //工号
    private String name;//姓名
    private String title ;//职位
    void changeTitle(String newTitle){
      this.title = newTitle;
    }
    ......
}
```

这个模型内部有工号、职位，体现了这个模型是出于一个与职场有关的上下文，如果这个模型还有一个属性为“有几个孩子”，那么这个属性就出现与职位、工号等矛盾的地方了。

注意，Person 这个名称可能存在误导，对于一个人，他有工作，也有生活，因此，在 Person 里面放入工作和生活相关的属性都是允许的，所以，这里引出了命名问题。名称其实显式界定了该模型所处的有界上下文，这个名称可以称为统一语言，不过这个统一语言不是在整个领域统一的语言，而是在有界上下文边界内统一的语言。

图 2-1 所示为领域、有界上下文和边界内统一语言的关系。“销售”这个词语是圆圈所示上下文内的统一语言。如果说模型必须反映有界上下文的一致性，那么统一语言就是模型中这种一致性边界的更加抽象和严格化的表示。

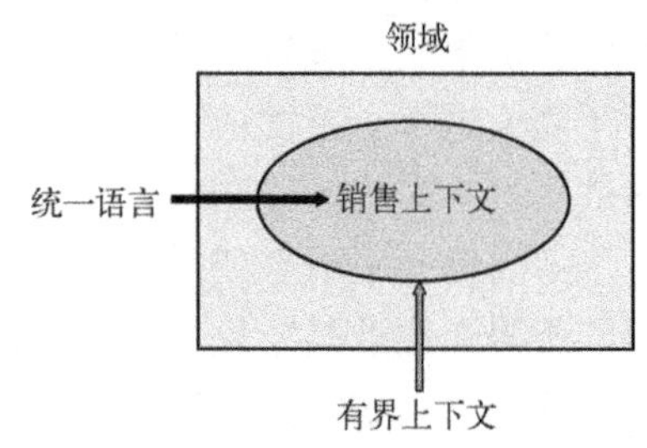

图 2-1　三者关系

2.1.1　统一语言：统一项目中的交流语言

语言是 DDD 的核心，DDD 使用语言来表达想法、探索问题并定义解决方案。如果领域是复杂的，那么这种语言将是丰富而复杂的。

统一语言又称为无处不在的语言或通用语言，从这些名称可以知道，统一语言是大家统一使用的术语，不会让别人产生歧义。

统一语言是在整个团队的协商下发展起来的，这种无所不在的、通用语言必须在团队成员之间的任何场合都可以表达，以及可以用软件模型来表示。它是由团队中的开发人员、领域专家和其他参与者共享的语言。

统一语言不是由领域专家指定的语言，而是应该由每个参与者共同协商，所以，类似ERP里面指定术语的方式是不可行的，因为即使人们被强行接受这些标准用语，对其理解也可能是片面的。它不应该在组织中由上而下，而应该由下而上整理出来。

没有统一语言会发生下面这些不利现象。

1）由于缺少统一语言导致人们对其他人的概念需要进行“翻译”，这对领域模型建立非常不利，并会导致错误的领域模型。

产品团队和技术团队的沟通产生问题大部分是因为这种翻译。技术团队喜欢从技术角度去理解业务，使用关系数据库或NoSQL数据库替代业务描述，喜欢用Map或集合数据结构替代业务聚集概念，并且自以为在使用一种抽象的方法对业务进行总结，当他们这样和产品团队进行沟通时，可能很难理解产品经理表达的概念，或者经常会反问：这个具体怎么实现？技术人员所询问的“怎么实现”意思是：用技术概念进一步阐述怎么实现。产品团队设计好对象模型以后，技术团队可能疑惑其中的继承关系如何在数据库中实现。

2）更多的公司是缺乏共同的统一语言，团队成员使用不同的术语而没有意识到。

对于这一点最能感同身受的应该是新员工。新员工与不同团队成员打交道时，意识到他们不同的用词实际代表一个意思，但是又没有形成统一语言，这种情况下，软件系统不但异常不稳定，而且无法得到进一步维护和发展，因为大家对业务的理解产生了分歧。语言代表思想，不同术语也代表了理解的分歧。

3）还有很多公司实际上存在统一语言，但是却并不使用。

例如在召开项目销售大会或技术大会时，却使用不同的词语，这使得项目销售人员和技术人员之间形成了天然的隔阂。这种划分销售大会和技术大会的做法客观上加深了业务人员和技术人员的边界划分，造成他们的一种错觉——他们属于不同的圈子，可以使用不同的语言来谈论同一件事。

4）业务数据不开放导致人们接触不到统一语言。在大型企业中，数据因为安全考虑并没有开放给所有人，比如业务分析专家能够接触的数据，普通技术人员可能无法接触到，技术人员因此而无法使用准确的业务语言去表达，这是造成企业内部信息隔阂的主要原因。

假设为保险公司建立一个投保系统，如果能够形成一种能够以精确的方式谈论领域知识而又没有误解风险的语言，那岂不是很好吗？如果是这样，保险行业的人们谈论的内容就正是模型的内容。技术人员会和保险专家共同决定“停保和退保”的真正含义以及两者的差异，停保以后可以续保，但是退保以后就无法续保，也就是说，退保才是真正地停止投保，而所谓“停保”只是暂时停保的意思。明白了这些用词的差别以后，“某人刚刚投保了两个月就停保了，后来隔了一年又续保”，这句话就可以被明确地理解并且正确无误地实现。

统一语言必须在领域模型中表达出来，主要体现在领域模型中的名称上。

例如投保领域中停保或退保这些动作是对什么模型进行操作？停止保险是暂停保险，那么这个“保险”是什么意思？是保险产品吗？如果是，那么停保或退保就放入保险产品这个对象里。注意这样其实是把投保的结果强加到保险产品中了，而投保是表达参保人和保险产品的一种关系。这种投保关系必须使用统一语言表达出来，如果只使用“新参保”、“新投保”或“参保关系”这样的语言表达，无法专业表达领域模型，这时应该在保险业务领域寻找专门的名词来表达。这么重要的名称在保险领域不可能没有专门术语，例如可以使用“保单”一词，“保单”代表了投保关系，停保或续保是对保单进行操作，改变了保单状态。

统一语言也能帮助解决领域专家表达的不准确和逻辑矛盾之处。有界上下文的模型必须体现逻辑一致性，不能发生逻辑矛盾，这一点从讨论模型的语言中也可以看出，如果需求人员使用略有不同的词语谈论同一件事情，但是他又不承认他可能在谈不同的事情，在这种言语表达和指称不统一的矛盾中可以发现隐含的模型。

例如为电力公司开发一套电费结算系统，技术人员与电力财务专家接触时会发现，电价是一个表达模型的统一语言，但是电力公司从供电企业采购的电价与电力公司通过电表计价销售给最终用户的电价还不一样，两者虽然都是使用“电价”这个词语，但属于不同上下文，由此可以判定采购电价与销售电价是两个不同模型，甚至销售电价还有企业销售电价和家庭销售电价之分。

统一语言也必须落实到代码中。图纸、术语表和其他文档的一个主要缺点是难以跟随时间随时更新，如果代码能够直接反映统一语言，那么显然形成了从需求、建模到代码的直通车，这样的代码易于理解、没有歧义、不掺杂技术因素，能够准备表达业务模型。例如上一节的 Person 案例，Person 这个类名与其内部职业属性相比过于宽泛，名不副实，相应的语言表达就没有落实到代码的类名称上。代码必须表达无所不在的统一语言。

2.1.2 如何发现有界上下文和统一语言?

统一语言比较难确定，主要是取决于上下文。上下文界定需要根据时间和空间维度，例如开一次会议形成统一语言和模型，那么这个会议就成了这个统一语言的上下文，这非常类似于法律名词解释，某个名词如果在某条法规中强行被解释，那么就必须引用这条法规来解释这个名词，例如前面提及的番茄是属于蔬菜还是水果，法律规定了它是蔬菜，那么它在法律这个上下文中就只能是蔬菜了。

领域专家、产品团队之间的交流也可能存在歧义，虽然不推荐做语言“警察”，逢歧义必较真，但是也只有通过公开讨论，如头脑风暴和分析现有文档、词典、标准等，才能提出更好、更精确、更通用的统一语言。

1）首先，可以通过画图的方式去发现。画图简单扼要，可以在白板上表达自己的业务领域，不要担心它们是否为正式设计；也可以事先使用 UML 工具画出 UML 图来表达自己的理解。最好的软件是没有软件，代码实现非常昂贵，因为代码实现涉及太多细节，一旦整个思考方向发生变化，所有的细节就要全部摧毁，重新来一次，而使用画图方式则很便宜。

2）其次，通过专家小组会议创建词汇表，定义所有所需术语的词汇表。注意这个词汇表应该是在征询意见的基础上，切不可由上而下强行推广。改变人们的语言习惯很难，如同改掉方言口音一样。

3）最后，可以通过事件风暴的方式发现统一语言和有界上下文，领域专家和开发人员可以实现对业务流程迭代学习的快速循环，从而促进统一语言的发展。

在发现有界上下文和统一语言的过程中可以发现业务规则，而业务规则是一种业务逻辑的强有力的约束表示，业务规则的强逻辑性更容易发现和表达。从流程中寻找规则，发现统一语言，甚至以此可以再造新流程，因为一旦理清业务规则里面的逻辑，并且能彼此衔接全覆盖，那么业务流程可能会更加有效率，例如现在市民去政府办事只需到市民中心一站式办理，这个市民中心整合了多个组织部门的流程，新流程背后的业务规则其实没有变，也就是事务使用的规则审核没有变，而是将办事的步骤进行了合并。

通过业务规则有助于发现强烈的逻辑关系，这是逻辑一致性的体现，进而可以发现最小边界的有界上下文，然后通过上下文中的模型显式表达这种逻辑一致性，这样就能完成DDD 建模中最具创新的环节。当然，对于逻辑一致性的认识不是一蹴而就的，业务规则、业务流程只是帮助发现它的手段之一，找到事物内在的一致性需要具有深入的领域知识以及进行不断的思想碰撞。

在实践中，还有一种无意识地发现上下文的方式，这是通过组织形式去发现。这里存在一个康威定理（Conways Law），它的要义是：组织形式决定架构。它指出系统架构代表实现系统的组织的沟通结构，对于软件中的每个模块，都对应有一个组织单元；组织单元之间存在沟通依赖，软件中对应的模块之间同样存在依赖关系。如果一个组织想要开发一个大系统，由于大型团队中的沟通很困难，团队会在某个特定大规模下崩溃。由于沟通和架构相互影响，沟通不良会导致混乱的架构和额外的复杂性。它可以解释为什么一个大型重要项目可能有一个糟糕的架构，即使是非常重要的项目也难以进一步发展。

很多公司和组织已经意识到这个问题，因此会将一个大型项目划分为一个个小项目，分配给一个个小团队去完成。关键问题是，依据什么标准将一个大型项目划分为小项目？答案是根据领域边界去划分，一个子域对应一个团队；也可以按照解决方案中的有界上下文去划分。子域划分比较明显，但是有界上下文划分就可能不是那么明显，这需要多年经验或比较强的分析能力，当然如果管理效率高，就可以根据上下文的调整而及时调整团队人员和组织结构。

下面以某电力公司的电费结算领域为案例，说明如何通过组织的形式进行有界上下文的边界发现和划分。本章后面的小节会对其他主要发现方法进行详细探讨，这些方法都可以相互结合。

首先需要了解一下领域知识、业务策略或业务规则。电力公司是干什么的？它是电力这个商品的批发商，从发电企业购买电力，通过电网输送到用电用户，再向用电用户收取电费。其商业模式很简单，它的信息系统主要是管理金钱的进出，在上下游差价和巨额资金截流中赚取利润，这应该是其核心业务策略。

该业务策略落实到业务流程，就体现在部门组织设置上。营销部负责面向供电用户销售电力和收取电费，交易中心负责向电厂集中购电，财务部门则是对购销双方进行统一资金结算。不同部门负责不同的领域，现在可以根据这种原则划分三种有界上下文：购电上下文；销电上下文和结算上下文，同时将参与开发的团队也相应地划分成三个团队。

这是一种根据业务流程涉及的不同组织来划分上下文的方法，这种划分方法是一种朴素直接的方式，但是需要知道，业务流程是业务规则的表象，如果只是根据流程进行划分，有可能没有抓住领域的本质（流程和组织部门可能不断调整，属于变化的因子），造成软件系统成为其落后流程的附属品，可能并没有实现整合资金流、信息流和资源流等高级目相，但是这种方式有助于技术人员第一次接触业务时理解业务项目。

有了三个有界上下文之后，下一步是处理这三个上下文之间的关系。

2.1.3 有界上下文之间的关系

有界上下文之间关系的处理基本原则是以松耦合、解耦合为主，因为不同的有界上下文有不同的团队、代码库、技术体系，如果两两之间过于耦合，就会发生两个团队经常在一起开会沟通、影响效率的情况，也可能是两个上下文的边界划分得不清晰，需要重新审视。

当然，一个大型系统还是需要集成不同的上下文，特别是一个复杂的大型流程可能涉及不同上下文系统的集成，这时可以从集成这个角度去理解上下文关系。

上下文之间的关系有很多类型，这里只讨论常用的几种。

1）共享内核：指两个有界上下文共同使用一份代码内核（例如一个库）。这种方式已经很少使用，因为共享一份代码，如同共享一个数据库一样，单点风险大。

很多公司会有一个独立的平台技术团队，这是团队共享的基础结构层，那么自然很多人就认为在业务领域是否也可以设立这样一个共享团队，例如商品目录管理团队为其他团队提供商品品种的基本信息管理。提供业务基础信息管理的上下文属于共享内核，但是，值得注意的是，除非商品产品模型更改不大，否则引发的修改范围会涉及很多上下文，因此需要花力气做好自动化集成测试。

2）开放主机服务也是一种上下文关系的映射，也称为上下游关系映射或 API 调用，一个上下文通过 RPC 等同步方式调用另外一个上下文的 API，调用者是被调用者的客户端。

这种方式在如今的微服务架构中比较普及。两个上下文通过服务接口耦合在一起，如果一方服务接口改动，那么调用这个服务接口的另一方代码也需要改动，这就要求团队之间沟通合作紧密（康威定律），而微服务的设计目标是团队之间应该尽量少沟通、少开会，因为这种跨团队沟通的效率是很低的，个别程序员之间私下商量后可能无意中做出影响整个数据设计原则的事情，而架构师无法参与讨论，无法了解具体的实现情况有没有问题。

这种模式在新旧上下文系统之间使用时，需要引入防腐层，防止两个上下文系统直接耦合，旧的上下文系统会影响新上下文系统的代码编写思路，因此必须引入第三层解耦。

3）发布/订阅模式：一个有界上下文是发布者，另外一个有界上下文订阅这个发布者，当发布者有事件发生时，及时将事件发布给所有订阅者（这非常类似微信，当你订阅公众号以后，它们有更新时会及时通知你），这样两个上下文之间不再互相依赖，而是只依赖事件或消息，使得两者之间实现最大化的松耦合，这也是集成模式的主要实现方式。

这种方式也是 DDD 主导的上下文交互模式，领域事件在建模阶段的事件风暴中发现，然后通过领域事件才会发现有界上下文。也就是说，领域事件已经隐含了发布订阅模式，如果从分析领域的第一步就着眼于这种高度松耦合的思路，那么整个软件系统也自然会高度独立，又易于集成。

当然，这种新的思路需要创新和勇气，更多人还是采取API直接调用的方式，这种同步方式需要注意网络中断等问题，引入断路器等模式防止故障级联爆炸，进行业务事务的重试，同时确保服务的幂等性。断路器模式会有很多中间件去实现，但是这些实现大都没有从业务事务的角度考虑，而只是从弹性角度设计。仅仅有弹性是不够的，怎样保证服务之间的调用故障不会影响业务流程？调用失败再重试后，业务流程是否重新执行了一遍？对业务规则的执行有没有影响？会不会发生数据重复等？如果重试失败或快速失败后，是不是这个调用流程中涉及的所有步骤都能回滚，都恢复到调用之前的状态？

现在回到前面讨论的电费结算领域案例中：交易中心的购电上下文主要是面向供电企业；营销部的销电上下文主要面向用电企业；结算上下文主要负责两者之间的资金结算处理。这三种上下文之间采取上述哪种上下文关系实现通信或集成呢？这三种上下文关心的目标对象并不涉及彼此，结算上下文关心的不是交易中心的结果，而购电和销电上下文关心的目标是外部企业，因此，它们之间的相互独立性比较强，那么发布订阅模式就比较适合这个案例。

4）发布的语言（Published Language）：两个有界上下文中的模型需要一种共同语言进行相互翻译转换，如同两个不同语言的人常常需要选择英语进行交流一样。所谓发布的语言是指一种大家都能够理解、解释的语言，很多行业基于XML建立各自行业的标准语言，如美国健康医疗领域的HL7标准，为支持临床电子健康信息的交换、集成、共享和检索提供了全面的框架和相关标准。

以上是几种常用的有界上下文关系，下一节从子域视角对有界上下文进行分析。

2.1.4 核心子域、支持子域与通用子域

以电费结算领域为例，当技术团队深入理解结算上下文以后，会发现结算其实不是那么简单，其中还有结算处理、结算清分、支付、财务等流程，结算清分实际就是分账，将向下游用电用户收取的电费分账支付给上游供电企业，财务系统是一套需要符合国家标准的财务电算化系统，这是一种通用的系统。这里需要引入子域的概念。

什么是子域？为了实现公司最终的大目标，必须在不同的小目标范围中工作，它们被称为子域，因为它们自身并不足以使公司取得成功，合起来以后共同构成了公司的业务领域。

子域分为核心子域、支持子域和通用子域。

1）核心子域：这是必须尽最大努力的地方，正是它使公司发挥作用，为公司带来价值，使公司在竞争中脱颖而出。它是最重点的地方，业务策略和规则的重点实施地。

2）支持（辅助）子域：是核心子域的辅助支持，介于核心与通用之间，如果没有它，核心子域无法成功，因此，它也是非常重要的；需要内部开发或外包，因为没有现成的解决方案来实现。注意它是需要介入代码开发或业务设计的，如果只是有人协助进行配置和运维的则不属于这类。支持子域不能提供任何竞争优势，因此不应该很复杂。它的业务逻辑应该足够简单，可以通过一些快速的应用程序开发框架推出。

3）通用子域：是所有公司以相同方式执行的事务。它通常是现成的解决方案，但也

可以外包或内部开发。它没有为主要业务带来特定的规则，即在大多数情况下可以作为服务采购使用，当然也可能派人参与运维配置，但是没有介入软件设计或代码修改等。例如应收账款跟踪、费用分类和其他账务信息，这些都可以使用通用的会计财务系统来处理。

那么，结算上下文中哪些是核心子域呢？这也是根据业务策略来判断的，业务策略应该是人们的关心重点。从“结算”这个统一语言词语上应该了解到，它是为上下游企业用户分钱，把下游的钱付给上游，分得清楚准确是其主要关注点，那么结算处理、结算清分应该是其核心子域。而支付会涉及和银行支付方式的接口，属于支持子域，当然如果考虑沉淀资金的可观利息有可能支付也是核心，但是获取利息收入可能属于另外一个上下文，不是结算上下文所关心的。最后，财务子域无疑属于通用子域，这是行业通用系统。

现在可以使用图 2-2 来表达这个电费结算领域的上下文和子域了。图中虚线代表子域，而实线代表上下文，一共有三个上下文。这里有一个特殊处理：将面向上游供电企业的上下文和面向下游用电用户的上下文合并到了交易营销系统中，财务管控系统是一个独立上下文系统，结算上下文最终涉及四个子域：结算实例、结算处理、清分结算和支付管理子域。

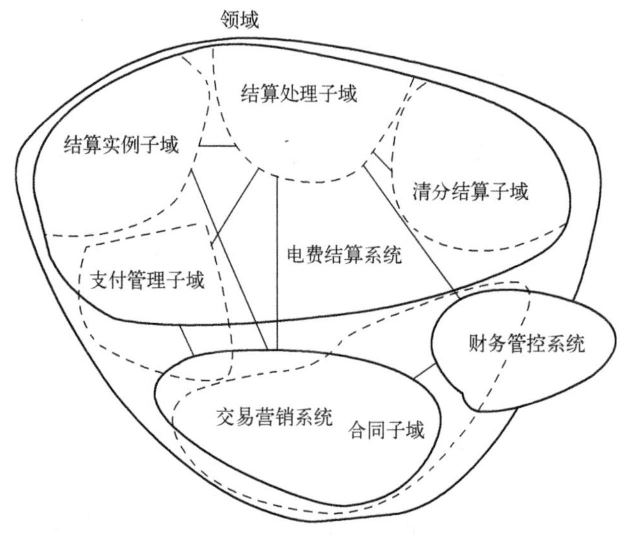

图 2-2　电费结算领域的划分

这样整个业务领域的划分结构就比较清晰了，可以依此进行团队划分，对每个上下文指派一个团队负责设计开发，并且规划好上下文之间的访问方式。最佳实践是：一个有界上下文对应一个子域，对应一个团队，对应一个微服务，当然，也不能僵化执行这种对应关系，还是需要根据问题空间的子域划分、解决方案空间的上下文划分，以及团队人员能力等因素综合分析。

2.1.5　实例解析：电费结算系统

前面章节已经在 DDD 概念阐述中穿插了电费结算领域的案例，这里进行一下总结。

电费结算领域的业务策略是什么？电力公司是电费结算领域的从业者，核心商业模式是从供电企业批发电力，通过电网输送到用电企业，为上下游用户的资金进行结算分账，如图 2-3 所示。

图 2-3　电费结算系统用例

这个系统有两种用户：供电公司和用电用户。供电公司主要关心自己的电力被使用了多少，应该收取多少资金，而用电用户关心的是自己使用了多少电力，应该缴纳多少电费。这两种用户的关心重点是不同的，供电企业希望电价越高越好，用电量越多越好，用电用户希望电价越低越好，这导致了不同的业务策略，那么在这个电费结算领域中需要表达这两种策略。

当然，还有一种更重要的业务策略：结算处理策略。它对资金进出进行跟踪、计算处理和分账，所谓分账是将从用电用户收取的电费分给上游供电企业，当然沉淀的电费资金也有可观的收益，需要进行财务管理和投资。

这样，电费结算领域其实有三种不同的业务策略，结算处理主要关心的策略与上下游用户关心的策略重点是不同的，业务策略不同决定了不同的有界上下文。

当技术团队到电力公司现场进行交流时，会发现这里存在两个部门：交易中心负责对供电企业的购电合同签订，营销部门负责销售电力和收取电费。

一个有界上下文对应一个组织部门，对应一个开发团队，这好像是一种习惯，虽然可以朴素地这么做，但是有时还是需要深入分析领域本质，防止被表面上的组织形式误导。

这三个有界上下文之间如何通信？因为涉及三个不同的组织团队，如果经常开会沟通交流会影响效率。应尽量采取一种松耦合的方式，通过 API 调用会导致 API 接口耦合，一方接口变动，调用的另外一方会需要改动代码。幸运的是，在这个案例中，三个有界上下文面向的重点不同，不是盯住彼此，交易中心的服务对象是供电企业，关心的是购电合同；而营销服务的对象是用电企业，关心的是电费收取，结算上下文关心的是资金。这样，它们之间的是非常松散的，如果三个上下文需要互相交流访问，可主要采取发布/订阅的方式，尽可能少地使用共享内核方式。

当进入这三个上下文内部时，发现内部还是比较复杂性的。以结算上下文来看，结算处理涉及三个步骤：预处理、处理和清分分账，这三个子域是核心子域，它们完成电力电费的结算分账工作。

对沉淀的资金进行财务投资管理的系统则可能是通用子域，使用通用的财务投资管理系统就可以完成；财务管控系统则属于支持子域，用于支持对资金进出的监控管理。

核心子域是必须尽最大努力的地方，它是公司核心竞争力的地方，对于核心子域，需要集中精兵强干进行 DDD 领域建模，将最善于解决复杂性的人力投放于此。

对于支持子域，可使用简单的解决方案，使用普通事务脚本或数据库 CRUD 模式就足够了，当然，在不会危及核心子域的前提下也可以外包。而通用子域通过购买可能更便宜，不要自己实现，哪怕它的技术很新潮诱人，可能会为简历增光添彩（请记住，绝对不能那么做）。

2.2 按时间线发现有界上下文

通常边界这个概念是指空间上的边界，例如国土边界。实际上，时间也有边界。时间边界在日常生活中很常见，年、月、日这些时间单位是一种时间刻度，也是时间边界的标记。与资金有关的领域基本都有时间边界，资金的利息是按照时间计算的，企业会计结算转账都是按月的，每年还有年度结算，包括税务领域等也都和时间维度相关。当然，空间边界可能更直接一些，例如物流领域中跟踪的货柜，会在不同地理位置停靠装卸。

为什么选择从时间线进行领域分析呢？因为是在考察业务功能和行为，而功能的发生是在一段时间内的。功能行为的发生也是有先后顺序的，那些发生时间非常靠近的功能行为很有可能是在一个有界上下文里，正如大家开会或谈话，每个人谈论的主题可能是非常相近的。

当从时间线去考察领域的问题空间时，研究每条功能行为背后的职责和目标，它们发生的时间为什么如此接近，是不是为了完成相同的业务规则？如果是，那么就存在逻辑上的一致性，它们应该处于同一个有界上下文中。

可依据下面几点来考察功能行为和有界上下文。

1）如果将此功能移到上下文之外会怎么样？能否完成目标职责？

2）这种上下文是否包含太多业务规则，包含太多的职责和能力？

3）这些职责和能力是否具有凝聚性？是否在时间线上比较接近，只有集聚在一起完成才能保证功能的完整性？

这种方法的关键首先是按照时间顺序对每个功能排序，然后再进入功能内部考察其职责。这个功能的目标是什么？主要关心的是什么？这些都有助于发现业务规则和不变性约束，将逻辑一致的规则约束合并为同类项，也就是合并成一个有界上下文，这是一种通过合并方式划分有界上下文的方式。这种方式的核心还是根据业务规则来判断有界上下文，业务规则本身只是逻辑一致性的另外一种表达而已。

时间线容易与流程混淆，并不是所有业务流程都是按照时间顺序编排的，有的流程可以并行发生，流程也可以组合，在下一章的事件风暴法中，通过发现发生的事件或活动来划分上下文边界，这种方法与流程更相关些，因为事件活动是流程的重要组成部分，而此处谈论的是从纯时间线来探索上下文边界。

2.2.1 UML 时序图

DDD 建模过程中需要一种语言来描述业务领域，描述方式的不同可能会影响有界上下文的划分，那么如何按时间线描述发生的功能行为呢？当然可以在白板上用一条条线表示功能行为，线条的前后表达功能行为发生的先后，这是一种自然的方式；还可以使用更严格、更标准的方式：UML 时序图。

UML 是一套面向对象分析设计的统一语言规范，Java、C#是一种程序规范设计语言，而 UML 是一种广义语言，说通俗一点，Java、C#体现的设计概念和 UML 的设计概念是一致的，甚至可以相互转换，这也是正向工程或逆向工程的含义所在。

UML 和 Java、C#虽然都是建模语言，但 UML 的特点是图形化，成本小，通过绘图工具画图更快速，而 Java、C#涉及更多技术细节，成本比较高。依靠 UML 图可以快速迭代设计概念，推倒重来代价较低，因此使用 UML 进行 DDD 的上下文探索发现是一种很便宜的方式。有界上下文是整个系统中最关键、具有战略方向性的设计，如果有界上下文划错了，等同于整个项目的根基发生改变，人员组织团队需要变动，代码库需要重新合并划分，测试交付也需要变动。

UML 本身也有缺点，原本是一种简单直观的图形化方式，但是图形化符号太多反而造成初学者的学习门槛提高。

DDD 建模基本只需要三种 UML 图：用例图、序列图和类图。

1）用例图：表达需求用例，也就是将功能需求用图形表达出来。

2）时序图：又称为序列图、顺序图，以可视方式模拟领域中的逻辑流程，能够记录和验证逻辑。时序图和用例图从两个视角来看待需求，时序图主要从逻辑顺序角度理顺需求，而用例图基本是忠实地完整描述功能，表示用例和参与者之间的关系；时列图用于显示对象如何通信，侧重交互通信的顺序关系，可以说是对用例图从时间顺序上的进一步表达。通过依据时间顺序这条线索，能够搞清楚领域中各个功能的前后执行顺序，然后研究这些功能是否可以合并为同类项，当然合并的依据是这些功能行为是否存在逻辑一致性约束。逻辑一致性体现业务规则和不变性约束等几个方面，也就是说，这些功能行为的职责目的是否一致？如果一致就可以合并到一个有界上下文，这样逐步挖掘领域中的各个有界上下文。这些将在下面的电商案例中详细解析。

3）类图：表达类型与结构关系，类似数据表结构，但是有继承、实现等对象表达方式。类图主要用来表达从用例和时序图中推导的领域模型，是建模的最终结果。这将在后面聚合等章节中详细解析。

当然，在实际 DDD 建模中，不必拘泥于 UML 的严格表示，可以简单画个框或箭头、线条，写个名字来代表一个对象或事物，只要能代指某个物体即可，并且用统一语言去命名。

2.2.2 实例解析：电商领域之商品管理上下文

本节将以中型电商领域为案例，解析如何通过时间线这条线索，逐条排查各个业务功能，考察每个功能的职责目的所在，挖掘其中的业务规则和不变性约束，将具有逻辑一致性的规则约束合并成同类项，也就是合并成同一个有界上下文，这是一种通过合并方式划分有界上下文的方式。

为简单起见，将电商领域的用例图表达为图 2-4 所示，这里 UML 工具使用的是企业架构师 EA，也可以使用 Rose 等其他 UML 软件工具。

商家在该领域中进行商品管理，用户可浏览商品、下单、支付，商家进行商品发货，这是电商领域主要的几个功能。当然还有更多细节功能，有可能罗列的每个功能都需要一套复杂的用例图来表达。现在主要是介绍一套分析方法，无论分析的对象是简单还是复杂，都可以使用这种方法，以看似简单的电商用例为范本，不会增加初学者的学习难度。

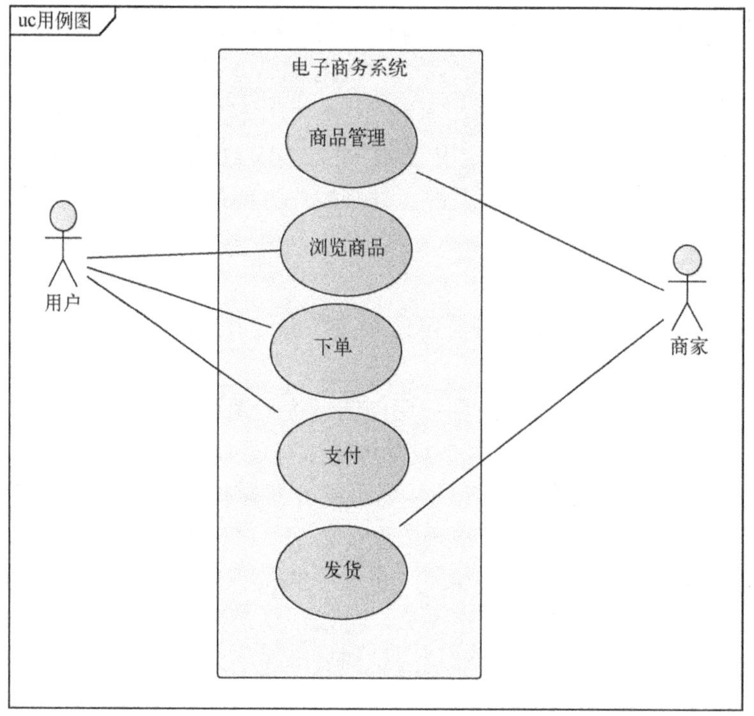

图 2-4　电商用例图

现在按照时间线对这些功能进行深入分析。这些功能中的第一步是什么？首先需要执行的功能是什么？答案是：商家的新增商品等功能。网上商店中没有商品肯定无法开张，用户也无法浏览商品，新增商品等功能是先于浏览商品等查看功能发生的，以 UML 时序图表示为图 2-5 所示。

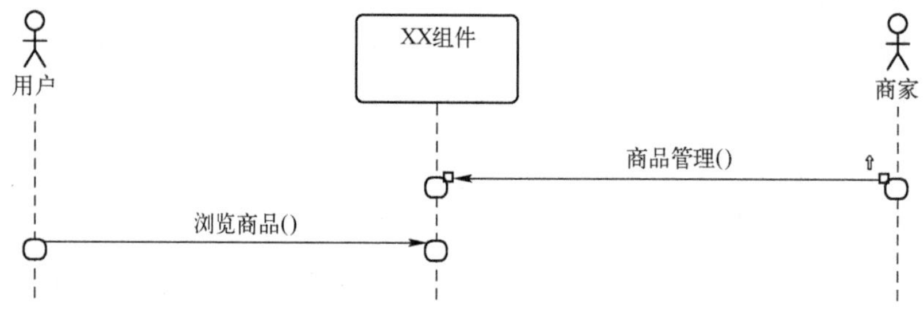

图 2-5　UML 时序图

图中使用“商品管理”代表商品的新增、删除、修改等功能，商家进行“商品管理”的操作这条线高于用户的“浏览商品”这条线，表示了它们发生的先后时间顺序。现在进入这两种功能行为的内部分析，它们是否存在业务策略和规则？商品管理是对商品的新增、修改、查询和删除，简称 CRUD；而浏览商品比较简单，主要是查看各种上架的商品，也就是 CRUD 中的查询；可以发现这两种行为的发生存在一致性，都是围绕“商品”这个主题展开的，如果这些行为中存在业务策略和规则，也应该是围绕商品展开的，因此这两种行为并不是两种独立的行为，是在逻辑上一致的，将这种具有行为一致性的逻辑封装在一个有界上下文内。

那么，这种一致性体现在哪里？可以引入一个新的对象类型：XX 组件，由该组件提供逻辑一致性体现的地方。这个组件到底是什么？接下来需要给它命名。根据 DDD 的统一语言规则，名称是大家约定的术语，前面已经讨论过，这两种行为或职责是围绕“商品”展开的，这是它们体现行为一致性的地方，这个组件应该与“商品”这个统一术语有关。与“商品”有关的术语很多，如“产品”“物品”“抵押品”等，这里还是需要根据电商所处的具体行业来进行选择，可以使用比较通用的“商品”这个术语，也是当前这个案例上下文的约定用语。

那么这个组件是不是应该命名为“商品组件”？不是，因为“商品组件”不能表达“提供”这个动词的意思，准确的表达应该是“提供商品操作功能的组件”。这里又涉及另外一个统一用语，“提供操作功能”可以用什么术语表达呢？根据 OASIS 定义，“服务”是一种允许访问一个或多个功能的机制，也就是提供操作功能以便于被访问，那么，“提供商品操作的功能”可以表达为“商品服务组件”。这样就完成了一个有界上下文的划分以及服务的命名，如图 2-6 所示。

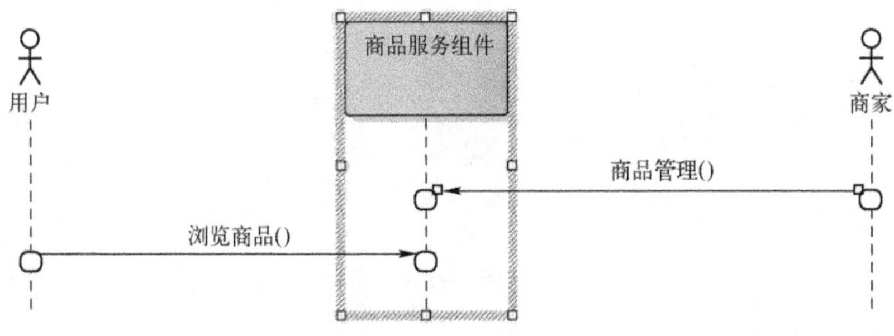

图 2-6　命名组件

关于“服务”和“商品”的区别在现实生活中比比皆是，例如：加油站是提供加油服务的站点，不是只有油品商品的站点，如果只有油品商品，那么它应该叫仓库或仓储；人们到餐馆吃饭，服务员是提供餐馆服务的。

可以看出，因为服务的存在，才有了商品的应用场景，也就是商品的应用上下文，所以，服务是有可能和有界上下文重合的。

回到电商案例，现在已经将商品管理功能划分成一个单独的有界上下文，那么下单、支付和发货功能如何分析？下单是用户下订单，支付时用户需要根据支付方式进行支付，这两种行为的关注点是否一致呢？如果存在业务策略和规则，是否存在一致性？

下单的重点是保证订单成功生成，如果用户需要修改订单中的商品，可能只能通过购物车修改，然后重新生成新的订单；一旦一份订单生成就不可修改，因为涉及后续的支付、发货流程，如果能够变化，后续流程无法进行；订单的总金额必须是订单中各项商品数量与单价乘积的总和。这些都是其业务规则，或者称为不变性约束。

支付的重点是如何保证支付成功，用户账户里面的余额是否足够支付，与银行系统的接口 API 访问授权处理……这些都是支付的职责操作和业务规则。

这两种业务规则是完全不同的，不存在逻辑一致性，因此可以判断是两个不同的有界上下文。同理，发货也是不同于下单、支付的有界上下文。这样，有了三个有界上下文：订单、支付和发货。

现在开始设计订单有界上下文。在这个上下文中，主要任务是实现订单的生成，完成用户下订单的命令，表达用户的订购活动，当然，有的人可能认为，这个有界上下文不一定取名为“订单”，“交易”也比较合适，那么就将这里的有界上下文通过“订单/交易服务组件”来支持，如图 2-7 所示。

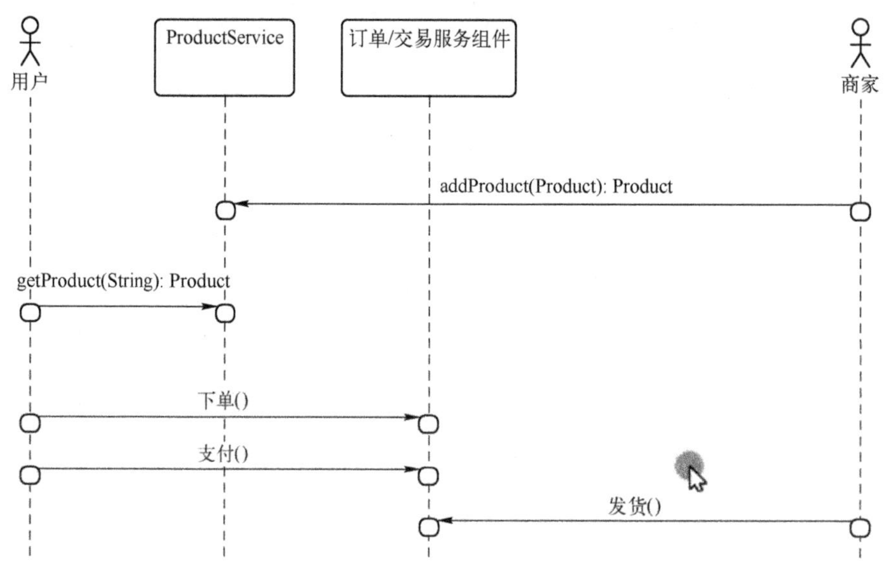

图 2-7　两个有界上下文

订单/交易服务组件支持的功能：用户下单、支付和发货。为了体现这些命令/事件是围绕订单而凝聚发生的，具有一致的逻辑性，订单上下文中的支付可能不是真正的支付功能，因为真正支付是处于另外一个上下文的支付服务中，这里的支付是针对订单状态的修改，当用户真正支付完成后，通过此支付方法将订单状态修改为已支付。

同样，发货方法也不是真正的发货，通过此方法将订单状态修改为已发货。这里涉及订单上下文、支付上下文和发货上下文之间的关系调用，通过发布/订阅模式，由支付上下文和发货上下文发布支付或发货事件到订单上下文。

图 2-7 中还有商品服务这个有界上下文，这样做的好处是，可以从整个时序图中鸟瞰所有功能发生的时间顺序，从而能不断迭代调整上下文的边界。这是一个迭代、动态的变化过程，有界上下文不是一次设计完成，设计好了就放到另外一张图中，还要将不同上下文纳入整个领域背景下串联起来，看看是否能完整覆盖整个领域边界。这是一种领域流故事法（Domain Flow Storytelling），有界上下文本身就是故事中的演员。因此，故事始于用户实现的功能目标，然后是有界上下文之间的交互，检查这样能否最终提供整个解决方案。

通过时间顺序考察每个功能行为的发生情况，发现其中规则和职责目的是否存在一致性，进而界定出有界上下文，这是本节演示的一个重点。在后面的“聚合”等章节中将继续细化这个案例，考察领域模型的提炼，并使用类图来实现。

2.3 通过领域故事或流程发现有界上下文

领域故事（Domain Storytelling）是由 Stefan Hofer 在https://domainstorytelling.org提出的一种非常轻量级的工作坊形式，通过讲述故事的方式，专注于领域知识，通过领域语言来探索和理解用户流程、工作程序和整个业务流程与规则。

它的特点是能够按照字面意思，逐字逐句地 “观察” 和“改进”领域语言。当软件工程师和领域专家一起开会时，他们之间的沟通与交流其实存在很大问题，因为两种人群思考问题空间的维度是不同的，如果没有一种“语言警察”的精神实际很难达成统一认识。领域故事注重语言的语法及其语义，例如一个句子总是由主谓宾组成，表达“什么人在什么地方什么时候对什么做了什么事情”，如果使用这种基本语法形式表达想法，也许更有助于形成统一语言。

假设分析航空货运运输的领域系统，技术人员会与相关管理人员或领域专家交谈。

- 问：“你的工作做什么的？”
- 答：“进行货运计划调度”
- 问：“具体怎么回事？”
- 答：“举个例子，客户需要托运一批货物，然后需要让路线小组规划路线，机场小组再分配计划，最后指定机位。”

最后一句回答中的“客户需要托运一批货物”，主语是“客户”，谓语动词是“托运”，宾语是“货物”，可以使用不同颜色表示它们：黄色表示主语，粉红色表示谓语，蓝色表示宾语，具体颜色取决于自己，当然也可以参考“四色原型”中的四种颜色分类。

最后一句回答中的三句话其实代表了航空公司的内部流程。

1）路线小组进行旅程路线计算（主谓宾）。

2）机场小组进行分配计划（主谓宾）。

3）机组小组指派机组和机位（主谓宾）。

参会者使用这种讲故事的对话方式，然后将对话结果使用主谓宾的颜色便签贴到墙上，随着时间推移，整个墙面可能被铺满。这时会看到整个领域的一个大流程图，用这种方式应对复杂枯燥的业务领域相当有效。

将领域中的流程全部分类标识以后，会发现流程涉及的各个环节与步骤，在这些步骤中隐藏着业务能力，因为需要这些业务能力，所以流程才会转到具有这些业务能力的环节。例如，路线小组的职责是负责路线计划，这是其强项，是其专业能力的体现，而货运托运当然是需要路线规划这个能力的。

当然，能力通常与组织机构对应。路线小组是组织机构，其能力是进行路线规划，如果航空公司进行机构重组，能力和权力下放，将路线规划能力下放到机场小组，那么路线小组这个机构会裁撤了，因此，能力由组织机构实施，但是能力不等同于组织机构，组织机构容易变化、重组，但是需要做的事情不变，能力不易变化，如果只根据组织机构划分有界上下文，可能会造成系统设计非常脆弱，无法应对变化的组织机构，根据能力进行上下文的划分就更加健壮。

以请假流程为例，使用流程标准语言 BPMN 表达如图 2-8 所示。BPMN 其实是和颜色标签非常类似的一种分类法。

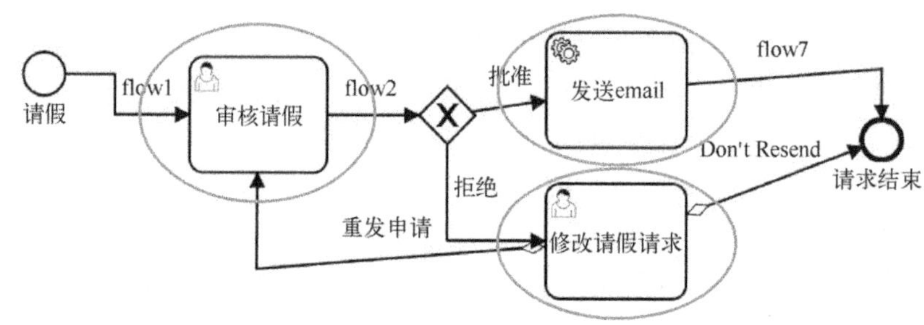

图 2-8　请假流程

这个请假流程中涉及三个步骤：审核请假、发送 email 和修改请假。按照主谓宾来健全这种表达方式，结果如下。

1）经理审核请假（主谓宾）。

2）系统发送邮件（主谓宾）。

3）请假人修改请假（主谓宾）。

通过这种主谓宾形式，会发现主语一般是组织机构名称或人员角色名称，这里不能根据这些主语表达的组织机构去划分上下文，但是如果这样做会怎样？经理是部门经理，如果管理改革，将请假审核的权力和能力改编到人事部门，那么主语就变成人事部了，这样上下文就不同了。如果根据能力进行划分，也就是谓语动作进行分析，“审核请假”代表一种能力或权力，权力是一种很强的能力，当然职责也是能力，那么这里就划分“审核”能力为一个有界上下文，无论组织流程怎么变，请假单总是需要被审核的，因此，这个审核上下文的生存周期会更强一些，也代表这样设计的生存能力更强。

这种能力和组织机构的对应问题在大型系统中特别明显，再列举两个例子。第一个例子是一家大型公司的 IT 生产制造 ERP 系统，整个生产制造流程为：销售、计划、采购、生产制造、交货和服务。一个大型公司为了实现这个流程涉及的各个能力，会形成相应的组织机构，组织机构为：销售部门、产品计划部门、采购部门、生产厂商、仓储物流、服务监控部门等。随着市场变化，销售部门可能会改为客户执行部，它们完成的能力还是销售与市场所需要的能力，但是部门名称和工作重点不同了，会变得更加面向客户需求，导致业务策略和规则可能与先前不同，但是负责改变业务规则是高级管理人员或领导的事情，无论规则或流程怎么样，还是需要原来的业务能力来支撑新的流程与规则，能力甚至可以碎片到个人身上，只要某个人有能力，他的能力会在新的上下文中发挥作用。因此，能力是比规则与流程更细分、更小的元素。

第二个例子是社保系统。社会保险可以说是社会福利的标志，也是政府的一个重要功能，每个人都必须参与社会保险，那么这个领域具体是什么样呢？参加社保的职工需要每个月按时缴纳社保费用，交满一定年限后（各个地区不一样），退休后就可以每个月领取退休工资了。如果是在职职工，单位人事会去社保局代为办理社保事宜，那么这个办事流程是什么呢？有的地方可能只要到市民中心去办理即可，这些都是组织机构深化改革的结果，面向参保者的办事流程可能变得简单，一窗式或一站式各种新名词很多，但是提供社保服务的领域流程是什么样的？这可以使用简单的主谓宾表达。

1）A 部门负责社保关系管理。

2）B 部门负责缴费申报和缴费核定。

3）C 部门负责资金征集。

4）D 部门负责费用记录和账户管理。

5）E 部门负责待遇核定和发放。

6）F 部门负责社保待遇的发放。

7）G 部门负责流程审核、监控、稽查。

从这个主谓宾的领域故事中，可以理解社保系统的内部流程，这些部门在机构管理改革中会有不同的变化，例如医保原来属于社保范畴，后来政府专门成立了医保局，那么是不是上述流程会变化呢？也有可能，但是不根据主谓宾中的主语去定位组织机构，而是根据谓语动词的能力去分析：社保关系是否需要管理？这个能力需要吗？社保关系类似保险公司的保险关系合同制定，确认社保关系好像是必需的，但是如果在一个全民参保的制度上下文下，每个人只要满 18 岁，就必须参加社保，因此，这种社保关系管理的能力可能有点多余。如果缴费是直接通过税务局扣税，没有社保关系是否能扣税缴费呢？当然深入研究，某些城市的退休工资要高一些，社保关系其实也体现了一种户口性质，因此，从其能力职责来看是必需的，这项能力有可能被分配到社保局或市民中心，只要抓住谓语动词背后的能力即可。

这里只是浅显地分析了社保关系，其他不再做详细分析，这是社保专家等领域专家研究的专业领域知识，举例只是希望表明：根据能力划分上下文比根据组织机构划分更健壮，当然没有组织机构作为主语，也难以发现谓语动词的能力，因为人类思维的特点是主语思维，这可能涉及传统哲学和海德格尔哲学的区别，有兴趣者可深入研究。

以上讨论了如何通过领域故事或业务流程发现有界上下文。用讲故事的方式阐述领域知识是一种易于让人理解的方式，如同前面阐述的两个例子一样。这两个例子通过一种讲故事的方式将领域知识表达出来，注重主谓宾严谨用语。讲故事一般按照业务流程的方式叙述，因此，领域故事和业务流程常常是相关的，关键是需要从中找到不容易变化的业务能力，根据业务能力划分有界上下文的边界。

DDD 专家 Nick Tune 提倡使用填写表格的方式来逐步划分上下文边界，其表格内容如下。

1）有界上下文名称：例如资产税务注册（下面的内容举例都有关资产税务注册领域）。

2）业务策略分类：分为核心、通用、支持和其他几个类别，例如公平合法地提供重要服务。

3）描述：例如有一份目录详细说明了过去 20 年中每一家企业缴纳的物业税金额以及用于确定金额的标准。

4）业务规则：例如公布日期规则、确认规则、相同地区比较。

5）统一语言：例如估价、非国内、遗传、修正案。

6）能力和职责：例如导入调查表、发布年度报告、评估下一年价值、记录修正。

7）依赖：与其他上下文或服务的依赖关系。

从中可以看出，其内容基本是前面讨论的各项指标，当对一个有界上下文形成共识时，将相关研究设计证据填写在表格中，这样也表示了一种设计思考过程，记录着有界上下文和领域模型是怎么来的，让初学者理解起来也很方便。

这样的表格填写不是一蹴而就的，需要反复迭代，通过讲故事的形式反复和领域专家确认，注意其主谓宾用法，捕捉其语义中的业务策略、业务规则和能力，通过反复召开的头脑风暴会议最终确认。下一节将介绍另外一种头脑风暴会议，它主要着重于寻找领域中的活动或事件，它们的一致点都是按时间线发现流程中的动词：动作行为、活动或事件。

2.4 通过事件风暴会议发现有界上下文

Google 产品技术经理 Steven A. Lowe 认为：事件风暴是一种快速、轻量级且未得到充分认可的群体建模技术，它对于催化并加速小组的学习是非常强大、有趣且有用的。作为 Alberto Brandolini 的心血结晶，它是 Gamestorming 和 DDD 原则的综合实践。

事件风暴是软件系统的快速设计技术，涉及技术人员和领域专家/业务分析师。该技术不限于软件开发。您可以将其应用于几乎任何技术或业务领域，尤其是那些大型、复杂或两者兼有的领域。

事件风暴是围绕领域事件展开的头脑风暴会议，领域事件是什么，这是领域专家对其业务领域感兴趣的、发生的事情与情况。领域专家对数据库、网络接口或设计模式并不感兴趣，但关注业务领域中会发生的事实（动词），而领域事件就是捕获这些事实。

20 世纪颇具影响力的哲学家维根斯坦说：世界是事实的总和，而非事物的总和。而传统哲学的观点是：世界是由存在着的万物组成的，他认为是世界是由发生着的事实组成的，这是他的《逻辑哲学论》中的基本出发点。“存在着的万物”和“发生着的事实”两者的区别其实是主语和谓语动词的区别，“万物”通常是主语名词，而“事实”是一种动态的过程活动，涉及谓语动词。从谓语动词中才能抽取出“万物对象”等名词的概念，他的逻辑分析观点认为：重要的不是对象，而是事实中对象之间的关系，对象所处的情势（事情的现实状况与发展趋势），对象只能在事实（对象之间的关系）中存在，离开事实的对象就毫无意义了。

在 Stackexchange（https://philosophy.stackexchange.com/questions/47705/what-are-the-differences-between-facts-and-things）中有一段对于维根斯坦的“事实”的解释。

事实包括所有事物的存在，以及所有事物所有可证明的属性和行为（注意“行为”二字）。

想象一下，宇宙如果只由一个茶杯和一把锤子组成。

事物（Things）是：茶杯、锤子、宇宙。

事实（Facts）是：事物的存在是事实。

- 有一个茶杯。

- 有一把锤子。
- 有一个宇宙。

此时两个视角是相同的，然后关于事实：

- 茶杯靠近锤子。
- 茶杯和锤子正朝着彼此移动。
- 茶杯和锤子将继续朝着彼此移动。

关于事实的事实：任何移动的东西都将继续移动，除非有什么东西阻止它。在这一点上，已经完全超越了事物并开始谈论一般事实。

维根斯坦也讨论假设事实:

- 茶杯可能比锤子大。
- 可能有两个茶杯。

在DDD建模领域，使用“领域事件”代表“事实”，表示对象之间的关系，既然领域事件表达了关系，需要涉及至少两个对象，领域事件通常也用于表达两个以上有界上下文之间的通信交流的方式。

通常情况下，人们的直觉是更关心主语，“哪些对象”发出领域事件才是人们关心的，但是维根斯坦认为应该倒过来，领域事件代表的“事实”概念重要于“对象”概念，它们的主次顺序与直觉相反。在事件风暴会议中，只有先找到发生的事实，将其标记为领域事件，才能发现这些事实涉及哪些对象，只有找到事实，才能分析出对象，对象之间的结构边界才能得到划分，而划分了边界的对象才可能是DDD中的有界上下文。

在进行ER数据模型分析时，一般是先有实体（Entity）表，然后才表达关系（Relation），维根斯坦逻辑思想的革命性在于：先有关系，才有实体，实体在关系中才有意义。DDD中的领域事件、有界上下文和聚合都是这种关系的不同表达形式，或者说，数据库的关系表往往才是关注的重点，它是业务逻辑的关键所在。

以上是事件风暴会议等方法论的哲学背景介绍，有了这些认识，才可能真正认可基于领域事件的事件风暴会议的价值所在。

事件风暴不同于其他建模。

1）如果首先从数据建模开始，那么人们的思考和对话将很快转移到模式、事务和其他与业务领域无关的事情。

2）如果首先从行为建模开始，当人们将行为分解为任务并将其链接到流程时，会分心或不知如何下手。

虽然有很多方式来表达数据和行为的结合，但领域事件可能更合适。由于领域事件表示的是领域的事实，这些事件仅在基础业务发生更改时才会发生明显变化，因此，领域事件是DDD建模中更稳定和更具弹性的脚手架。

事件和状态是一对同等词语，发生了事件其实隐含了事件的状态变化，例如某处发生爆炸事件，这是事实，爆炸后的现场状态肯定和爆炸前不同，使用数据库表记录的大部分是状态，因为只有状态才是数据，而行为不是数据。Rinat Abullin说：行为不是数据。更确切地说，数据通常是在固定情况下观察到的行为的近似值。

在领域驱动建模中，状态被看成事件的副作用。当且仅当具有影响新行为的潜力时，状态才有意义。有界上下文中的聚合（后面章节细谈）不仅仅是一些表示状态的对象的组合，聚合是对相关行为的汇聚，并仅将状态保留在与对应行为相关的位置。

2.4.1 领域事件

事件代表过去发生的事件，它既是技术架构概念，也是业务概念。以事件为驱动的编程技术模型称为事件驱动架构（EDA），这里强调的是事件的业务概念。

一个事件代表某个已经发生的事实，在计算机系统中，事件是由一个对象表达，其包含有关事件的数据，比如发生的时间、地点等。这个事件对象可以存在于一个消息或数据库记录或其他组件的形式中，这样一个对象称为“一个事件”。

事件概念在业务系统中应用，诞生了领域事件和事件溯源等 DDD 实现方式：通过引入事件，像引入服务概念一样，跨越业务和技术鸿沟，同时又能表达函数编程式思维。在业务上将事件和 DDD 结合在一起，可以形成统一语言 DSL。

前面已经谈到，领域事件代表业务领域中发生的事实，通过领域事件捕捉这种事实，表达形式可以很自由，但还是有一些约束。

这里以电商领域为例，用例场景描述是：用户挑选自己喜欢的商品，将它放入购物车，当然也可以从购物车中移除，当完成购物后，用户会确认生成订单，并进行支付，而商家根据订单进行发货，用户收到货后会确认收货。

在这个领域描述中有多少发生的事实？首先从动词入手，而不是名词。名词是人们直觉感觉到的，比如“用户”、“商品”等，但是这些并不能代表发生的事实——世界不是由对象名词组成的，而是由动词事实组成的，那么“挑选”“放入”“移除”等动词会跳入眼帘，但是也不需要纯粹的动词，至少宾语名词还是需要的，因此，“挑选商品”“放入商品到购物车”“从购物车中移除商品”成为关注的目标。“挑选商品”是用户的一个主观自由行为，可以通过推荐影响其挑选结果，但是怎么挑选还是其自己决定的，这不是解决方案能够左右，排除在问题空间之外。下面继续分析“放入商品到购物车”和“从购物车中移除商品”。

首先分析第一个功能：“放入商品到购物车”，或表达为“将商品放入购物车”。这两者是一个意思，这条语句的谓语动词是“将商品放入”，宾语是“购物车”，动词代表事件发生，事件是发生的事实，这里事实是什么？如果对名词比较敏感，那么可以从名词中寻找事实。事实代表名词对象之间的关系，“商品”与“购物车”是两个名词对象，它们之间因为“商品加入了购物车”而发生了关系，所以，事实是“商品加入了购物车”。这个事实还有另外一种表述：“购物车中加入了商品”，两者的区别是“商品”和“购物车”两个名词哪个放在首位。区分这两种表述有重要意义，首位一般有主语的意思，隐含意义是当前边界的主人，这里发生的事实是在哪个主人的边界中发生的呢？“购物车中加入了商品”暗示当前动作发生的背景是在“购物车”相关场景，而“商品加入了购物车”则暗示了是在“商品”相关场景，商品的场景是“商品管理”，这里的动作并非有关商品管理，而是商品的使用、用途，它被用在了购物这样的场景，经过如此分析，选择“购物车中加入了商品”这条语句，这句话暗示了当前场景是“购物”，该场景可以总结为有界上下文“购物”或“购物车”，前者是动词，后者是名词，最终选择取决于统一语言偏向。

当找到有界上下文以后，需要命名发生的领域事件了。这里的领域事件是“购物车加入了商品”，这代表商品与购物车发生关系，但是这个关系不是抽象永恒的关系，而是在时间和空间上非常具体的关系，如果具体化？这就必须指定发生的具体时间、具体规格（如数量、价格）等，这些都需要量化。因此，“购物车加入了多少商品”必须指定清楚。那么如何表达“多少商品”呢？“多少”的含义其实是代表“商品数量”，因此，多少商品=商品数量+商品名称。但是必须使用领域中的一个通用术语表达这个复合组成关系，那就是“条目”，英文“Item”，这样，“购物车加入了多少商品”就表达为“购物车条目加入到了购物车”。这里再次将“购物车条目”置于首位，它才是应该被主要关心的，因为现在已经进入购物车内部边界，在购物车有界上下文讨论这个事件，那么这个领域事件就表达为“ItemAdded”，名词在前面，过去式动词在后面。

领域事件的命名需要使用过去式，表示已经发生的事情，如“CustomerRelocated”表示客户已经被重新分配；“CargoShipped”表示货柜已经装运。因为领域事件表示与领域相关的事件，不能简单说员工已创建、已删除，而是已雇用、已解雇、已退出。命名需要代表深刻的业务领域含义，以下一些命名可能意味着命名者没有深入理解领域知识。

最明显的是“CRUDish”，如员工已创建、已删除，或像“SomethingChanged”“SomethingUpdated”这样的事件只是表示简单的数据改变、更新，没有使用统一语言知识的术语表达。只是简单的数据更新可能没有必须使用DDD，其实事实并非如此，这表明没有进行足够的领域探索，或者在行为领域方面的探索很差，可能缺乏对业务流程的理解。

但是，“SomethingAssigned”“SomethingUnassaigned”这样的命名可能代表流程中的分配任务等概念，但这是流程中的通用术语，不是领域中的通用术语。还有技术名词，如“SomethingRollbacked”“Canceled”“Patched”“回滚”“取消”等也都是通用的事务或交易术语，并不是领域中的通用术语。

2.4.2 命令

事件的发生是有原因的，是什么触发了事件的发生呢？这里引入“命令”这个概念。它表示事件的触发器，通过UI（界面）生成，那么这个命令就是由用户点击“确认”等按钮触发的。从UX（用户体验）设计角度看，命令体现了人的一种意图，因为有这个意图，所以才触发这个命令。命令进入领域系统后，系统是否响应执行这个命令，还是要依据领域自身的逻辑：如果逻辑允许，领域系统正确执行了这个命令，那么意味着系统内已经发生了一个事实，这个事实就是领域事件；如果违背领域逻辑，系统可以拒绝执行命令。

命令和事件的区别可以总结如下。

1）命令表达一个正在发生的动作，有待执行；命令是职责目标，是方向的确定，是主动的。

2）事件代表已经发生的某个事情，必须响应；事件是不可控的，因为已经发生，无法改变。

3）命令是请求执行，而事件是执行已完成。

命令命名和事件命名也有区别的，命令一般是动词在前，或结尾使用“ing”表示正在发生的动作，区别于事件命名中结尾使用“ed”表示过去式的动作。

命令+事件的模式符合意图、执行和结果的范式，日常生活中这种方式很多，例如上级给下级命令，下级一定要执行，并返回结果；给洗衣机发出洗衣命令，洗衣机执行，最后获得洗衣完成的结果；在浏览器中填写完表单，单击“提交”按钮，后端系统将执行，然后返回结果。

命令在领域事件之前，是领域事件发生的因，但是在一个业务流程中，上一环节的事件可能直接变成下一环节的命令，这样就组成了一条因果链，通过这样的命令+事件建模分析，可以发现流程能力环节和有界上下文，如图 2-9 所示。

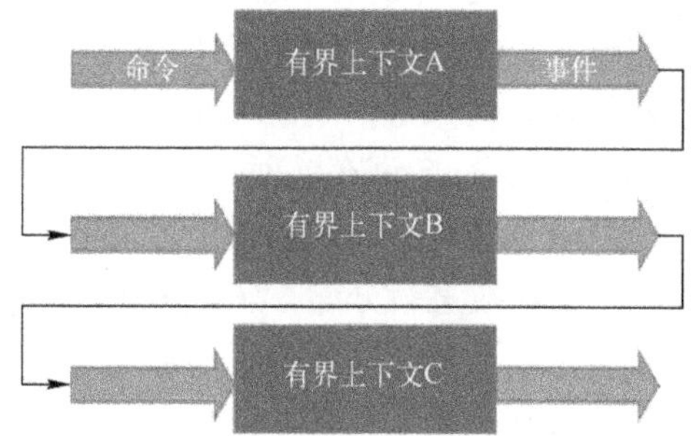

图 2-9 事件转命令

前面章节讨论了不同有界上下文之间的关系，其中有主机服务、发布订阅等形式，这两种方式结合命令/事件时有什么具体不同呢？

1）主机服务是一种 API 直接访问的形式，API 提供者被其他有界上下文直接调用推动。在主机服务情况下，几乎不涉及命令和事件的概念。

2）发布订阅则属于一种订阅模型，事先订阅某种类型的领域事件，在运行时，当其他有界上下文发布该领域事件时，将触发订阅上下文做出相应的反应。

命令/事件只适合在发布订阅模型中，发布和订阅两个有界上下文通过领域事件联系在一起。如果不希望通过具体领域事件耦合，可以通过已发布的语言，例如工作流的 BPMN 规范。在 BPMN 中约定了标准的事件和节点类型，只要双方有界上下文遵循 BPMN 规范就可以实现相互通信。

发布订阅模型适合一个流程中不同有界上下文环节之间的通信，它不适合在业务和非业务之间的上下文映射。假设有一个用于发送通知的非业务有界上下文，它可以发送各种形式的通知，例如 Email、短消息和微博。考虑以下两种实现方式。

1）主机服务：通知上下文提供一系列 API 供外界访问，其他有界上下文直接调用这些 API 来驱动发送各种通知。

2）发布订阅：通知上下文需要事先订阅那些需要发通知的有界上下文，等待这些有界上下文发布相应的事件以后就会发送通知。

在发布订阅模型中，通知有界上下文和其他上下文通过领域事件耦合在一起，通知上下文可能介入领域事件与自己发送的通知之间的翻译转换工作，那么就需要一个专门的有界上下文负责实现翻译，这种翻译也就是事件到命令的转换，将其他有界上下文的事件转换成自己发送通知的命令。

这样做的问题是：只要增加一个新的领域事件就要涉及翻译有界上下文的变动，翻译有界上下文变成了共享库。为了避免共享库，变通办法是规定一种已发布的语言，已发布的语言是有界上下文生成的消息格式的规范或协议。

如果使用主机服务模型，不涉及命令/事件概念，两者直接通过 API 耦合在一起；如果为了彻底解耦，可以引入防腐层上下文，这个防腐层实际也是一个专门的有界上下文，负责事件转换命令。

主机服务模型虽然没有命令/事件的概念，好像比较简单易行，但是如果用在两个有界上下文之间，可能会造成两个上下文之间过于耦合，界限划分不清晰，API 的接口一旦变动，对方上下文变动很多，双方团队就需要在一起协商开会，效率会大大降低。因此对于通知这类通用的技术性质有界上下文，可以归类到基础平台共享库中，由专门的平台部门负责，可通过云平台方式提供。

2.4.3 事件风暴建模法

事件风暴（Event Storming）是一种用于快速探索复杂业务领域的研讨会格式，EventStorming.com 的创始人 Ziobrando 认为它有以下特点。

1）功能强大：能够在数小时而不是数周内提出完整业务流程的综合模型。

2）很有吸引力：整个想法是将提出问题并将知道答案的人带到同一个房间，并共同建立一个模型。

3）它是有效的：得到的模型完全符合 DDD 实现风格，并允许快速判别状况和聚合边界。

4）容易：符号非常简单。没有复杂的 UML，UML 可能会导致参与者在讨论核心时由于各自理解不同而讨论中断。

5）有趣：能愉快地领导研讨会，人们充满活力，提供的服务超出了他们的预期。

开一场事件风暴会议，领域专家、产品经理和技术人员等都参与其中，其中包括那些知道要问的问题（以及哪些人很想听听答案）以及知道答案的人，协调人必须使团队保持专注和参与，指导会议进展直到能完成完整的领域模型。

从领域事件开始探索领域，按时间线向前和向后发现领域事件，探索领域事件的起源。某些事件是用户操作的直接后果，因此使用不同颜色的便签区分命令和事件。

- 蓝色便笺表示命令。
- 橙色便笺表示事件。

在便签上写上命令或事件的名称，贴到墙上或白板上，所以需要有足够大的墙面。

如果讨论变得热烈，就需要固定前进的目标方向，以下是一些标准路线和方向。

1）首先，探索子域。每个专家只谈自己最擅长的子域，将领域中的其他部分留给其他人。不同的责任区域可以很好地映射到不同子域中的一部分。

2）其次，探索有界上下文。在讨论过程中，可能会出现一些冲突领域，具有 DDD 思维模式的开发人员和推动者会对同一术语有不同解释，这可能是在共享的多个同一模型之间划分边界的好时机。

3）然后，注意草绘用户角色。在谈论命令时，对话倾向于指向发出命令的有界上下文和触发动作的人：谁在什么情况下发出这些命令？谁在什么场景下发出这些命令？可以使用黄色便签表示主语角色。

4）最后，识别关键测试场景，因为除了明确定义验收测试之外，没有其他更好的方法来消除歧义。最好有一些图表输出，例如上一节 DDD 专家 Nick Tune 推荐的表单就是这样的图表。表格或图形对于给定用户特别有价值，只需将其绘制出来放置在与其关联的命令附近。

虽然名为事件风暴会议，其实参与会议的人根据其习惯可以使用各种方法，包括 UML 绘图、讲故事式的对话等，对动词敏感的人可以使用发现命令和事件的方式，这些方式的共同点都是按照时间线对动词进行排查发现。

使用事件风暴会议最好的时间是在项目开始时，团队能从一开始形成对领域模型的共同理解。使用事件风暴的另一个高回报时间是项目结束后，用于捕获和分享团队在构建软件过程中学到的知识。

事件风暴的目标是创建和分享对领域模型的共同理解，它不是流程图、设计文档、UML 图、部署计划、架构图或任何与实现相关的其他内容的替代品，可以将其视为低保真、临时信息的辐射器，用于与其他人共享和确认领域模型。

复杂领域建模咨询专家 Nick Tune 总结了事件风暴建模的一些具体技巧。

首先是避免过早进行通用性抽象。例如，人活着干什么？无非吃喝拉撒。这个回答其实已经非常抽象，但是给人感觉却是非常具体，这种抽象其实是一种肤浅的抽象；又如：用户登入系统、浏览商品、下订单、支付、发货，这些事件和组成的流程是通用的电商系统抽象，这种抽象只适合在讲解事件风暴和 DDD 建模的入门教程中，具体到某家电商公司还是有很多具体特点的。

因此，需要结合具体场景和上下文来进行领域事件提取，例如有的电商公司是先支付后才能发货，有些电商公司还有审核流程，这些都要加入事件风暴会议，否则就沦为泛泛而谈的纸上谈兵会议。

再以招聘网站为例，过早通用无意义的抽象事件有：招聘人员登入系统、创建招聘要求、发布招聘、求职者申请职位、面试安排。

这是非常通用的招聘系统事件和流程，这种抽象没有意义，需要具体化，发现各种分支流程，那么具体化以后的招聘系统事件和流程可能是这样的：外部招聘人员登入系统、分别购买大型招聘计划和轻型招聘计划、根据大型和轻量招聘策略将相应要求发给招聘者、招聘人员拒绝一些要求。

这里引入了招聘计划，这实际是一种业务策略或规则，那么招聘人员根据招聘策略可以进行一些招聘需求的挑选。讨论如果拒绝了会走怎样的流程等问题，这样就逐渐发现了主流程以外的分支流程，整个业务领域就丰富起来了，像树一样，不但有主树干，还有各种分叉树枝，这样的树才是丰富具体的活生生的一棵树。

事件风暴会议不只是用来发现领域事件，更重要的是挖掘领域中的业务策略和业务规则，如果没有这些，这种系统只能判断为是一种简单的 CRUD 系统。

在事件风暴会议中要有对 CRUD 的怀疑精神，警惕各种带有 CRUD 含义的领域事件，具有通用后缀（如 Created，Updated，Changed，Changed 和 Deleted）的事件表示正在使用技术术语来描述领域而不是真实的领域术语。特别是 Updated 可能是最大的警告信号，它是一个非常笼统的术语，只是意味着已更改。当我们进行事件风暴时，需要试图捕获领域中的丰富性，因此应该追问“为什么更新了某些内容？”。

对 CRUD 命名的怀疑不仅会帮助开发更丰富的领域词汇表，改善技术人员与领域专家之间的协作，而且还将帮助发现领域内的其他流程。了解更改的每个不同原因，将发现许多领域中的见解。例如，不要用“价格更改”这样的领域事件，而是与领域专家进一步讨论，追问为什么价格会更改。你可能会发现的原因有“价格打折了”“季末促销”“圣诞促销”等，使用这些业务原因来命名领域事件。其实更改或更新只是一种状态变更，而事件建模应该不是针对状态。

类似 CRUD 事件的还有：表单提交、按钮点按、数据库保存。这些事件也只是领域事件的技术事件，并不是真正的领域事件。表单提交（Form Submitted）可以使用带有业务含义的词语替代：工作提交；订单提交；帖子提交。虽然这些业务数据确实表现为一个通用的表单，但是使用技术表单（HTML）术语超出了业务领域的边界。

表单中的每个字段数据最好在事件风暴会议中列出，列出这些字段的各种可能数据值，了解这些不同值的含义与差异，将具有重大差异的值建模为不同的流程。例如，填写表单时，有一个性别栏，如果是男，那么表单的其他填写项目就会有一些不同，这只是业务数据值对表单界面造成的轻微影响，而更重大的影响可能是：当前表单提交后，男或女不同选项导致出现不同的下一个表单，这实际已经是不同的流程走向了。从这种细节中发现新的分支流程，丰富业务领域。

当表单提交以后，通常是表单的数据创建了、更新了或删除了，这些 CRUD 事件只是肤浅的抽象事件，特别是某数据更新了只是一种状态更新。**要培养对状态更新的敏感性，状态机几乎遍布每个领域**。正在建模的概念会经历其不同的生命周期阶段，这些不同阶段使用“状态”一词来表达，虽然不能直接针对状态进行建模，但是可以通过发现状态机来发现领域事件，进而能发现领域中的上下文边界（也会成为微服务的边界）。状态机是边界的凝聚核心，领域事件是边界的边缘，与外界交互的事物。

当然，不是所有领域事件都意味着状态改变，有一种特殊的事件可以识别状态机状态之间的转换，称为**“关键事件”**。关键事件是领域边界的有力指标。

在物联网设备领域，可能会发生以下关键事件：设备制造、已配置设备、已安装设备和已激活设备。尽管在整个过程中发生了数以百计的事件，但是这些是指示重大变化的关键业务事件。

在后面事件溯源建模章节中会看到，通过状态切换的表面现象发现其原因：领域事件。当然，首先要培养状态敏感性，这一点主要是从上下文等场景去了解：当前这个上下文主要关心的是什么数据变化？例如，购物车场景和订单场景有什么不同？购物车主要是对购物车里的商品进行挑选，这时引起的状态变化应该是购物条目明细：某个商品 A 购买了五件；某个商品 B 购买了三件等等。但同样是这些购买商品明细，到了下订单场景，这些购买明细就变成了订单明细，订单明细就不能再进行加入或去除等变更了，这时状态就不是订单的条目明细，而是整个订单的确认、支付和发货等变更。状态目标明确了，领域事件就会跃然纸上。

在事件风暴建模中，需要多从表面的现象变化追问“如果..会..”，否则会陷入很轻松、很习惯、很确定的思路陷阱中去，在这些舒适环境中就不会有什么新的发现。大哲学家罗素曾经阐述哲学有什么用处。哲学不像科学那样能够带来物质利益，也不能回答大多数人的问题，但是哲学提供各种可能答案，拓展各种思路，经历各种不同角度的思考。这些答案没有一种是标准答案，问题本身和多个答案或没有答案本身已经证明其价值：不确定性。不确定性是好奇心的代名词，只有不确定才会有探索冲动，才会激起好奇心。事件风暴会议本身就是一种探索问题的各种答案和答案是否存在的方式，突破舒适区，追问原因，拥抱不确定性，用好奇心驱使创新。

通过“如果..会..”的追问，会发现领域中的很多边缘情况。查看墙上的每个事件并询问：“如果发生停电怎么办？”“如果拒绝客户的信用卡怎么办？”“如果仓库发生火灾怎么办？”，对该领域具有浓厚的好奇心，将带领与会者提出各种探索性和挑战性的问题，从而获得有关该领域的更多见解。

这种哲学式的批判精神和怀疑精神会让整个参与会议的团队陷入迷茫或混乱中，混乱的探索是事件风暴的标志之一，整个团队都在集体中集思广益。每个人都可以将自己的想法、假设和疑虑用便签贴在墙上。混乱的探索对于事件风暴提供的许多发现至关重要，但是，有时精力不足，团队感到困惑，或者由于许多可能的原因而没有取得进展。这时需要切换到单线程模式，只让一个人贴标签，其他人不再贴标签了，顺着这个人的思路一起讨论，一次添加一个事件，以确保小组在继续之前达成共识。如果小组陷入僵局，请做笔记并稍后返回。在简短的单线程会话之后，该小组将有许多想法和他们想更详细地建模的其他方案，这时又是切换回混沌模式的好时机。

2.4.4 实例解析：一个典型的事件风暴建模议程

以预订电影票为案例，说明一个典型的事件风暴建模议程。

第一步：头脑风暴，参会者写出所有他们能够想到的事件。对于订票领域最初想到的可能是：选电影、选座位和付钱，需要将事件写到橙色的便签上，并且用领域事件的格式，名词在前、动词在后，如 FilmPicked、SeatPicked、PaymentSucceeded，如图 2-10 所示。

这是最初可能想到的几个事件，非常粗糙，只是与用户相关的事件，领域事件应该是整个领域里发生的事件。

有人提出需要关注的业务规则是：如果没有支付成功，选定的座位需要释放。如何使用领域事件表达这种规则？这时需要按照时间线深入流程。

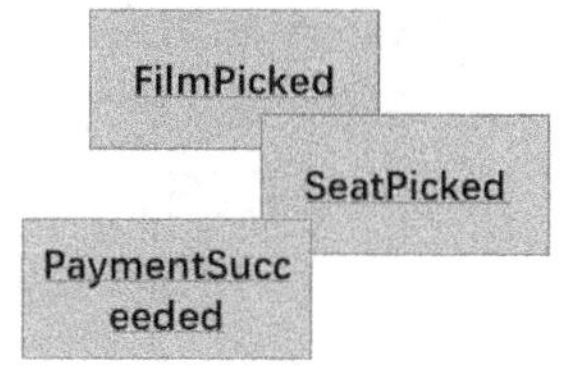

图 2-10　订票相关事件

第二步：按时间线组织这些事件，创建一个由这些事件组成的合理故事。将他们排成一行，每个人都回顾这个时间线，以确定其中有意义的事件，如图 2-11 所示。

图 2-11　按时间线排序事件

第三步：加入界面和命令。对于那些视觉学习者，可以列出界面，包括其中每个字段，这样的系统蓝图具有用户的角度，便于审视信息的来源和目的地，如图 2-12 所示。

在这张图中，加入了界面元素，还有用户操作该界面产生的动作命令，例如显示影片列表，用户会挑选一部影片，命令是 PickFilm，将来的系统接收到该命令后，产生结果是事件 FilmPicked，然后，用户根据显示空位的界面，发出挑选一个座位的命令 PickSeat，系统接受后，产生事件 SeatPicked，最后，用户根据支付页面发出支付命令 Pay，支付成功后发出 PaymentSucceeded 事件。支付可能成功或失败，如果支付失败，则需要放弃选择的座位。

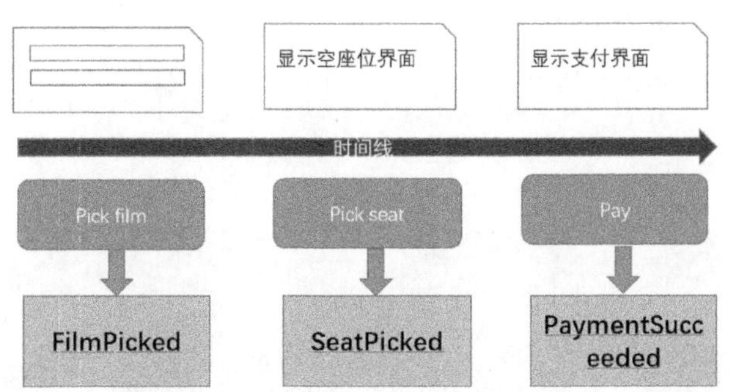

图 2-12 订票系统的命令和事件

第四步：加入流程的因果关系，也就是将命令和事件串联起来，如图 2-13 所示。

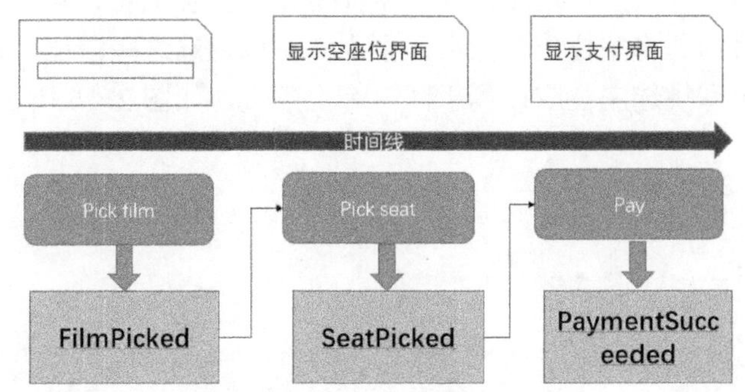

图 2-13 订票系统命令转事件

当加入逻辑或时间上的因果关系以后，就会发现逻辑漏洞，进而挖掘出业务规则。当座位选择以后，发出 SeatPicked 事件，然后用户发出支付命令，支付失败以后怎么呢？加入支付失败事件，如图 2-14 所示。

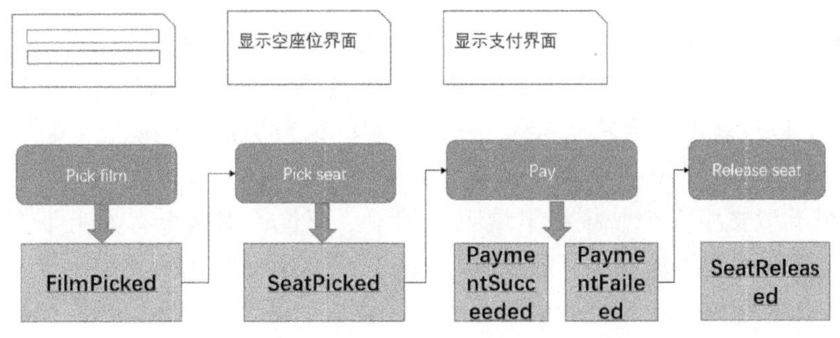

图 2-14 支付失败处理

支付失败事件 PaymentFailed 发出后，会自动转换释放座位的命令 ReleaseSeat，系统执行后，产生 SeatReleased 事件表示该座位已经释放。

第五步：发现有界上下文。将领域中重要的命令和事件使用有颜色便签贴在墙上以后，基本能对问题空间中的领域知识有一定统一认识。那么现在希望划分有界上下文，这样才能分成不同团队分别干活。从图中大概发现可能分三个有界上下文：挑选电影环节、选座位环节和支付环节，如图 2-15 所示。

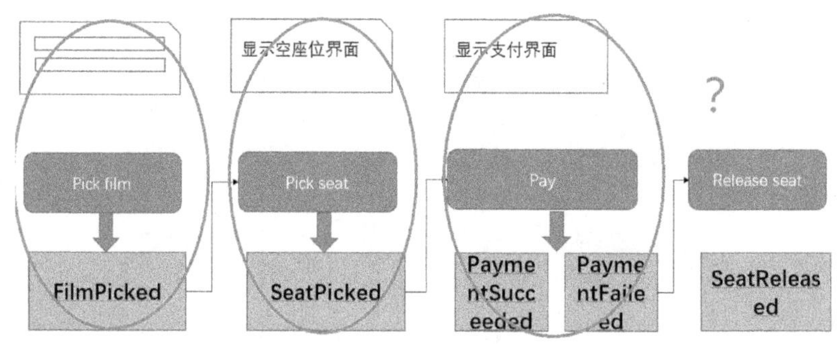

图 2-15　有界上下文划分

但是支付失败后，释放空位这对命令和事件是在哪里发生呢？是一个单独的有界上下文吗？释放座位的目的是将空位让给别人，别人才可以挑选这些空位，这些行为在逻辑上是一致的，释放座位和挑选座位应该属于同一个上下文，如图 2-16 所示。

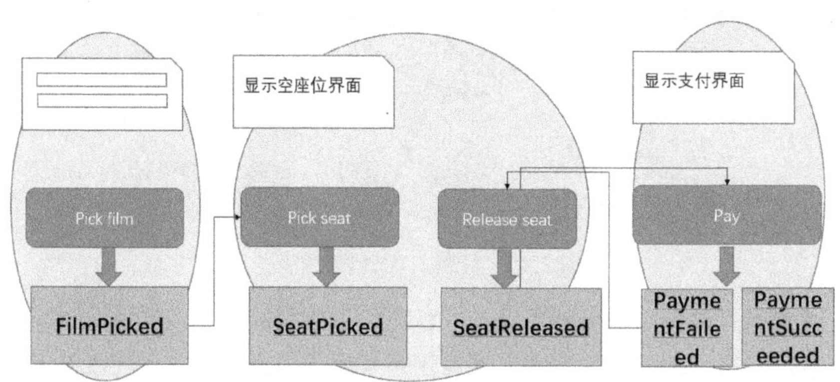

图 2-16　事件归属有界上下文

这样，这个领域划分为三个不同的有界上下文：选片上下文；座位管理上下文；支付上下文。这三个上下文的名称取决于统一术语，利用这次头脑风暴会议正好统一相关的术语，一旦确定，以后就不要用其他名称，比如不能再称为“挑选电影上下文”“挑选座位上下文”等。

在这三个上下文中哪个是核心子域呢？其中，座位管理这个有界上下文属于核心子域，它有比较复杂的座位加锁和释放逻辑，如果用户选择了座位后不进行支付怎么办？是不是这里还要加上座位锁定 Timeout 事件？座位被某个用户锁定 20 分钟，这 20 分钟内没有支付，系统将自动执行释放座位命令，同时解锁座位。

座位管理上下文和支付上下文之间的关系比较密切，座位选择好后才能支付，支付失败后必须释放座位，这两者之间通过什么上下文关系联系比较好？这也是事件风暴会议需要关注和解决的，这同时也决定了两个团队之间的耦合程度。主要是在API的开放主机和异步消息的发布/订阅两种方式中选择。由于座位锁有20分钟计时（Timeout），所以座位锁的操作对实时同步性要求并不是很高，因此选择异步的发布/订阅方式可能比较合适。

事件风暴是一种灵活的研讨会格式，用于协作探索复杂的业务领域，可以直接进入复杂核心并快速轻松地学习它。它具有不同的格式，可以分享全局视觉和知识，了解特定流程并直接进入解决方案领域。

会议准备很简单，需要找到足够大的墙来放纸张，邀请合适的人（有知识的人和那些实施知识的人），并给每个人提供相同几个特殊颜色的黏性便笺和笔。会议间环境非常重要，需要足够的墙面空间，新鲜空气和奶茶、咖啡、肯德基等各种零食，缺氧或缺糖对大脑都是致命的，椅子要少，不要坐着讨论，而是站着讨论，如图2-17所示。

讨论的方式不一定是聚在一起争论，可以分成小组各自学习讨论，或者面对大墙集体讨论，如图2-18所示。

图2-17 事件风暴会议现场示例1

图2-18 事件风暴会议现场示例2

这里介绍一些**用于事件建模的工具**。

Kubel是一个用于探索有界上下文的实验性开源工具。将以下自行车共享案例的内容复制到https://robertreppel.github.io/kubel/中：

```
设置自行位置共享-> : locationId, lat, long, name
位置已经加入Location Added
Locations* locationId, lat, long, name
将自行车加入到位置Add Bike To Location-> bikeId, locationId
自行车已经加入Bike Added : bikeId, locationId
// "Bike Added"可以发生很多次，取决于该位置有多少自行车
Location* : list of bikes at location
```

Kubel会生成相应的可拖动的词汇，将词汇表拖动到表示不同有界上下文的组中，这样可以帮助权衡评估哪些词汇能够汇聚到一个有界上下文，如图2-19所示。

其他事件风暴会议的绘图工具有miro和lucidchart等，进一步了解事件风暴建模可以访问以下资源。

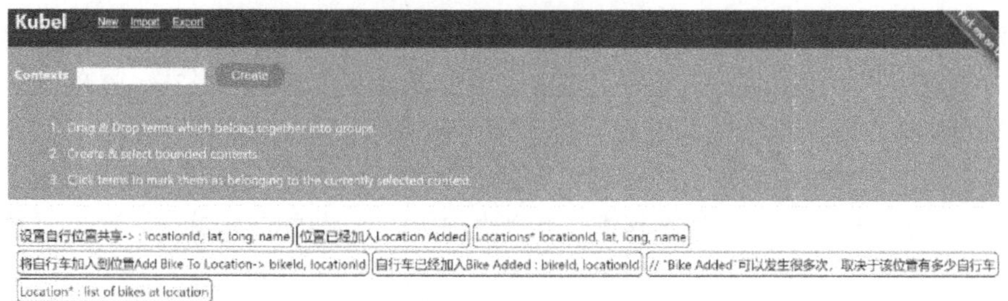

图 2-19 Kubel 界面

- 经验分享：在金融企业中实施领域驱动设计的敏捷实践（https://www.jdon.com/52728）。
- 事件风暴专题（https://www.jdon.com/tags/45214）。

2.5 业务平台与中台设计

DDD 有界上下文属于 DDD 战略设计的重要概念，前面主要从开发人员角度阐述如何识别有界上下文，本章节从产品经理或业务分析师（BA）角度阐述有界上下文等概念。一个好的产品经理或 BA 会将整个业务系统作为一个业务平台设计，产品定义为适合于某些角色的一组功能，作为一个业务平台的设计方法，是照顾到产品之间的隔离与联系，将这些产品的设计与用户操作角色、有界上下文联系起来，在平台中思考可以更好地拆分业务，从而能够将“脑洞大开”的创意设计无缝平滑地过渡到软件落地编码阶段。

如图 2-20 所示，以股票交易终端软件为例。股票交易软件有买入和卖出两个基本功能，买入股票时，需要查询股票资金余额有多少，是否足够买入，而卖出股票时，则需要将卖出股票的金额加入股票资金余额中，因此买入和卖出服务都会用到资金账户服务。在传统单体架构下，开发买入服务和卖出服务的两个团队会在资金账户服务这里重叠。

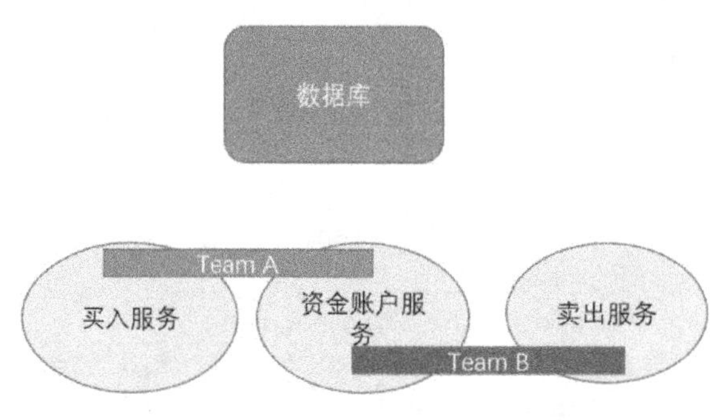

图 2-20 单体架构下的团队重叠

解决此类问题无非有两种方式：让团队 A 或团队 B 单独拥有资金账户服务，例如团队 A 负责，而团队 B 需要资金账户服务时，则与团队 A 协商，这种协商无疑会带来沟通成本。笔者曾经参与过一个大型项目，基本上也是关于资金账户的进出管理，因为资金进入流出的流程非常复杂，因此专门设立相应的团队负责。有两个团队都需要使用资金账户的功能，有一段时间，资金账户功能归一个团队，在实施下一个项目时，又归为另外一个团队，依据是谁对资金账户频繁操作就拥有它，无论哪种方式，这两个团队都要同时赶赴现场。实际上，项目实施是逐个上马，首先是资金进入系统，然后才是资金流出系统，那么在实施资金进入系统时，负责资金流程系统的团队就基本空闲着，但是也不是非常空闲，当负责资金进入的团队在实施过程中对资金账户进行修改时，他们就非常紧张，所有的测试都需要重新过一遍。这就是单体架构带来的耦合和复杂性。

因为没有解决此问题的简单方法，所以最终解决方案是拆分这个单体架构，经过几个月或几年的工作，才能将这种单体分成了微服务。

常见的分割单体的方法是定义数据边界：专门成立一个负责资金账户的团队C，一个服务对应一个数据库，数据库不能被其他微服务共享访问，只能通过该数据库对应的服务访问。

这种方法的问题在于：

1）它可能看起来像DDD，但事实并非如此，因为它基于数据，而不是业务知识。

2）它可能看起来像微服务架构，但事实并非如此，因为服务之间的耦合度很高，服务和团队无法实现自治。

实际上这只是一种分布式的单体架构，反而引入了分布式的复杂性，正如有人幽默地说："恭喜，您将单技术栈的单体变成了n个微服务"，然后发现这些微服务紧密耦合，现在已经有43个不同的技术栈，每个技术栈都有自己的故障模式，"祝您玩得开心！"——单点故障变成了多点故障，单个大地雷变成了多个小地雷。

对于这种普遍存在的微服务转型过程中的问题，建议根据业务领域知识而非单纯数据来划分单体架构，这时候需要产品经理或BA这样的角色主导这种分割。很多人普遍认为微服务转型只是技术团队的事情，这是一种错误的认识，只有技术参与、没有业务领域或产品经理参与的微服务转型大部分可能会失败，并引入更多技术复杂性和技术故障点。

在产品团队和技术团队合作的情况下，通过多次头脑风暴会议，树立建设一个业务平台的目标，从整个业务平台的大视野，根据不同用户角色设计不同的功能。例如，对于股票交易终端，申购新股时，每次进入买入服务调用，都需要输入申购价格，这些价格不像普通股票那样随时变动，而是固定的价格，因此再使用购买普通股票的买入服务就比较麻烦，这时可为申购新股专门设立一个功能：一键申购。

一键申购与普通买入属于针对不同人群的两个产品设计，一键申购针对申购新股，而普通买入针对二级市场普通买入股票。这两个产品可能会需要一些重叠或共享的功能，例如都需要资金账户余额查询功能，对待这种问题，将一个产品看成一个有界上下文，也就是说，产品经理在设计新产品时，将产品和使用者角色以及领域中的有界上下文统一起来，一一对应，将三者对齐。

产品之间共享信息就是有界上下文之间的映射关系，有界上下文映射中虽然有共享内核，但是这种方式与单体架构问题非常类似，共享内核被排除在外，通过领域事件在不同上下文之间异步共享是推荐方式。当然这种方式会造成重复数据，当在有界上下文之间（不同产品之间）共享信息时，应该尽可能支持团队效率，这意味着有时需要重复知识。这在其他系统中很常见：在浴室和厨房都有洗手池。

因此，在股票这个案例中，买入服务、卖出服务和一键申购对应不同团队，但是没有必要成立专门的资金账户团队或有界上下文，因为在业务平台设计上，使用资金账户的功能只有专门的资金账户转账服务需要，提供股票资金账户与银行账户的转账，以及资金账户交易明细与余额的查询。从业务平台和产品角度看，确实需要这些功能，因此专门成立资金账户团队应对这种产品的实现，而买入服务、卖出服务或一键申购服务中的资金账户余额查询等功能则在这些产品内部实现，无须绕道借助于资金账户团队实施。

从技术角度看，买入服务、卖出服务或一键申购服务如果采取事件溯源等方式，只记录进出事件，而不真正修改资金账户余额，只有在查询等读取操作时，才从这些事件日志集合中遍历所有进出事件，计算出当前余额。这种方式做到了资金进出系统和资金账户系统最大化的解耦，甚至都不用访问资金账户数据库，因为不需要修改资金账户的余额。

资金账户有界上下文需要获取资金账户余额时，会查询资金进出系统发布的进出领域事件，这些领域事件在发生时，已经通过 Kafka 等可靠消息系统同步复制到资金账户上下文的数据库中。虽然数据重复，但是数据使用的方式不同，重复冗余能提高可靠性，毕竟账户进出事件是真相的唯一来源，对于来源唯一的数据多份复制，提高可靠性，类似日常管理中的归档处理，况且资金账户上下文保存的是历史事件，最新事件还是可以从买入服务、卖出服务等有界上下文中及时读取，至于历史事件和最新事件如何划界则取决于聚合边界的设计。聚合边界如果是按单日设计，那么一天之内的事件都在该聚合所处上下文之中的数据库，而一天以前的事件则已经归档到历史事件，在资金账户当前有界上下文就能直接获取。

如果发现大部分的相关信息暴露给了很多其他产品（有界上下文），这时可以抽象设计更通用的产品，主要针对使用者角色设计该产品，并公开一个更简单的服务；但是如果在整个业务平台找不到对应的使用者角色，则通过数据复制或重复知识方式实现不同产品或上下文之间的解耦。

总之，将有界上下文与产品和角色联系起来，能够从一个更高的高度也就是从业务知识层次去划分团队，提高团队生产效率。其优点总结如下。

1）在平台中思考可以更好地拆分业务。

2）将产品链接到角色和有界上下文，可以使边界明确。

3）事件溯源和事件驱动的体系结构对于构建分布式和可用平台至关重要。

4）团队不应共享代码，而应共享一个公共业务平台，即中台。

中台概念源于芬兰 Supercell 公司，仅有 300 名员工，却接连推出爆款游戏。这家公司设置了强大的游戏平台，支持众多小团队进行游戏研发，专心业务创新，这个游戏平台设施被贴上标签：中台。游戏包含游戏内容和技术两个方面，那么这个中台是游戏业务平台还是技术平台呢？大部分人认为是技术平台，例如 SOA 或微服务平台，甚至大数据平台，其实经过前面的分析发现，如果没有业务平台，微服务还是耦合的，这样的中台是泥球的单体中台，而大数据平台则是用于分析查询。数据来自哪里？应该来自业务领域中的领域事件，因此，基于 DDD、事件溯源的业务产品平台才是中台的真正定义。

2.6 总结与拓展

本章节主要阐述了 DDD 中的重要概念：有界上下文和子域。它们应该是领域建模开始的第一步，也是最难的步骤，需要创新思维，因此发挥群策群力的作用，通过头脑风暴会议发挥每个人的领域特长，类似盲人摸象，有摸到鼻子的，摸到耳朵的，摸到尾巴的，和摸到身体的，虽然每个人的认识都是片面的，但是可以说属于每个有界上下文，可以在自己的有界上下文中对大象鼻子、耳朵和尾巴等进行建模。

Eric Evans 在 2019 年 9 月的 Explore DDD 主题演讲中，邀请大家积极参与改进 DDD 语言。他承认，DDD 中使用的一些基本术语行话，如有界上下文会引起误解，他欢迎所有人不同意他的意见，只有通过一个活跃的社区，在富有争议的辩论中，才能真正实现 DDD 成为一个真实、生动的思想体系的目标。

有界上下文是一种基于一致语言模型划分软件的模式，在有界上下文中，通过业务专家和软件人员之间的对话创建共享的统一语言，这是专注于一种简洁描述领域内情况的语言。创建几个有界上下文，而不是统一大全的语言规范，这样每个上下文都有自己特定的语言和模型。

DDD 是有关语言的建模技术，需要对语言有一定敏感性，有一定文科背景再结合逻辑推理能力则非常适合。DDD 需要对语言进行主谓宾分类，然后捕捉其中的谓语动词或行为，将这些发生的动作抽象为命令模型，将发生过的事实抽象为领域事件模型，用领域事件替代状态分析，例如音乐播放器有三种状态：停止、播放、暂停，这是从状态名词角度分析的，而从领域事件角度分析则有：已停止、已播放和已暂停。当然中文中也常说“已停止状态”，将事件和状态混合在一起，其实两者可以互相替代，只是动词和名词的区别。

在通常界面设计中也会出现“状态、命令和事件”的情况：界面上有一个按钮显示“停止”，按一下出现“播放”，这表示两个状态，当按一下时，其实是发出“播放”命令，当听到音乐以后，其实系统处于已播放状态，因此按钮显示“播放”状态，这时系统内部会将已播放这个领域事件发送给其他感兴趣的上下文。当然有时会疑惑，按钮显示“停止”时，是让发出“停止”命令，还是表示现在是“停止”状态呢？这是中文的尴尬之处，也可能反映了一个侧面现象：可能在中文语言环境中长大的人对动词或名词区别的敏感性不够高，那么会带来根据动词建模的难度。

领域事件的捕获不但有助于区别有界上下文，抓住核心子域，集中精兵强将突破复杂的问题空间，而且有助于划分团队，有几个有界上下文就划分几个团队，在这个基础上再应用微服务架构去实现，一切显得水到渠成，这也称为一种“社会技术架构”。

在有界的上下文中，当团队成员开发软件时，一个团队可以获得其模型的所有权并增加其自主权，他们可以单独测试，因为团队可以清楚地了解他们的客户是谁，并且可以接收他们自己的反馈指标。

Nicole Forsgren 博士等人的研究表明，持续交付绩效和成功组织扩展的最强预测因素是松耦合的团队，这些团队通过松耦合的软件架构实现。如果想要提速软件交付，那么就根据有界上下文划分微服务、组织团队，这就使得有界上下文成为一个非常重要的模式。这也从侧面验证了康威定理：技术架构是组织架构的反映。

虽然使用有界上下文在 DDD 中划分模型可以提高自主权，但团队并非拥有完全的自主权，系统和团队之间总会有耦合。只有通过设计清晰的边界，并通过决定事物在边界之间移动的位置和方式（领域事件的作用），才能创造自主权。

定义明确边界的第一步是获得问题空间中的领域知识，如果团队缺乏对领域的了解或对领域有不同的理解，那么为企业设计有界上下文是很困难的。如果缺乏这种知识，IT 团队将无法构建合适的业务软件，最终客户将无法获得他们真正需要的东西。

作为为这些问题开发解决方案的软件工程师，必须充分了解问题空间以构建正确的解决方案，必须亲自了解问题的知识。更重要的是，必须持续地了解问题空间。虽然问题空间通常是稳定的，但是当获得新的见解时它会发生变化（需求变化了）。

这些见解可以来自业务方面或来自软件工程师，这是一项集体努力，这一事实构成了 DDD 中的最大问题。在大多数企业中，软件团队被视为工厂。只要客户为团队提供功能性设计，他们将提供相应的软件解决方案。事实并非如此，因为正如 Alberto Brandolini 所认为的那样："不是领域专家知识进入了生产中的软件，而是开发人员自己的见解。"

这些见解散落在各种文档之中，它们最大的问题是可能过时，跟不上需求的变化，没有人或无法及时更新文档，此时需要面对面的协作建模，使用事件风暴进行可视化会议。

学习很复杂，没有一种统一的学习方法，然而，大脑科学展示了大脑如何更有效地学习。Sharon Bowman 在她的在线文章《大脑科学训练中的六张牌》中阐述了以下人类学习特征：

运动胜过坐着。

说话胜过听取。

图像胜过言语。

写作胜过阅读。

更短胜过更长。

不同胜过相同。

当然，这是适合外国人的一套方式，不一定适合中国人，但是在召开事件风暴会议时，需要尽情表达自己的观点，阐述自己的主观认识。世界是在语言等符号中表达出来的，真实的客观世界如果不使用语言、形式逻辑等符号去表示，就无从认识，只能用一个词表达：那个客观世界，所以，维根斯坦说：语言的边界就是思维的边界，当无法用语言表达时，就到达了认识世界的最大边界了。

每个人都说话是不是很混乱？求同存异，将相同的语言模型放在同一个有界上下文中，差异就使用不同的有界上下文来表示。

事件风暴发明者 Alberto Brandolini 说：事件风暴让处于信息孤岛中的人们发现彼此的有限性，打开了潘多拉盒子。可靠明确的需求其实只是一种幻觉，实际中是找不到明确的需求的，这也是一种危险的幻觉。大多数需求可能是自相矛盾的，具有组织中孤岛现象形成的不同观点和需求，更不用说可能隐藏了个人目标了。描述同一个概念的术语在语言表达上会有不同的表示，Eric Evans 认为应该将关注焦点转移到人们的沟通语言上，而事件风暴会议是进行语言沟通最好的方式之一。

事件风暴目前在欧洲非常流行，DDD 思想很受欧洲人的追捧，可能和欧洲人深邃的哲学传统文化有关。事件风暴虽然不是 DDD 原作者 Evans 提出的，但是整个 DDD 社区共同努力的结果。

事件风暴有利于划分有界上下文，而有界上下文对于微服务架构实现是至关重要的，

DDD 的二次复兴也是由于微服务的兴起而引起的，无论微服务还是微服务反对的单体 monolith（巨大）架构，通常都会有两种状态，如图 2-21 所示。

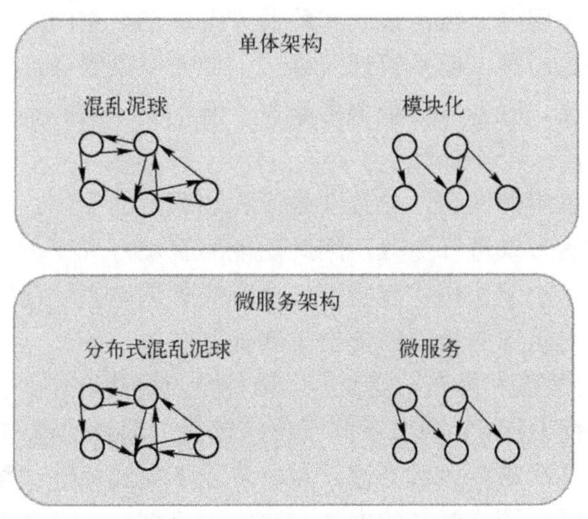

图 2-21 微服务架构的四种状态

无论微服务架构，还是传统的单体架构，关键是在这些架构内部实现清晰的层次划分和单向依赖关系，而不是如泥球一样混为一团，依赖复杂得如蜘蛛网缠绕般，如果不解决这种混乱的泥球现象，即使强行使用微服务架构，也会造成一个分布式的混乱泥球，加重系统实施和运维的负担，哪怕采取 DevOps“谁开发谁运维”的哲学宗旨，如果没有一种好的业务划分方法，“谁开发谁运维”就会变成“谁开发谁遭罪”的情况。有界上下文的划分可以帮助传统单体架构实现很好地模块化，也可以帮助微服务架构实现真正的微服务划分，减轻和降低分布式系统开发与运维的难度。

微服务是依据子域或有界上下文而划分的，然后设立专门的微服务团队负责该有界上下文，例如亚马逊电商系统中的购物车功能是由一个专门的微服务团队负责的。但是认为“微服务就是有界上下文”是一种过分简化。微服务系统中存在四种有界上下文类型。

1）服务内部（的上下文）。

2）服务的 API（的上下文）。

3）服务集群（的上下文）。

4）服务之间的交互（的上下文）。

“一个微服务是一个有界上下文”通常针对第一种类型，有界上下文的边界等同于一个微服务的内部业务边界，但是一个微服务不只是调用业务逻辑（注意是调用，而不是包含，微服务只是一个协调者，不是业务决策者），还要调用基础设施的一些服务。一个微服务可能类似应用层的应用服务，需要综合调用领域服务和基础设施服务，在它们之上做些协调职责，最终为不同客户端提供服务，因此，微服务还有服务 API 方面的技术细节，包括使用 REST 还是 gRPC 作为 API 接口。微服务之间的通信涉及一些不同有界上下文的命令与事件转换；微服务的集群或分布式事务流程的实现等都可能造成与核心子域不同的子域划分。

在实际项目中，需要不断解决因为有界上下文、子域和组织的需要共同对齐而引起的混乱。子域属于领域的问题空间边界，组织或人会针对问题空间提出解决方案，有界上下文属于解决方案空间内，问题、组织或人和解决方案这三个空间的概念如何映射对应？这已经不只是技术或方法论问题，而是管理问题。例如一个微服务涉及几个不同上下文，包括核心子域对应的上下文、服务 API 或服务集群交互的上下文，是一个上下文对应一个小组，还是一个微服务对应一个小组呢？

又例如大型公司以重组而闻名，导致业务流程和职责的变化。当这些重组发生时，软件不会以与重组前相同的方式进行更改，因此功能的管理方式变得不清楚。以前一个小组的职责现在可能需要两个小组协作才能实现，这时候必须动态地保持有界上下文、子域和组织的对应对齐，这些对组织的管理都提出了新课题。

DDD 实现需要综合敏捷和瀑布法等优点。敏捷是一种适合中小型项目的好方法，但是确实不适合大型项目，而 DDD 实现又不同于传统针对大项目的瀑布法。DDD 在大项目开始的设计阶段只是召开几次事件风暴会议，将有界上下文或关键领域事件发现并建模，然后通过有界上下文、子域和团队对齐的方法，将大项目划分为一个个小项目，在小项目团队或微服务团队内部再进行 DDD 聚合等详细战术设计，这样就不至于整个项目团队在开始阶段一直处于等待建模设计完成的状态，也能像敏捷那样及时反馈，及时出成果，不断探索，整个团队都是处于分工建模设计、编码、测试和交付的不断循环阶段。

最重要的是，由于重视了设计，会相应减轻测试的工作量。传统敏捷实现过程中，大量负担压在了测试环节，而测试人员的素质和报酬是有限的，他们其实无法承担架构级别的设计职责，可能也只是盲人摸象般地测试，很难实现全方位无死角的全面测试，这可能是 TDD（测试驱动开发）的痛点吧。

同时，传统敏捷方式也将压力传导到重构阶段，当大型项目准备进入重构阶段时，往往发现难以重构，不如重写，因为重构的工作量太大了，那么是不是可以在平时的冲刺过程中实现重构呢？由于过于注重功能实现，无法对业务深入理解，实际上就无法重构，例如服务中散布了大量业务逻辑，它们与 SQL 语句一起协调，共同完成业务功能。为什么程序员不将业务逻辑放入 DDD 领域模型中呢？因为没有发现领域模型。领域模型不像服务那样具有强制性，本身好像是可有可无的，如果程序员没有 DDD 知识，他就可能无法发现 DDD 模型。在重构阶段也是如此，程序员如果没有对领域知识的进一步理解，没有面向对象分析设计的方法论，他是无法发现哪里可以重构的，只是感觉新功能难以修改，代码如同糨糊一样混乱搅拌在一起，他无法获得解决这种混乱的方法，而解决这种混乱的方法需要两种技能：分析划分的方法论和对领域知识的深入了解。这两种技能缺一不可，只知道划分的方法论，就不知道从何下手，而只掌握领域知识，如各种领域专家或产品经理，将不知道如何分析划分，只是一股脑儿地全部告诉技术人员，或者像量子计算机那样混沌地时不时吐露出一些分析结果，这些零碎分析结果在逻辑上是否自洽，这些都没有经过严谨的论证和模拟。

这些问题都可以通过事件风暴会议等 DDD 建模方法解决。DDD 设计划分为战略设计和战术设计，正是有综合敏捷和瀑布两种方法的考量。在战略设计阶段，实际是一直使用瀑布法，通过头脑风暴会议，组织内部孤岛的信息得到汇总碰撞和逻辑验证，有界上下文、领域事件作为分析划分的结果，团队依此划分实现分工，各个小组进入 DDD 战术设计阶段；聚合、实体和值对象在各个小组内实现详细设计，小组之间的衔接，也就是有界上下文或子域之间的衔接是一种上下文映射，可以共享核心（不推荐），也可以采取发布/订阅模式（能利用领域事件），或者同步的开放 API 方式（简单，但无法利用战略设计阶段的领域事件）。

下一章开始进入 DDD 的战术设计，将分别阐述聚合、实体、值对象等 DDD 领域模型概念。

第3章　聚合设计

前面的章节讨论了如何将一个大的领域划分为不同的有界上下文，并通过有界上下文划分相应的团队。这些都是有界上下文的外部特征，包括使用统一语言命名上下文。本章主要是进入有界上下文内部讨论其结构。图 3-1 展示了聚合在整个 DDD 结构中的位置。

如果把有界上下文比喻为对土地进行划界，那么在划好界的土地上盖房子就类似于聚合；这些房子中有主要建筑和辅助建筑，是一群房子，而聚合也是一群对象，其中也有主从之分。建筑群与这块土地的关系类似于聚合与有界上下文的关系，聚合是一种领域模型，这种模型的意义取决于它所处的有界上下文，而有界上下文中逻辑一致性这样的核心概念也必须通过聚合等领域模型来体现，这是首要设计原则。

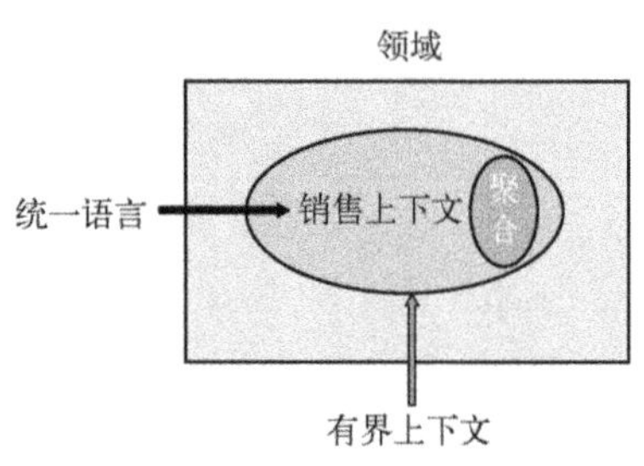

图 3-1　聚合所处位置

如果说有界上下文解决了领域内的划分，那么聚合就解决了有界上下文内对象之间的划分。所谓划分就是将紧密的放一起，让松散的更加松散，甚至没有关系。从这里能看出 DDD 的一种收缩趋势，各领域分别向以聚合为核心的方向设计，如图 3-2 所示。

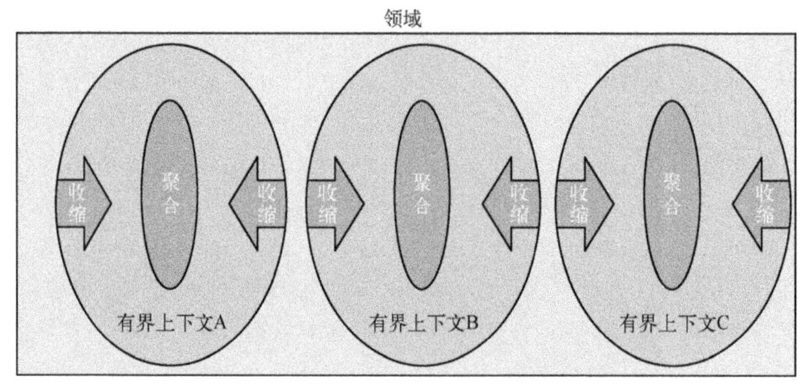

图 3-2　有界上下文、聚合和领域的关系

3.1　聚合设计的概念

聚合是 DDD 中的一个重要概念，它对外代表的是一个整体，类似于一个大的对象，内部是由有主从之分的很多对象组成的。聚合是一个行为在逻辑上高度一致的对象群，注

意，它是一个对象群体的总称。聚合的内部结构如同一棵树，每个聚合都有一个根，其他对象和聚合根之间都是枝叶与树根的关系。图 3-3 所示为聚合内部结构示意图。

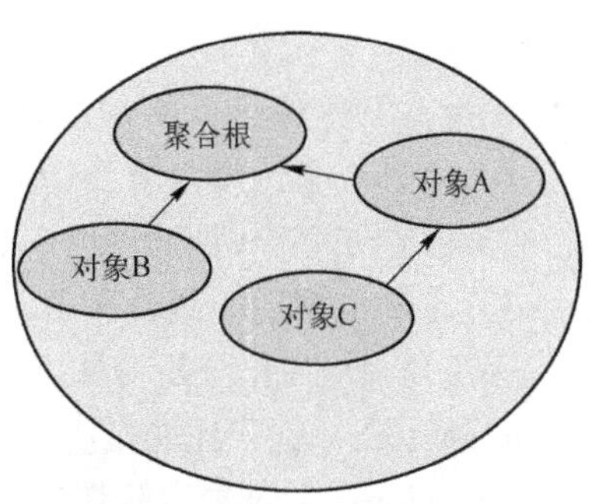

图 3-3　聚合内部结构示意图

复杂（Complex）的结构通常使用树形结构来表达，为什么呢？从大自然角度看，树形结构比比皆是，雪花、闪电、河流和人体器官，甚至自然形成的街道，而且这些树形结构中都是分形，也就是枝叶的形状类似整个树的形状，如图 3-4 所示。

图 3-4　自然界的树形结构

根据热量守恒定律，通过这种分形结构实现元素之间能量的传输时能量损失最小，这在物理中被称为构造定律（Constructal Law），它解释大自然是如何实现复杂演化规律的，由 Adrian Bejan 于 1995 建立，其定义是：对于一个有限大小的持续活动的系统，它必须以这种方式发展演进——提供一种在自身元素之间更容易访问的流动方式。这种结构方式能让实体或事物更容易地流动（变化增加），消耗最少的能量到达最远的地方，就连街道和道路这些人为构建的物体，往往也是有序的模式，以提供最大的灵活性。

使用构造定律可以实现无序复杂性的有序化，图 3-5 左侧是无序的复杂性，而右侧是根据树形结构进行的有序化。

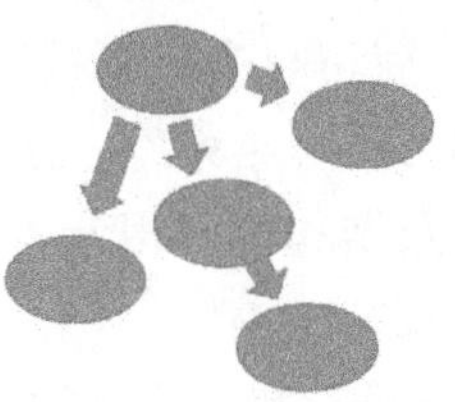

图 3-5　从无序到有序

这样有序化的好处是：只有“根”能引用或指向其他对象，“根”自身不能被其他任何对象引用；“根”类似团队的小组长，队员都要向其汇报工作。**这就是聚合根的设计来源，聚合根拥有自己边界内的数据所有权，以及行为职责的管理权限。**

数据和行为两者兼顾的所有权只有聚合才能具有，为什么需要数据和行为两者兼顾呢？通常情况下，数据和行为是分离的，行为在服务中实现，而数据隔离在数据表中，行为通过服务转为 SQL 语句去操作数据表，这种方式的问题是隔离了行为和数据的紧密逻辑关系。

例如，有一场足球比赛，需求如下。

1）举办一个比赛，有两个队参加。

2）比赛在某个时间开始，只能开始一次。

3）比赛结束后，统计积分。

采用传统的 ER 分析方法，会得到下面的模型。

1）Match：记录比赛数据。

2）Team：记录参赛队伍数据。

3）Score：记录分数数据。

4）MatchService：比赛服务。

这里的数据表有三个，主表是比赛表，程序通过比赛服务对比赛表的 CRUD 操作来实现比赛的“开始”和“结束”行为，如图 3-6 所示。

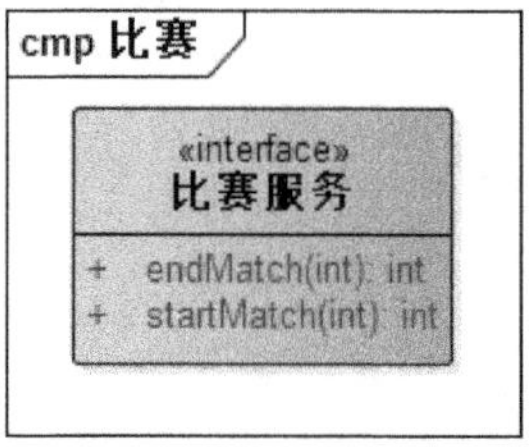

图 3-6　比赛服务

这种方式没有考虑到行为和数据的有机结合，“开始”和“结束”等行为属于比赛自身，不能将其分离到比赛服务中实现。比赛数据表因为是一种数据结构而无法加入“开始”和“结束”等行为，技术绑架使业务实现变得扭曲，应该用更好的范式来表达业务。类是一种行为和数据相结合的表示方式，那么无疑使用比赛类来映射比赛这个概念是合适的。比赛类有两个方法：“开始”和“结束”；还有一个私有数据属性：比赛状态。当外界调用“开始”方法时，在这个方法内部就会将比赛状态设置为“已开始”，同理，“结束”方法被调用时，比赛状态被设置成“已结束”。

注意在这两个方法中是可以加入业务规则的。如果比赛状态是“已结束”，但是有命令来调用“开始”方法，则可以拒绝执行这个错误命令。当然，如果规则允许，除了改变比赛状态外，还可以抛出“已开始”或“已结束”代表发生的事件，将此事件广播到其他有界上下文。例如，专门有一个辅助子域，用来实时播放比赛实况，那么这个上下文一旦接收到比赛“已开始”，就可以去打开视频流端口进行比赛播放了。

在比赛类的“开始”和“结束”方法中实现业务规则，这种实现方式是直接映射业务领域概念的，但是如果数据和行为相分离，比赛服务就只能先查询比赛表的状态字段，然后再判断是否符合业务规则。

比赛案例中，除了比赛以外，还有参赛队伍和比赛分数，这三者的关系如何？很显然，参赛队伍和比赛分数都应该从属于比赛，在 ER 模型中通常使用数据表的外键字段来表达它们的主从关系，但是这仅仅表示的是静态数据之间的主从关系，而行为上的主从关系，也就是行为发生的先后顺序没有得到体现。

假设比赛中有一条业务规则：只有比赛结束后才有比赛分数。如何实现呢？将比赛分数计算放在比赛结束这个行为中，分数计算行为从属于比赛结束行为，使分数计算在比赛结束后执行。但是，如果有外界客户端想知道比赛分数，那么在直接查询比赛分数表时，比赛可能还没有结束，所以要先查询比赛状态是否为结束再查询比赛分数。结果，“只有比赛结束后才有比赛分数”这段逻辑遍布在各个数据和行为环节中，如果逻辑改变，例如只有比赛开始后才有比赛分数，那么所有相关环节都必须改变，代码难以修改。这种情况下，初级工程师很难快速接手，因为他必须弄清楚所有环节的逻辑，这会让他感觉非常复杂（Complicated），因为程序没有有序地结构化业务逻辑。

如图 3-7 所示，如果业务逻辑是系统核心，将其散落在各处肯定不是领域驱动的设计。

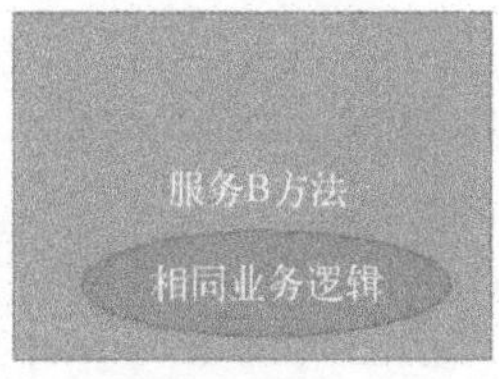

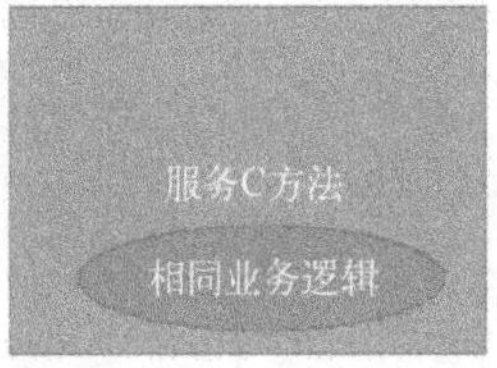

图 3-7　散落在各处的相同业务逻辑

领域驱动设计应该是将业务逻辑视为核心，而且核心只有一个，如图 3-8 所示。

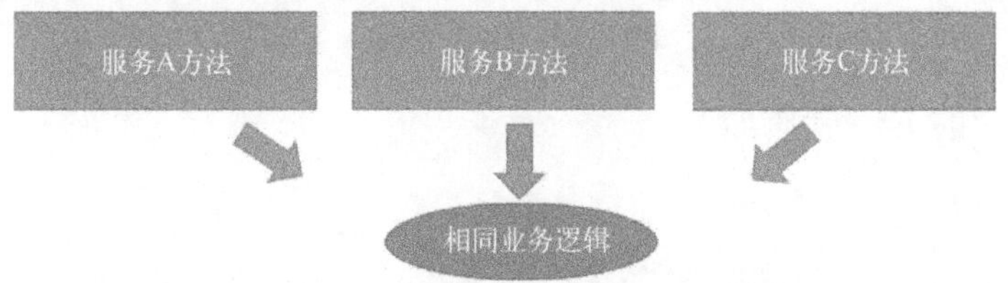

图 3-8　以某个业务逻辑为核心的领域驱动设计

这个核心就像一棵树，意味着有序、有层次的复杂结构。主要业务逻辑位于聚合根这个“树根”之处，它位于复杂（Complex）层次结构中的最高层，如图 3-9 所示。

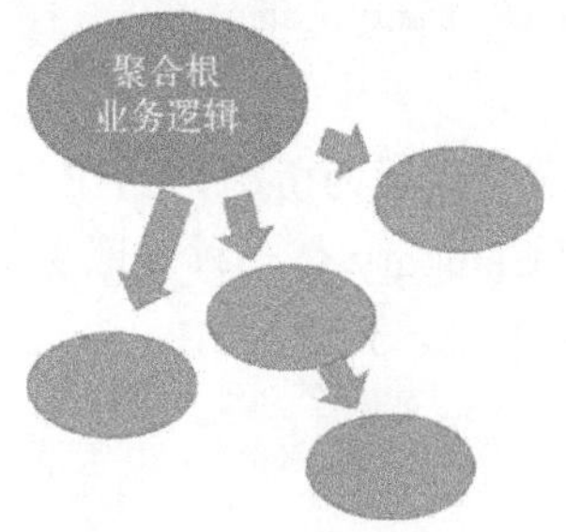

图 3-9　聚合的结构

这样一种有序的、遵从构造定律的复杂（Complex）设计也许就不会让人感觉复杂（Complicated）了。将数据关系和行为有序地组织成这种层次结构，才能真正完整地表达业务领域内在逻辑的一致性，这是聚合设计的目的所在。

3.1.1　高聚合低关联

业务逻辑体现在各种数据、行为的关系上，因此，聚合设计也重在关系处理，对关系的敏感性成了设计聚合的要点。关系有高度紧密，也有松松垮垮，而高聚合低关联是处理这些关系的主要依据。

聚合本身就是一种高聚合，聚合内部的对象都是在数据和行为上高度关联和一致的，除此以外的其他关系就被抛弃了。这里鲜明地主张了一种非黑即白的可行动的设计理念——如果关系不是很紧密，那么就隔断，如果非常紧密就放在一起。

首先讨论 OOAD 中被称为“关联”的关系。假设有一个 Product 类，它与一个 Category 类发生关联，使用 UML 类图表达如下。类图是表达类之间关系的一种图，它与顺序图的区别在于，类图表达一种结构关系，而顺序图表达是行为发生的前后顺序，如图 3-10 所示。

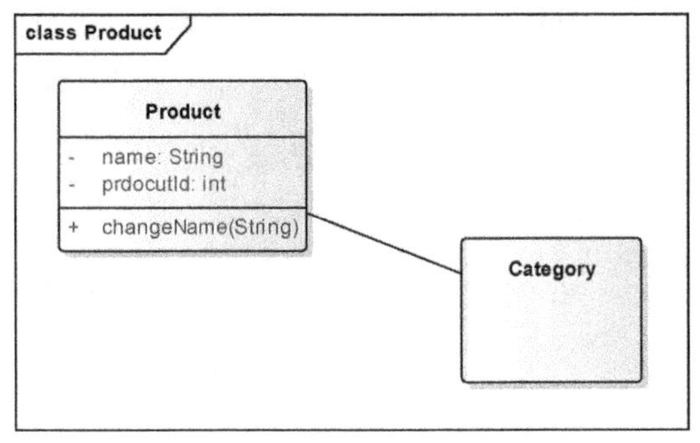

图 3-10 UML 类图

上述类图对应的 Java 代码如下：

```
public class Product {

    private String name;
    private int prdocutId;
    public Category m_Category;
...
    public changeName(String name){}
}
```

Java 等面向对象语言中，关联可实现为引用，当在 Product 类中将 Category 作为其字段属性引用时，就表示 Product 和 Category 是一种关联关系，如图 3-11 所示。而关系数据表或 ER 模型使用外键来表示这种关系。无论 UML、Java 还是关系数据库，它们都用不同的方式表达了“关系”这个概念。

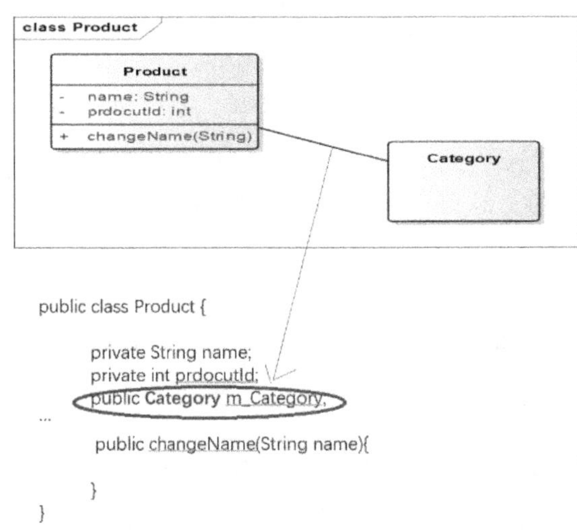

图 3-11 UML 类图和 Java 代码对应

当然，关联关系不只有一对一，还有一对多。图 3-12 中的 Order 类有多个 OrderItem，使用 1..*和 0..*标注多方：

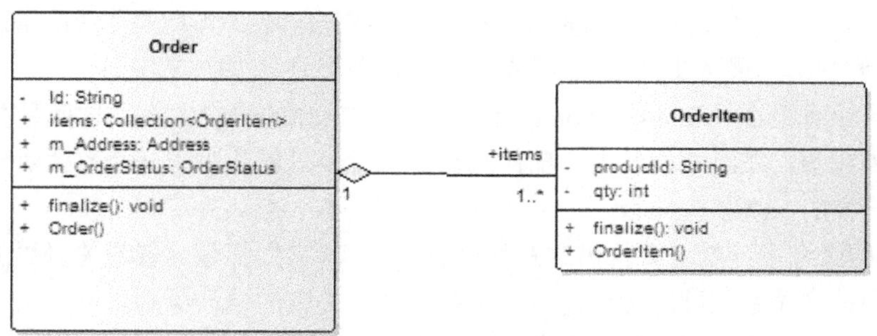

图 3-12　UML 一对多关系

Java 等代码中使用集合或数组表示多方：

```
public class Order {
    private String Id;
    public Collection<OrderItem> items;
    public Address m_Address;
    public OrderStatus m_OrderStatus;
…
}
```

这里使用 Collection<OrderItem>来表示一个 Order 引用了多个 OrderItem，如图 3-13 所示。

关联具有多重性，既有一对多（1:N）的关系，也有多对一（N:1）的关系，看起来很复杂。不过聚合里面只有 1:N，聚合根是唯一的，而且只能由它引用聚合内的其他对象，其他对象最好不要引用它，特别是其他聚合，更不能直接引用另外一个聚合里面的聚合根。

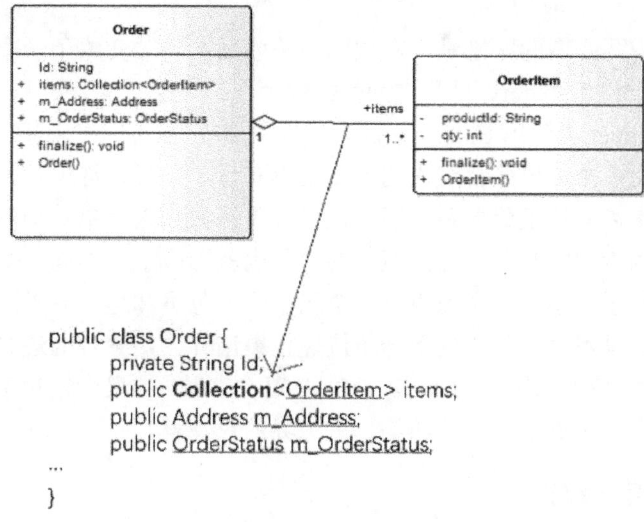

图 3-13　UML 类图和 Java 代码的一对多关系对应

除了上面的关系，还有更紧密的关联，它就是聚合（Aggregation）。聚合是一种更强的紧密关联，代表一个类是另一个类的一部分。它有两个特性。

1）传递性：如果 A 是 B 的一部分，B 是 C 的部分，那么 A 就是 C 的一部分。

2）反对称性：如果 A 是 B 的一部分，那么 B 不会是 A 的一部分。

除了聚合还有组合（Composition）。组合是一种较强的聚合关系，这两种关系基本相同，不同之处在于，在组合关系中，部件对象任何时候只能从属于一个整体对象，两者的生命周期是一样的。

DDD 中的聚合设计就是要找出这两种更强的关联。它们都是比普通关联更加严格紧密的关系，普通关联关系就可以舍弃，这正是**高聚合低关联**的设计原则。

设计时需要从业务领域中追查出高聚合低关联的关系。例如 Product 和 Category 这个案例，从业务领域看，在 Product 管理的有界上下文中，Product 作为聚合根，Category 是不是 Product 的组成部分呢？Category 属于 Product 的分类定义，而 Product 需要分类定义，那么 Category 应该是 Product 的组成部分，自然也就在 Product 聚合边界内。Product 是由 Category 等组成的，Category 是 Product 的组成部分，这种有层次的组合关系是不是类似于前面提到的树形结构呢？借鉴大自然的构造定律使得复杂领域变得有序化、结构化、层次化，这正是软件设计的目标。

图 3-14 所示为将 Product 和 Category 之间的普通关联关系升级为紧密的聚合关系。

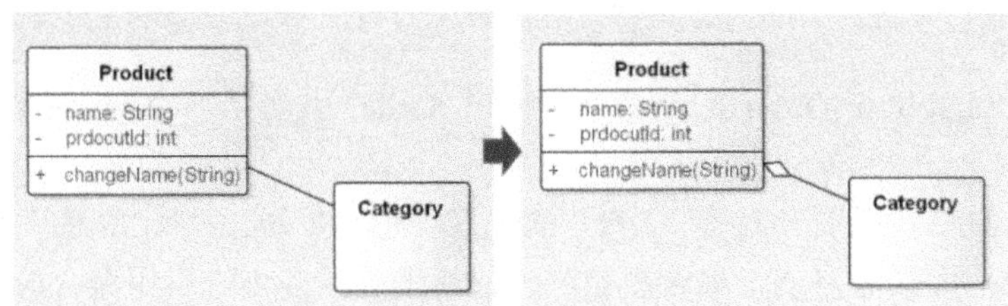

图 3-14　普通关系升级为紧密的联合关系

注意图 3-14 中两张图的区别是，右边图中关联线的一端变成了一个菱形，这表示聚合的整体方是 Product，Category 只是作为其部件存在。当然这种设计意图在 Java 等语言中的表示仍然是 Product 类引用 Category 作为其字段属性。

同样，订单是由多个订单条目组成的，如果没有订单条目，订单就不能成为订单了，它们之间是一种非常紧密的组成关系，因此，将订单条目划入订单这个聚合边界内。

所以，当找出两者的组成关系时，聚合的边界也就形成了，如同一个快递包裹，打开包裹里面有一个小箱子，小箱子里面也有一个箱子……包裹和这些箱子两两之间是一种组成或组合关系，这就是聚合。它们位于一个快递包裹边界内，聚合的边界和聚合内对象的关系是同一个含义的两种表达。从 Java 等 OOAP 语言来看，当聚合根对象引用了其组成部件子对象以后，它们就组成了一个有结构、有边界的对象群。

3.1.2　聚合的逻辑一致性

业务逻辑的一致性需要从两个方面去保证：业务数据和业务行为。这两个方面缺一不可，正如传统系统中，如果只设计数据表结构，而没有 SQL 调用，就不能实现业务逻辑，同样，如果只有 SQL 调用，而没有事先设计的表结构，业务逻辑同样无法得到实现。

上节介绍的高聚合低关联，可以看成是从结构关系上确立业务对象的紧聚合关系，割裂除了聚合以外的关系，这样业务对象就能形成一个有主从之分的结构，而不是如同蜘蛛网那样混乱的关系结构。

业务逻辑的一致性还体现在行为的逻辑关系上。

首先，行为的发生是有顺序的，如商品的录入必须在商品的查询之前发生，虽然没有录入也可以查询，但是查询的结果是空，业务上毫无意义。

其次，行为的发生还需要一致，这就是不变性（Invariants）的定义：无论何时数据发生变化，都必须满足所有相关数据一致变化的规则。假设 A 由 B 和 C 组成，它们之间是一种高聚合组成关系，B 的数据改变了，那么 A 也要有所变化。例如订单是由订单项（订单条目）组成的，如果订单条目中商品的数量从 1 改为 2，订单的总金额肯定会改变，这是一种业务规则，也是一种业务逻辑。

聚合是体现逻辑一致性的地方，也是保证业务规则实现的地方。

前面讲过，有界上下文是根据业务规则的不同来划分，相同的业务规则一般会在同一个有界上下文实现，具体在上下文的哪里实现呢？现在可以明确说，是在聚合中实现。

因此，实现逻辑一致性是聚合存在的根本目的。高聚合低关联只是体现逻辑一致性的一个方面，更多的逻辑一致性不但体现在结构关系上，还体现在行为动作的执行上，甚至使用事务实现。Transaction 这个英文单词既可以翻译成交易，也可以翻译成事务，前者称为业务事务，事务的概念本身就是指要么一起执行，要么一起不执行，多个动作不能只执行一部分。最常见的案例例如订单与商品的关系。订单聚合中订单是聚合根，当删除订单以后，不希望删除商品，因此商品不属于订单聚合，那么如何表达订单条目中的商品概念呢？可以使用商品的标识 ID（如 productId）作为条目 OrderItem 的一个组成部分。

从某种角度看，当找出聚合以后，其实事务的边界也就划分了。过大的事务边界会带来复杂性，性能缓慢甚至数据库被锁定。如何确定合适大小的事务边界？根据聚合实现，只要将事务边界范围内的状态变化放在一个聚合中，就能保证 ACID 事务的实现。事务的本质其实也是逻辑一致性。

聚合的逻辑一致性是最终在聚合根这个类中实现的，那么类的行为就成为逻辑一致性最终落地的保证。如何通过类的行为保证逻辑一致性？

举例如下。NumberRange 中有两个属性 lower 和 upper，这两个属性有一个逻辑约束：lower 必须小于 upper。这也可以称为规则，如何表达这种约束呢？一开始可能会采取如下实现方式：

```
public class NumberRange {
  private int lower, upper;
  public int getLower() { return lower; }
  public int getUpper() { return upper; }
  public void setLower(int value) {
    if (value > upper) throw new IllegalArgumentException(...);
```

```
        lower = value;
    }
    public void setUpper(int value) {
        if (value < lower) throw new IllegalArgumentException(...);
         upper = value;
    }
}
```

上述代码只是在修改 lower 或 upper 的方法中加入了业务规则检查，这样是不够的。假设有两个用户同时调用这个类的同一个对象实例，一个调用 setLower(4)，另外一个是 setUpper(3)，结果 NumberRange 的实例中 lower 和 upper 分别为 4 与 3，明显违背了业务规则，虽然使用逻辑判断进行了拦截判断，但最终还是违背了业务逻辑一致性，可以认为这种类的设计没有形成聚合，怎么办？

一个解决办法是通过技术方式，锁定整个 NumberRange 实例，任何时刻只允许一个用户修改其状态；还有一种办法是重新设计，不要使用 setLower 和 setUpper 两个方法，而是使用统一的修改方法，在这个方法中对 lower 和 upper 的任何修改都要依据规则判断是否可以执行。这实际是聚合根的一种设计思路。

迪米特法则（Law of Demeter，LOD）可以帮助设计聚合根的行为方法。一个对象（聚合根）的行为方法只应该调用下面这些对象（聚合边界内的对象）的行为方法。

1）可以调用这个对象内部的其他行为方法。

2）行为方法有输入参数，那么输入参数涉及对象的方法也是可以被调用的。

3）创建对象自己或初始化时涉及其他对象的方法，构造函数中涉及的其他对象，这些对象的方法也是可以被调用的。

4）它的直接子对象的行为方法，例如聚合根可以调用被聚合根引用的其他对象的方法。

观察 LOD 这四条原则，可以说，通过类的行为调用约束基本保证了行为关系的界定。

为了保证聚合内部的逻辑一致性，从职责角度去设计聚合行为也是一种值得推荐的方法。什么是职责？它有三个特征。

1）决定（deciding）：为了做一个决定，一个对象也许需要知道一些信息。

2）知道（knowing）：为了知道某些信息，一个对象也许需要做一些事情。

3）做（doing）：为了做某个事情，一个对象也许需要知道一些信息。

将聚合根对象看成一个演员（拟人化），演员如果扮演一个角色，那他应该知道哪些事情、会做那些事情，能够控制或决定什么事情？可以从这些途径收集职责：业务规则、当前有界上下文、特别的需求和特征、命令和领域事件。如果对职责还不是很理解，可以使用责任、能力、权力等词语来近似理解。

按照高聚合原则分配职责给一个聚合根，使用“如果没有这个职责，会怎样”的思考实验模式，如果发现职责太宽泛，不能分配到单个聚合根中，那么就切分职责，由这些小职责组合成更大的职责，整个聚合代表一个更大的职责。

能够聚合在一起的对象都有相似的职责，或者围绕一个关键职责分步骤实现，将更抽象的“做什么”、目标或方向性的战略或策略放入聚合根中，“怎么做”等职责放入聚合子对象，通过继承方式避免增加新的“怎么做”对聚合结构产生影响。

为了规范从职责行为思考领域的习惯，可以引入**按合约设计**（Design by Contract，DBC）模式，它分三个部分。

1）预先条件：职责行为发生条件。包括：何时/何地/为什么/如何触发、策略、约束和委托行为，这个可以使用“命令”表达。

2）后置条件：在一个对象被认为处于一个新状态时，应该通过什么标志来判断，返回结果或断言，这个可以使用“领域事件”表达。

3）不变性：描述了一些专有特征不应该在行为事件发生后变化（主要是业务规则或逻辑一致性等），无论这个类有多少实例，也无论它什么时候被其他对象访问。

这个范式等同于图3-15所示内容。

图3-15　命令-事件范式

聚合代表着逻辑不变性，代表约束的不变，这种不变性体现在各种日常活动中，例如电商系统中用户下订单，这里的活动是“下订单”，用户与商品的不变性关系体现在“订单”中， 合约、订单在经济活动中表达人之间或人与商品之间的不变性关系，合同模式到处存在，只要有活动，就有合同。有些合同模式可能不是很突出，需要挖掘出来，例如到保险公司投保，就有保险合同，那么职工参加政府的社会保障系统就没有合同吗？至少有社保关系这个通俗的统一用语，而社保关系背后其实也代表了参保者和政府之间参保关系的不变性，也是一种合约。

3.2　设计聚合的几种方法

聚合代表一种高度紧密的关系，那么如何从有界上下文中设计这些高聚合的紧密关系呢？

聚合的设计有以下五种方式。

1）更换主谓宾语句顺序。

2）根据领域事件。

3）通过职责行为。

4）通过事务边界。

5）按时间边界。

这几种方式都可以应用在事件风暴会议中，上一章详细讨论了通过召开事件风暴会议来发现有界上下文，实际是对领域空间进行了初步的划界，其实下一步就是对有界上下文中的聚合进行发现，虽然使用了两个名词（有界上下文和聚合），但它们是一阳一阴，一个隐式暗示一个显式突出。

事件风暴会议可以使用吃鸡游戏（绝地求生）作为比喻。游戏中需要不断进入安全圈，安全圈是不断缩小的，这样驱使游戏者不断缩小活动范围，进行事件风暴会议也类似这样的过程，需要不断画出有界上下文这个圈，而且需要不断缩小这个圈，从有界上下文缩小到聚合，再缩小到聚合根，最后落实到一个实体对象上，就像吃鸡中的安全圈最终变成一个小点，剩余最后一队赢得胜利。如果事件风暴能够最终落实到带聚合根的实体对象上，就代表风暴游戏完美结束。

3.2.1 改变主谓宾顺序

DDD 本质上是一种语言形式分析学。对于需求表达，有时除了领域专家自己以外人们很难清楚他们的专有名词所指为何，有些是特别专业的词语，需要很深入的专业背景，几十年的深度耕耘浓缩在几个词语上，不是行外人说理解就能理解的。这里理解的意思就是指这个词语所指的具体是什么，是其内容。既然无法在短时间内明白词语的内容，就可以在词语的形式上做做文章，比如将词语调整次序等，因此可以调换需求的主谓宾次序来发现分析问题的重点。当然这种方法的前提是能够以主谓宾形式表达领域知识，这是统一语言的一个前提。

以电商系统下单为案例，对于用户下单有以下不同表示方法。

1）用户正在订购一本书。

2）一本书是由用户订购的。

3）一本书的订单被用户下了。

这三句描述的是同一个意思，只是形式不同，主谓宾次序不同。这种方法主要适合“主语”习惯人群，这类人群对第一个出现的主语比较敏感，一般主语是人，因此，对人的身份角色很敏感。

主语敏感人群容易对主语表达更多关注，思维思考方向会沿着主语的所指方向走下去，进行聚合设计时，也不能排除这种思考习惯。第一句话“用户正在订购一本书”的主语是“用户”，那么会将“用户”作为聚合的聚焦对象设计。这里可进行简单的反问法思维实验。

第一句：用户正在订购书籍，可以模拟表示成“用户”这个聚合，这个聚合体的大小怎么样？是不是太大？如果用户购买了数千本书怎么办？

第二句：一本书是由用户订购的。主语是“书”，表示为“书”这个聚合，其中包含订购了这本书的所有用户的所有订单。真的需要所有这种历史订单吗？不需要在一个巨大的聚合中聚合所有内容，那是上帝式的聚合。

第三句：一本书的订单被用户下了。主语是“订单”，表示为“订单”这个聚合，这里的主语主要是将前面“订购”这个谓语动词主语化了，所以，也可以从谓语动词或主谓宾关系中寻找聚合。当订单为聚合时，所有与同一订单相关的信息都放在一个地方，聚合体很小，每个订单可以创建一个新的聚合对象实例，可以根据需要添加用户信息和订单行。

有人可能会说，这里关键不是主谓宾颠倒，而是订单这个词语的挖掘，但是这种挖掘方式也是通过谓语动词、职责或命令事件法去实现的，当重点放在谓语动词上，才会发现发生的事实，这是维根斯坦逻辑哲学的关键所在。由于情感和文化习惯，人们的注意力通常放在名词主语上，这个分析方式会误导分析方向，语言形式的前后编排有助于在不自觉的情况下发现真正事实所在。

这种方法简单有效，但是精确性不高，还需要辅助以其他分析方法，不过往往简单有效的方法在进行头脑风暴时更容易立刻达成一致，分析效率非常高，因此也是事件风暴会议的首选方法。

当然，主谓宾调换方法是针对业务统一语言，而不是技术语言。“学生取消课程注册”清楚地表达了业务意图，而 “从注册表中删除了一行”和“一个取消原因被添加到学生反馈表”则不太清楚，后两句都是技术语言，或者说是数据库语言，其中有“表”和“行”等词语，这些陈述语句无论怎样翻转主谓宾，都无法找出其真正的语义，因为它们的所指目标是在数据库这个范畴的世界，而不是指向真实世界，条条大路通罗马，但如果这个罗马是纸上的罗马，就永远到不了。

3.2.2 根据领域事件设计聚合

在业务领域中，经常发生的是“活动”和“事实”，“事实”是在“活动”中发生的，发生的“事实”通过领域事件表达，那么，“活动”就使用聚合表达，这样，“事实”发生在“活动”中，就可以表达为：领域事件是在有界上下文的聚合中发生的，如图 3-16 所示。

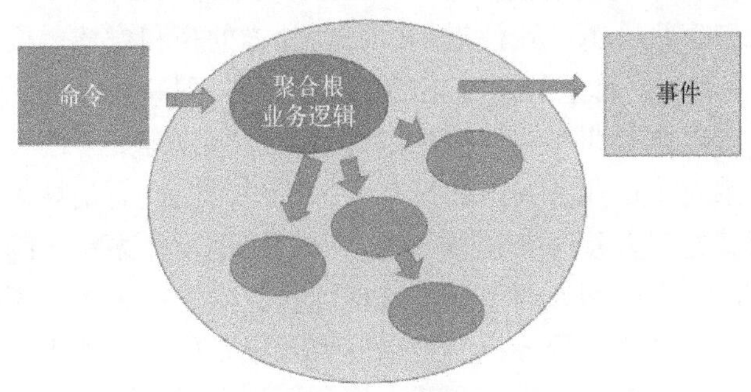

图 3-16　命令、事件和聚合的关系

前面有关事件风暴的讨论中，主要是通过领域事件发现有界上下文，更进一步，有界上下文发现了，下一步就是有界上下文内的聚合。命令是具体落到聚合根这个对象上，当聚合根根据业务规则或逻辑执行了这个命令，实际上就代表聚合根内部的状态发生了改变，一些事实发生了，聚合根再抛出领域事件。聚合相比有界上下文而言，更能落实在具体代码设计上，如果使用传统 SOA 架构做比喻，有界上下文的设计代表服务的设计，而聚合的设计代表数据表关系的设计，当然传统数据库设计是先有数据表才有关系表，而 DDD 的革命性正是在这里——先有关系才有关系内的对象，这也是维根斯坦逻辑哲学中“对象只有在关系中才有意义”的一个体现。

这里举一例子，通过事件风暴讨论医生处方管理领域：医生开处方这个功能设计中，通常可能将开处方作为医生的一个动作行为，如图 3-17 所示。

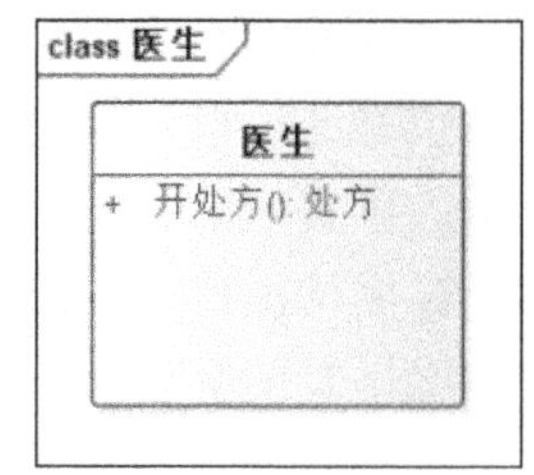

图 3-17　医生开处方模型

这其实是一种朴素的直观抽象，直接根据主谓宾语法结构，将主语“医生”等同于类名，将“开处方”等同于类的行为。这种映射是没有根据的，类的名称不一定对应自然语言的主语，类的名称是依据统一的通用语言，而通用语言根据上下文而定，然后再根据聚合的名称最终决定类的名称，可见 DDD 实际上也是一套类的命名法则，这也是为什么有人说：命名和缓存失效是计算机科学中最难的两件事。命名不是直接使用主语对应，如果这么简单，就没有分析哲学和逻辑哲学存在的必要了。

根据事件风暴议程，首先罗列出医生开处方这个活动中的命令和事件。命令是：（医生）开处方；事件是：处方开了。前者表示医生的意图，后者表示领域中发生的事实，现在有了命令和事件，按照时间线排列一下：医生开处方之前有什么流程活动？是不是需要预约和检查？开处方之后有什么活动？从药房取药吗？所以医生开处方只是整个流程中的一个环节，这个环节是病情诊断环节，应该是病情诊断这个有界上下文中发生的活动。那么“病情诊断”这一通用语言中涉及什么关系呢？医生、病情、患者、处方这四个对象会在这个有界上下文发生关系，这个关系可以使用聚合来表达，那么聚合根是什么？

医生是聚合根吗？如果有这种想法，还是没有逃脱“主语狂想症”。DDD 没有规定主语就肯定是聚合根，聚合根的职责是保持一致性边界，这样聚合内部才能保证逻辑一致性，那么开处方这项活动有哪些逻辑一致性需要保证？处方的药和病情需要对应，这是起码的业务规则，业务规则在哪里，哪里就是真正的主语，是真正需要被关心的。很显然，在“处方”这个聚合根中，可以放置药和病情的规则约束，医生只是处方的开具者，并不是业务规则的拥有者，领域系统才是业务规则的拥有者，医生可能反而是被规则监督的对象。这种分析思路适合任何其他有人参与的领域系统。人们使用软件系统跟踪、监督人的活动，软件中的核心规则不能因为个别人而改变，这样的软件信息系统才有存在的意义。

图 3-18 所示为事件风暴议程分析的结果。聚合根是处方，其主要包含业务规则为药和病情的规则不变性约束，聚合边界内有药、病和医生等对象。

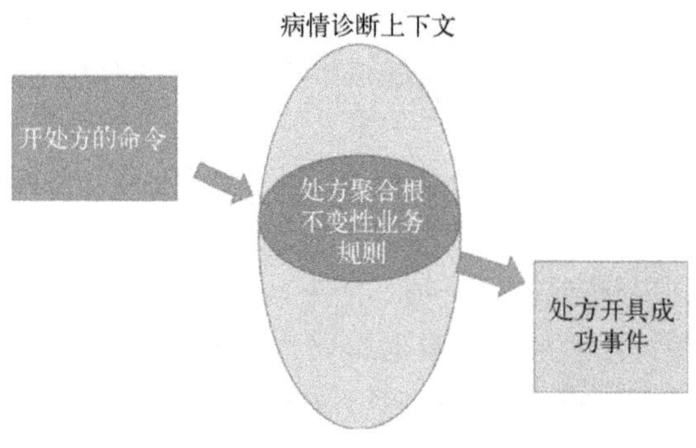

图 3-18　医生看病事件风暴分析结果

3.2.3 根据单一职责设计聚合

前面章节已经讨论，聚合的逻辑一致性不但表现在紧凑的结构关系上，还表现在高度一致、高度凝聚的职责行为上，这也是 OOAD 中单一职责的一个实现。从职责行为这个角度可以看到以下聚合模型特征。

第一种是信息拥有者模型。当一个对象是信息的拥有者时，它的职责是“知道这些信息”，不应该期望和其他对象协作获得这些已经知道的信息。

信息可以从“会话”中获取，谁实现这段会话？如果有其他对象参与会话，它就是协作者。还可以从信息首先发生位置寻找：哪个是首先知道信息的？有无信息的传送？可通过 UML 顺序图寻找这里面行为发生的先后顺序，确定主次之分，主要操作者就是聚合根。例如游戏系统中，每场游戏会话就是一个聚合，在这个聚合中集中了这场游戏上下文的所有信息。

第二种是决策控制者模型。控制者是和协作者有区别的，控制者能区分事情，决定采取什么行动；而协作者通常是让它做什么就做什么，自己很少做决定，没有主见。可以从决定性行动来自哪里来寻找控制者，一般决策都来自业务规则，如果这些决策是复杂的，则使用聚合中其他对象分担责任。

决策不只来自业务规则，还来自用户界面，也称为决定命令。当用户决定下命令给聚合模型时，会有哪些响应？抛出哪些领域事件？

从职责角度分析前面的医生开处方案例，如图 3-17 所示。

将开处方这个职责分配给医生，貌似非常合理，其实这里忽视了软件自身在其中扮演的角色。将开处方分配给医生，实际是将医生变成了控制者模型，但问题是，软件在哪里？医生已经是控制者了，软件还能做什么？做计算器的工作吗？因此，软件设计不是写作文，不是坐而论道，以毫不相干的姿态评论它，而是要将软件参与其中，将软件变成强势的控制者、拥有者模型。

这里有一种 Speak for Me 角色协作模型，要想将软件的职责加入业务场景，就要假设用户是盲人或不能讲话，就像躺在医院病床上，不能用任何方式联系，除了眨眨眼睛，表示“是”或“否”，软件能够根据各自的场景规则算法猜测语句，供其选择。用户是表达者，软件是服务者，表达者驱动软件为之服务，服务者隐藏了具体实现细节。

注意，服务者隐藏的具体实现细节是在聚合模型中，而不是在服务自身之中，如果隐藏了如何工作的实现细节，就可以在不影响使用者的情况下灵活地改变具体实现方式，这样就实现了 WHAT 和 HOW 分离，方向和途径的分离，战略和战术分离。

因此，在设计聚合时，需要将聚合模型和服务模型进行区分。聚合与服务模型的区分是控制者与协作者的区别：如果一个对象监听用户的动作命令，然后简单委托请求给周围的一些对象，它是在传递做决策的职责，也就是说，它在请求决策控制者做决策，它自己并没有做决策；它也可能做些控制者模型让它做的一些协调工作。协作是只做一些与聚合对象之间的请求响应互动，协作模型描述的是“how”、“when”以及“with whom”等动态行为，协作相当于管道布线，服务只是聚合与外部的管道布线。

图 3-19 所示为医生开处方的真正实现方法。医生作为一个角色参与了开处方这项活

动，软件作为服务者在这项活动中提供了开处方这项具体职责服务，医生只要给处方服务下命令（开处方），处方服务将寻求背后的领域逻辑做决策或决定，是否可以执行医生的这个命令。聚合作为逻辑规则的决策者，其中可能含有业务规则，规则检查通过后，告诉协作者可以执行，然后协作者去回复医生处方已经开具成功。

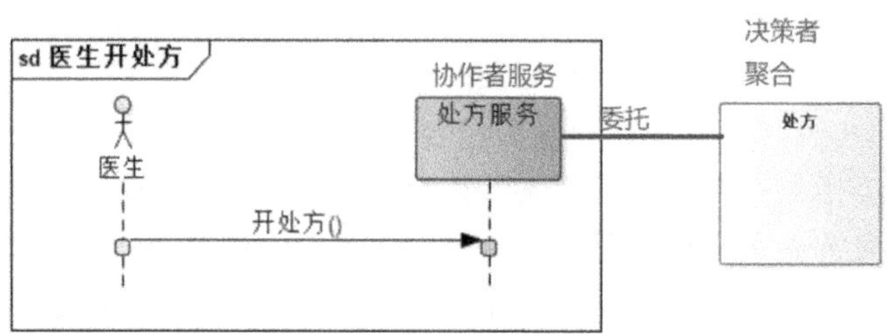

图 3-19　医生开处方的职责分析

搞清楚服务和聚合模型以后，需要在这两个模型之间分配具体职责方法。哪些职责属于服务，哪些属于聚合，这也是根据该具体职责方法属于决策决定还是属于协作协调来确定。例如前面讨论的比赛案例，当使用传统数据表+服务实现时，看看比赛服务接口，如图 3-20 所示。

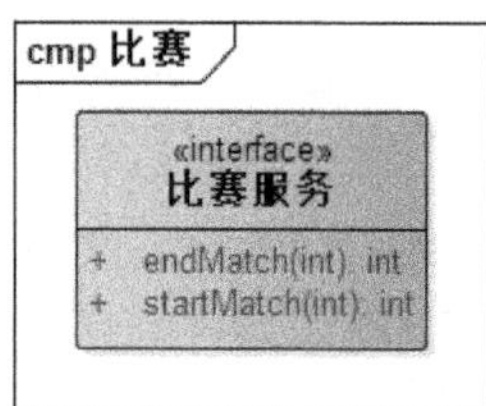

图 3-20　比赛服务模型

比赛服务中有“开始比赛”和“结束比赛”两个行为，从职责定义角度看，做出比赛开始和比赛结束不是协作者“服务”的职责，而应该是决策控制者“聚合”的职责，或者说，做决定的权力不能是“服务”，打个比方，公司财务对你说：你被解雇了，你会信以为真吗？不会，因为解雇人员的职责在人事部门。所以，进行软件设计时，实际也在扮演一种职责分配的“上帝”视角，切忌将服务或聚合对象变成“上帝”对象，如果是，说明你行使上帝委托给你的分配职责时并不合格，如图 3-21 所示。

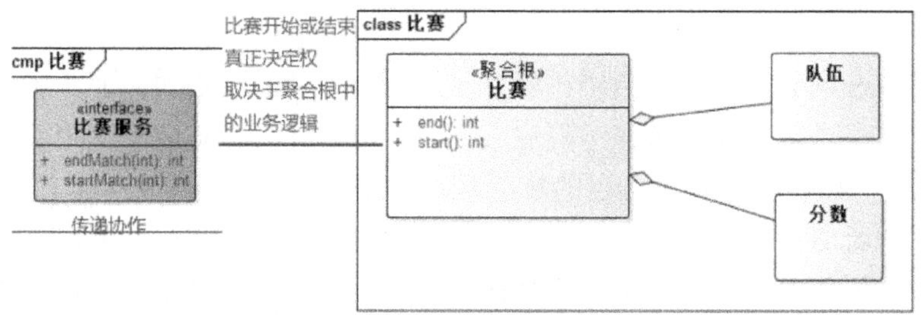

图 3-21　服务和聚合的职责区别

图 3-22 中，比赛服务虽然还是有 startMatch()和 endMatch()方法，但是已经被掏空，业务逻辑转移到聚合根中了，比赛服务只是作为一个协作者而存在，本身没有任何业务决策权。

有人可能问，聚合需要保存自身数据到数据库，保存操作数据库的职责应该放在聚合中还是服务中？首先考虑，保存数据到数据库这个职责是属于业务领域还是属于技术领域？领域专家是否关心这件事？很显然它属于技术领域，它属于在聚合和数据库之间的协作职责，所以将聚合的数据委托给数据库保存。

如果服务中有太多协作性代码（超过20行），那么可能有一些隐藏的模型没有发现，因为协作代表了对象之间的依赖，协作越多，依赖就越多。检查这些协作活动是否涉及决策决定，如果是就要考虑是否背后有一个控制者的聚合模型了。

好的面向对象设计是服务与聚合实现邻居式的组合，每个单位有独特的职责。每个对象都扮演一个角色，也都知道向哪个邻居求助，职责在邻居间共享。当聚合或服务对象变得很大时，可能需要一分为二，过去一个聚合的职责可能就变成两个聚合之间的协作。当进行聚合划分时，需要重新检查这两个聚合是否有足够理由待在一个有界上下文内，是不是有界上下文没有考虑足够，核心子域与通用/支持子域的主次地位是否之前没有搞清楚。

3.2.4 按时间边界设计聚合

在前面的有界上下文章节，讨论了按时间线去发现有界上下文，发现时间线上涉及的各个业务能力环节，将这些环节划分为一个个有界上下文。聚合是存在于有界上下文中的对象模型，很显然，聚合也会受到时间线的深刻影响。

以货物运输系统为案例，图3-22所示为项目需求文档。

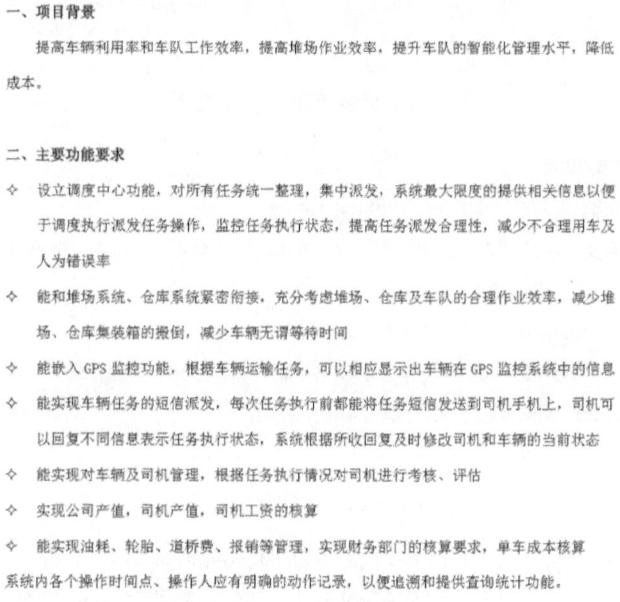

一、项目背景

提高车辆利用率和车队工作效率，提高堆场作业效率，提升车队的智能化管理水平，降低成本。

二、主要功能要求

- ✧ 设立调度中心功能，对所有任务统一整理，集中派发，系统最大限度的提供相关信息以便于调度执行派发任务操作，监控任务执行状态，提高任务派发合理性，减少不合理用车及人为错误率
- ✧ 能和堆场系统、仓库系统紧密衔接，充分考虑堆场、仓库及车队的合理作业效率，减少堆场、仓库集装箱的搬倒，减少车辆无谓等待时间
- ✧ 能嵌入GPS监控功能，根据车辆运输任务，可以相应显示出车辆在GPS监控系统中的信息
- ✧ 能实现车辆任务的短信派发，每次任务执行前都能将任务短信发送到司机手机上，司机可以回复不同信息表示任务执行状态，系统根据所收回复及时修改司机和车辆的当前状态
- ✧ 能实现对车辆及司机管理，根据任务执行情况对司机进行考核、评估
- ✧ 实现公司产值，司机产值，司机工资的核算
- ✧ 能实现油耗、轮胎、道桥费、报销等管理，实现财务部门的核算要求，单车成本核算

系统内各个操作时间点、操作人应有明确的动作记录，以便追溯和提供查询统计功能。

图3-22 项目需求文档

该项目的核心是设立调度中心功能。

1）对所有任务统一整理，集中派发。

2）提供相关信息以便于调度执行派发任务操作，监控任务执行状态，提高任务派发合理性，减少不合理用车及人为错误率。

该系统涉及的角色如下。

1）客户：提出运输业务的要求。

2）放箱公司：提供集装箱放箱和提箱。

3）一级调度：将任务分配到车队。

4）二级调度：将任务分配到司机。

从时间线或业务流程理解具体业务能力，如图 3-23 所示。这是领域系统与组织外部角色的流程说明，类似办事流程，描述了作为一个客户如何与该组织打交道，但是注意到，系统不是给外部角色客户直接使用的，而是供该组织的内部角色使用的，因此，需要重点查看内部作业流程图，如图 3-24 所示。

4.4 受理流程说明

1. 客户通过电话、传真、Email 等方式向市场部业务人员询价。
2. 市场部业务人员和客户确认运价协议（包干费用），收到客户陆运委托书。
3. 市场部业务人员接受业务委托，确认该笔业务。
4. 市场部业务人员根据陆运委托书内容将业务相关信息录入系统，并生成业务编号。
5. 委托放箱公司进行放箱操作。
6. 放箱公司取得并返回设备交接单后，市场部业务人员在内部业务托单中完整录入箱货、做箱信息。
7. 确认业务所需相关单证齐全，审核业务。
8. 市场部业务人员将该笔业务相关设备交接单、装箱单等单证和内部业务托单送达运输部调度处等待调度。

图 3-23　集装箱预订受理流程

4.5 作业流程说明

1. **运输部一级调度按内部托单内容制作计划大表。**
2. **运输部一级调度根据计划大表和相关业务作业要求（作业时间、门店位置、业务类型等）将运输任务号分配至车队。**
3. **车队二级调度根据作业时间节点要求拉出任务列表。**
4. **车队二级调度根据作业要求、车辆情况，将运输任务下达至车辆，产生派车号。**
5. **系统记录所分配车辆、司机信息到相关业务。**
6. **车队制作作业票。**

图 3-24　作业流程

这时分析建模的问题空间，可以按照谓语动词、职责或领域事件三个角度分析。

1）谓语动词法：（一级调度）制作计划大表，输入参数是内部委托单。

2）职责法：一级调度的责任是制作计划大表，这是他的每天工作职责所在。

3）领域事件法：（一级调度）根据内部委托单制作完成了计划大表。

可以看出，这三种分析方法基本都是相同的，具体偏好取决于个人习惯，也可以三种方法相互结合验证。

一级调度的职责不只是制作计划大表，如果只是这个职责，估计他只是一个普通的制表员或计划办事人员。他更重要的职责和权力是根据计划大表和作业要求分配运输任务号，分配对象是车队，这里下发到车队有发出命令的意味。用命令/事件法分析如下：（一级调度）根据内部委托单制作完成了计划大表（发生的事件），再根据计划大表和作业要求分配了任务号（发生的事件），将任务号下发到车队（命令）。

这里有一个事件转命令的过程，存在命令转事件或事件转命令的地方都可能存在业务逻辑。当有这个敏感性以后，再注意需求中提到“作业要求”由三个部件组成：作业时间、门店位置和业务类型，可能这里存在复杂的数据结构关系了，“作业要求”由这三个部件组成，这是一个整体部分关系。

整体部分代表了一种结构上的聚合，整体部分关系本身意味着复杂性，因此，这里可能存在一个聚合。DDD 聚合是针对领域复杂性而设计的，既然这里是复杂的，那么是否存在聚合？这个聚合是否过大？是否需要划分有界上下文来分割它们？

一级调度员的职责范畴应该划分到一个有界上下文中，因为在这个一级调度有界上下文中，存在一个复杂的整体部分关系，它是整个车队运营的核心数据在“作业要求”中的汇集，作业时间代表车辆出发时间，门店位置事关车队位置、货物位置，业务类型事关收费以及运输过程的安全性等。

在一级调度有界上下文中，输入的命令应该是来自受理有界上下文的委托单，输出事件是发往派车有界上下文的任务号，可以使用发布/订阅方式将运输任务推送到车队二级调度所在的派车上下文。

在一级调度有界上下文中发生了两种动作事件：首先是制作大表，其次是分配任务号。这是两个有前后顺序的逻辑过程，如果没有大表，就无法分配任务号，但是只有计划大表，也无法产生运输任务，那么它们是否属于一个聚合结构？还是分成两个聚合呢？

从时间边界上看，制作计划大表和分配任务号是否在一个时间点上完成？如果这两种工作各自都很复杂，就会花费一级调度员很多时间去完成，甚至需要由内部分工，专门设置制表员岗位制作计划大表，然后专门设置任务分配员岗位进行任务号分配，但是从需求中发现，这两件职责工作都是由一级调度员一个岗位角色完成的，而且是在一段时间内必须完成，因此，制作计划大表和分配任务号属于在一段时间边界内所做的两件事情。

当深入计划大表的内容时，发现其中记录了作业的要求，包括作业时间、门店位置和业务类型，一级调度员需要将货物运输路线与车队位置进行匹配，这非常类似滴滴打车的派车算法，只不过这里是由人工实现的。制作计划大表是对运输任务、运输行程等的业务规则安排。

可能非运输行业的开发人员还不是非常明白运输任务和运输行程的概念，这里可以打个比方，出门旅游需要做三件事：计划旅游路线，例如，如果你在广州，计划到北京游玩，那么旅游路线就是从广州到北京；第二件事是制订行程安排：直接从广州飞北京呢？还是中间到武汉旅游一段时间？第三件事是确定行程段，从广州到武汉坐高铁还是飞机？从武汉到北京如何安排交通工具？

从这个例子中可以看出，旅游路线属于业务策略的设计，而行程制订属于业务规则的安排，一个行程由多个行程段组成，如果行程日期是八天，那么四天在从广州到武汉的行程段，还有四天在武汉到北京的行程段。行程段和行程的关系是一种按照时间线组合在一起的关系。

“行程”这种规则性制订规定了之后行动的所有依据，是一种约定、约束，也是一种业务规则，是一种不能改变的约束，一种逻辑上的不变性和一致性，按照前面聚合逻辑一致性的讨论，如图3-25所示。

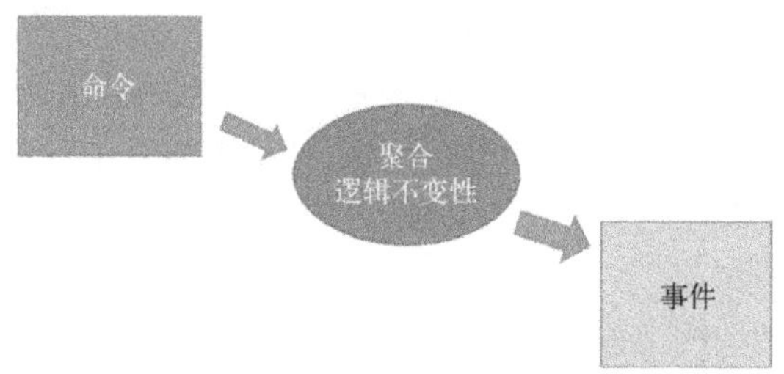

图3-25　命令-事件范式

计划大表其实是在制定运输业务中逻辑不变性和逻辑规则，表达车队与货物以及运输路线之间的约束关系。在这张计划大表中，将客户的委托要求、内部作业资源的分配等关系实现了相应约束，发生了紧密关系，这种紧密关系体现在一个虚拟总集：行程。

计划大表其实是运输行程大表，它应该代表了一种聚合，是业务核心。当然，“计划大表”这个词语非常传统，有特殊的语境，这里可以使用无所不在的统一语言，使用“编排行程任务”替代“计划大表”。“编排行程任务”有动词意味在其中，说明是一种活动。有动词就与时间相关，而名词实体是时间不敏感的，在一段时间内会稳固存在，而活动等代表会在一段时间内发生很多事件，它的时间尺度非常小，这大概也是动词和名词的区别所在。

同时，动词“编排”也有动词“计划”的意思,日常生活中，“我来安排一下”与“我来计划一下”是同一个意思，只是表现出的积极性不同；下级对上级说：我来安排；上级对下级说：我来计划。无论怎样，这两个动词接近，而且这里一级调度员制作计划大表的目的还是为了向下级调度员指派运输任务，因此使用“编排行程任务”一词更中立一些，没有上级对下级的文化背景掺和其中。

图3-26所示为“编排行程任务”的聚合设计，包含了制作计划大表、输出任务等职责在其中。

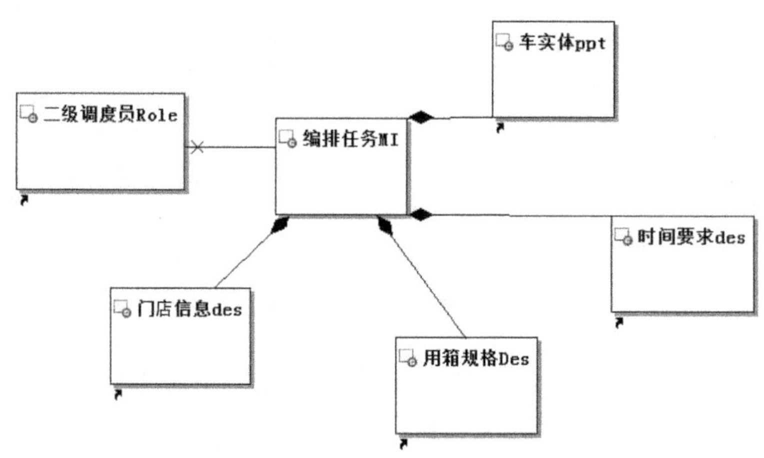

图3-26　编排行程任务聚合设计

货物运输系统在后面有专门章节进行详细分析，这里只是简单举例。

货物运输系统中是行程段发现了隐藏的“行程”这个聚合，虽然被管理人员描述为制作计划大表，但实际是制订行程表，业内行话有时会省略关键领域知识。但是无论怎样，行程是一个包含强烈时间概念的名词，行程由行程段组成，这是按时间线为标准划分的。当然有人可能认为这是按空间维度划分的，其实空间维度是静止不变的，如果是有人参与的空间维度则反映在时间维度上，这是一个哲学物理课题，这里不再展开了。

按照时间边界发现聚合，主要可应用在业务流程分析中。一个流程会持续一段时间，这段时间比较长，那么就可以划分为不同时间小段，或者称为能力环节节点。一个流程需要经过哪些必备的能力环节才能完成呢？因此，根据时间边界划分，发现能力环节节点，从而发现聚合，划分有界上下文，这种方式通常与领域事件分析结合在一起，因为领域事件是比能力环节节点在时间粒度上更小的动词。从底层细粒度的事件，发现事件之间的紧密关系，事件在时间上更紧密，意味着有逻辑约束和一致性在其中，这时候聚合就可能浮现出来。复杂的聚合是否可再切分到不同的有界上下文，还是在一个有界上下文中可放置多个聚合呢？

按照时间边界去发现聚合，可以同时发现聚合和有界上下文，但是要避免在一个有界上下文出现多个聚合，如果存在多个聚合，就要区分这几个聚合中是否有主次之分；如果是并列，可否划分成不同上下文；如果有主次之分，是否有核心子域和通用/支持子域之分。总之，最后一定要找出标识当前有界上下文的那个核心标志。正如身份证号码是每个人的核心标志一样，任何事物都应该有核心标志。只有这样，才能纲举目张，将火力对准核心目标，否则没有目标就是混乱一片了。

通过时间边界的不断缩小，不断瞄准核心目标，以吃鸡游戏为例，当你听到枪声，估计大致方位，然后用步枪和倍镜头逐步寻找那个空间上的目标，所不同的是，这里寻找的是时间边界上的目标。

再以财务系统为例，财务每个月都要结账一次，输出当月的财务报表等，因此，这里自然的时间边界是一个月，以一个月建模为聚合，处理当月内所有的访问修改，一旦结账，就无法修改只能查询。

再如医疗领域的专家预约门诊，患者需要通过系统预约专家门诊，通常会在特定日期搜索访问，如果专家没有时间，就会尝试提前一天或向后一天，这里自然的时间边界是一天。那么考虑以一天为时间边界建立一个聚合。这个案例涉及技术和业务事务问题，在后面章节还会详细讨论。

3.2.5 通过事务边界设计聚合

每当发现领域中有两个元素紧密结合在一起时，就有可能会发现潜在的聚合，因为聚合的特点是紧密关联。可以根据这些元素的存储方式发现并设计聚合。

例如：用户必须在注册之前输入姓名、邮件地址，如果没有这两个输入，就应该无法创建账户。也就是说，如果他们不满足业务上所有这些条件，他们创建账户的请求（即事务）将被拒绝。

事务体现了业务规则，这里的业务规则是：在任何情况下，没有姓名和邮件地址的客户都不应存在于系统中，称此为不变业务规则。

从存储技术角度看，当几个元素需要同时存储时，其中一个元素发生改变需要存储，其他元素的改变也需要同时存储；如果其中一个元素提交失败，则需要回滚撤销所有更改。多个元素的更改好像是对一个整体元素修改一样，ACID（原子性，一致性，隔离性，持久性）是用来保证数据库事务可靠处理的特别设计。

也就是说，什么时候保存一组元素需要使用数据库的 ACID 机制了，基本就可以判断这组元素的保存是有事务支持的。具体来说，数据库事务支持有两种方式：数据库连接和跨数据库的两段事务（2PC）。数据库连接事务比较简单，在 Java 中称为 JDBC 事务，当打开一个数据库连接，一直到数据库连接关闭，这段时间操作保存的数据表都处于数据库连接事务机制下。而两段事务则是跨数据库连接，可能一次操作涉及多次打开、关闭数据库连接，在 Java 中是通过 JTA/XA 分布式事务机制支持实现的，一般 Weblogic 等厂商的 JavaEE 平台都支持，Spring 框架下通过使用第三方事务中间件也会支持。这些是底层架构，识别 2PC 的关键是在服务层，如在服务中加上特别的事务标识，例如 Spring 中的@Transaction 注解。

当几个元素通过上述方式进行保存时，就可以初步判断这几个元素处于一个事务当中，进而可以考虑这几个元素代表的业务概念是否为一个聚合。明白了事务边界代表着聚合边界，就可以根据事务边界来设计聚合了。

例如专家门诊预约系统中，每天都有 12 个时段，每个时段持续 30 分钟（上午或下午）。在软件系统中，需要确定业务事务边界（又称为 DDD 聚合）。开发人员一般的直觉设计中，是将一个 30 分钟的时间段作为聚合边界，选择这样的时段是因为它较小，并且应该更快地加载和保存在数据库中。但是一个患者可能会预订多次专家门诊，而在业务上这是不允许的，为什么呢？

原来患者每次预约以后，都需要医院一方确认，然后安排相应的医生出诊，如同用户下了订单以后商家需要确认安排出货一样。一些患者预约两个时间段，相当于看两次病，这是不恰当的，还可能是黄牛从中倒卖，因此，业务规则是：一个患者不能预约两次或多次。

这实际上在技术上反映出了二次提交或重复提交问题，其实这不是一个技术问题，而是业务问题，开发人员只要在代码中添加一条规则，即无论何时患者提交预约请求，如果他们在同一天已经进行了预约，则第二次预约将被拒绝。

但是添加这样的规则以后，可能无法应对高并发访问，一个患者可能会几乎同时发出两次预约请求，就可以跳过该规则成功预约了。到底是什么原因呢？数据库事务技术也只能做到这种地步，数据库事务也不是开发人员能够参与控制的。

原因是：数据库事务的边界与聚合事务边界不符，两者边界不对齐。因为聚合边界是一个 30 分钟的时间段，当患者预约两个时间段时，数据库需要两个事务来更新两个时间段，如果第二个事务在第一个事务之后却在第一个事务完成之前开始，它将不会知道第一个预约是否已被医院安排了，它将继续保存第二个事务。也就是说，患者预约和医院安排确认预约是流程中的两个步骤，今天患者预约，明天医院才能安排确认，这是一个长时间的事务过程。

解决办法是修改聚合事务的边界大小，原来聚合边界是以 30 分钟时间段为大小，这个问题是以时间边界划分聚合边界的设计案例，联想到货运车队中的行程由行程段组成，一段八天的度假大行程由两个四天的小行程段组成，一个行程代表一个聚合，那么是不是也可以在这里按时间边界大小划分聚合大小呢？

这里聚合大小是以 30 分钟时间段为边界设计的，很类似货运车队中的行程段 leg。行程是行程段的聚合，货物运输系统中也会注重行程段而忽视行程，因为行程段与车队装货与卸货有关，正如人在旅行时，在哪里上车和在哪里下车是非常直观的，上车和下车代表了一个行程段，因此，一般开发人员会将行程段作为一个聚合边界，但是行程段因为太小，不足以支持整个运输路线的规划，运输路线与行程段之间还缺少一个中间尺度：行程。

这里的聚合设计边界也是以最小时间单位 30 分钟设计的，那么是不是这个时间段背后也隐藏着一个重要概念呢？每天有 12 个时段，每个时段 30 分钟，这里“一天”是时段的集合，那么以天为单位设计聚合大小。

但是，增加聚合边界的大小，也会出现意外的副作用。

患者预约和医院确认安排预约是一个流程的两个步骤，如果患者的预约被医院取消，则应自动将其安排为另一次预约；如果预约没有被医院安排，则任何患者都不得取消预约，这又是一条业务规则。

但是以天为单位设计聚合，只能聚合一天内的活动事件，无法得知第二天后预约是否被安排，这需要引入一个流程上的原子性事务过程，并且设计业务流程上的回退机制。这是一个流程事务过程，聚合只能设计为流程中一个步骤，无法涵盖整个流程，否则就变得太大。流程中的长时间事务必须通过业务流程自身来设计，而不是一味寻求数据库事务或聚合来完成，但是通过聚合设计，可以发现时间维度上隐藏的概念，天是时间段的集合聚合，周是天的集合聚合，月是天的集合聚合，具体以哪个聚合大小设计，需要结合业务特点和流程，不要试图用聚合做流程的事情，也不要让聚合做基本时间段内微观的事情。

3.2.6 通过 ER 模型设计聚合

大部分开发人员都具有数据库表设计背景，这是作为一个开发人员的基础技能。ER 模型是数据库表设计的抽象，这里介绍一个从 ER 模型设计中发现聚合的办法，以便习惯于数据库表设计的开发人员逐步转移到 DDD 聚合设计上。

如果有两种数据表，一种表是主表，另外一种表是明细表，主表是总体概括，或者是明细表发生变动时需要同时修改的共享的一个表，这在 ER 模型中称为星形模型，如图 3-27 所示。

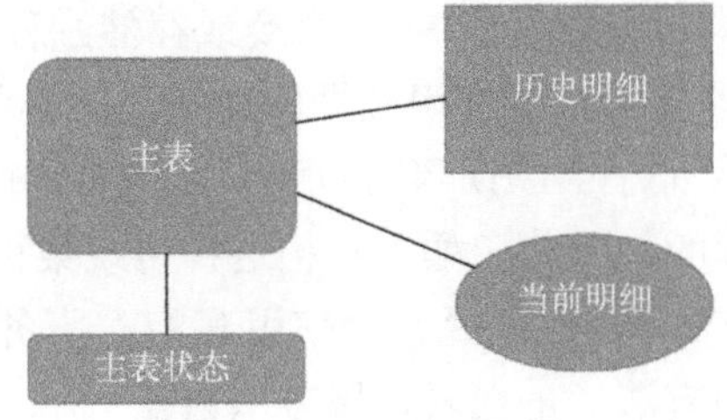

图 3-27　ER 星形模型

在这个星形 ER 图中，有一个主表，如同核心，围绕主表有其他关系表。主表类似一种汇总表，而具体明细表则是其关系表，例如主表可能是科目余额表，而明细表则是借贷明细表，科目余额=科目期初余额+借贷明细，主表状态就是科目余额。财务这套业务体系本身的设计就有明显的树形结构特征。每当有一笔借贷明细加入时，科目余额将会有变动，这时主表和明细表都必须一起在一个事务中改变，不能只修改明细表，而不修改科目余额。找到必须一起更改的条目，就能找到聚合的一部分。星形模型与聚合模型的合并设计如图 3-28 所示。

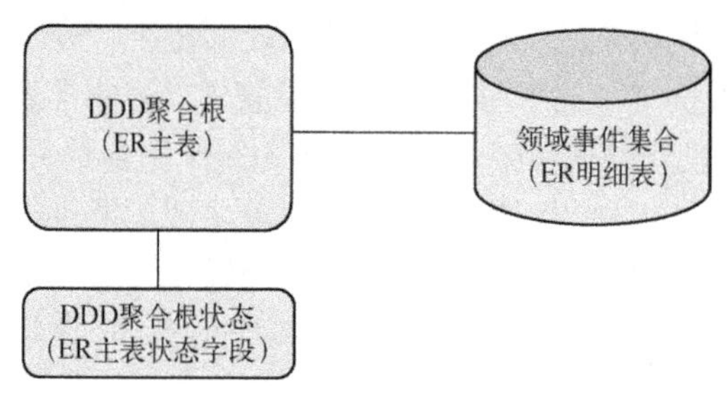

图 3-28　DDD 聚合与 ER 星形两种模型的对应

主表等同于聚合根，明细表类似领域事件的集合，明细表里记录的是每一笔发生的交易，这些都是发生的事实记录，因此等同于一笔笔领域事件记录。主表的状态字段等同于聚合根状态。

假如主表是个人账户，而明细表代表进出明细，那么每次发生一笔进出，个人账户的余额状态就发生变动。

例如，如果个人账户余额初始是 100 元，今天进账 30 元，出账消费 20 元，那么个人账户的余额就编程为 100+30-20=110，状态值从 100 元变成了 110 元。

在数据库编程范式中，将进账 30 元和出账 20 元看成进出明细表中的两条记录，而从 DDD 领域事件角度看，它们属于发生的两次领域事件（进账 30 元事件和出账 20 元事件），将数据库范式中的进出明细看成是进出事件集合了。

从 ER 的星形模型和 DDD 树形结构聚合模型对比来看，两者极其类似。对于 ER 的主表与明细表，它们在变化时必须一致的，通常通过外键约束来保证两个表在一个事务 ACID 中更新。同理，DDD 聚合模型也是反映一致变化的设计，在聚合内部的所有对象变化都应该在一个事务中同时完成。

很多系统都是基于传统的 ER 模型和数据库事务机制实现的，如何将这种传统架构重构为以聚合为主的 DDD 设计呢？

在传统面向数据库的编程方法中，通常是服务+（主表/明细表）的架构，也就是业务逻辑基本在服务之中，服务向数据库发送 SQL 命令或存储过程，给明细表增加一条记录，然后改变主表的状态。这时的事务可能使用数据库连接池的事务，也就是打开一个数据库连接直至关闭，这个过程中保证了 ACID 事务过程；或者使用跨数据库连接池的两段事务（2PC），2PC 是在服务中实现的，因此，如果重构这种传统架构，那么就要从服务开始。

在 Java 的 Spring 框架开发应用时，经常会使用其 JTA 事务注释“@Transaction”实现 2PC，这个注解标注在服务的方法上，代表这段方法会在一个 2PC 事务上下文中处理，如果发现这种情况，就可以判断这段方法内可能会涉及聚合一部分的操作，再根据上一节的职责驱动设计，分辨出服务和聚合（服务是协作者，而聚合才是决定者），重构这段服务方法，将负责决策和决定的部分从服务中剥离，重构成聚合对象群。

例如下面这段代码：

```
public class EmployeeService {
  @Transactional
  public void updateEmployee(){
        dao.task1
        dao2.task2
        dao3.task3
        dao4.task4
  }
}
```

在@Transactional 标注的方法中涉及多个数据源的操作，这四个操作要么一起完成，要么全部不完成，这就是一种不变性和一致性要求。那么考虑：这里面是否存在聚合模型？是不是将这四个任务变成一个聚合根对象的四个方法就完成聚合设计了呢？例如将更新任务放入聚合根类 Employee 中：

```
public class Employee{
  public void update{
        dao.task1
        dao2.task2
        dao3.task3
        dao4.task4
  }
}
```

服务由此变成：

```
public class EmployeeService {
  @Transactional
  public void updateEmployee(){
        employee. update()
  }
}
```

上面的代码中，服务虽然只是起到传递命令的委托作用，但是这样抽象的聚合模型是不对的，因为 dao.task1、dao.task2、dao.task3、dao.task4 四个任务涉及四个数据库的操作，至少操作了四张表。聚合模型首先是一种高聚合的组合结构，虽然将四个任务放在一个方法里了，但是这四个任务操作的数据还是在聚合边界之外，也必须纳入聚合边界，这样才能形成封装性，保证逻辑真正的一致性，否则聚合边界之外的数据可能被其他任务操作修改导致不一致。存放于数据库的数据也属于聚合边界之外。

假设这四个任务涉及的对象是 A、B、C、D，则 Employee 变成：

```
public class Employee{
  private A a;
  private B b;
  private C c;
  private D d;
  public void update{
```

```
            a.task1
            b.task2
            c.task3
            d.task4
        }
    }
```

对应的 UML 类图如图 3-29 所示，这是一个星形/树形的聚合模型。

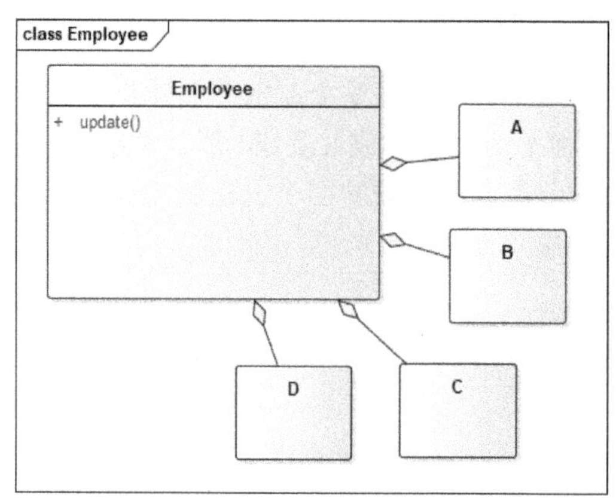

图 3-29　UML 聚合模型

前面讨论过，数据库的操作属于技术领域，非业务领域，因此 DAO 之类的数据库操作不应该出现在聚合模型中。这四个对象是从 DAO 操作的四个数据表中抽象出来的，形成了 Employee 的组成部分，这样的形式才真正表达了父子关心的聚合，同时也表示这四个对象必须一起修改，实现逻辑变化的一致性，真正做到根据事务边界抽象出聚合模型。由此可见，事务编程其实是一种脚本事务过程化编程，要将其重构为面向对象的聚合模型，不是简单执行方法的同类项合并，而是也涉及数据结构的合并。

当实现上述根本改变以后，服务中的@Transactional 是否还有必要呢？因为 updateEmployee()方法委托给聚合根 Employee 的 update()，Employee 是不涉及多个数据源和数据库的，而原来的@Transactional 是一个支持多数据源的分布式事务 JTA 实现，这就引出一个很大的问题：聚合模型下还需要分布式事务吗？聚合模型的视角是否与分布式事务的视角完全不同？

分布式事务的意思是事务分布在多个地方，甚至在不同的主机上。注意这句话的主语是“事务”，将事务必须存在作为第一原则，作为逻辑推理的假设前提。这段逻辑分解如下。

1）世界上有一个过程化的事务概念。

2）如果事务过程涉及的环节不是在一起，而是分布式地存在。

3）那么就需要分布式事务。

但是，根据事务边界设计聚合，聚合的意思就是放在一起，紧密聚合在一起，那肯定是在一个地方部署运行了，因此，根本不存在涉及多个环节的过程化。已经把这些过程切分成一个个聚合环节了，那么是否一定需要分布式事务机制就值得仔细重新推敲了。

那么为什么认同有一个过程化的事务概念呢？其实这个过程化是代表业务流程化，而事务的概念可从其英文“Transaction”的原意追溯：“Transaction”有事务和交易两个意思，事务是技术事务，例如数据库的ACID或2PC等，而交易实际是业务上的事务，交易机制可以替代技术事务，业务流程中进行交易的设计可替代技术上的事务。

那么结合聚合和业务流程的概念，它的分析逻辑变成：

1）有一个流程。

2）聚合设计将流程各个环节变成一个个聚合。

3）整个流程需要事务吗？需要的是什么样的事务？要么全部执行，要么全部不执行，流程中任何一个环节执行失败，之前执行的环节进行回退。

Saga模式就是这种补偿式、回退的流程设计，例如前面章节的电影票订购案例中，如果支付失败，或超过多长时间没有支付，那么就将其预订的座位释放，让其他人还可以预订到该座位，这就是一种流程上的事务设计。

再以出差参加会议为例，为了实现这个功能，需要分四个步骤实现：报名参加的会议，预订酒店，预订机票，预订目的地的巴士，如图3-30所示。

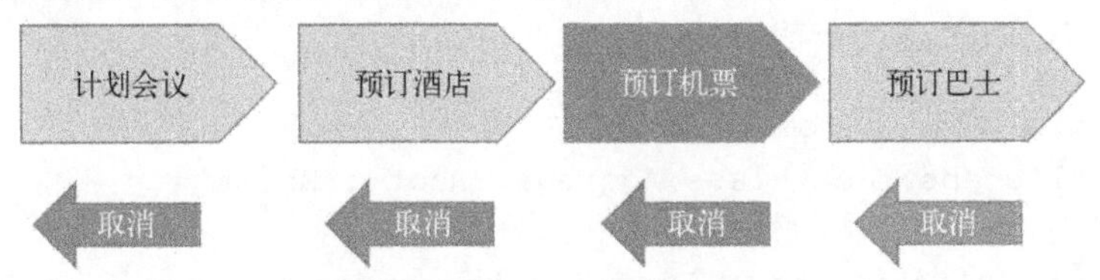

图3-30 Saga模式

当一个流程中任何一个环节发生异常时就要取消之前的所有步骤，比如预订机票出错，就要取消之前预订的酒店，取消计划会议，这样整个流程就好像没有执行一样，这是业务意义上长时间分布式事务的实现机制。

再回顾一下之前的EmployeeService方法：

```
public class EmployeeService {
  @Transactional
  public void updateEmployee(){
        dao.task1
        dao2.task2
        dao3.task3
        dao4.task4
  }
}
```

这里涉及了四个不同数据源（数据库）的task操作，是一种跨多数据源的分布式事务，很可能这涉及了一个流程，需要从有界上下文、聚合等DDD视角重新设计这个用例了。

由此可见，分布式事务这个概念存在一定的误导性，会导致很多不必要的耦合，以及忽略详细的业务分析设计。分布式事务的概念只是数据库ACID事务的简单延伸，它是ER数据模型建模领域的概念，而到了DDD建模领域，一切就变得完全不同。从这里也可以明白，为什么服务中的方法代码很长，无法仔细分析事务的边界——因为在面向数据库设计以及分布式事务两个概念的笼罩下，几乎无法突破迷乱思维的雾障，也就必然带来单体式、意大利面条式的低质量软件架构。

当然，进行聚合设计时，也需要避免一个大聚合。大聚合可能就是一个分布式事务过程，聚合需要以原子方式更新，有两种处理事务的方法：**乐观和悲观并发**。乐观并发能导致更小的聚合，悲观并发导致更大的聚合，乐观并发可能带来的是最终一致性。很多在数据库工作背景下的人很难接受最终一致性，其实理解了分布式环境下的 CAP 定理就能明白，既然要分布式事务，CAP 定理就能起作用，真正高一致的设计带来的实时大访问量下的可用性不高，悲观并发会带来高一致性，但是使用锁的面积太大，严重影响性能，而乐观并发带来的不只是性能提升，还有吞吐量的提高。

当然，为了彻底解决上述问题，应避免在聚合中使用共享状态，而是采取记录领域事件，然后从头播放这些事件到当前时间，这样就能获得当前状态。避免共享，就避免了争夺，也就无需用锁，并发和事务也就不需要了，这是事件溯源（EventSourcing，ES）架构的来源。

在 ES 概念下，聚合实际就是一个事件集合。以下是来自 CQRS 和 ES 概念的创建者 Greg Young 的一段.NET 聚合代码：

```
namespace Common.Domain.Model {
   public abstract class AggregateRoot : Entity {
      //这是一个领域事件集合
      private readonly List<Event> _changes = new List<Event>();

      public Guid Id { get; protected set; }
      public int Version { get; internal set; }

      public IEnumerable<Event> GetUncommittedChanges() {
         return _changes;
      }

      public void MarkChangesAsCommitted() {
         _changes.Clear();
      }

      public void LoadsFromHistory(IEnumerable<Event> history) {
         foreach (var e in history) ApplyChange(e, false);
      }

      protected void ApplyChange(Event @event) {
         ApplyChange(@event, true);
      }

      // push atomic aggregate changes to local history for further
processing (EventStore.SaveEvents)
      private void ApplyChange(Event @event, bool isNew) {
         this.AsDynamic().Apply(@event);
```

```
                if (isNew) _changes.Add(@event);
            }
        }
    }
```

这个聚合根中，其组成部分就是一个事件集合：

```
private readonly List<Event> _changes = new List<Event>();
```

聚合根的其他方法都是对集合中的事件进行播放或重播，这可以用作一个超级类，在不同的有界上下文中被继承使用，不同的只是领域事件的类型，类型不同代表上下文不同。

使用纯粹的事件集合替代共享状态虽然巧妙解决了并发和事务问题，但是带来了实现的复杂性，在实际中可根据领域的复杂程度进行取舍，如果相比领域本身的复杂性这点复杂性带来的成本可忽略不计，那么根据 ES 设计聚合无疑是一个一劳永逸的好办法。

如果必须使用共享状态，还是可以依赖数据库 ACID，或者使用单写模式等无锁无堵塞的高并发模型。这些在后面章节会详细讨论。

3.3 实例解析：订单系统中的聚合设计

本节以电商系统中的订单为例阐述聚合的设计。在第 2 章中已经介绍了如何按时间线发现电商系统中的有界上下文，订单有界上下文是其中一个。重新检查一下电商系统的用例图，如图 3-31 所示。

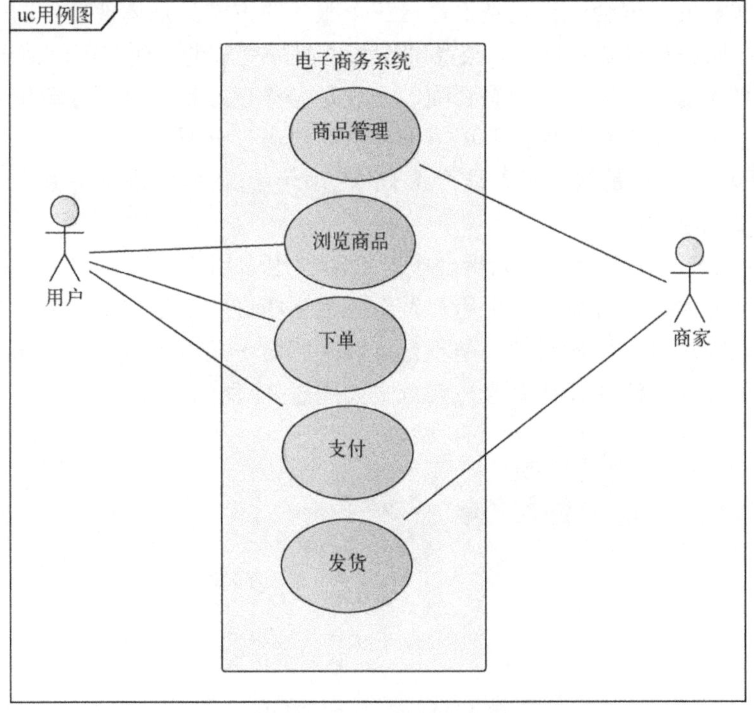

图 3-31 简单电商用例图

根据这个简单的用例图，使用 UML 时序图表达，如图 3-32 所示。

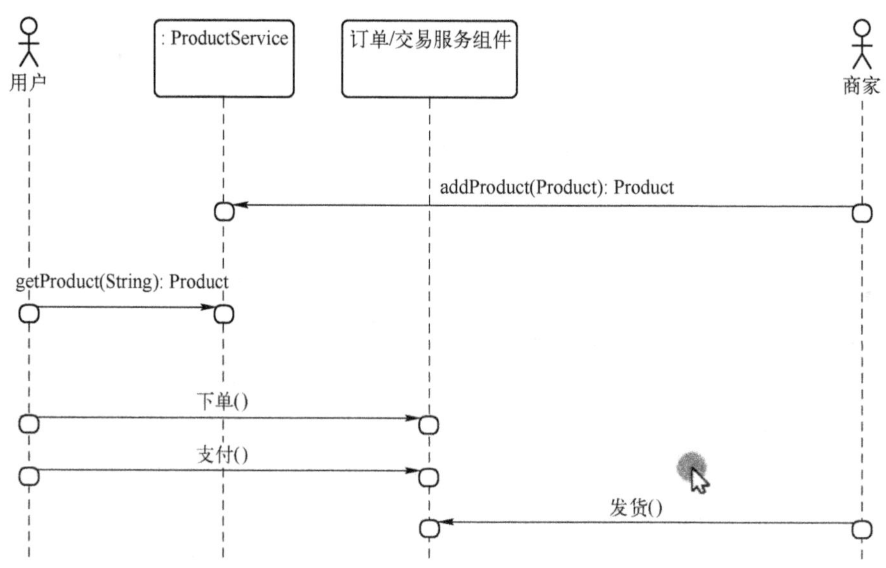

图 3-32　电商系统时序图

在这个时序图中有两个服务：ProductService 和订单/交易服务组件，分别代表了两个有界上下文：产品管理和需要设计的有界上下文。“订单/交易服务组件”是有界上下文的服务名称，它有多个功能：下单、支付和发货。

在 3.2.3 节中谈到，这里的服务只是一个职责的委托者，不是决定者，不是有实权的对象，真正有实权的是聚合，也就是说，这三个服务的方法只是体现软件的一个对外服务接口，如同餐厅服务员只负责送菜，菜品制作是由厨师完成的，现在可以请出“大厨”了。

如何确定订单有界上下文中的聚合呢？一般是名称直接映射，即订单聚合，但还是可以分析一下以验证这个聚合。现在使用主谓宾顺序法进行分析。

1）用户下单：用户是聚合吗？这个聚合体的大小怎么样？是不是太大了？如果用户购买了数百种商品怎么办？

2）商品由用户订购：商品作为聚合吗？商品被很多用户订购，那是不是都放在商品中呢？具体的商品种类和数量和某个用户发生关系是在订购上下文中，需要使用一个概念表达这种关系，表达这种订购活动，是不是可以采取命令-事件的方法来分析？

回顾一下通过关系活动设计聚合，其范式如图 3-33 所示。

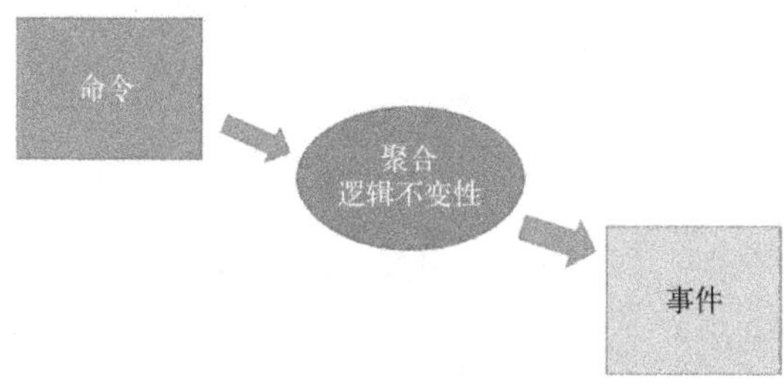

图 3-33　命令-事件范式

在这里发生了哪些命令和事件呢？这里先分析下单这个功能，支付和发货两个功能的分析在后面章节专门介绍。

用户下单是一个命令，聚合执行一定的业务规则检查，执行了这个命令，“下单成功了”的事件被抛出。

在订单上下文中，命令和事件都是针对一个聚合发生的，这个聚合表达了一种逻辑不变性，就是维持“一个用户购买了多少种商品总价是多少”这样的业务关系，这种关系记录了用户的购买活动，因此，表达人类活动中业务关系不变性的是“合约”。这里“合约”的术语，或者称为统一语言是“订单”，如图 3-34 所示。

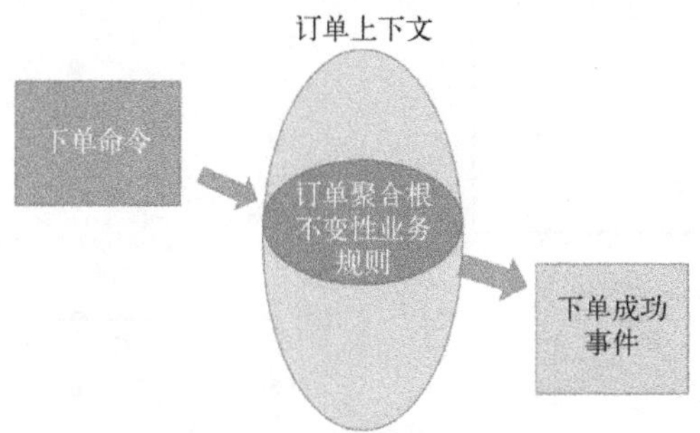

图 3-34 订单上下文

现在更换主谓宾次序：订单被用户下了。这句话和前面的两句是同一个意思，主语“订单”作为聚合，其大小正好，不会将所有商品包括进来，也不会将所有用户包括进来，而是记录某个时间点人与事物发生关系的证据。

3.3.1 信息拥有者模式

以上是结合主谓宾更换以及命令-事件法来发现聚合的方法，下面可以通过职责来设计一下这个聚合。聚合是决策者，有权力的对象，它承担哪些职责？

首先，它知道些什么？它应该知道什么人购买了哪些商品，总价是多少，客户地址在哪里。形象地将订单的组成画图表示出来，如图 3-35 所示。

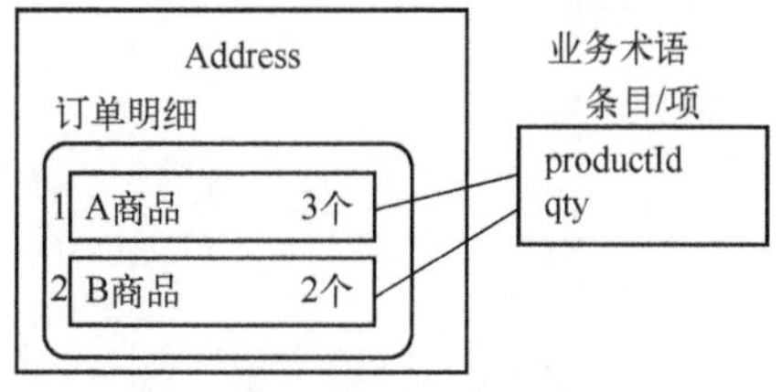

图 3-35 订单组成

订单中有订单明细，每条明细使用业务术语称为“订单条目”或“订单项”，订单项中有商品和数量，那么是不是直接使用商品管理上下文中的 Product 来表示商品这个概念呢？Product 已经是商品管理上下文边界内的聚合根了，如果这里再次引用它，那么就跨越了有界上下文的边界，这是原则问题，不能让步。但是这里又要表达商品这个概念，怎么办呢？任何事物都可以使用其标识表达，如同身份证号码可以标识人一样，商品的标识是

ProductId，那么这里就使用 ProductId 代表商品。

从聚合的逻辑一致性角度看，聚合内的所有对象都是一致变化的，实际上聚合代表一个封装了很多小对象的大对象，在边界内的所有对象应该一起变化。如果订单删除了，订单项目也应该没有了，那商品也应该删除吗？显然不是。收货地址也应该删除吗？显然不是。删除订单，只是删除某个时间点上一个活动关系的表达。

通过分析订单的组成成分和结构，了解了订单的层次关系，由此，可以通过 UML 类图表达订单这种信息拥有者的结构，如图 3-36 所示。

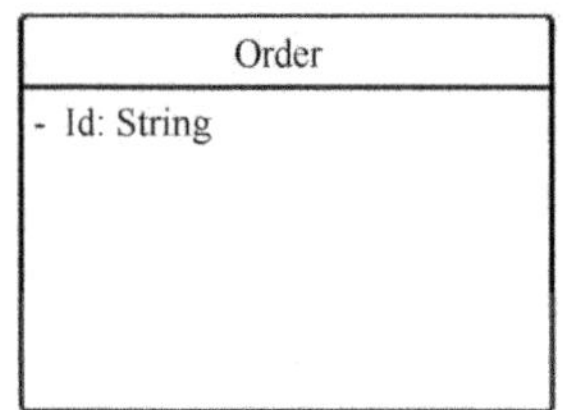

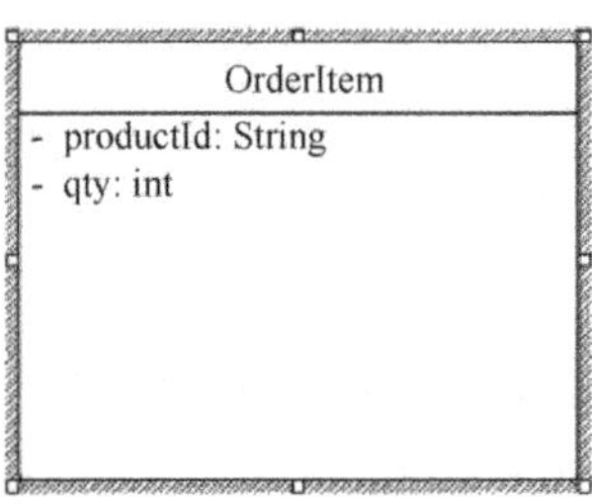

图 3-36　信息拥有者的结构

图 3-36 表达了订单（Order）是由订单条目（OrderItem）组成的，但是两者之间没有画一个表达组成关系的图，只是两个孤立的类，在 OrderItem 中有两个字段 productId 和 qty。

这两个类之间的关系是一种聚合关系，更严格地说是组合关系，订单是由订单条目组合而成的，没有订单条目，就没有订单，因此使用 UML 聚合符号表示它们的聚合关系，如图 3-37 所示。

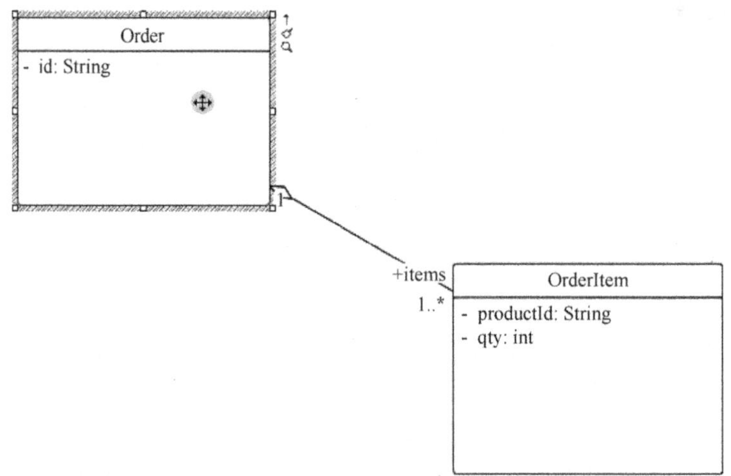

图 3-37　订单的一对多聚合关系

图 3-38 也表达了多重性关系，订单和订单条目是一种 1:N（一对多）的关系，一个订单由多条订单项组合，这个“多”的关系使用集合 items 表达。

当设计完订单的简单聚合关系以后，其代码也就可以通过 UML 工具自动生成：

```
public class Order {

    private String Id;
    public Collection<OrderItem> items;
 …
}
public class OrderItem {

    private String productId;
    private int qty;
….
}
```

无论是 UML 图还是 Java 代码，这两种表示方法都是表达聚合设计的语言形式。

3.3.2 引用模式

现在再检查订单中还有什么组成部分。前面提到了送货地址，地址可以有独立的地址管理上下文，订单中只是引用一个现成的送货地址。

引用有以下两种模式。

1）直接使用被引用的对象名称，如同 Order 引用 OrderItem 一样。

2）将被引用对象的关键标识作为一个新的对象类型引用。

如果采取第一个方案，将 Address 完全引用过来，这就产生了聚合边界的问题：聚合边界内的变化是一致的，如果订单删除，Address 也应该删除，这显然不对。送货地址独立于订单存在，可以把它看成一个自聚合体。

但是订单中确实需要一些地址信息，那么可以将订单需要的地址信息专门创建一个对象类型，这种对象类型称为值对象（后面章节会详细讨论），也就是包含数据、信息或数值的对象。这里将创建一个包含地址信息的 Address 值对象，其标识 ID 可以指向地址管理上下文中的那个地址（也可以直接从地址管理上下文直接复制过来，以后地址变更时，这里订单的送货地址不会随着变化）。

注意：这里是通过对象的 ID 值来引用原来的对象，而不是直接引用原来的对象，这两者是有区别的。这种设计的优点是：划清了边界，但是又能保留部分信息。领域事件这个对象也可以这么设计，在事件对象中保留关键信息，例如发出事件的聚合 ID，事件本身的 ID 标识，这样便于对事件进行排序。

回到订单与送货地址的关系中，由此建立以下聚合，如图 3-38 所示。

这样的模型其实是一种树形模型，如图 3-39 所示。

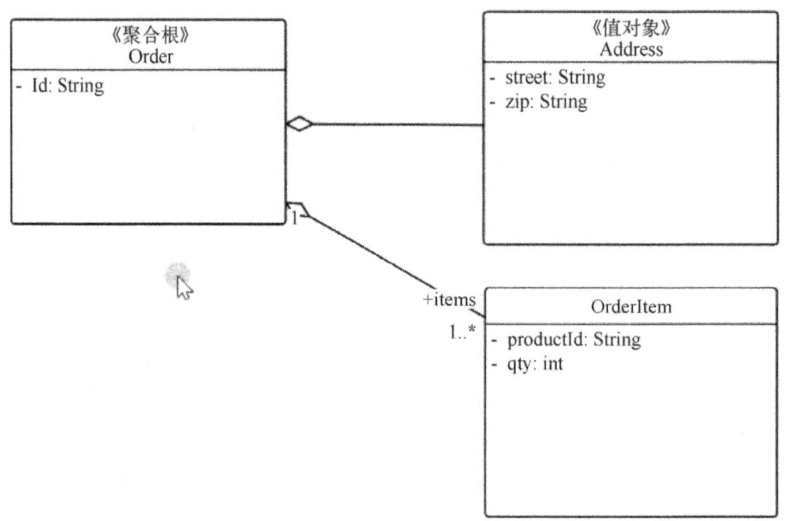

图 3-38　订单聚合的再次丰富

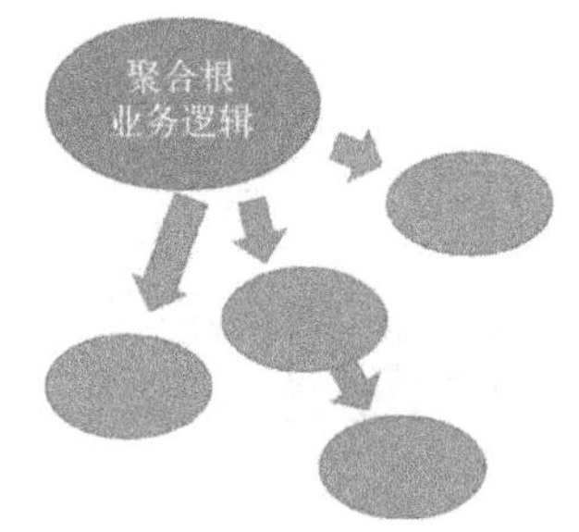

图 3-39　聚合的树形层次结构

现在再检查一下这个聚合模型的存在合理性，之前是从职责驱动角度发现这个聚合应该拥有哪些信息结构，信息结构已经找出来了，那么订单是不是就是聚合的根呢？有没有比订单更适合做聚合根的对象还没有挖掘出来？

3.3.3　奥卡姆剃刀原理

假设这里有一个称为“交易”的聚合根，它也能表达用户订购商品的概念，但是交易这个概念有一手交钱和一手交货的意思，也就是说在订单有界上下文中还有支付和发货的概念。其实整个电商系统就是一个网上商品交易系统，引入交易这个概念可能使得聚合大了一些，如图 3-40 所示。

根据奥卡姆剃刀原理，如无必要，勿增实体。如果订单能够表达用户订购的含义，那么就没有必要再进行进一步的深度抽象，否则容易抽象出上帝对象来，如果思维中没有一个否定上帝的思维习惯，那么就总会不自觉尽情发挥抽象思维，直至天人合一，这种抽象思维反而会将简单事情复杂化。

新增一个“交易”的抽象实体是在制造复杂性，而不是解决复杂性，这种复杂性还表现在使得树形结构的层次达到三层，如果树形结构达到三层及三层以上，就不是一种简单的星形结构了，显然会带来结构的复杂性。

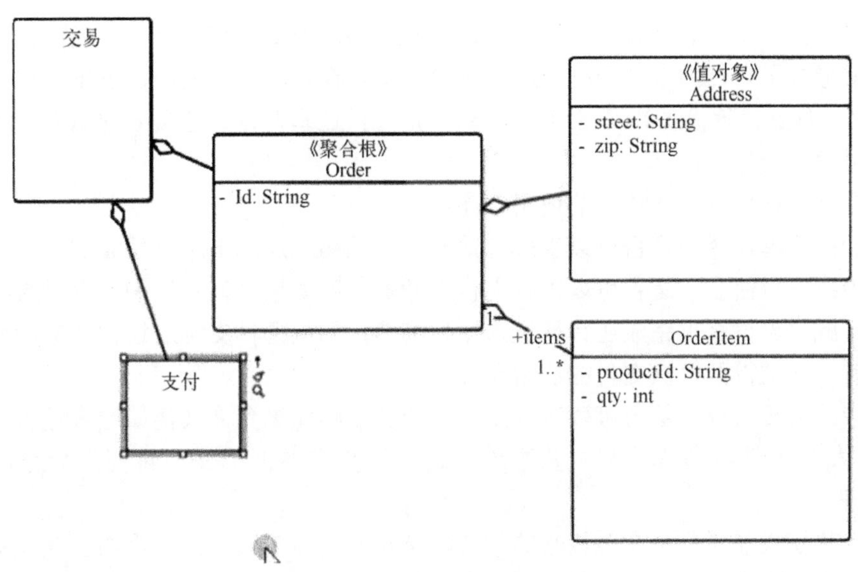

图 3-40 聚合边界的探索设计

3.3.4 控制者模式

前面通过“知道什么”的职责设计了订单聚合的层次结构，下面再根据职责中的“决定些什么”来设计。决策是聚合模型作为控制者模型的主要职责，因为它拥有很多信息，所以可以进行更好地决策。决策涉及业务规则，聚合里面是不是有一些业务规则呢？

联想到前面只是做了“用户下单”这个功能，支付和发货还没有实现，但是这里的支付和发货并不是真正实现如何付款和如何发货。当前是订单上下文，命令和事件应该围绕订单这个聚合发生，订单里的付款和发货是针对订单而发生的，用来标识该订单是否已经支付和是否已经发货。改变订单状态并不是那么简单，而是有其业务逻辑和规则在其后支撑，如图 3-41 所示。

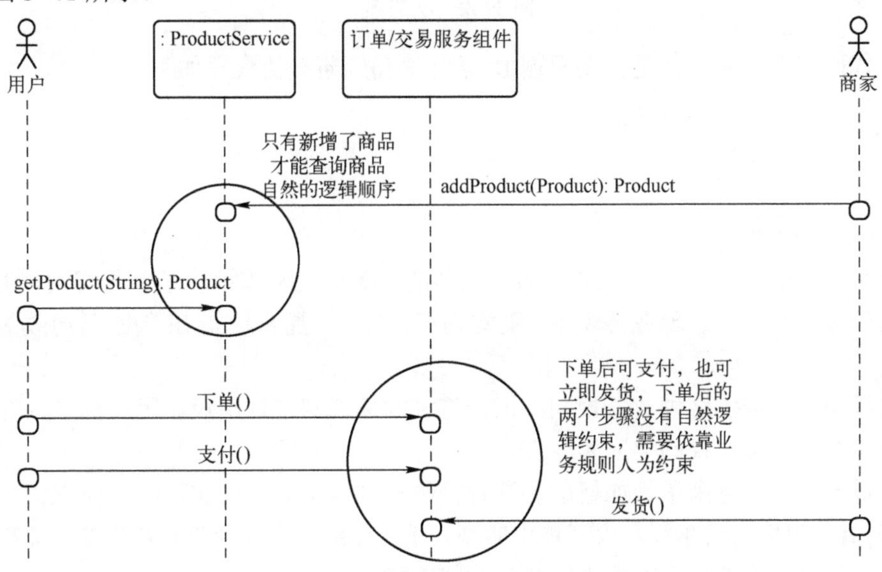

图 3-41 电商系统时序图中的逻辑发现

从图 3-42 看出，商品管理上下文中，只有新增了商品才可能查询到商品，否则查询不到，这就形成了自然的资源限制的逻辑顺序，但是在订单上下文中，下单后可支付，也可直接发货（货到付款模式），那么下单后到底是支付还是发货？这需要根据业务规则是否支持货到付款来决定。

通过领域事件检查一下这里的逻辑顺序：

第一步：下单命令。是否可以生成订单？订单结构生成，下单事件完成。

第二步：支付命令。是否可以进行支付？业务规则如果允许（例如检查是否有库存），支付才可完成，支付真正完成还有待进入支付细节，如从哪种支付途径扣款等，但是在扣款支付之前，必须得到可以支付的决策允许。

第三步：发货命令。是否可以进行发货？业务规则如果允许（例如检查是否已经进行了支付），发货事件可完成，将发货事件发送到发货有界上下文，转变为命令，实现具体发货处理。

货到付款模式需要公司业务策略的支持，意味着公司需要承担一定的资金风险，包括财务资金的应收账款增加，这些取决于公司规模和公司资金的周转效率。

假设业务策略不支持货到付款，那么，在这里就有一个业务上的逻辑规则。

第一步：下单。

第二步：支付。

第三步：如果已支付则发货。

使用 UML 状态图表达这种逻辑规则，如图 3-42 所示。

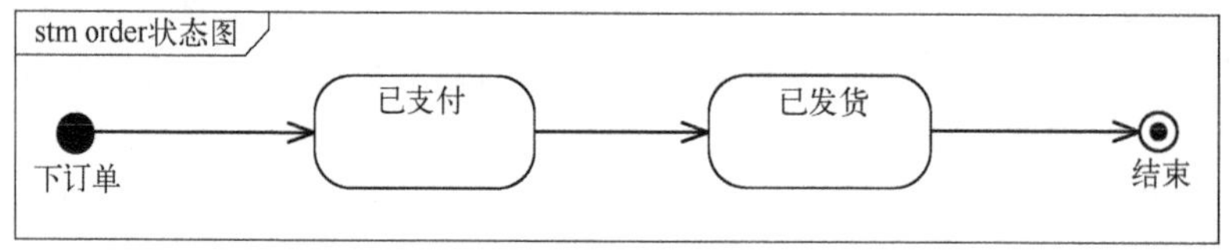

图 3-42　状态图

通过代码实现，实际就是需要根据 IF 条件语句判断，伪代码如下：

```
If (当前状态 是 已支付)
   发出发货命令
else
   不能发货
```

这就是业务规则，可以说带有 IF 语句判断的业务情况基本都属于业务规则，明白这个现象有利于有针对性地发现业务规则，重构为聚合模型。通常这些 IF 判断语句散落在服务代码中。

聚合模型中封装了这种业务规则，根据这种业务规则进行决策，因此称其为控制者模型，代表它是一个有实权的“大领导”。

下面进一步的问题来了，如何确保这种控制规则落实到代码实现呢？原则肯定是要保证前面 IF 语句的伪代码在聚合根订单中实现，任何外部命令涉及支付或发货，都需要首先征得聚合根订单中这条规则的检查同意后才能实施。

3.3.5 订单状态集中控制实现

因为业务规则需要集中到聚合中实现，实际上意味着订单的状态将集中控制。首先看看订单状态散落在服务中的情况，此时订单的状态实现如图 3-43 所示。

订单状态是使用 enum（枚举）类型表示的，Java 代码如下：

```
public enum OrderStatus {
   PLACED,
   PAYED,
   DELIVERYED,

}
```

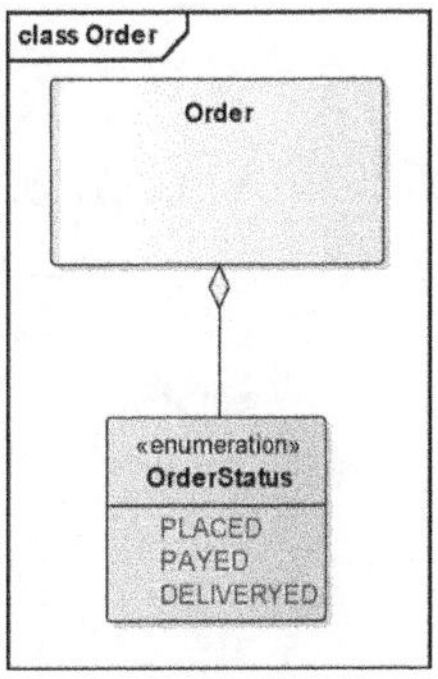

图 3-43 状态简单实现

下面是发货服务的代码：

```
public class OrderService {
  public void delivery(String orderId){
  …
     switch (order.getOrderStatus()) {
           case PLACED:
              System.out.println("订单已经就绪 未支付 不能发货");
              break;
           case PAYED:
              System.out.println("订单已经支付 可以发货");
                break;
           case DELIVERYED:
              System.out.println("订单已经发货 什么也不能做");
              break;
        }
  …
  }
}
```

这种实现方法中，是在服务中检查状态，然后决定是否可以支付和发货，这些非常重要的业务逻辑和决策放在一个委托者服务中执行了，如图 3-44 所示。

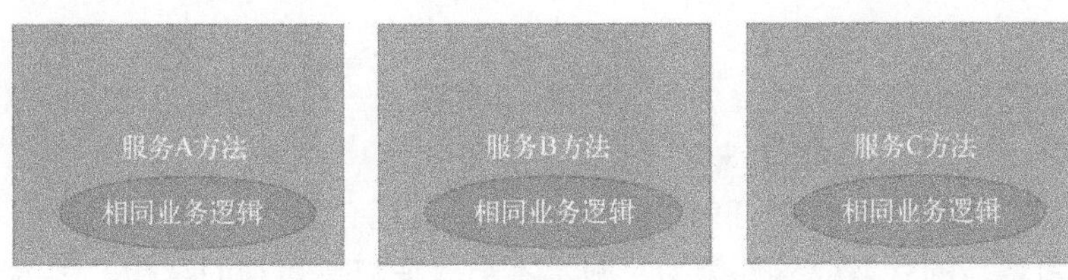

图 3-44 服务充当业务决策角色

此时，如果有一个打包货物的处理，那么在打包服务中还要对订单当前状态进行一次判断和修改，这些订单重要的状态判断与修改散落在各个服务的方法代码中，以至于最后在系统运行时，因为状态问题而使一些业务无法执行，但是无法搞清楚当时为什么是那种状态。状态的修改与判断将会非常混乱，这样的系统无疑是无法稳定运行的，新程序员也很难接受、修改和拓展程序，他需要阅读所有状态修改和判断的方法代码，并且穷尽其中的逻辑状态，也就是 MECE 原则：相互独立，完全穷尽。

聚合是领域做业务决策的地方，可以将这段决策代码放入聚合根 Order 中：

```
public class Order {
    public void delivery(){
        switch (getOrderStatus()) {
            case PLACED:
                System.out.println("订单已经就绪 未支付，不能发货");
                break;
            case PAYED:
                System.out.println("订单已经支付 可以发货");
                break;
            case DELIVERYED:
                System.out.println("订单已经发货 什么也不能做");
                break;
        }
    }
}
```

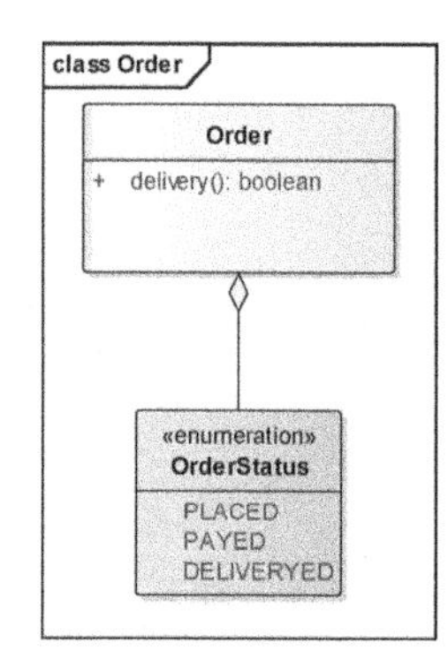

图 3-45 状态使用数据驱动设计的实现

相关的 UML 类图如图 3-45 所示。Order 聚合根里面多了一个 delivery()方法，方法内容见上面代码。

那么这样做就可以了吗？重要的状态判断是在 delivery()内部实现的，方法内部实现是程序员具体的作业，作为设计人员，不将领域中重要的业务逻辑明确、显式地设计出来，而是通过文档或其他交流方式告诉程序员这个方法内的代码需要进行条件判断、这是很重要的业务规则，这种方式是行不通的。**需要将业务规则明确、显式地设计出来。**

如何明确显式设计出来呢？通过订单的聚合结构设计，引入状态模式，设计一个 OrderStatus 类，如图 3-46 所示。OrderStatus 类有两个子类：Payment 和 Delivery，表示已支付事件/状态或已发货事件/状态。这里使用了继承关系，而不是聚合关系，因为已支付或已发货中只能在某个时刻存在一个，不可能同时存在。这种设计的好处是，对事件或状态的变化增加了扩展性，如图 3-47 所示。

如果订单状态新增了是否已打包（packed）、是否已分发（dispatched）或是否有库存 stocked，只要新增新的状态或事件类型，根本不会改变订单聚合的结构，因为订单聚合根只与 OrderStatus 有关，和其具体实现子类无关，这种聚合不变性范围区分了可变和不变，从而让设计更加有弹性，能够应对更多变化。

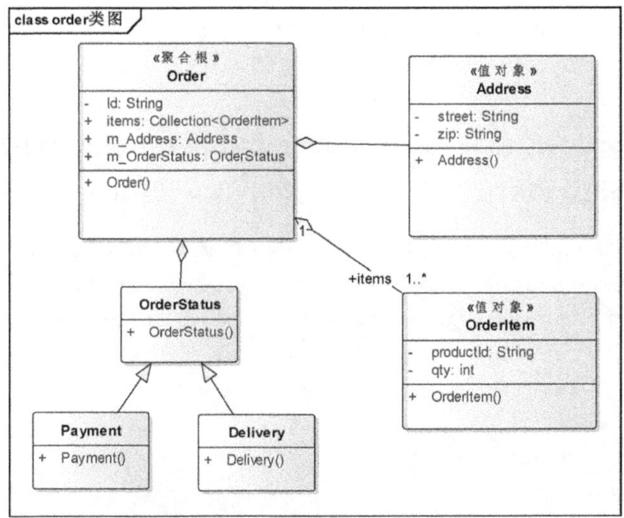

图 3-46　订单状态的 DDD 聚合实现

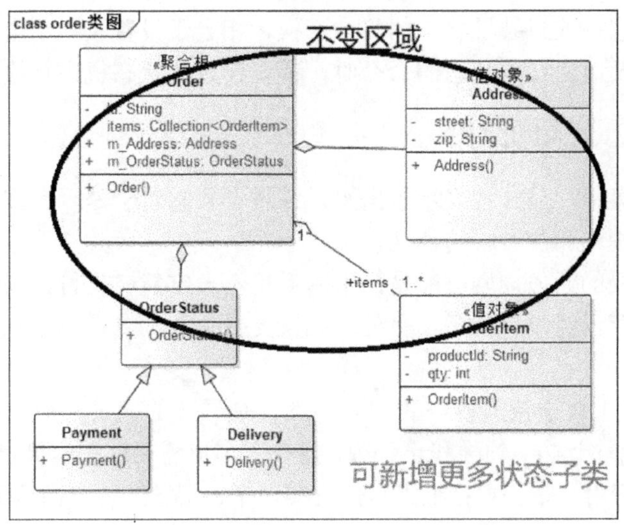

图 3-47　聚合的不变性与可变性分离

OrderStatus 类的主要代码如下：

```
public class OrderStatus {

    protected int state = -1;

    public OrderStatus next() {
        if (state == 0)
            return new Payment();
        else if (state == 1)
            return new Delivery();
        else
```

```
                return new OrderStatus(-1);
            }
        }
```

这里的next封装了切换到下一状态的规则动作，相当于状态机封装，当每次在Order中需要改变订单状态时，调用状态机进行检查并切换，代码如下：

```
public boolean setOrderStatus(OrderStatus orderStatus) {
        OrderStatus orderStatusN = getOrderStatus().next();
        if (orderStatusN.getState() == m_OrderStatus.getState()) {
            this.m_OrderStatus = orderStatusN;
            return true;
        } else
            return false;
    }
```

首先从状态机获得当前状态的下一个状态，然后检查进来的命令要切换的目标状态是否和状态机下一个状态吻合，如果一致就可以真正改变状态。

这样，通过状态模式封装了状态的集中切换，相当于设置了一个全局状态开关，所有服务或其他聚合涉及改变订单状态的命令时，都要通过此状态机进行检查并切换。

3.3.6 做什么和怎么做的分离

上一节将状态集中、显式地表示了出来，强调了状态对于是否允许发生下一步事件的重要性，也是业务规则和决策权的体现。

这些代表决策权的业务规则可能是：下单后也不一定能够支付，需要再次检查库存，可能在这几分钟库存已经没有货了，另外，如果支付失败，支付也不能完成，不能将订单状态修改为已支付。

“是否可以支付”属于决策权，决定方向性，是领导的职责，而“如何进行支付”则是办事员的职责。打个比方：领导和小张说，他有个客户需要订购一批货，库存里有没有？小张说有，领导就吩咐小张去办；小张具体去实现了，领导给客户回话说，你准备收货吧，后来小张发现客户资金不够付款，再回来请示领导，是不是可以赊账？领导说，不可以，取消发货。

从这里可以看出：“做什么”和“怎么做”是战略和战术问题，条条大路通罗马，去罗马而不是希腊，这个方向性决策在于决策者，一旦确定去罗马，途径可以不同。

在订单聚合中聚合了关键的决策权：是否可支付？是否可发货？当业务规则检查通过后，可以发出“可支付事件”和“可发货事件”，当支付或发货的具体过程成功后，才有“已支付事件”和“已发货事件”。进行支付时的代码如下：

```
public void payment(){
     If(checkOrderStatus(new Payment())){//检查是否可以支付
        System.out.println("订单已经就绪 可以支付");
        //向支付接口提交扣款命令
        //如果扣款命令返回成功，就将订单状态修改为已支付
```

```
            setOrderStatus(new Payment());
        }
        …
    }
```

这里是向支付接口发出支付扣款命令，而不是直接在这里进行扣款的具体操作，等待支付接口返回成功，再将当前状态改为已支付。

当然这里的支付代码需要有一个事务机制，可以在 checkOrderStatus 被调用时，在内部实现一个有 timeout 的锁定，然后在这段代码中使用 Synchronized，保证每个时刻只有一个用户请求执行，在 setOrderStatus 方法内再将锁释放。如果为了获得更好的性能和吞吐量，可以考虑单写原则模式，这是在 LMAX 架构的实现原理，更大规模的系统更可以考虑使用消息队列进行排序，将支付命令请求放入队列中排队，每时每刻只有一个命令能作用于这段代码，从而也能保证支付细节和支付状态更改的一致性。

这里值得注意的是，“做什么”和“怎么做”通常有时必须在一个事务进程中，如果根据前面的方法按照事务边界划分聚合，那可能会将执行支付的细节和是否可支付等决策放在一个聚合里面。其实不放在一个聚合里面也能实现一致性，只不过这是一种最终一致性，而不是聚合内部的强一致性，例如可以将其作为业务流程设计，通过补偿退回的方式进行撤销。

因此，从事务角度看聚合设计，实际上是强一致性和最终一致性的区别，尽可能选择最终一致性，这样系统更加松耦合，可扩展性高，伸缩性强，同时也能让那些真正高聚合的核心使用宝贵的强一致性资源。强一致性一般是通过数据库 ACID 实现，背后是锁机制。锁的成本是昂贵的，特别是对于访问量比较高的系统，如果通过引入最终一致性而减少锁的使用频率，就能降低死锁的概率。如何将数据库 ACID 用在关键部位？可以通过聚合来使用数据库 ACID，也就是说，一个聚合内的对象更新是可以通过数据库 ACID 实现的，例如使用 Spring Data JDBC 框架，它是 JPA+聚合概念的持久性框架。

这些技术细节会在以后的章节专门讨论，这里主要说明了聚合设计的好处，同时要保证“做什么”与“怎么做”得到分裂，防止聚合变得过大，回到传统事务服务脚本的过程化编程。

3.3.7 在服务中验证聚合

服务除了是一个协作者以外，还可以对聚合模型进行验证测试，如同饭店的服务员不只是端茶送菜的，也可以对业务决定者大厨烧出的菜进行初步测试。

现在订单聚合模型基本完成了，是否能够符合业务用例？在建模过程中是否走偏了方向？这些也都可以在服务中验证。

图 3-48 所示为起初设计的 UML 时序图。

起初只是粗略发现“订单/交易服务组件”代表了一个有界上下文，现在可以具体设计一个 OrderService。这个服务是一个协作者，它负责协作角色用例功能和聚合模型。角色用例功能是：用户下单、支付和商家发货；聚合模型是 Order（订单）。这两者之间通过服务 OrderService 搭桥。

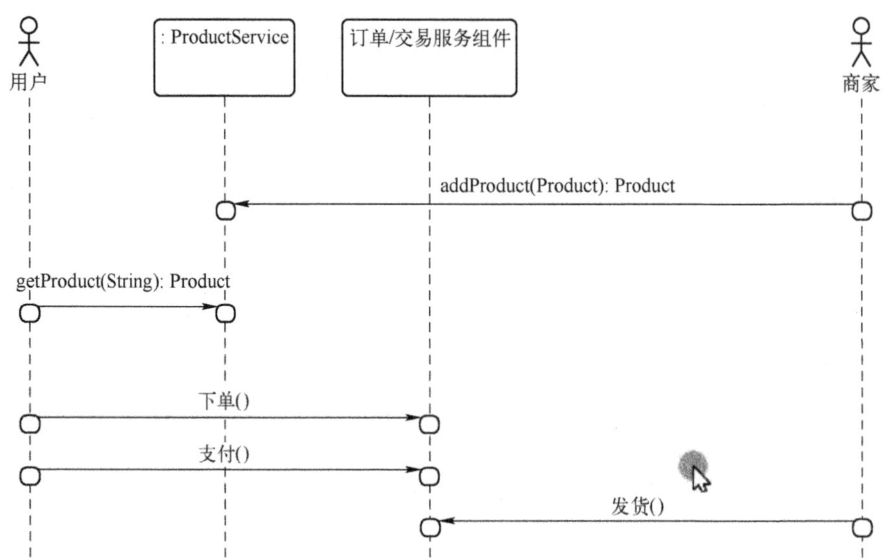

图 3-48 最初的时序图

这里设计一个 OrderService 接口，其中的方法如下。

- placeOrder()：实现用户下单。
- payment()：实现用户支付。
- delivery()：实现商家发货。

UML 组件接口图如图 3-49 所示。

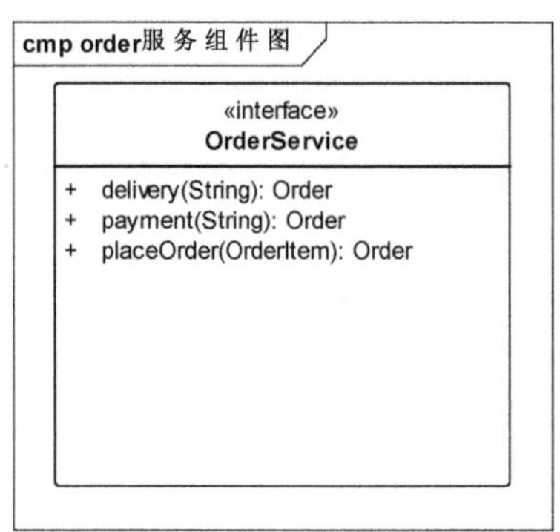

图 3-49 订单服务组件

这几个方法的返回类型都是 Order 聚合，但是代表了不同状态的聚合。

- plcaeOrder()执行完成后的订单是“已下单”的订单。
- payment()执行完成后的订单是“已支付”的订单。
- delivery()执行完成后的订单是“已发货”的订单。

将此 OrderService 放入 UML 时序场景中，如图 3-50 所示。

这个 OrderService 就是左边“订单/交易服务组件”的详细设计，需要通过 OrderService 的三个方法实现“订单/交易服务组件”的三个用例功能。两者的对应关系如图 3-51 所示。

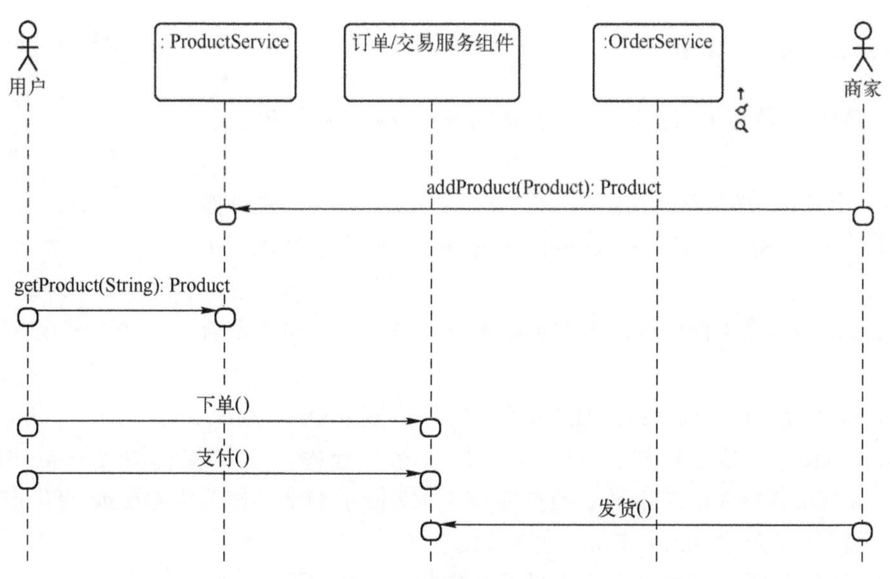

图 3-50 订单服务的设计

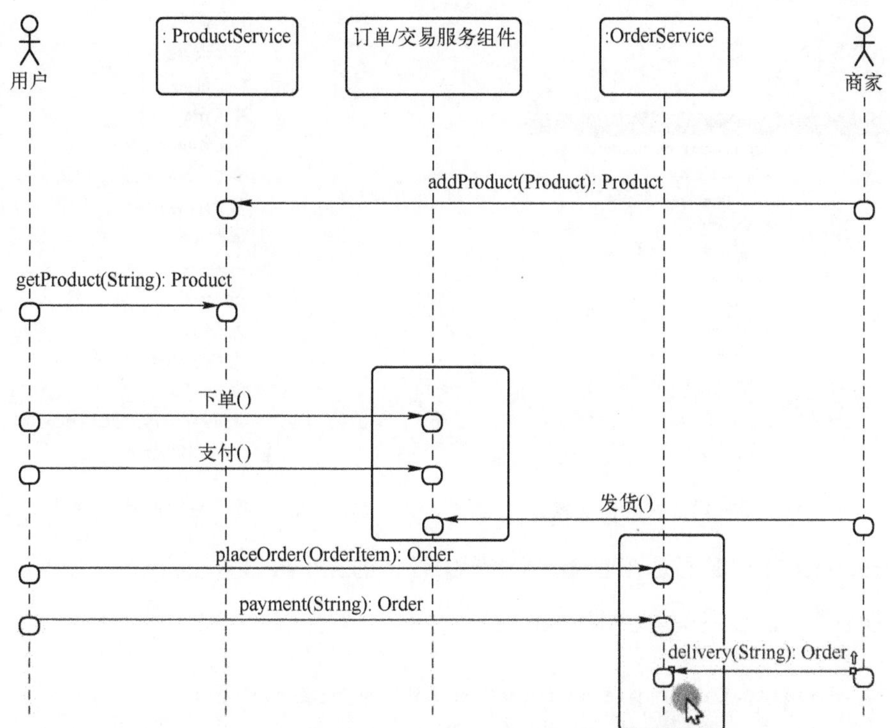

图 3-51 组件概念设计与服务设计的对应

当进行聚合设计再进行这样的核对时，可以检查是否有功能遗漏。这里主要的遗漏是支付和发货的具体细节，这与第三方接口有关，限于篇幅就不在这里多谈了。这两个领域属于核心领域之外的支持子域，用以支持订单作业。

3.3.8 Spring Boot 实现

通过 UML 工具将 Order 聚合和 OrderService 接口生成 Java 源代码，如图 3-52 所示。

图 3-52　UML 工具自动生成的领域模型代码

然后打开 IntelliJ IDEA，创建一个 Spring Boot 项目，生成如图 3-53 所示的结构。主要是在 com.jdon.ecomm.order 下创建三个包名。

1）domain：放置 UML 设计出的类图聚合模型 Order 和其聚合子对象。

2）service: 放置 UML 设计出的服务组件接口模型 OrderService。

3）repostiory：是领域模型 Order 的持久保存仓库。这里将使用 Spring Boot 的 Spring Data JDBC 持久框架实现。数据库使用 H2 便于测试，修改为 Oracle 等生产库也很方便，这里就不多介绍 Spring Boot 的技术细节了。

将聚合模型和服务复制过来后的目录结构如图 3-54 所示。

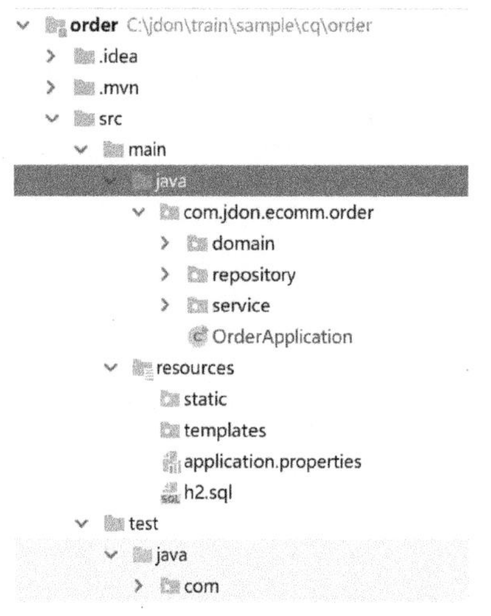

图 3-53　订单聚合代码模块设计

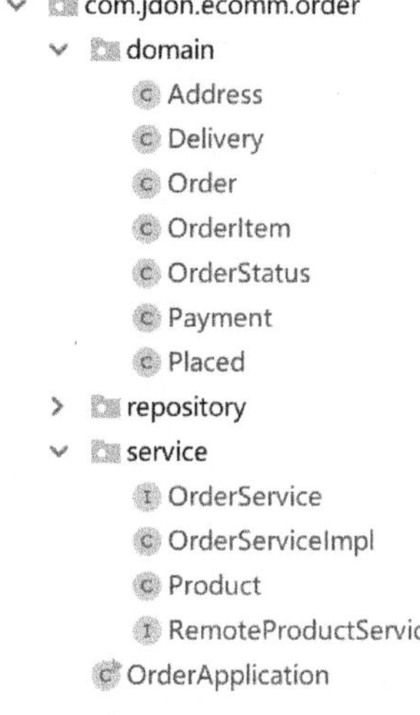

图 3-54　完整的代码模块

OrderService 接口源码是在 UML 时序图中设计的三个接口方法：

```
public interface OrderService {

    public Order placeOrder(OrderItem orderItem);

    public Order payment(String orderId);

    public Order delivery(String orderId);

}
```

将其与 Spring Boot 结合实现其子类 OrderServiceImpl：

```
@RestController
public class OrderServiceImpl implements OrderService {

    @Autowired
    OrderRepo orderRepo;

    @Override
    @PostMapping("/orders")
    public Order placeOrder(@RequestBody OrderItem orderItem2) {
        Order order = new Order();

        Address address = new Address();
        address.setStreet("no.1");
        address.setZip("10000");
        order.setM_Address(address);

        OrderItem orderItem = new OrderItem();
        orderItem.setProductId("1");
        orderItem.setQty(2);
        order.addItem(orderItem);

        orderItem = new OrderItem();
        orderItem.setProductId("2");
        orderItem.setQty(3);
        order.addItem(orderItem);

        return orderRepo.save(order);
    }

    @Override
    @PostMapping("/orders/payment")
    public Order payment(@RequestParam String orderId) {
        Order orderSaved2=orderRepo.findById(orderId).orElse(newOrder());
        if (orderSaved2.setM_OrderStatus(new Payment()))
            orderRepo.save(orderSaved2);
        return orderSaved2;
    }

    @Override
    @PostMapping("/orders/delivery")
    public Order delivery(@RequestParam String orderId) {
        Order orderSaved2=orderRepo.findById(orderId).orElse(newOrder());
        if (orderSaved2.setM_OrderStatus(new Delivery()))
            orderRepo.save(orderSaved2);
        return orderSaved2;
    }
```

```
}
```

这里 placeOrder 做了一个数据模拟，仓储 OrderRepo 的实现使用 Spring Data JDBC，其接口如下：

```
public interface OrderRepo extends CrudRepository<Order, String> {
}
```

只需要接口，不需要自己实现，Spring Data JDBC 框架会自动实现这个接口，当然前提是根据 Order 的聚合对象创建好数据库表，h2.sql 内容如下：

```
create table order_table(
id integer identity primary key

);
create table order_item (
product_id varchar ,
qty integer ,
order_table integer ,
order_table_key integer identity primary key);

create table address (
street varchar ,
zip varchar ,
order_table integer,
 id integer identity primary key);

create table order_status (
state integer ,
order_table integer,
 id integer identity primary key);
```

还需要在 Order 对象中使用 Spring Data JDBC 的注释标注一下类，如图 3-55 所示。

图 3-55　聚合根实体兼做 JPA 实体的注释

这里的 table 指向了数据表 order_table，默认数据表名“order”不能用，使用@Id 标识唯一标识 id，这两个注释来自以下包：

```
import org.springframework.data.annotation.Id;
import org.springframework.data.relational.core.mapping.Table;
```

不要和 Spring JPA 包混淆起来，这里不使用 Spring JPA，而是 Spring Data JDBC，Maven 中的配置导入是：

```
<dependency>
        <groupId>org.springframework.boot</groupId>
        <artifactId>spring-boot-starter-data-jdbc</artifactId>
</dependency>
```

以上是基本实现配置，最后是入口类 OrderApplication，代码如下：

```
@SpringBootApplication
@EnableSwagger2
public class OrderApplication {

    public static void main(String[] args) {
        SpringApplication.run(OrderApplication.class, args);
    }

}
```

这里使用了 Swagger 来自动生成服务的 API 界面，便于前端团队或测试团队调用查看。当访问http://localhost:8080/swagger-ui.html时，出现图 3-56 所示的界面。

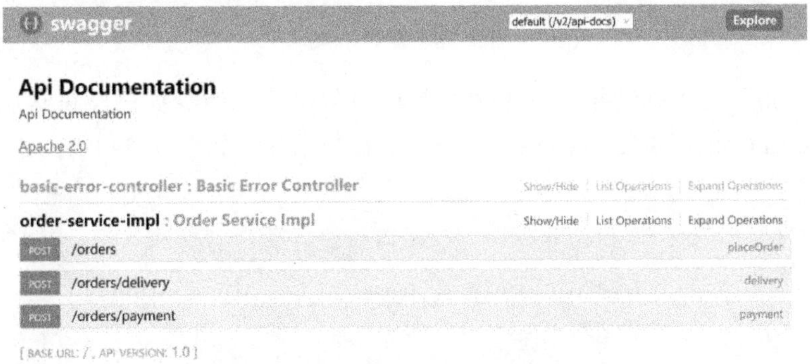

图 3-56　Swagger 自动生成的 API 界面

这是 Order 系统的 API，单击“post /orders”出现图 3-57 所示的界面就可以测试了。

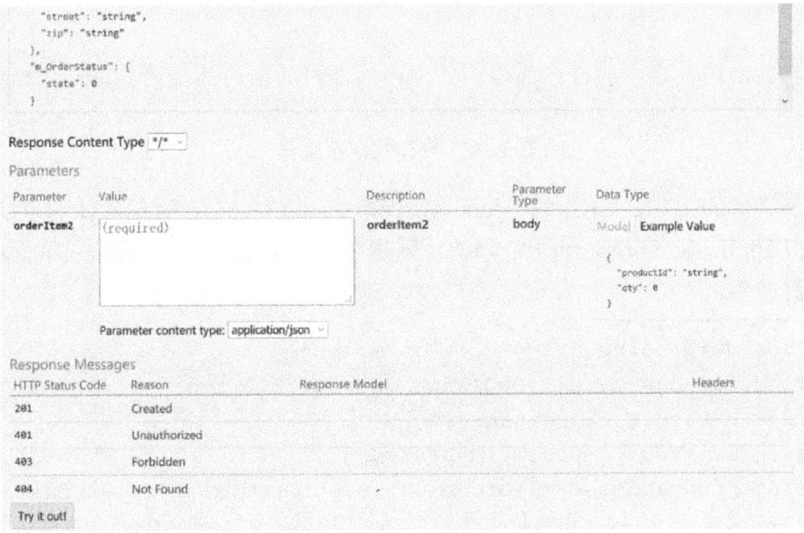

图 3-57　通过 Swagger 进行的 API 界面测试

单击“Try it out”按钮，将调用 OrderService 实现用户下单。结果如图 3-58 所示。

Response Body

```
{
  "items": [
    {
      "productId": "1",
      "qty": 2
    },
    {
      "productId": "2",
      "qty": 3
    }
  ],
  "m_Address": {
    "street": "no.1",
    "zip": "10000"
  },
  "m_OrderStatus": {
    "state": 0
  },
  "id": "1"
}
```

Response Code

200

图 3-58　测试结果

返回的“200”为正确结果，订单内容是模拟数据，说明数据已经正常加入数据库，再打开http://localhost:8080/h2-console/查看一下 H2数据库，如图 3-59 所示。

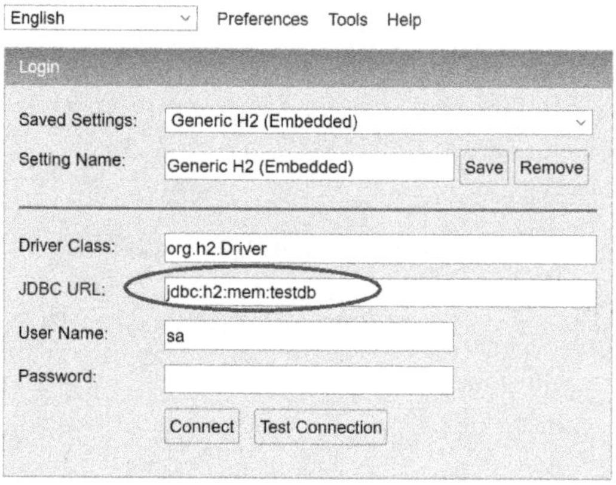

English　Preferences　Tools　Help

Login

Saved Settings:	Generic H2 (Embedded)
Setting Name:	Generic H2 (Embedded)　Save　Remove
Driver Class:	org.h2.Driver
JDBC URL:	jdbc:h2:mem:testdb
User Name:	sa
Password:	
	Connect　Test Connection

图 3-59　内存数据库操作

注意修改原来的 JDBC URL 为“jdbc:h2:mem:testdb”，这是 Spring Boot 的默认配置，这些都可以在 application.properties 中修改，采用默认配置时可以不用加入下面的行，如果修改了则需要加入：

```
spring.datasource.url=jdbc:h2:mem:testdb
spring.datasource.driverClassName=org.h2.Driver
spring.datasource.username=sa
spring.datasource.password=password
spring.jpa.database-platform=org.hibernate.dialect.H2Dialect
```

单按“Connect”按钮进入 H2 以后，可在左边看到 Spring Data JDBC 自动创建的 Order 聚合，如图 3-60 所示。单击订单表 ORDER_TABLE，运行，可以得到 ID 是 1 的结果，这是刚刚创建的订单聚合根 ID。

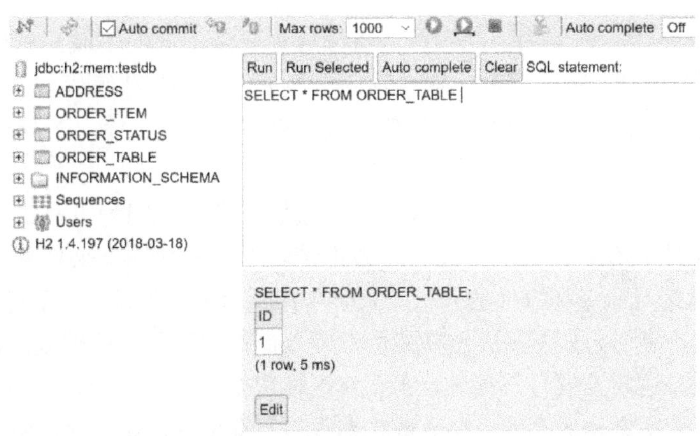

图 3-60 数据库测试结果

以上源码地址为：https://github.com/banq/order。

对 Spring Data JDBC 的介绍参见https://www.jdon.com/springboot/spring-data-jdbc.html。

3.4 总结与拓展

本章讨论了聚合的设计。聚合是一个对象群，或者说是一个大对象，其内部采取树形结构分层，这样有利于将一个复杂的大对象分解成很多小对象，采取整体-部分的组成结构。如果一个领域中没有聚合，说明没有复杂的业务结构，可能就不需要 DDD，但是实际上如果一个实体类的字段属性在 5 个以上，基本就需要拆分成整体-部分的结构了。首先，一个聚合往往可能代表一场活动涉及的各个方面，例如订单代表订购活动，订购活动的参与者就比较多，包括用户角色、产品、送货地址等，可以说类似一个关系数据库的关系表。一个关系表涉及很多实体表，首先需要为这个关系表在业务领域找到存在的理由，而不只是停留在数据库层面。其次，因为涉及的关系比较多，需要使用整体-部分的组成结构关系理清与这些实体的关系，聚合可以说是关系表的一个升级概念。

聚合根是聚合的负责人，也就是代表整体-部分中的整体概念。聚合根对象可以是一个关系活动过程，也可以是一个抽象的容器概念，例如 Car 是聚合根，其由车轮、车身、发动机等组成，Car 也是一个整体概念，是一辆车的整体称谓，在一辆车的任何位置都找不到具体的 Car，任何具体的部位都是 Car 的一个部件；又例如盲人摸象，任何一个盲人摸到的只是大象的一部分，大象是一个整体称谓，只有几个盲人摸到的部位合并才能组成大象这个整体概念。因此，需要注意聚合根这个整体概念的抽象性，但是又不能过于抽象，生成一个上帝式的对象。

聚合根的名称一般和聚合的名称是一致的。聚合根是聚合的标识，正如小组长常常是其小组的标识（小张是 XX 小组的组长，有时不会称 XX 小组，而是说小张那个小组）。当然，有的聚合可以有两个聚合根，例如 Car 的标识除了 Car 这个整体概念以外，还有发动机号，验车时会检查发动机号或车架号，以确定该 Car 的唯一性。

通过引入标识将事物分为主次两个方面，这是 DDD 建模中主要的思维方法之一：首先将问题空间划分为核心领域和辅助领域，将领域划分为不同的子域，然后集中精力攻克核心领域。在解决方案里，通过逻辑一致性划分有界上下文，找到有界上下文的标识——聚合，再找到聚合的标识——聚合根，当然聚合根也有标识，是一个 ID 字段，这在后面章节讨论。

哪些对象应该放入聚合？首先，组成部件必须放入聚合，因为没有这些部件，整体就不存在，它们与整体共存亡；其次，还可以根据逻辑的不变性约束来判断，主要是从职责行为这个角度，包括对命令和事件的分析。聚合是接受命令、处理命令和输出事件的地方，唯一不变的是其内部业务逻辑规则，这些规则对输入命令进行了相应的处理，其中带有状态判断或 if-else 的业务逻辑需要仔细处理，不要将这种切换可变状态的代码散落在各处，而应集中起来，因为可变状态是危险的，与函数式编程的不变性原理相抵触。将可变状态集中起来，利用数据库 ACID 或各种无堵塞并发技术实现聚合的强一致性操作，这样聚合以外的地方就可以实现最终一致性，整个系统的扩展性和可用性才会真正提高，而聚合是帮助理清“最紧张”的环节。

使用 UML 类图表达聚合模型只是一种方式，也可以使用手绘的各种图形，只要能直接转换为程序语言代码即可。在没有聚合设计之前，使用 UML 设计类图，结果通常是一张蜘蛛网，图 3-61 所示为一个未引入 DDD 的网上书店设计类图。

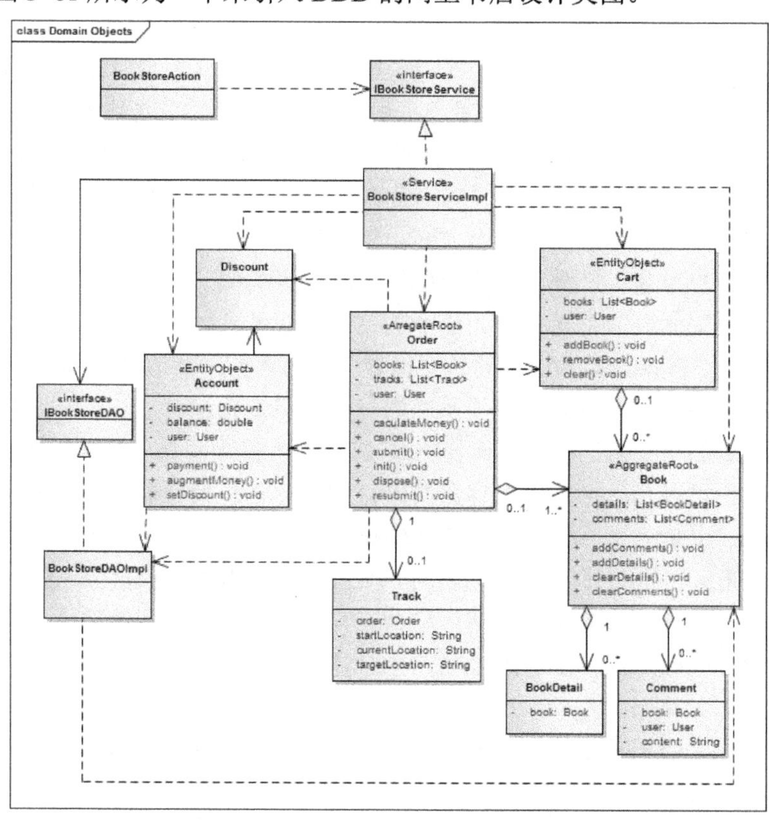

图 3-61　未引入 DDD 的网上书店设计

图 3-62 的红圈部位是笔者认为可划分聚合与有界上下文的地方，如果没有这些红圈，

那么整个 UML 图就没有主次之分，没有聚焦核心，没有标识，也就无法组织精兵强将有的放矢。

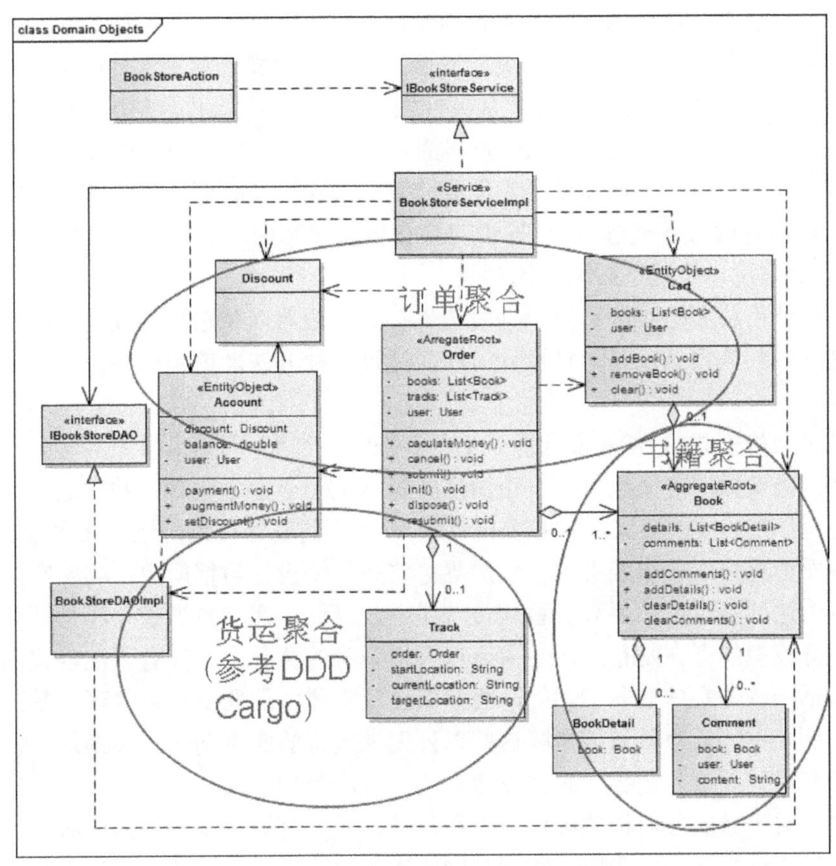

图 3-62　将蜘蛛网划分为三个聚合

聚合与有界上下文的关系通常是一对一，在一个有界上下文中如果有多个聚合，也需要在多个聚合之中确定主要聚合，遵循主要矛盾与次要矛盾分离的原则。

聚合这个词语由于非常广泛且通用，有可能导致很多人无法抓住其要旨，著名领域设计专家 Mathias Verraes 对聚合重新进行了一次定义：通过定义事务边界、并发边界和分发边界来强制形成一组相互关联的、约束的、一致性的架构模式。

在这个新定义中，主要阐述了三个边界：**事务边界、并发边界和分发边界**。事务边界是逻辑一致性的象征，在事务边界内，或可以称为在一个交易边界内，所有参与交易或事务的数据变化都有其逻辑一致性；并发边界也是一种逻辑一致性变化的体现；分发边界应该是指通过构建、测试、发布等分发工程的一致性自然定义的边界。

聚合设计和发现的重点是以什么标准定义边界？

以事务或交易为边界，事务或交易的英文都是 transaction，交易是业务用词，事务是技术用词，如果业务上不重视交易设计，只能靠技术上的事务机制完成，如 ACID 或 2PC 等。业务上重视交易边界就是重视交易过程，在整个交易过程中有哪些环节或能力片？例如，挑选商品、下单、支付、发货、收货是电商系统的五个环节，整个系统是一个过程或流程，每个环节其实是一个交易环节，也就是交易边界、事务边界，也就是聚合点了。

事务边界注重的是单线流程、串行过程，还要注重并发、并行过程，发现并发点在哪里，那里就是聚合点。业务本来是各有各的流程，但是慢慢地一些流程汇聚到一起，如同在地铁站排队一样，地铁站成了汇聚点，汇聚的那个点就成了并发点。如果没有汇聚点，就没有并发点，也就没有并发，而只有纯粹的并行了，大家还是各走各的路。

分发边界意味着一次构建、测试、发布的范围大小，如果整个发布包有几百兆 Jar 包，肯定是单体“糨糊”包了，以团队经常需要修复、构建、发布而不影响其他功能的边界为划分依据（这里有微服务概念），这样说明聚合自然在其中，否则无法只发布这几个功能 Jar 包就能升级系统，而且不影响其他功能。

聚合的设计需要考虑事务边界、并发边界、分发边界以及它们相互之间的逻辑关系，聚合最终是一种架构模式，是一种设计方法，通过这种方法能够实现整个系统最重要的关键设计。

聚合这种架构模式与 SOA 面向服务架构存在一些冲突，因为很多服务实际也是一种事务边界，特别是在微服务架构中。一个微服务基本是一个事务边界或并发边界，但是服务代表的应用程序层只是“协调任务并委托工作”，真正的业务决策权还是在聚合这里，将事务边界或并发边界看成一个服务的自然边界，这是传统设计习惯所致，其实它们正是聚合的边界。更激进的观点是：用聚合替代传统服务。当然，在 DDD 中并不是不存在服务模型，领域服务模型的存在是首先满足聚合或实体本身的情况下，还有无法放置的一些职责与功能，包括一些跨实体的职责功能，当然聚合根实体中的职责功能也可能是跨聚合内多个实体的，所以，领域服务只能是除这些以外无法放置的职责功能。关键是，领域服务中应该是无所有权、无事务边界、无并发边界的一些职责功能。

聚合设计对于微服务架构的实现非常有帮助，通过有界上下文划分微服务，微服务内部以聚合为核心进行设计。微服务实际是围绕事务的边界、围绕并发的边界和围绕分发发布的边界，有些职责功能必须一起部署发布，无法实现分离，那么这些职责功能应该有一个聚合核心，否则怎么能不被分开发布呢？

对于聚合概念的认识还有一种全新角度，即从事件溯源角度去认识它。这种观点在后面会详细讨论。从事件溯源角度看，DDD 聚合是一种事件日志的简称，事件日志是事件的集合或聚合，很多事件能够聚合成一个事件集合或日志，这体现出其内在的凝聚性和逻辑一致性，这种领域中的凝聚性和逻辑一致性应该可以使用统一语言表达，这个词语就是：活动。

活动代表一系列事件的聚合，在这个活动中发生了一些事件。日常生活中，活动也是对一系列事件的总称，例如举办某个论坛，其中有一系列主题讨论活动，每个主题讨论活动中有很多人参与发言，在这里，发言代表事件，活动是发言事件的聚合，这里的聚合应该就是“主题活动”，使用英文词语“Thread”或“ForumThread”表达，因此，从活动/事件这样的日常用语角度去寻找聚合也是一种捷径。

在工作流等流程管理领域有一种流程标准语言 BPMN，其中包括活动和事件等概念，这说明活动与事件概念已经在很多领域非常普及，工作流中的活动也类似于 DDD 中的聚合。

“活动”这个词语既有动词含义，也有名词含义，是一种综合性的词语。使用“活动”替代“聚合”，强调了聚合以动词为主，兼顾名词概念，同时必须认识到，活动是事件的整体称谓，是事件集合的整体抽象，发现领域事件才便于抽象出整体的活动概念，因此，事件风暴不但对于有界上下文划分有重要作用，如果一些领域事件能够分别归类，那么聚合的概念也出来了。

以本节开始的 UML 网上书店系统为案例，蜘蛛网般的网上书店系统为什么会划分三个有界上下文，形成书籍聚合、订单聚合、货运聚合三个聚合呢？

首先从事件风暴建模开始，产品经理、领域专家和技术专家等各方面人员一起讨论，使用纯粹的业务语言来重新梳理网上书店系统，从时间线梳理整个过程：用户登录事件、挑选书籍事件、下单事件和发货事件。这些事件应该是从活动中发出的事件，例如挑选书籍事件，是进行书籍的反复挑选，这需要持续一段时间。耗费一些时间的动作可以称为活动，而事件则是某个时刻立即发生的，如果将事件比作“点”，那么活动就是“线”，线是由很多点组成的；两点能连成一条直线，两个事件就能组成一个活动。例如活动都有开始事件和结束事件，挑选书籍这个活动的开始事件是什么？将书籍放入购物车就意味着挑选活动开始了，当单击“下单”按钮时，意味着挑选书籍活动结束，同时开启下一场活动：下单。在下单活动过程中，用户需要填写送货地址，输入打折信息等，这段活动也需要耗费一点时间，下单活动的结束事件是抛出已下单事件。因此，严格来说，这里存在两种活动：挑选书籍活动和下单活动，那么应该建立两个聚合。

活动是事件的聚合，挑选书籍的活动中包括将书籍反复加入和移除的事件，这种事件可能很多，用户挑选的时间越长，就意味着事件数量越大，这些挑选事件对于商家研究用户的购买行为很有帮助，但是用户只关心最后的挑选事件，这些决定了下单前购物车内的购买条目明细。其实购物车中挑选好的书籍条目明细是一种事件明细，购物车是条目明细的集合，那么使用购物车代表书籍挑选的活动就是恰当的。

下单活动比较简单，只是填写或确认送货地址，下单活动结束后产生已下单事件，订单作为已下单事件的数据记录载体，可以使用订单代表下单活动。这是比较详细的分析，当然，下单活动时间比较短，不是购买这个有界上下文的主要内容，购买的主要内容是挑选书籍，然后下单，因此，可以将购物车和订单两个聚合合并成一个大的聚合：订单聚合。订单聚合表示整个购买活动，包括从挑选书籍到下单的多个事件，购物车可以作为订单聚合中的一个实体对象。

以上使用活动与事件分析方法对网上书店系统进行了聚合发现和设计，由此说明，活动与事件的分析方法更加接近业务通用语言，能够填补 DDD 聚合这样过于专业的行话与实际业务语言之间的鸿沟，使得聚合的发现与设计更易于被每个人掌握。

使用“活动”一词比“聚合”更接近现实和自然语言，计算机系统的首要目标是保存或记录这些活动，有了这些活动数据以后，才可以基于它们进行各种大数据分析。这里有两种聚合概念需要划分清楚，“活动”代表需要保存到数据库系统的“聚合”，也就是说，需要通过“DDD 聚合”这样的概念保存现实世界的“活动”，而从数据库实现各种“聚合”查询时，这种查询时的“聚合”是不同于保存写入的“聚合”的。在后面的 CQRS 章节学习中，就会理解这里的“聚合”是一种对现实世界的抽象设计，是命令写入模型中的“聚合”概念，而查询的“聚合”则依靠各种数据库技术实现更加随机的聚合设计，这种聚合已经与现实世界无关了。

总之，正如DDD创建者Eric Evans在DDD大会上所倡导的那样，DDD思想需要大家参与，共同发展，其中没有“教主”，不能教条式地照搬Evans本人的观点，正因为如此，CQRS和事件溯源概念的创建者Greg Young丰富了DDD实现，Mathias Verraes关于聚合的新定义是一种在微服务架构形势下的新诠释，DDD这种百花齐放的局面正是更多人加入DDD的原因之一，如果想时刻了解聚合方面的思想动态，请持续关注：https://www.jdon.com/tags/8976。

第 4 章　实体和值对象

4.1　失血/贫血模型

在没有设计的朴素情况下，领域模型一般是一个数据对象（DTO 等），其中只有 setter/getter 方法，是一种纯粹的数据结构，然后将很多数据结构的算法操作设计在服务（Service）等专门的接口类中。这样，数据对象作为服务接口方法的参数传入，在服务的方法中被加工。代码如下：

```
//失血/贫血模型，普通的 JavaBean 只有 setter/getter 方法
public class A {
    private int id;
    private String name;
    private String description;
    public int getId() {
        return id;
    }
    public void setId(int id) {
        this.id = id;
    }
    public String getName() {
        return name;
    }
    public void setName(String name) {
        this.name = name;
    }
    public String getDescription() {
        return description;
    }
    public void setDescription(String description) {
        this.description = description;
    }
}

public class AServiceImp implements AService{
    //失血/贫血模型作为方法的参数传入、被操作
     public void createA(A a){
     ……
```

```
        }
    }
```

这时候的类其实是作为数据结构使用，类与数据结构的区别在于：前者是行为主动操作数据，后者纯粹是数据，等待行为来操作，是被动的。这两种模型的区别鲍勃大叔在《类与数据结构的比较》一文中已经明确阐述了。

1）类和数据结构是彼此相反的。

2）DTO 或数据库表都是一种数据结构。

3）对于类来说，增加一个新的类型很方便，不需要修改原来的类型，但是增加新的函数方法需要修改原来的类，因此需要各种设计模式。

4）对于数据结构来说，增加一个新的函数方法很容易，不需要修改原来的数据结构，但是增加一个新的类型很不方便，需要修改原来的结构。

5）它们与依赖关系有关。类将调用者与重新编译和重新部署隔离开来了，而数据结构将调用者公开给重新编译和重新部署，因此重新编译和部署比较难，特别是需求变化快速、迭代频率增加时，交付效率降低。

鲍勃大叔主要是从扩展性角度阐述了类与数据结构的区别，而 DDD 不但注重扩展性，还关心软件分析设计和软件质量等各个方面。DDD 是以面向领域为第一设计宗旨的方法，那么就首先需要一个能代表业务中领域对象的设计符号，是使用类还是数据结构呢？

要回答这个问题，关键是研究业务中领域对象的特征是什么。逻辑一致性是领域对象的主要特征，而逻辑的约束实现不仅仅是通过数据结构实现静态约束，更重要的是需要通过行为实现动态约束，例如需要 if else 进行判断选择。

DDD 领域模型=数据结构+操作方法，数据和行为结合在一起才是一个完整的真正业务对象（领域对象），也才能够真正发挥对象封装的作用，这样的对象或类称为“充血模型”，而没有行为方法的纯数据结构的类称为“失血模型”，后者虽然也使用类这个设计符号，但是并没有真正完整地使用类，只是使用类的 setter/getter 行为，这些行为还是围绕数据进行设置和读取，没有任何业务意义，这种类实际还是数据结构，也称为“贫血模型”。

那么，有业务意义的类方法从哪里来？从业务领域的问题空间来。类的方法行为是为了类的职责而产生的，如同一个人为了生存而有吃穿住行等基本行为，如果从生存角度设计一个人，这个类中需要加入这些基本行为；但是如果从精神角度设计一个人的类，那么加入的行为就关于读书、学习、思考等；如果从工作职责角度设计一个人的类，那么职责行使就是他的行为。因此，业务类的行为设计取决于设计角度，而设计角度取决于类所在有界上下文或聚合边界。

同样一个 Address 类，在不同有界上下文就可能有不同的职责行为，例如在地址管理上下文中，Address 类的行为可以非常复杂、全面，包括验证地址邮编是否和省市对应，电话号码是否与地区对应等，这些都是在新增地址信息和修改地址时作为输入数据验证使用的。

但是 Address 类在订单上下文中就不一样，因为订单只是引用存在的地址，不会进行任何修改，如果需要修改就要到地址管理上下文，实际上只是读取地址信息，而且订单中不能直接引用地址管理上下文中的 Address 类，因为这两者的生命周期不同——订单删除了，地址不会删除，订单中需要的只是地址的“值”，因此可以把 Address 类中重要的对订单有关的信息值汇成一个新对象类型：值对象，即都是值的对象。在这个值对象中，它的行为方法和原来的 Address 类不同，值对象的行为主要是各种信息输出的组合，有的需要省名称在城市名称之前，有的需要在之后；有的需要完整详细地址的字符串格式，有的不需要邮编和手机号码格式的字符串。这些都是为了对值数据进行各种组合而实现的行为方法。

类的行为在很多复杂的交互场景中很难界定，这时需要分清楚类在交互场景中是协作者还是决定者，例如有一个为客户服务的服务类：

```
public class CustomerService {
    public Wallet getWallet(){
        ……
        return myWallet;
    }
}
```

它有一个返回钱包 Wallet 的方法，当收款员进行收款处理时，在收款处理服务中有如下代码：

```
public class PaymentService {
   public void pay(int payment){ //假设 payment =2，需要支付 2 元
      Wallet theWallet = customerService.getWallet(); //从客户服务中获得
顾客的钱包
      if (theWallet.getTotalMoney() > payment) {//进行支付，从钱包中扣款 2 元
         theWallet.subtractMoney(payment);
      } else
         // 如果钱包余额不够，等一会再试
   }
}
```

这段代码的意思是，检查顾客钱包中的余额是否足够，然后支付。

注意，检查顾客钱包中余额这一功能是在收款处理服务中实现的，收款处理服务有权检查顾客的钱足够吗？有这个业务职责吗？答案是没有，这个业务职责应该是钱包本身的职责。

这里的业务含义是：收款员通过收款处理服务，掏出顾客的钱包，看看钱包里面的钱是否足够，如果有两元钱，就拿出来支付。这样由 PaymentService（收款方）检查顾客的钱包是不对的，而 CustomerService 中将钱包 Wallet 直接暴露给外界也是有问题的，那么将检查顾客钱包余额的职责放入 CustomerService 中可以吗？除了离钱包近了一点以外，其他没有什么区别。这里需要区分场景上下文的验证职责和参与者的职责，“检查自己的余额是否足够”这个职责应该是 Wallet 这个支付参与者的行为，不应该是场景职责，即不应该是在这个上下文中特有的行为。它是一个比较普遍的行为，只要有钱包就会有的行为，生命周期和钱包高度凝聚。联想一下：Java 中的 Collection 集合类除了有加入、删除元素动作外，还有检查是否包含某个元素的方法。

如果从命令和事件角度分析就更清楚了，“检查钱包余额”是支付场景中发生的事件吗？支付场景中发送的事件应该是“是否已经支付”，要么支付失败，要么支付成功，而“检查钱包余额”只能是支付场景中发出的命令，正如收款员发送一个请求命令给顾客：请您检查一下钱包余额够不够？这个命令会直接下达到 Wallet，Wallet 接受该命令后执行检查，然后返回结果。

从以上分析看出，Wallet 应该有“检查钱包余额”的行为，这是其基本职责，不是和特定上下文有关的职责，当找出 Wallet 的基本职责行为以后，它才从一个失血模型变成真正的充血模型。

这又验证了一句话：服务被开发人员用作真正的银弹，但最终成为得到贫血模型的最大原因。职责行为都在服务模型中，血液都充到服务模型里了，实体自己却变成了贫血模型。

因此，充血模式与失血模型的最大区别是：充血模型有自己的业务行为方法，这些方法正是说明了模型的业务特征，而且是基本业务特征（不能将这个模型涉及的所有场景上下文的功能都加进来，否则这就变成了一个上帝式的对象）。

第 3 章介绍的聚合根对象就应该是一个充血模型，聚合根通过自己的行为和聚合结构维持整个聚合边界的逻辑一致性或不变性约束。

区分开失血模型和贫血模型，有助于认识到数据库中的实体表其实是一种失血模型、一种纯数据结构；通过 ORM 等工具映射到 Javabean，也是一种只有 setter/getter 的失血模型，这些实体模型并不是 DDD 中的实体。下面看看 DDD 中的实体是什么。

4.2 实体

继续上一节的钱包案例，现在 Wallet 类的定义如下：

```
public class Wallet {
  private String ID;
  private float value;
  public void addMoney(float deposit) {
    value += deposit;
  }
  public void subtractMoney(float debit) {
   if(value> debit) //余额足够才能扣除 这是业务规则
     value -= debit;
   }
}
```

这就是 DDD 中的实体概念，首先它有一个唯一标识 ID，表示某个指定的 Wallet，其次它有业务逻辑，通过业务行为暴露给外界，如 subtractMoney 方法内需要检查余额是否足够，这个检查功能不能放到 Wallet 以外的地方，这是 Wallet 的基本职责。addMoney 和 subtractMoney 方法都属于业务行为方法。

什么是DDD实体？简单来说，DDD实体 = 唯一标识 + 业务行为方法。拥有业务行为方法的对象模型是充血模型，因此DDD实体也是一种充血模型。

实体的主要特点它是具有唯一标识的对象，为什么从唯一标识这个角度去定义呢？下面首先来讲这一点。

4.2.1 实体的标识

前面章节分析过，聚合根是聚合的唯一标识，聚合也可以看成有界上下文的标识。

标识不是现实中实体固有的，它是主观和客观之间的一种识别符号。正因为标识不是客观世界固有的，而是带有主观偏见和主观视角，所以标识是否存在取决于关注的重点是什么，而关注的重点决定了解决方案是什么，从而决定了软件系统是什么样的。

再以订单聚合中的地址类Address为例。在地址管理上下文中，Address是核心目标，这里都是地址类型，不同的是需要新增一个个不同的地址数据，每个地址数据之间都有区分，输出是一个个不同的地址信息，因此这里的关注重点当然是不同的地址信息，可以使用标识来标记这些地址信息；而在订单上下文中，只是需要一个送货地址信息，地址信息是订单众多信息属性中的一个，这些地址信息来自地址管理上下文，由用户自己选择，只要记住用户选择的那个地址标识值即可，在这种情况下，地址信息虽然也有标识，但已经不是主要关心的标识，主要关心的标识是订单的标识，每份订单需要用标识区分出来。

标识存在的意义是区分所关注的重点，那么区分的依据是什么？特征是其中一个依据。几种属性组合成唯一特征，比如名称、年龄、住址和性别组合起来，能够表达“人”这样的类别概念，当然如果在其他上下文，也可能表达的是“宠物”。所以，标识还可能与上下文有关。

标识在时间上存在延续性，持续存在且不变，它存在于时间维度，而不是空间维度。如果从时间维度观察发现一个对象存在一直不变的元素，那么将其提炼成“标识”这个概念，或者想让一个对象存在一直不变的元素时，可以强行给它分配一个标识，这样便于跟踪、观察和溯源。

一个实体首先是一个“类”，属于一个类别，这是类别的抽象形式，它还拥有自己的内容数据，这些内容数据需要以一个标识来标记。标识是实体的内容抽象，只有类别的区分是不够的，需要对同一种类别下的数据实例进行区分。

“类”是分类标准，而“对象实例”代表类的一个实例，实体的对象实例则需要使用标识标记，而普通的对象实例可能就没有这个要求，实体的对象实例如果没有标识，就很难在仓储或数据库中找到它，如果找不到它，数据也就没有意义了。

实体的标识主要涉及实体对象实例的创建以及它从生到死的生命周期管理，这个过程需要标识来标记，如果没有标识，将无法管理一个个实体对象实例，也就无法管理它们代表的业务数据和逻辑。

标识可以使用实体自身的一些ID，例如身份证号等，也可以由软件系统自动生成唯一ID分配给实体，或者使用计算机语言自动生成的随机数UUID。

4.2.2 实体的设计

一个实体的设计有两个关键：实体命名和标识发现。这两者是相互作用的，实体命名更倾向于类别命名，如果垃圾分类中干垃圾和湿垃圾分离，可以取一个类名为“干垃圾”，标识是由其组成的属性合成的，如塑料袋两个、塑料杯三个等，这些就可以使用标识：干垃圾 XXX。由于标识在时间上具有持续性，因此标识中加上时间标记是非常有效的，那么这袋干垃圾的标识为：干垃圾某年某月某日某时。

实体与标识的关系非常类似于聚合与聚合根的关系，聚合根是聚合的标识。其实有时设计一个实体，如果其内部由多个部件组成，那么它既是一个实体，也是一个聚合的聚合根，两者身份一致；如果一个实体只是由基本字段属性组成，不引用其他子对象，那么这个实体就不是一个聚合根。

图 4-1 所示为一个包含基本字段的实体，不引用其他任何对象。

Java 代码如下：

```
public class A {
    private int id;
    private String name;
    private int size;
……
}
```

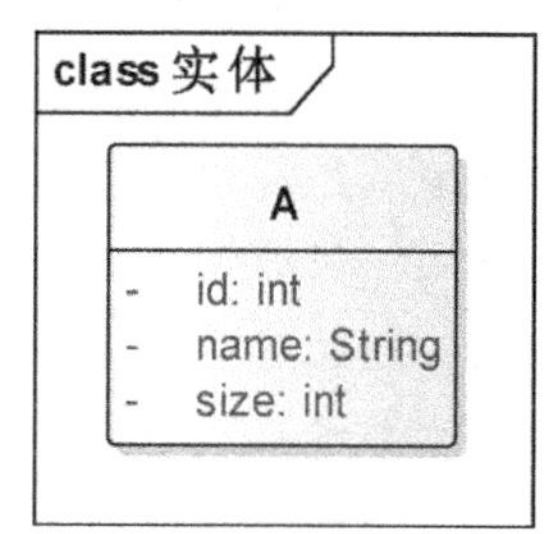

图 4-1　实体模型 UML 图

当 A 中引用了 B 对象时：

```
public class A {
    private int id;
    private String name;
    private int size;
    private B b;
……
}
```

说明这个实体是一个组合体了，结构有两个层次，是不是具备做聚合根的潜力？如果 A 是聚合根，那么 A 就是整个聚合的标识；A 的内部也有标识字段 id，那么 id 可不可以作为整个聚合的标识呢？实际上是的，只不过它是一个标识字段，业务意义不是非常明确，使用其实体类名作为标识更加通用，而 id 才可能是计算机世界内的标识。例如 Car 是一个汽车的聚合根，它代表整体概念，由轮子、车厢和发动机等组成。因为 Car 是一个抽象的整体，无法在汽车中找到一个代表 Car 的部件，怎么办？使用发动机部件代表它，那么 Car 可能就有两个聚合根，发动机作为其标识也是一个聚合根，而发动机作为标识的主要依据是其内部标识属性：发动机号。

以上说明了实体与标识、聚合与聚合根的一些关系，熟练应用这些概念的设计，能够将复杂事情简单化，但是实体和聚合的表现形式太相似了。其实这是从两个不同角度看问题的结果，聚合是从实体外部看实体的上下文环境，需要在这个场景上下文扮演的角色来定位，而实体本身的内部设计，包括标识和其他属性、职责以及关联属于事物内部的构造设计。实体的设计不只要照顾到所处上下文，还要兼顾它被创建后的生命周期管理，实体的类名负责它在上下文中的定位，而实体的标识负责它被创建后的生命。

因此，实体的设计比较难，也更容易被设计成一个无所不包的大内容实体。分解一个实体的功能也需要从外部和内部两个方面取考虑，实体不再是简单的一个数据表的数据传输对象，不再是 DTO 数据结构，它是带有复杂职责和数据的对象。

当然，实体的内部设计也遵循面向对象设计原则，从字段属性和操作方法两个方面去考虑。这两个方面又要结合有界上下文和聚合，也要结合其标识特征，例如订单的聚合包括订单项、送货地址等，这是其聚合，也是其类别的标识特征，但是订单作为一个实体，它也需要标识，聚合只是其类型的标识特征，拥有这样结构类型的订单很多，每时每刻都在产生，如何从时间上区分它们？使用实体标识即可。聚合可根据时间维度发现，每时每刻都有订购活动发送，由此发现订购上下文和订单聚合，但是这些还是无法真正模拟一个订单，注意是模拟其中任何一个订单，这时就需要实体标识了。

命令和事件是针对一个聚合的，落实到具体方面，也就是针对一个聚合根实体，例如，图 4-2 所示为 Match 这个聚合根实体的命令和事件形式。

图 4-2　聚合根实体是命令和领域事件发生地

实体的设计由于考虑方面比较多，结果可能比较庞杂，变成上帝式对象，这还是因为没有分析建模到位，好设计的标志是不同设计角度正好落实到同一套设计实现上。对于一个实体，聚合根和实体的角色职责应该是合二为一的，如果出现主次冲突，那么还是应该以识别聚合根角色的职责为主。

例如货运系统中，Cargo 代表一箱货物，是一个整体概念，它在空间上会不断地移动，发生各种装卸事件。Cargo 在装卸运输过程的上下文中扮演聚合根角色，装卸是其聚合根角色职责，装卸事件是其聚合事件，而 Cargo 作为实体，它有内部结构，包含客户信息、货物信息和运输目的地等信息，如果其客户信息和货物信息相当繁杂，那么使用客户或货物信息的标识 ID 作为 Cargo 的值，这样就隐藏了与这两者相关的多达几百个字段的实体信息，突出了其聚合根职责：目的地信息。目的地信息应该是 Cargo 的主要组成部分，甚至是 Cargo 的唯一标识，如果一个货柜没有目的地，它就是普通箱子了。

再例如：Car 是汽车的聚合根，它代表整体概念，其内部有结构组件，发动机号作为其组件的同时，也是其唯一标识，那么如果 Car 内部的轮子或车身等信息非常繁多，甚至组成的部件也非常多，多到发动机只是几十个字段中的一个，那么可以将这些组成信息分离出来，变成 CarInfo 或 CarEntity，这样 Car 这个类包含：

```
public class CarAggergates{
  private int engineeNo;
  private Enginee enginee;
  private CarEntity carEntity;
}
```

将 Car 的组成信息放入 CarEntity 中，即将轮子的 id 信息、车身的 id 信息、方向盘的 id 信息等众多 id 用一个信息拥有者模型来包括，从而隐藏了琐碎细节、突出了模型骨干。唯一标识是需要主要突出的骨干，甚至一个实体只有一个基本类型字段（是实体的唯一标识），其他字段都是对象类型。

读者可以再思考一个案例：论坛系统。论坛中每个帖子后面有回帖，整体概念是什么？唯一标识又是什么？这个问题在后面章节详细讨论，读者可以自行先思考一下。

从整体概念和唯一标识两个方面入手设计实体，可以兼顾其作为聚合根的职责和作为实体的职责。当然，如果一个实体的整体概念没有大到包含很多部件，那么它就是一个基本实体，或者是一个自我聚合的独立个体实体。但是实际中这种现象比较少，一旦一个实体有些复杂，那么就可能隐藏聚合概念在其中，例如发帖本来很简单，帖子只由标题和内容组成，但是它可能有回帖，这就产生了帖子与帖子的关系，复杂性出现了，聚合概念由此就需要了。有关系的地方就要聚合，聚合是 1:1 和 1:N 的关系，通过聚合排除了 N:1 和 N:N 的关系，这样能方便理清根和节点的区别，形成树形结构，便于理解，将复杂事情简单化，理清关系后，再贴上唯一标识这个标签，这样就纲举目张了。

整体概念是向上抽象，但是容易造成过于抽象笼统，边界不清，上帝是最笼统的对象，这样的概念是不切实际的，那么通过唯一标识这样的细节来约束它——上帝为什么不存在？因为找不到它的唯一标识：它的身份证号码是多少？有什么唯一特征吗？整体+标识是设计实体的经验总结。

4.2.3 实体对象的创建

唯一标识对于实体对象的创建非常重要，只有抓住了唯一标识，才能用它去构造这个对象。

例如一个人的实体对象为：

```
public class Person{
      private int ID;
      public Person(int ID){
          this.ID = ID;
      }
}
```

创建这个类的对象：

```
Person person = new Person(123456);
```

需要首先有 ID 数值，才能创建这个 person 对象。这样才能让很多个 person 对象之间有区分。前面说过，这个 ID 只是唯一标识的抽象表达，真正决定这个 person 对象区别于其他对象的是有两种情况。

1）类型区别。person 对象属于 Person 类，该类型区别于其他非 Person 类型的是基本属性不同，它由名称、年龄、住址和性别这些属性组合而成。

2）数值区别。person 对象中名称、年龄、住址和性别这些属性的数值不同，所以与同类型的其他对象不同。

唯一标识 ID=类型区别+数值区别。当一个对象以 ID 为输入参数被创建时，它同时具备了这两个区别。

如果一个实体对象不以 ID 为输入参数被创建，那就只具备了类型特征，这样的实体对象只能是个半成品，因此，实体最好有一个以 ID 为输入参数的构造函数。那么能不能有两个构造函数呢？

```
public class Person{
     private int ID;
     public Person(int ID){
         this.ID = ID;
     }
     public Person(){}
}
```

这里有两个构造函数，一个有唯一标识，一个没有。唯一标识的概念实际也是整个实体的完整抽象，包括类型和数值，如果没有唯一标识，实体就失去了业务意义，那么就要反问自己：为什么这样做？有时可能是技术原因，不通过默认构造函数，这个类就无法通过 Relection（发射）机制自动加载构造，或者因为这个对象是从前端输入的表单数据，还没有为它分配唯一标识的值，在这种情况下，这个实体对象实际是一种值对象，没有唯一标识，只有各种数据值，这个对象存在的意义是包装这些数据值，只是数据值的容器。

为了强调构造函数只能有一种，可以通过专门的模式来保证，例如工厂模式和 Builder 模式，使用这些模式还能做到创建和使用的职责分离。下面代码是把对象的创建放在工厂里实现：

```
public class PersonFactory{
    public Person create(int ID){
        Person person = new Person(123456);
        person.setName('xx');
        person.setSex('male');
        ……
    }
}
```

这样，可以将 Person 的构造函数标记为私有：

```
public class Person{
     private int ID;
```

```
        private Person(int ID){
            this.ID = ID:
        }
    }
```

然后，将工厂类变成 Person 的内部类：

```
public class Person {
    private int ID;
    private String name;
    private Person(int ID, String name){
        this.ID = ID;
        this.name = name;
    }
    public static class PersonFactory{
        public static Person create(int ID, String name){
            return new Person(ID, name);
        }
    }
    public static void main(String[] args) {
        Person person = PersonFactory.create(123, "zhang");
        //无法直接创建
        //Person person = new Person(123, "zhang");
    }
}
```

上述代码中，无法直接通过 new 创建一个带有唯一标识的实体对象，而只能通过 PersonFactory.create 工厂方法才可以，这样就通过明确的方式说明，这个实体对象的创建是需要非常注意的，否则容易造成 Person 中数据的不一致。

如果一个实体是聚合根，那么为了保证聚合内部数据的一致性，也需要专门的构建方式。Builder 模式非常适合作为聚合根的实体对象创建方式，因为聚合根实体包含很多组件，当创建聚合根实体时，需要将这些组成部件也同时创建出来，这样才能保证整个聚合对象的结构一致性。Builder 模式可以帮助开发人员将领域模型设计成聚合的方式，这意味着，所有属于该聚合的对象都由聚合根对象创建，并且可以仅通过聚合根对象来访问。

使用传统构造函数的方式创建对象时，代码编写很容易，不必太多思考，所要做的就是从一个地方到另一个地方复制代码，这是以一种让人舒服的方式进行的。而 Builder 模式迫使开发人员去思考实体对象。

1）要研究一个对象的属性哪些是必需的，哪些是可选的。

2）识别哪些属性的生命周期必须绑定父对象的生命周期， Builder 模式就是强调了这一特性。

3）必须决定哪些属性在创建对象后就不能再被更新（并标记这些属性为 final，尽可能保持对象不变性，将有限精力用来对付可变属性）。

4）必须决定哪些属性可以被更新，并找到更新它们的最好方法。

使用 Builder 模式能以 DSL 方式创建新的对象，Builder 的方法名称能够以业务名称命名，这有助于将更多业务意义带入代码。例如，怎样才能更新对象的属性？很多人可能觉得这个问题有些无聊，因为他们认为可以使用 setter 方法来更新对象的个别属性。

Blake Caldwell 认为 Builder 模式基本是构造器的替代，特别适合聚合内各个对象的创建，当然，简单的单个自我聚合实体对象创建还是使用构造函数比较合适。复杂的对象创建推荐使用 Builder 模式，所谓复杂有两种情况。

1）构造函数输入参数超过三个。

2）构造函数输入参数有其他对象类型，而不都是基本类型。

4.3 值对象

上一节讨论过：如果实体没有唯一标识就直接构建，那么这样的实体就不符合实体的定义了，就可能不是实体，而是值对象。

值对象是没有唯一标识的对象，是一堆数据值的容器。这些数据值并不需要或根本就没有共同特征，但是值对象（VO）与数据传输对象（DTO）还是有区别的。

首先，值对象中的数据值一旦被构建，就不能改变，这是不变性的特性，而 DTO 没有这种约束，这容易导致 DTO 传输过程中不断添加、修改各种字段。DTO 变成一个装载数据的可变长度的容器，虽然给编程带来了方便，但是将可变性带到代码的各个地方，最后 DTO 进数据库存储时，才发现数据并不是原来想象的那样，至于在哪个环节修改了，就需要不断地跟踪，这种跟踪在复杂软件中也非常复杂。

值对象的不变性克服了 DTO 的这种缺点，如果希望改变其中的值，可重新构建一个新的值对象，这样有别于原来的对象，也可以使用克隆模型克隆（clone）原来的一些数据，甚至有很多框架支持对象之间的数据克隆。

值对象在 Java 中通过使用 final 关键字实现：

```
public class Person {
    private final int ID;
    private final String name;
    private Person(int ID, String name){
        this.ID = ID;
        this.name = name;
    }
    ……
}
```

这个 Person 中的 ID 和 name 使用了 final 关键字，这样就说明这个对象是一个值对象，虽然有唯一标识 ID，但是这个 ID 是作为一个值放在这里，可以通过这个 ID 查询数据库获得更多数据值。

其次，值对象的构建一般是由聚合根实体负责的，任何聚合外界需要使用聚合内的信息，都需要通过聚合根访问。聚合根不能将自己内部的对象直接奉献给外部，因为一旦被外界修改了，自己都不知道，就可能造成内部逻辑的不一致，就像有外键关联的两个数据表，一个表修改了数据，而另外一个没有修改，这种情况是可怕的，不过因为外键约束的存在，数据库会进行这两个表的原子更新，但是内存中的对象没有这样的技术机制，而需要通过专门的设计来保证，因此不将聚合内部的对象直接暴露给外界是基本原则，外界如果需要一些数据，可以根据聚合内对象构造一个值对象使用。

例如订单上下文需要地址上下文中的地址 Address，那么只要地址上下文构造一个 Address 值对象给对方，其中包含地址唯一标识 ID，作为数据值还可以有一些其他关键信息，这样，通过构造不变的值对象，地址上下文和订单上下文之间的数据联系也只是一次性的，而不是一直耦合在一起。通过引用对象会造成耦合，而传递一个不变性的值对象给对方读取，能保证数据的真实性，也实现了数据共享。

因此，值对象一般可由聚合根随时负责构建，是聚合根中函数方法常用的返回类型。而 DTO 构建没有这些约束，非常自由，看起来方便，但带来问题是：几种 DTO 内部的字段差不多，但又不一样，而且构建的地方不一样，随时构建，非常混乱，造成大量临时对象满天飞，不但给理解代码带来障碍，也会在运行时造成垃圾回收（GC）机制不断进行垃圾回收，因为对象很多，偶尔还会触发全系统暂停，甚至内存溢出，这些都是系统稳定性的致命杀手。

值对象可以实现全局共享一个实例，这样能减少对象数目。想想，如果系统中所有的数据对象都是实体或都是 DTO，那么将非常耗费内存，而值对象因为可以共享，所以减少了内存消耗，非常经济，这也是值对象的存在价值之一。

下面再举例看看引入值对象的一些好处。平时返回的一些基本类型如 boolean 或 String，都可以使用值对象封装起来，并取一个业务相关的名称，这样可将更多业务引入抽象代码中。

假设发送电子邮件：

```
public class EmailSender {
    public boolean send(String title, String body) {
        return doSend(title, body);
    }
}
```

这个 send 方法有两个输入参数，两个参数类型还都是字符串，在调用时就有可能将输入参数颠倒，这样的错误虽然低级，但是也是繁忙中容易出现的。为了规范严谨起见，这里使用值对象封装这两个字符串：

```
public class EmailContent {
    private final String titile;
    private final String body;
   ......
}
```

通过使用正确的值对象名称，让代码记录自己的业务，只需要一瞥就可以看到对服务/组件/方法的输入有什么期望，以及在调用系统的这一部分之后会得到什么，这就是对函数的输入和输出使用值对象的好处。在这个案例中不必考虑指定 String 参数所包含的数据类型，比如，它是一些标识符吗？可能是任何文字吗？通过包装数据值，值对象提供了更易阅读和理解的上下文。

有人可能疑问，EmailContent 的构建还是需要通过构造函数，也会造成两个字符串类型混淆的情况，这里需要使用 Builder 模式来保证这种严格顺序：

```
public class Person {
    private final int ID;
    private final String name;

    private Person(int ID, String name){
        this.ID = ID;
        this.name = name;
    }
    public static PersonBuilder builder() {
        return new PersonBuilder();
    }
    public static class PersonBuilder{
        private  int ID;
        private  String name;
        public PersonBuilder withID(int ID) {
            if (ID == 0){
                System.err.println("ID is required");
            }
            this. ID = ID;
            return this;
        }
        public PersonBuilder withName(String name) {
            if (name == null){
                System.err.println("name is required");
            }
            this. name = name;
            return this;
        }
        public Person build() {
            return new Person(ID, name);
        }
    }
    public static void main(String[] args) {
        Person person = Person.builder().withID(123).withName("zhang").
build();
    }
}
```

在这段代码中，使用了 Builder 模式，首先提供一个构建器：

```
    public static PersonBuilder builder() {
          return new PersonBuilder();
    }
```

这样使用 Person.builder()就可以获得 Person 的一个构建器 PersonBuilder，而 PersonBuilder 是 Person 的内部类，它包含与 Person 一样的数据，是一个临时对象，然后为每个字段提供单独的构建方法。

- PersonBuilder withID(int ID)：构建字段 ID 值，加入了构建时的规则检查，如果 ID 为 0，则会报错。
- PersonBuilder withName(int name)：构建字段 name 值，也加入了规则检查，这个字段不能为空。

现在，可以分别进行流式调用格式创建这个值对象：

```
Person.builder().withID(123).withName("zhang").build();
```

这种构建方式将复杂的构建函数分解为流式的函数风格调用，强调了每个字段元素的重要性，这种方式也适合聚合根实体的创建。

通过这样的创建，保证了创建对象时的唯一性和逻辑性，同时也明确了其中的业务含义，这样，每次调用这个构建方法时，程序员都会考虑如何赋值、这些值是不是必需的。例如，下面是一段复杂的构建方式，很容易让人明白这个值对象代表的业务含义：

```
Player marta = Player.builder().withName("Marta")
     .withEmail(email)
     .withSalary(salary)
     .withStart(start)
     .withPosition(Position.FORWARD)
     .build();
```

这是构建一个名为 marta 的 Player 对象，它有邮件、工资等数据信息。

值对象可以专门做成一个规则验证器，里面包含业务规则检查，在构建这个值对象之前进行各种验证，例如前面的 Person 构建器：

```
public Person build() {
      //进行各种验证，如果不通过，将不能返回一个 Person 对象，可返回空
      // validator.validate(name);
      return new Person(ID, name);
 }
```

4.3.1 值对象与实体的区别

实体和值对象的区别在于是否有唯一标识。对于一个业务领域对象，有时无法确定其是实体还是值对象，那么就检查它是否需要唯一标识，有唯一标识其实是为了区分它们，而区分它们是因为非常关注它们。例如，在一个绘画上下文场景中，有好几只红颜色的蜡笔，对于画画这个场景而言，只要红颜色就可以了，随便哪只都可以，这时，这些蜡笔在当前上下文都属于值对象，无须逐个区分它们，如果还去区分它们，就有些过于谨慎了；

而在一个蜡笔制造的上下文中，需要对每只笔的制造进行跟踪区分，那么这时蜡笔就成了实体。

DDD 中的实体与数据库中的实体是两回事，虽然两者都有唯一标识，也可以使用数据库生成的 ID 作为 DDD 的实体标识，但是两者之间的区别是类与数据结构的区别。DDD 的实体是一个充血模型，值对象也是，当然值对象的数据特性更加明显，但是不代表它就是一个 DTO 数据传输对象，因此，在实战中需要研究这四者之间的区别。

实体和值对象经常会被误解为：实体对象就是需要持久化的对象，值对象就是不需要持久化的对象。这是从数据库持久化角度看两者的区别，而不是从业务领域角度，持久化问题本身也不属于业务领域范畴。实体和值对象是在有界上下文范畴下考虑的，首先找到业务领域中的有界上下文，然后才有实体和值对象的区分，当这两者设计出来以后，变成计算机语言，这时才会考虑持久化等技术问题，这种先来后到的逻辑顺序不能搞混。

是否有唯一标识是分辨实体和值对象的主要依据，当然其他特征也可以作为辅助依据，例如不变性。值对象一旦构成就是不变的，而实体中是有可能变化的状态，例如订单实体中的订单状态：已下单、已支付和已发货。这些状态会随着业务流程的不同而改变，通过记录这些状态跟踪业务流程。当然，从函数式编程角度看，最好全部是不变的，这样没有副作用，副作用使得对象变得难以捉摸、无法掌控，但是可变状态又是如此重要，因此可以通过引入不变的领域事件来替代状态，这样订单实体中就会包含导致订单状态改变的各个事件集合（先是包含已下单，然后加入已支付，最后加入已发货），订单具体状态可以通过从集合中从头开始播放这些领域事件来获得，比如最后一个是已发货事件，那么推断当前状态是已发货。这些领域事件都是值对象，这是事件溯源架构的主要思想。

事件溯源是一种将可变状态转变为不变的值对象类型的领域事件，从而消除了聚合根实体中的可变状态，这样实体也就可能变成一种不可变的对象。事件溯源会在后面章节详细描述。

有的人对“实体是可变的，而值对象是不可变”的说法还是有些不明白，值对象一旦创建了就不能改变值对象中的属性的值，这样在一些性能领域值对象可以复用，但值对象又不能改变。这说法是否是冲突的？这个不能改变到底是不能改变什么？ 这里的不能改变是指值被修改，所以需要给属性前面加上“final”关键字，数据被共享，可以被共享为被读取，也可以被共享为允许同时被修改，值对象是不能被修改的，因此被共享一个实例时只能是被读取。

实体和值对象经常组合在一起使用，例如如果一个类 Product 中属性多了，就需要归类为值对象。一个 Product 类如下：

```
public class Product {
    private String id;
    private String name;
    private String model;//型号
    private String Specifications;//规格
    private int length;//长
    private int width;//宽
    private int height;//高
```

```
}
```

Product 中包含了长、宽、高等规则和型号，这些都是产品的各种参数，将其散落在 Product，不但使它的代码显得冗长，还会造成主次混乱。如果 Product 是一个聚合根实体，就需要在这里主要突出其聚合根的特性，参数等具体细节太多，会掩盖主要部分，那就使用值对象来封装这些参数值。

```
public class ProductSpec {
    private final String model;
    private final String Specifications;
    private final int length;
    private final int width;
    private final int height;
}
```

那么 Product 就会变得干净很多：

```
public class Product {
    private String id;
    private String name;
    private ProductSpec prdoctSpec;
}
```

这样设计的一个好处是，ProductSpec 可以被很多个不同 id 值的 Product 共享，只要是同样规格的商品都可以共享一个 ProductSpec 实例。如果没有 ProductSpec 值对象设计，那么每个 Product 中都有一套规则数据，虽然现在 JVM 等技术可以实现字符串压缩重用等新功能，但是如果主动避免这样的重复，也能使得整个系统变得轻量、高效。

同一个 ProductSpec 实例可被不同 Product 共享，如果 ProductSpec 是可变的，那么 ProductSpec 如果被修改了，就会影响所有的 Product，为了避免这种直接对 ProductSpec 进行的黑客式修改，ProductSpec 值对象被设计为不可改变（final 关键字），如果需要修改，就通过 Product 来完成。Product 作为父对象，对自己的组成部件拥有生杀大权，如果 Product 没有提供修改 ProductSpec 的方法，那说明设计意图就是 ProductSpec 永远不能修改。

因为在商品管理上下文中，ProductSpec 已经变成了 Product 的一个组成部分，所以它们拥有同样的生命周期，同生共死。Product 是一个聚合根实体，ProductSpec 是聚合边界内的一个部件对象，没有 ProductSpec 就没有 Product，ProductSpec 一但修改，等于修改了 Product，当然必须征得 Product 自己同意，这是数据所有权的问题。构建 Product 时也要保证两者同时构建，在构建 Product 之前，需要首先构建 ProductSpec，这种逐步构建的过程可以使用 Builder 模式，从而保证聚合自身结构的不变性，Builder 模式前面章节有专门介绍。

当 Product 在订单上下文中需要被使用时，就不能将 Product 作为实体了，因为商品本身不是关注的重点，也就是说，商品内部不是关注重点了，只有在商品管理上下文中，Product 有哪些参数、有哪些规格才是被关注的，这些都是商品的内部属性。而在订单上下文，订单才是最被关注的重点，在这个场景下，关注的是购买了多少个商品，这时是从商品外部去指认它，只需要一个供指引的值就可以了，当然包含一些必要的关键属性，所以商品 Product 在订单上下文就变成了一个值对象：

```
public class Product {
    private final String id;
    private final String name;
    ……
}
```

这个值对象的内容可以由商品管理上下文中 Product 的 build()方法来构建，也可以由订单上下文自己来构建，当然，关键是将唯一标识 id 作为值对象传输，这样在不同上下文中如果需要 Product 的更多信息，就可以通过 id 再次请求商品管理上下文，获得完整的 Product 对象，然后根据自己的上下文将信息裁剪成一个新的值对象。

值对象被设计为不可变的，还考虑了分布式系统，不可变性可以降低维护成本并大幅提升系统性能。当两个不同有界上下文通过分布式系统传输数据时，这个数据应该是值对象，包括领域事件，或者是通过 RPC 访问 API 获得的数据都应该是值对象。当然，因为技术限制，Java 中的序列化框架无法对带有 final 字段的对象进行序列化处理，这时可以妥协去掉 final 关键字，但是在设计概念中还是应该有遵守不可变性这种理念。

值对象作为数据传输对象，是类似 DTO 的，但是值对象是不可改变的，这有别于 DTO。DTO 是实体对象和值对象的混合体，如果系统中存在大量 DTO，说明有潜力重构为实体和值对象。

当然有人可能说，Hibernate 等 ORM 中实体对象已经有了，再配合使用 DTO 作为值对象，不是实体和值对象都有了吗？Hibernate 的实体是只有 setter/getter 方法的贫血模型，没有任何实质性的业务方法，一个业务对象不可能没有业务方法，也不会只包含 CRUD 这些简单笼统的业务方法，而是包含带有明确业务名称的方法，例如订单新增的业务名称是“下订单”或“下单”，而不是用“新增”替代。DDD 强调的就是直接面向领域语言，将业务直观、直接地映射到代码的每个角落，不要做任何抽象总结，因为抽象会隐藏细节，导致失去原来的语境上下文。

实体和值对象的区分取决于当前上下文，可以打一个比喻：当人们回忆过往的人和事时，一幕幕场景如在眼前，那些场景中的某些人让人感动，但是当马上联系这些人，并与之相处交谈时，会发现并没有回忆中那么美好，物是人非，这是因为在回忆中的那些人已经变成了值对象，其实并没有指引到某个实物，如果有指引，也是过去那个时段的“他”或“她”。因此，是否有具体指称也可以区分实体和值对象，这种指称实际上隐含了一个唯一标识在其中，当有所指称时，这个标识就指向具体的人和事情，当无所指称时，那么实际上没有指向现实中任何具体标识，这时谈论的事物是值对象。

如果设计一个财务系统，财务计算都以当前时间为基准，有的甚至集中在某天等很短的时间段，在当前时间段引用历史数据时，那些历史数据就都是值对象了，这些历史数据只能读取，无法修改，而且可以一直被共享，共享的也只是一份历史数据。

从时间和空间维度来看，软件系统跟踪的是当前实时情况。对于当前实时情况，需要使用有界上下文将问题域划分为不同的空间，当前有界上下文中的主要对象应该是实体，而不在当前有界上下文的对象基本应该属于值对象，从属于当前有界上下文的实体的其他对象也极有可能是值对象。这些当然也只是经验上的总结，只供参考，不是非常绝对的，但有一定的指导意义。

总之，值对象不只是代表一些货币、型号等参数数值组合，还与关注的重点有关，如果关注的重点在当前有界上下文中，又需要在当前上下文中对其进行区分，那么它就是一个实体。区分实体和值对象还有助于解决在计算机系统中的运行效率问题，当然也能够在设计上形成主次之分，凹凸有致。

4.3.2 用值对象重构

人们更习惯于在代码中使用技术级别（如字符串、整数、Map、List、循环等）术语，而不是使用业务术语，这就导致人们无法从业务领域角度思考问题和查看解决问题的代码，这种脱节是造成项目失败或复杂的一个主要原因，也是使用 DDD 的一个主要原因。

应用 DDD 可以首先从使用业务名称命名值对象开始，值对象是重构传统服务架构的好的入口。传统服务架构是服务+数据库实体+DTO，业务规则和逻辑在服务中，DTO 扮演服务和数据库实体之间的数据传送者，除了 DTO，还可以直接使用原始类型（如 String 等）作为对象的构造函数输入参数，或者作为函数方法的输入参数。先将这些统一成值对象类型，再以业务语言命名，是不是代码就更加业务化了呢？

为什么从值对象开始入手 DDD，而不是实体呢？因为从值对象重构比较容易、轻量，而实体重构会冲击数据库表结构设计，会有聚合根等概念，相对来说是很大的变动。从不起眼的值对象开始小修小补，在尝试中学习进步，最后再重新设计实体，甚至聚合和有界上下文，总之，新的项目从有界上下文、聚合、实体和值对象依次开始，而重构老项目时倒过来进行更容易一些。

下面的代码功能是调用一个普通 API：

```
class BusinessService {
  public String decode(String accessToken) {
    return API.call (accessToken).getResult("businessId");
  }
}
```

人们喜欢抽象，但是抽象会隐藏细节，Business 就非常通用，不适合具体业务，可以改为具体业务名称，如 SaleService 或 OrderService 等，这些都是上下文或聚合的名称。

BusinessService 的方法 decode()也是一个通用名称，这里的命名确实比较难，因为解码远程调用的结构，无法用业务名称命名，但是使用这个方法应该有一个最终的业务目标，是为了得到某个业务结果。这里 decode()返回的结果是普通字符串的值，过于通用和基础，可以使用值对象封装它，再以业务名称命名：

```
class OrderId {
    private final String value;
    ......
}
```

这个值对象的名称是 OrderId，是订单的唯一标识，其内部值是一个普通字符串，这样重构原来的服务为：

```
class OrderService {
  public OrderId decode(String accessToken) {
    return new OrderId(API.call (accessToken).getResult("orderId"));
  }
}
```

这样的代码就能很好地记录自己，代码才体现文档作用，否则就要抽象出很多技术名称和通用术语，然后再用文档说明这些技术名称和术语实现什么业务目的，与什么业务有关。

将方法的返回结果使用值对象进行了封装，让代码的可读性更强、业务性更强，同理，可以对方法的输入参数也进行封装。这里的 accessToken 是一个字符串类型，也是一个基本类型，当然 accessToken 是一个与权限有关的名词，属于权限领域，那么就建立一个专门的值对象：

```
class AccessToken {
   private final String value;
   ......
}
```

这个 AccessToken 的类名与其变量名称一样，这也是值对象重构的简单之处，值对象就是含值的对象，与 String 等类型一样。String 也是一个值对象，是字符串类型的值对象，但是字符串类型这个名称太通用，过于技术，如果代码中大量使用这种 String 类型，代码的业务特性不明显，阅读性不强，而通过专门建立自己行业的术语类库，其实内部可能就是一个字符串类型的属性，但是能够更专业，更有领域针对性，这比规范变量名的写法等要聪明得多。

因此，服务重构为：

```
class OrderService {
  public OrderId decode(AccessToken accessToken) {
    return new OrderId(API.call (accessToken.value).getResult("orderId"));
  }
}
```

当将方法的输入参数和输出结果使用值对象重构以后，可能会有意想不到的视角和发现，比如，decode()方法放在 OrderService 中是否合适呢？订单服务中应该放入直接与订单实体有关的功能，这里是订单 Id 的获取，不是直接与订单服务有关，而是与订单有关。订单 Id 是订单中的唯一标识，那么这个 decode()方法可以放入类 OrderId 中吗？还是放入输入对象 AccessToken 类型中呢？

这里碰到一个面向对象中的经典难题，当一个转换动作涉及两个对象时，就很难确定归类于哪个类型，这时候函数式编程思路就很有帮助。范畴理论中认为这个 decode()其实是一个态射，为了便于初学者更容易学习，这里还是按照 OOP 思路进行重构。

将decode()方法放入OrderId值对象还是AccessToken值对象呢？其判断依据主要是该方法的主要功能细节是什么，涉及什么依赖资源，如果依赖资源多与权限领域有关，那么放入AccessToken，如果和订单标识有关，就可以放入OrderId中。这里的decode()用于生成Order实体的唯一标识，好像与Order实体有关，但是要注意到：没有唯一标识就没有实体，目前还是处于实体构建之中，位于实体的外部，虽然唯一标识是实体内部的属性，但是这个属性不是普通属性，是一个抵多个的重要标识属性，没有它，就没有实现。OrderId比订单更早，这里还没有订单Order什么事情，那么放入OrderId值对象中呢？

OrderId值对象中放入一个根据远程API生成的值，这可能造成OrderId和具体生成机制有依赖，如果使用其他API、本地数据库或UUID，创建职责和使用职责就会耦合在一个类中，因此放在OrderId中不合适，似乎应该放入OrderId的工厂或Builder生成器中。

由于decode()方法是一个将令牌（Token）转换为OrderId的普通方法，并不是一种复杂的创建过程，OrderId只是含有一个字符串值的值对象，Builder模式也派不上用场，那么看看可否放入AccessToken中：

```
class AccessToken {
    private final String value;
    public OrderId getOrderId () {
        return new OrderId(API.call (value).getResult("orderId"));
    }
}
```

使用上面的代码，最终不需要在服务类中提取业务标识值，唯一需要做的是在令牌实例上调用一个方法，这里体现了在类中封装行为以及数据。

由于值对象的不可变性，其内部属性在值对象创建以后就不能改变，因此值对象的行为方法肯定不是对其内部属性进行修改，而是根据各种应用场景上下文进行不同格式的输出。这里需要一个OrderId，因此AccessToken根据令牌转换得到一个OrderId结果，非常自然，符合值对象本身的特性。

由此可见，使用值对象重构方法的输入和输出，替代DTO等，可以起到记录自身业务的目的，也可以从中发现新的重构视角，从而发现更好的设计。重构过程是一种逐步升级，在该案例开始，只是机械地用值对象重构方法的输入输出，但是之后仿佛豁然开朗，进入了新天地，方法本身都被迁移到了值对象中，值对象由此变成充血模型，服务中的代码更加精炼，删除了多余的细节。同时，重构后对代码中的关系有了更深入的认识，代码也更易于阅读理解，代码质量大大提高。

4.4 领域服务

有一些行为方法无法放入实体或值对象之中，特别是涉及多个对象之间的转换计算时，放入任何一个对象都较难体现聚合特性。例如上一节OrderService中的decode()方法，这是一个根据令牌转换出业务Id的方法，放在订单实体中是不合适的（原因在前面已经分析)，该方法的输入和输出都是字符串类型，字符串类型是 Java 语言的基本类型，所以也不能塞入 String 类型中，所以只能放入 OrderService 中，这就是该案例最初代码的由来：

```
class BusinessService {
   public String decode(String accessToken) {
      return API.call (accessToken).getResult("businessId");
   }
}
```

当然，这样的代码设计表面上是合理的，但会导致大量行为方法被塞入 OrderService 中，形成巨大的服务类，耦合各种资源在其中，这是单体巨石架构的根本来源。

领域服务被开发人员用作真正的银弹，但最终成为产生贫血模型的最大原因。

根据领域服务的定义，无法放入实体和值对象的行为操作，或者涉及多个实体的操作都可以放入领域服务中，但是由于很难发现真正的充血实体和值对象，最终导致过分充血的领域服务，以及失血的实体和值对象，如上例中，如果没有 OrderId 和 AccessToken 两个值对象的设计，还是会认为将 decode()放在领域服务中是合适的。

领域服务的定位在前面章节已有涉及，它是职责的传递者，不是决定者，真正决策和决定的是聚合根，也就是聚合根实体，服务只是将用户的请求传递给实体，实体做出决策后再返回给用户。

所以，实现 DDD 的关键之一是对领域服务的警惕，因为服务这个门槛非常低，而且非常容易实现，定义一个接口、几个方法，只管实现即可。其实服务的设计体现了非常深的学问，只有实体和值对象变成充血模型以后，服务的真正方法才能设计出来。

良好的领域服务有三个特点。

1）服务的操作涉及的不是实体或值对象的自然部分的领域概念。

2）接口是根据领域模型的其他元素定义的。

3）这项行动是无国籍的。

4.4.1 领域服务的特征

领域服务有几个重要特征。

领域服务的第一个特征是：其中的行为是无法放入实体和值对象的行为，或者涉及多个实体与值对象的行为。领域服务不是实体或值对象的自然部分的领域概念，但又与领域相关，是一种行为动词、动作，而实体一般是名词，在语句中扮演主语或宾语，但是有时希望突出谓语动词，这些动词、动作、操作又不是实体和值对象等领域模型中的固有部分，例如一些协调职责，负责在多个领域模型之间协调，这些协调职责无法放入聚合根实体中，主要用于领域内外部。

例如论坛中发帖时，发帖是一个动词，主语是用户，但是不能将“发帖”放入“用户”之中，也不能将“发帖”放入“帖子”之中，因为帖子是发帖的结果，发帖动作完成后才有帖子这个名词实体，所以，发帖这个动作先放入领域服务中比较合适。但是如果发现发帖这个动作也可以放入论坛这个实体中，在论坛里面添加一个帖子是很自然的事情，那么就要将发帖这个动作的核心逻辑部分放入论坛实体中，服务中的发帖方法只能是协调委托职责。

当聚合根实体需要保存到仓储时，发出保存命令的行为可以在领域服务中，因为实体等领域模型只关注业务逻辑，自身保存到什么地方、生命周期如何管理，这些都属于实体外部的细节，可借助服务、仓储和工厂来实现管理。

领域服务的第二个特征是：领域服务接口是根据领域模型的其他元素定义的。也就是说，领域服务接口中的一些动作行为，它们的输入输出参数中并没有涉及实体和值对象的元素，要涉及实体和值对象，关键是先有实体和值对象存在。有时值对象就存在于服务的输入和输出参数中，当将这些参数用值对象封装起来以后，服务就可以从值对象外部对其操作，同时可以协调几个实体和值对象一起操作，在它们之间完成转换、翻译、数据传递等。

因此，需要首先设计出实体和值对象，特别是值对象经常容易被忽视，被 DTO 或基本类型掩盖，造成相关行为操作没有地方放置，只好放置在服务中，这是非常值得注意的。这点在前面章节已经详细讨论过。

领域服务的第三个特征是：操作必须是无状态的。也就是说，不要在服务中保存状态，这样任何一个客户都可以使用这个服务的所有实例，不要将服务与具体客户端绑定，例如服务中保存有客户端的 session（会话）信息。状态都是实体模型的属性，服务可以委托实体改变状态，但是不能将这些状态作为自己的字段属性，例如下面的做法就是属于服务有状态的：

```
public void DomainService{
    private Map map;  //不能持有集合等
    private HttpSession session;//不能持有会话信息
    private Aggregate entity; //不能持有实体对象
}
```

在服务中可以操作状态，但这些状态不应该是该服务的固有内容，而应该是其他对象传递给服务的，可以将状态作为方法的输入参数，修改后再返回该状态。

领域服务的第四个特征是：领域服务可用于有界上下文的验证。这在 2.1 节详细讨论过，当发现一个有界上下文时，其中实体和值对象的调用和测试场景在哪里？应该是在服务中进行的。

以订单聚合根 Order 实体为案例。在“聚合设计”一章中使用 Spring Data JDBC 对这个聚合进行了持久化保存，因为这个案例比较简单，只有聚合的保存逻辑，以下是为 Order 创建的测试代码：

```
@RunWith(SpringRunner.class)
@SpringBootTest
public class OrderApplicationTests {

    @Autowired
    OrderRepo orderRepo;

    @Test
```

```
        public void contextLoads() {
            Order order =
                Order.builder().withAddress(createMockAddress())
                               .withItems(createMockitems())
                               .build();
            Order orderSaved = orderRepo.save(order);
            assertThat(orderRepo.count()).isEqualTo(1);
        }
    }
```

这是一段对聚合 Order 的数据进行保存的测试，也就是说 orderRepo.save(order)可以放在领域服务中。有人可能会问，是不是 CRUD 操作都是放在领域服务中呢？应该这么理解：发出 CRUD 的请求命令可以在领域服务中完成，但是真正的 CRUD 操作还是委托给仓储实现，可以将仓储看成一个与聚合一样的平行体，或者也是一个聚合，只不过这个聚合锁在仓储中，也就是保存在数据库中。通常谈论的聚合都是在计算机内存中，这是存在于两个不同地方的实体值对象聚合群，如果涉及对这两个聚合的操作（如上面的代码），那么这个操作因为涉及不同的实体和值对象，就可以放在领域服务中。

上面的代码涉及内存中聚合的操作是：

```
    Order order =
            Order.builder().withAddress(createMockAddress())
                           .withItems(createMockitems())
                           .build();
```

这是使用 Builder 模式构建了一个没有唯一标识的 order 值对象，这时的 order 处于实体和值对象两者之间，order 是有地址数据和订单条目的，这已经构成了其唯一标识，但是还没有为其分配唯一标识的值，只有通过仓储保存到数据库以后，数据库才为其分配唯一标识：

```
    Order orderSaved = orderRepo.save(order);
```

这时的 orderSaved 对象才是一个真正完整的实体，它被分配了唯一标识的值。那么为什么不在保存之前就为 order 分配一个 UUID 呢？这是因为技术限制，Spring Data JDBC 只有在唯一标识为空的时候才认为这是数据库新增操作，自动生成 insert 的 SQL 语句，如果不为空，就认为是修改，会自动根据唯一标识 ID 值去查询现有数据，这就违背了希望实现新增的意图，而且使用了另外一套 ID 生成器，会增加系统的复杂性，这种方式只有大型分布式系统中才可能用到，中小型系统使用数据库生成的 ID 即可，因此这里做了一个折中设计。

以上两句可以放入领域服务中：

```
    @RestController
    public class OrderServiceImpl implements OrderService {
        @PostMapping("/orders")
        public Order placeOrder(@RequestBody OrderItem orderItem2) {
            Order order =
```

```
                Order.builder().withAddress(createMockAddress())
                                .withItems(createMockitems())
                                .build();
            return orderRepo.save(order);
        }
        ......
    }
```

在服务 OrderServiceImpl 中，根据前端输入的参数（主要是订单条目）构造一个订单 order，然后委托仓储保存这个 order。这里为了演示，伪造了 Address 数据和订单条目数据，实际中这里可能的输入值对象是购物车，而购物车属于购物车上下文。在购物车上下文中，能够对购物车商品数量等进行修改，一旦确认，购物车聚合根输出购物车值对象，被订单上下文使用。在购物车上下文和订单上下文之间传输数据可采取 API 主机服务方式，也可采取订阅发布的方式，由购物车发出购物确认事件，这个领域事件中包含购物车的信息，同理，地址也是来自地址管理上下文的值对象，在这里和购物车信息组成订单。

领域服务通常是介于内部和外部之间的协作者，因为服务本身的定义蕴含两个概念：提供服务者和使用服务者，所以服务中的内容经常是为了匹配不同的服务使用者要求，而做出的折中、协调和协作的职责行为。正如会议协调人并不是会议主讲人一样。

领域服务还需要协调仓储和工厂进行聚合对象生命周期的管理，当然其具体实现是在仓储、工厂或 Builder 模式中，但是何时进行聚合对象加载或保存，这种节奏的把握也是在领域服务中进行，包括对聚合进行更新时的事务操作，如果没有采取事件溯源机制，则需要依赖两段事务提交或数据库事务技术，当涉及这些技术时，还需要在服务中完成，但是不代表将服务变成事务脚本、将事务涉及的所有细节都平摊在服务中完成，而应该是有层次结构的。

如上面 OrderServiceImpl 的 placeOrder()方法中，orderRepo.save()本身是事务的，如果保存的 order 中 Address 或 OrderItem 对应的数据表有问题，整个 order 的保存就不会成功，这是依赖 Spring Data JDBC 或 JPA 的内部机制完成的。

有人问：这里会出现两个 save 吗？一般不会，因为当前是 Order 上下文，处理的是 Order 聚合根，聚合内部的任何对象修改都需要通过聚合根，所以修改 Order 内部的子对象都需要 save(order)，这样才能保证聚合内部的更新一致性。

如果这里出现两个 save，就会有疑问：是两个聚合根，还是一个独立的自我聚合的聚合根？为什么两个聚合出现在一个有界上下文中？谁是主要谁是次要？焦点是谁？两个聚合是否需要放入一个事务中？这些都要深入研究，如果出现自相矛盾的地方，可能暗示有界上下文或聚合设计出了问题，不用担心，真正合适的上下文和聚合都是经过反复迭代得到的。

4.4.2 领域服务与应用服务

服务可以分为应用层服务、领域层服务和基础结构层服务，领域服务无疑是与业务领域有关的服务，例如 OrderService，其中的“订单”代表了订单业务。但是还有一些服务与业务无关，例如在两个不同上下文中进行消息接收和发送，这些都没有涉及消息内容的解析，只是将消息看成一个黑盒子，在消息外部对消息进行发送和接收操作，那么这些服务称为应用服务。但是需要注意的是：如果将消息内容打开，将其他上下文发送的领域事件转为当前上下文的命令，这涉及业务领域逻辑，这种任务应该是领域服务的事情。

例如下面这段代码是将 ContractPlaced 事件转为当前上下文的 PlaceContract 命令：

```
if (domainEvent.isSameType(ContractPlaced.class)) {
    System.out.println("accept DomainEvent ContractPlaced");
    ContractPlaced contractPlaced = (ContractPlaced) domainEvent;
    Party party = contractPlaced.getParty();
    // 将 API 前端传来的 ContractPlaced 事件转为 PlaceContract 命令
    PlaceContract placeContract = new PlaceContract(
            contractPlaced.getContractVO(), party);
    placeContract.transferFromEvent(contractPlaced);

    if (party instanceof Employer)
        contractService.creatEmployerContract(placeContract);
    else
        contractService.creatEmployeeContract(placeContract);
```

由于代码中涉及业务合同签订等业务名词，而且哪种事件转为哪种命令都和业务有关，所以这段代码虽然很琐碎，但是已经是在处理消息内容了，因此属于领域服务代码，但又不是当前上下文的正常领域服务，而是调用正常领域服务之前的转换处理过程。

而下面这段代码是上面事件转换命令的前置过程：

```
public void handleEvent(JsonNode jsonNode) {
    ObjectMapper mapper = new ObjectMapper();
    try {
        // Get the @type
        final String type = jsonNode.get("@type").asText();
        // Create a Class-object
        final Class<?> cls = Class.forName(type);

        DomainEvent domainEvent = (DomainEvent) mapper.treeToValue(
                jsonNode, cls);
        handleDomainEvent(domainEvent);
    } catch (JsonProcessingException | ClassNotFoundException e) {
        e.printStackTrace();
    }
}
```

这里涉及使用 ObjectMapper 将 JSON 转换为 DomainEvent 的领域事件，这个处理过程由于涉及具体技术细节，只是引用了 DomainEvent，并没有打开 DomainEvent 进入其内部，可以看成属于应用服务的功能。

将领域服务从应用服务和基础设施服务分离出来，虽然服务种类比较多，但是能够将领域干净地和技术分离，这种分离被鲍勃大叔发展为 Clean 架构（干净架构或清洁架构）。Clean 架构的关键就是业务领域不依赖技术平台，与周围支撑的技术环境分离，如同鱼和水的关系，鱼是 DDD 领域模型，包括实体、值对象和领域服务，而水则是应用服务和基础设施服务代表的技术应用环境。

但是实际编程中，这种完全分离很难实现，需要借助一些框架或架构，或者需要具有敏锐的领域识别与应用区分能力，经常是应用服务和领域服务混合在一起编写，导致技术和领域耦合，甚至用技术名词替代业务术语，这样的系统已经非常依赖特定的系统“黑话”，违背软件工程的重要原则。

因此，业界催生了微服务架构，微服务就是很小的服务，应用服务和领域服务分离可以使用微服务实现，与技术有关的各自有专项目的，单一职责的应用服务可以作为一个微服务，这样就与领域服务的微服务分离，领域服务的微服务可以以聚合为单位，或者以有界上下文、子域为单位，这取决于领域问题空间的复杂性：领域的问题空间比较简单，微服务可以子域为单位，粒度粗一些；如果问题空间比较复杂，就按照有界上下文区分。子域和有界上下文的区别在于，前者是在问题空间边界里，而有界上下文属于解决方案，有问题就有对策和解决方案，有界上下文偏主观些。

微服务真正解决了应用服务和领域服务的分离，Java 领域的 Spring Boot 是微服务架构典型代表。微服务实现了前后端分离，使服务变得非常独立，与外界通信需要通过主机端口或消息系统，这样就从运行机制上彻底隔离了服务之间的耦合调用，否则如果部署在一台主机、一个 JVM 中，那么就容易导致直接进行服务之间的调用和依赖：

```
public class AService{
    BService bservice;
    public void dosomething(CService cservice){

    }
}
```

在上面的代码中，尽管有 Spring 等依赖注入机制的帮助，在 AService 中引入 BService 的具体实现很容易，但还是造成 AService 依赖于 BService，一旦 BService 的接口方法有变动，就会导致 AService 变动，面向接口编程还是依赖于接口的，而微服务之间的调用要复杂一些，A 服务调用 B 服务之前首先需要定位 B 服务，因为每个微服务都是在独立主机上运行的，B 服务实例是不是正常运行、具体主机 IP 和端口是多少，这些都无从得知，需要从一个主机注册的地方获取，这个主机注册地如同婚姻介绍所，是撮合双方服务认识的。

当然，微服务之间也可以通过消息系统相互传话，如同通过微信聊天一样，这些都引入了复杂的第三者，但存在同步和异步的区别。一般程序员比较习惯同步情况下的请求/响应模型，因此通过 API 调用是微服务之间的主要调用形式，但是在分布式环境下进行同步调用会遭遇网络不稳定的情况。网络不像一台机器内相互调用那么稳定，默认情况下网络是不稳定的，因此不能按一台机器内 AService 调用 BService 那样同步调用其他主机上的服务，虽然有婚姻介绍所介绍两个服务认识，但是两个服务的认识不代表相互沟通就很稳定，分布式定理之王 CAP 定理在这里就起作用了，后面章节将进一步讨论。

通过在运行机制上引入分布式系统，能完全切分服务之间的耦合，细化服务的粒度，这时，将服务分为应用服务层、微服务层、基础设施服务层就有了用武之地，每一个层里还有各种不同的微服务，领域微服务后面有实体和值对象的聚合群，每个微服务由单独团队开发，这样团队之间就不需要频繁沟通，甚至他们使用的计算机语言都不同，而只需通过 API、消息系统或者已发布的标准语言沟通，这些都属于有界上下文的映射方式。

在服务的设计上，更应该倾向于将领域服务方法分配给值对象，领域服务中的行为方法往往是当前领域模型以外的事物（屏蔽了对基础设施的关注），最适合作为外观/适配器。

还可以将行为放在应用服务中，但要问问自己该行为是否属于业务领域之外，一般规则是，尝试将应用服务更多地集中在跨越实体、领域服务、存储库的编排式任务上。

按照传统 SOA 架构，服务经常被强调成可重用、共享的大服务，这样的服务会把重点放在应用服务上，使业务领域的逻辑泄露到应用服务中，从而导致应用服务的臃肿，甚至成为独立的一个层，这是需要特别注意的，这时应该严格遵从六边形架构，如图 4-3 所示。

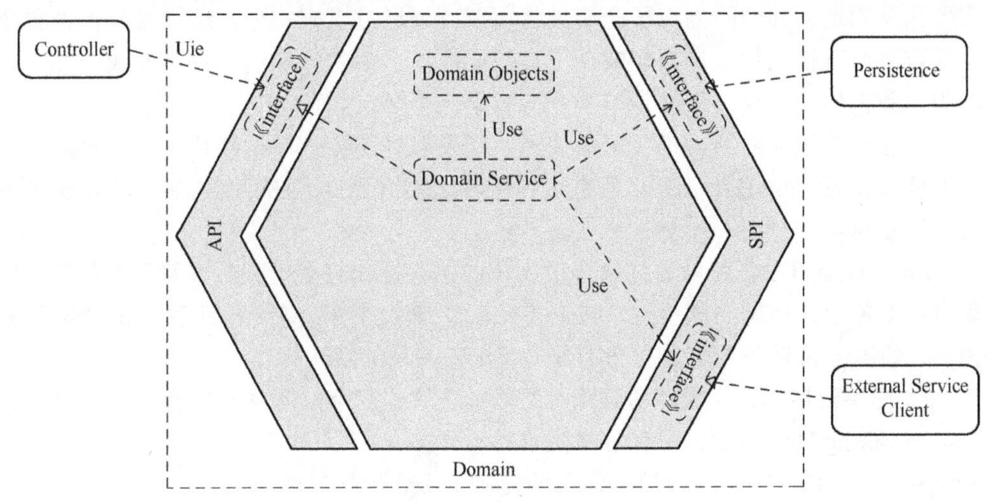

图 4-3 六边形架构

应用服务属于六边形架构中的适配器，处于 API 接口或 SPI 接口之中，而领域服务和领域对象属于核心的业务领域部分，与外界界面控制器、持久层技术或外部 API 等基础设施隔离。

在新的服务网格（ServiceMesh）架构中，应用服务的编排职责已经被底层基础设施 Kubernetes 实现，通过 Istio 对服务之间的调用进行跟踪监控，实现弹性重试等策略，具体可见服务网格相关资料。

当然，在复杂的流程管理中，流程中间件也担任着复杂的业务流程编排，如Zeebe这样的开源高吞吐量开源引擎。

4.5 仓储

仓储（Repository）类似保存对象的仓库，对于不常用的对象，需要放入一个仓库持久保存，对于在内存中活动的对象也是如此，仓储是永久保存对象的地方。

仓储在 DDD 中是一个模式，引入这个概念，可以隔离业务领域和多种数据库。一个对象可以保存到关系数据库，也可以保存到 NoSQL 等数据库，也可以持久化为磁盘上的文件，这些基础设施的不同会造成对领域模型的影响。

仓储也可以弥补聚合模型的导航不足性。在聚合模型中，聚合中的所有子对象都必须通过聚合根实体来访问，但是如果子对象的数据量非常大，造成聚合体积很大，这是相当不经济的设计，此时可以借助仓储进行大数据量的查询。

内存中的实体和值对象与仓储中的实体数据都是一种集合，可以将仓储中的实体数据看成一种更大的数据集合甚至聚合，因此有时会在这两种“集合”之间进行权衡，当发生的是修改、删除等非读取操作时，必须直接对内存中的聚合进行修改，但是查询时，就有两种可选项：可以通过聚合根的关联引用，遍历聚合树形结构找到所要的对象，也可以通过仓储访问数据库查询。

需要注意的是，并非因为有了仓储就将所有查询通过它来实现，这样做好像很方便，但是会导致领域逻辑跑到查询语句或调用客户端那里，而实体和值对象会变成纯粹的数据容器，类似数据传输对象，最终领域模型变成了一个摆设。

所以，仓储是把双刃剑，需要慎重使用。如果有好的持久层框架帮助实现仓储，那就会大大方便开发。Spring Data JDBC 就是这样一种比较适合 DDD 的工具，它与 JPA/Hibernate 相比有以下特点。

1）Spring Data JDBC 可以通过聚合根实体的保存操作将整个聚合保存到数据库，保证整个聚合内对象生命周期的同步性，同生共死，而 JPA 因为需要照顾到 N:1 和 N:N 等多种复杂关系，没有一种针对聚合这样只有 1:1 或 1:N 关系的默认操作。

2）JPA 提供延迟加载、缓存和脏跟踪等功能，这些复杂的魔术机制会让程序员比较难以掌握，而 Spring Data JDBC 没有这些魔术。

Spring Data JDBC 的实现很简单，只要提供一个仓储接口就可以了：

```
public interface ProductRepository extends Repository<Product, Integer> {}
```

仓储由框架自动实现，当然，这其中需要照顾建立好的关系数据表结构，其中外键约束和对象的聚合关系需要格外注意，然后就可以愉快地使用了。

4.5.1 自行实现仓储

仓储模式也可以自行通过 JDBC 等 SQL 实现，其类似 DAO 接口。DAO 是数据访问对象，它类似 DTO（数据传输对象），在 DDD 中，仓储模式替代了 DAO，实体和值对象替代了 DTO，这是两种流行名称的不同之处。

仓储与 DAO 的主要区别是：仓储主要为了保证聚合根对象的加载和保存，同时兼顾一些实体的直接访问；但是 DAO 没有这些约束，可以说它是数据库的直接访问接口，没有数据所有权概念，没有聚合概念。

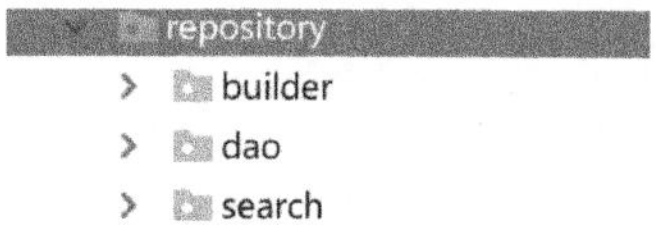

下面以开源论坛 JiveJdon 说明如何使用 JDBC 自行创建仓储。这个论坛系统的建模设计将在后面章节专门讨论，这里只摘取其仓储实现进行分析，如图 4-4 所示。

repository
builder
dao
search

图 4-4　JiveJdon 的仓储实现

JiveJdon 中的仓储有两种持久方式：一种是 dao 代表的关系数据库，另一种是 search 代表的全文文本搜索技术。这两种持久技术都被掩盖在统一的仓储接口下。当然仓储是聚合对象的存储地，聚合对象需要从仓储中构建出来，那么可以使用 Builder 或工厂模式将具体的数据表实体数据转换、组装成聚合的树形模型。

JiveJdon 论坛的聚合根会有两个（具体原因后面章节分析），一个是容器性质的 ForumThread，另一个是首（根）帖 RootMessage（或称为 TopicMessage），这里看一下重要的 MessageRepository 仓储接口。

```
public interface MessageRepository {
    void createTopicMessage(AnemicMessageDTO forumMessage) throws Exception;
    void createReplyMessage(AnemicMessageDTO forumMessageReply) throws
Exception;
    void updateMessage(AnemicMessageDTO forumMessage) throws Exception;
    ......
}
```

在该接口中主要是对帖子进行新增、修改、删除操作，createTopicMessage()是创建首帖的方法，其背后委托给 DAO 接口进行关系数据库的新增 SQL 操作。

获取帖子的操作并没有放在这个仓储中，这也是为了实现读写分离，写操作使用专门的仓储实现变更保存，读取操作由于涉及聚合结构的构建，通过专门的 Builder 或工厂接口实现，这里是通过 ForumFactory 接口实现。

```
public interface ForumFactory {
    Forum getForum(Long forumId);
    ForumMessage getMessage(Long messageId);
    Optional<ForumThread> getThread(Long threadId);
    void reloadThreadState(ForumThread forumThread) throws Exception;
    Long getNextId(final int idType) throws Exception;
    ......
}
```

这里取名为 Forum（论坛）的工厂，而不是使用聚合根 Thread 或 Message 命名，主要是考虑业务。一个论坛类似一个更大的容器，里面装着很多 Thread 讨论帖，每个讨论帖有首帖和回帖，这样的组成关系比较明显。但是聚合根并不是 Forum，这是因为在发帖这样的上下文中，发一个首帖，然后在这个首帖后面发表回帖，这些是发帖上下文中的重要活动。

但是对于仓储来说，它的范围会更大，如同一个产品仓库可以容纳所有车间生产的产品，每个聚合可以视为一个车间，仓库是一个总体存储，那么显然这里使用 Forum 这个大容器概念比较合适，这也体现了仓储模式和聚合模型的区别所在。

当然，这里的论坛系统中，Forum 的主要存在价值是所有帖子的容器或仓储，围绕 Forum 发生的活动主要是发帖和浏览帖，如果 Forum 下有更多重要活动发生，不只是一个有界上下文，那么仓储可能就只能以聚合根的名称命名，如同订单有界上下文中聚合根是 Order，仓储也是 OrderRespository。

下面再仔细看看 ForumFactory 中的 getMessage()方法。这里 get 的意思是从仓储中获取，其实是一种 create 操作，但是为了与仓储中的 create 区别，这里取名为 get。当然，这样带有面向数据库操作的意味，而不是面向领域的操作了，这也是从数据库思维转向 DDD 的残影。

getMessage(Long messageId)是委托给 Builder 模式的指导者 messageDirector.buildMessage (messageId)实现的，进入其方法内部，发现构建一个帖子分两个步骤，首先构建核心部分，也就是聚合部分——那些有紧密关系的结构：

```
final ForumMessage forumMessageCore =
                  (ForumMessage) messageBuilder.createCore(messageId);
```

然后构建其余部分：

```
return fillFullCoreMessage(forumMessageCore, forumThread, forum);
```

下面再看看创建帖子的核心方法。

```
public ForumMessage createCore(Long id) {
  ModelKey modelKey = new ModelKey(id, ForumMessageReply.class);
  Object result = messageDao.getMessageCore(modelKey);
  if (result != null && result instanceof ForumMessageReply)
    return (ForumMessageReply) result;
  modelKey = new ModelKey(id, ForumMessage.class);
  return messageDao.getMessageCore(modelKey);
}
```

创建帖子的核心方法其实是委托 DAO 加载关系数据表的聚合关系，为了区分首帖类型和回帖类型，这里调用了两次 messageDao.getMessageCore()方法，首先进行类型判断，如果不是回帖 ForumMessageReply 类型，那么重新构造一个 key，获取首帖 ForumMessage 这个聚合根对象。由于实体唯一标识 ID 是采取不断累积自增的方式，首帖和回帖的 ID 不可能相同，因此对于首帖 ForumMessage 好像进行了两次调用，其实因为在 DAO 层有缓存的存在，messageDao.getMessageCore()方法的调用首先是查询内存缓存中是否有该 modeKey 的存在，如果有则从缓存中加载，实际损耗不会很大，只是第一次加载首帖时可能会进行两次 SQL 查询。

从数据表中构建 ForumMessage 实体的代码如下，ForumMessageReply 是 ForumMessage 的一个子类。

```
ForumMessage forumMessage = null;
try {
  List list = jdbcTempSource.getJdbcTemp().queryMultiObject(queryParams,
LOAD_MESSAGE);
  Iterator iter = list.iterator();
  if (iter.hasNext()) {
    Map map = (Map) iter.next();
    forumMessage = messageFactory.createMessageCore(messageId, map);
  }
```

```
    } catch (Exception e) {
        logger.error("messageId=" + messageId + " happened  " + e);
    }
```

从数据表中构建 ForumMessage 实体是通过 messageFactory.createMessageCore()工厂方法实现的。该方法首先构建 ForumMessage 聚合的组成部分 Account，然后生成帖子内容的值对象 MessageVO，主要包括帖子标题和内容，最后创建时间等部分。

下面是构建 Account 放入 ForumMessage 的部分代码。

```
    Object o = map.get("userId");
    if (o != null) {
        com.jdon.jivejdon.model.Account account = new com.jdon.jivejdon.model.
Account();
        account.setUserIdLong((Long) o);
        forumMessage.setAccount(account);
    } else {
        System.err.print("messageId=" + messageId + " no userId in DB");
        forumMessage.setAccount(createAnonymous());
    }
```

这里的 Account 其实是一个只有 ID 标识的值对象，需要在之后的构建阶段填充真正完整的 Account 值。Account 的唯一标识 userID 是从 ForumMessage 实体对应的数据表 jiveMessage 中查询获取的，这时构建的 ForumMessage 并不是真正完整的实体对象，因为 Account、Forum 等对象都是只有唯一标识的值对象，需要根据 userID 查询 Account 对应的数据表才能获得。当然这个过程也可以通过复杂的 SQL 联表查询实现，但是这里的实体对象可能来自两个地方：内存缓存或关系数据库，如何保证 ForumMessage 中的 Account、Forum 等子对象来自内存缓存，而不是从关系数据库重新构建的一个新对象呢？所以，类似 ORM 框架的内部实现机制，这里只是 createMessageCore，创建了一个临时的 ForumMessage，ForumMessage 实体最后的完整对象是 MessageDirector 的 fillFullCoreMessage()方法通过 Builder 模式构建的。

MessageDirector::fillFullCoreMessage()方法的核心是调用一个 builder()方法，如下所示。

```
    return forumMessageCore.messageBuilder().messageCore(forumMessageCore).
messageVO
          (forumMessageCore.getMessageVO()).forum
          (forum).forumThread(forumThread)
          .acount(accountOptional.orElse(new Account())).filterPipleSpec
(filterPipleSpec)
          .uploads(null).props(null).build();
```

下一节分析这个构建器的实现。

4.5.2 结合 Builder 模式实现仓储

JiveJdon 论坛系统中的 ForumMessage 聚合如图 4-5 所示，这里的 ForumMessage 默认

代表首帖，回帖是它的一个继承子类 ForumMessageReply。ForumMessage 有两个重要的核心组成部分：Account 和 MessageVO，前者表示发帖人，后者是帖子标题和内容。

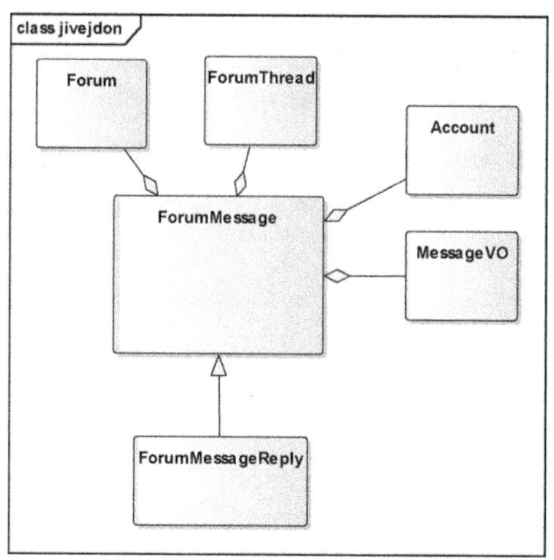

图 4-5 ForumMessage 聚合模型

这个聚合结构应该通过一致的创建方式创建，Account 和 MessageVO 作为 ForumMessage 的聚合组成部分，应该和根实体对象同生共死，这样才能保证聚合结构的不变性，保证对它们的修改访问受到一致的待遇，如同数据表的外键保证两个表同时更新一样。

首先，在 ForumMessage 中建立一个内部临时克隆值对象 FinalStageVO，其内部字段是 ForumMessage 相同的字段：

```
public class FinalStageVO {
    private final ForumMessage messageCore;
    private final MessageVO messageVO;
    private final Account account;
    private final Forum forum;
    private final ForumThread forumThread;
    private final FilterPipleSpec filterPipleSpec;
    private final Collection<UploadFile> uploads;
    private final Collection<Property> props;
```

这里将从 ForumMessage 的关系表 jiveMessage 中读取封装的临时值对象 messageCore 作为构建过程的第一步，然后是帖子标题和内容组成的值对象 MessageVO，其他是聚合的其他部分。

然后，提供构建这些子对象的接口：

```
@FunctionalInterface
public interface RequireMessageCore {
    RequireMessageVO messageCore(ForumMessage messageCore);
}

@FunctionalInterface
```

```
public interface RequireMessageVO {
    RequireForum messageVO(MessageVO messageVO);
}
```

这些接口中方法的返回结果是下一个类型，例如 RequireMessageCore 接口中返回 RequireMessageVO 类型，RequireMessageVO 正是下一个接口。而第一个开始的类型 RequireMessageCore 是调用入口，这个入口使用的是函数式编程 lambdas 风格，如下所示。

```
public RequireMessageCore messageBuilder() {
  return messageCore -> messageVO -> forum -> forumThread -> account
      -> filterPipleSpec-> uploads -> properties
      -> new FinalStageVO(messageCore,
      messageVO, forum, forumThread,
      account, filterPipleSpec, uploads, properties);
}
```

这样，可以通过如下形式实现调用：

```
messageBuilder().messageCore(XXX).messageVO
                (XXX).forum
                (XXX).forumThread(XXX)….build();
```

在相应的 XXX 部分填入聚合子对象即可，最后，调用 build()方法，相当于最后一道命令的合成构建（代码如下所示），该方法是将 FinalStageVO 中的数据真正转换到 ForumMessage 中，这个过程需要保证一致性，使用 synchronized 同步锁能保证这个过程的事务性。

```
public void build(MessageVO messageVO, Forum forum, ForumThread forum
Thread, Account account, FilterPipleSpec filterPipleSpec, Collection <UploadFile>
uploads, Collection<Property> props) {
      synchronized (this) {
        this.setSolid(false);//开始构造
        setAccount(account);
        setForum(forum);
        setForumThread(forumThread);
        setFilterPipleSpec(filterPipleSpec);
        if (uploads != null)
          this.getAttachment().setUploadFiles(uploads);
        if (props != null)
          this.getMessagePropertysVO().replacePropertys(props);
        else
          getMessagePropertysVO().preLoadPropertys();
        //应用业务规则过滤
        messageVO = this.messageVOBuilder().subject(messageVO.getSubject())
            .body(messageVO.getBody()).build();
        setMessageVO(filterPipleSpec.apply(messageVO));
        this.setSolid(true);//构造结束
```

```
        }
    }
```

这里使用 setSolid 作为状态来标识一个 ForumMessage 是否已经被完整构建，只有经过上述构建过程，才能保证聚合一致性，保证聚合中各个对象同时出生。

上述Builder代码可见：https://github.com/banq/jivejdon/blob/master/src/main/java/com/jdon/jivejdon/model/ForumMessage.java。

以上展示了如何在 JiveJdon 中通过 Builder 模式结合仓储实现聚合对象的创建。

一群对象需要在整个生命周期中维护边界内的完整性，避免模型由于管理生命周期的复杂性而陷入困境。可通过三种方式来处理。

1）聚合（Aggregate）：定义清晰的数据所有权和边界使模型更加紧凑，避免出现盘根错节的对象关系网。聚合圈出一个范围，在这个范围中，无论对象在哪个生命周期，都要保持不变性。

2）通过工厂模式或 Builder 模式实现聚合内对象的创建（Factory），生命周期之始，使用工厂和组合提供访问和控制模型对象的方法。

3）通过仓储（Respository）模式隐藏不同的存储形式，包括关系数据库、缓存、全文存储等，杜绝复杂的持久层技术对领域模型的干扰。

总之，建立聚合的模型，需要同时把工厂和组合加入设计中来，可以系统地对模型对象的生命周期进行管理。

4.6 充血模型的设计原则

本章开篇第一节讨论了失血/贫血模型，实体和值对象只有普通的 setter/getter 方法，没有其他任何业务相关的行为，这样的实体值对象其实是一个数据结构，一个数据容器，数据传输对象 DTO，实体和值对象只有加入业务职责才能代表业务对象，才是真正的充血模型。

但是现实中有多种限制，例如 Java 中能根据 JavaBeans 的 setter/getter 属性方法进行对象的自动复制，这样就不必打开对象进行手工复制；在和远程进行 JSON 等序列化、反序列化转换时，一些转换工具需要提供失血模型给它，这样它就能够将 JSON 数据通过属性的 setter 方法注入进来；还有，当一些数据模型需要通过 HTTP 传输到其他地方时，并不希望数据模型中的验证规则等业务逻辑也随着模型中的数据传输，这时只能使用失血模型这样的 DTO 完成。

因此，DDD 聚合根实体的充血模型和 DTO 等失血模型可以结合在一起使用，具体如何结合呢？图 4-6 所示方式可供参考。

图 4-6 中只有聚合根实体采取充血模型，它代表业务对象，与仓储等数据库持久层的读写操作都可以使用失血模型，例如 ORM 框架 Hibernate 的实体是失血模型。在订单案例中，订单可能会有两个模型，一个是聚合根实体 Order，还有一个是 Hibernate 的 OrderEntity 模型，后者是一种普通 JavaBeans 的 POJO 风格的失血模型。如果系统需要与外界（如其

他有界上下文或其他聚合）交互，那么传输交换的对象都可以是失血模型，当然能使用值对象最好，使用值对象作为失血模型 DTO 也是一种好办法。

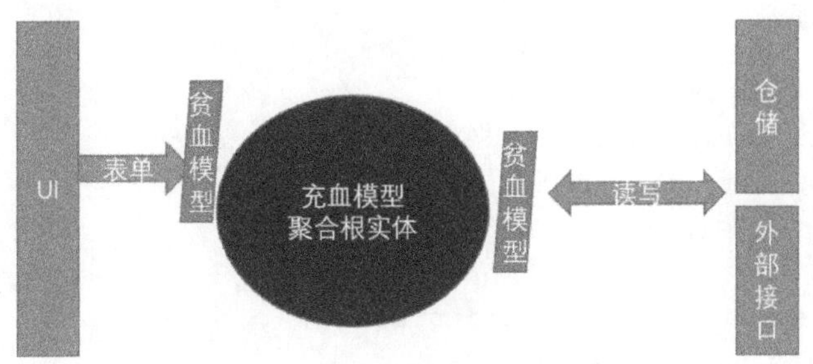

图 4-6 充血模型和失血模型的结合

当前端界面有数据表单写入后端，表单中包含了用户填写的数据时，这个数据可以使用失血模型 DTO 或者值对象进行包装，通过领域服务传递给聚合根实体，由聚合根实体根据业务规则决定是否执行、接纳这些数据，以及造成哪些状态变化、发生哪些事情。从这些分析可以发现，表单的数据可以放在命令模型里面，传入领域服务，传递给聚合根。这两种方式其实是一样的，但是使用命令和领域事件这样带有业务名词性质的术语，将可以让业务专家也能加入失血模型的设计中来，而不是使用“数据”或 DTO 等非常技术性的词语来表达，这样最终聚合根与外界的交互都可以与业务专家一起详细讨论，技术人员不用解释那么多技术名词，业务专家、领域专家和产品专家也不必忌惮技术障碍了，这就是 DDD 提倡的无所不在的统一语言的好处。

4.6.1 将公有 setter 方法变为私有

关于如何将聚合根实体模型变成真正的充血模型，下面有一些实践原则可供参考。

失血模型是只有属性的 setter/getter 方法，让失血模型变成充血模型的第一步是使用私有的 setters 方法，也就是将 public 改为 private，这样模型以外的地方就无法调用该模型的 setter 方法，从而避免了让模型对象的属性由外部调用者直接定义。如果外界需要交互，可以通过领域事件的方式进行，这样做的好处是还能避免在实体模型以外的方法中验证实体，例如避免在领域服务中放入业务规则，对实体模型进行各种 setter 的外部操作。

假设有一个实体类 A，它是一个只有 setter 的失血模型：

```
public class A{
  private String name;
  public void setName(String name){
      this.name = name;
  }
  public String getName(){
      return name;
  }
}
```

将其改为充血模型的第一步是将 setName 方法从 public 变为 private：

```
private void setName(String name){..}
```

这样外界就无法调用该方法。有人可能会问：如果要进行 name 属性赋值呢？可以通过构造函数方式实现：

```
public class A{
  private String name;
  public A(String name){
      setName(name);
  }
  private void setName(String name){
      this.name = name;
  }
}
```

当然，如果参数复杂，特别是对应的聚合根实体有着复杂的聚合结构，则可以使用 Builder 模式，前面章节已经演示过了。

使用 private 有什么好处呢？如果有一个聚合结构，A 包含 B、C，或者说 A 由 B、C 组成，那么对 B、C 的操作只能在 A 中进行，B 或 C 无法调用 A 的 setter 操作，就无法更改 A 中属性，这体现了 A 作为聚合根的带头作用，正如在一个小组中，只有上级才能下达命令给小组长，小组成员是无法对小组长下达命令的，这样保证了 A 的数据所有权边界，不用担心 A 在各种复杂的使用情况下会被无意或有意地修改。

具体以 JiveJdon 为案例。ForumMessage 是聚合根实体，其中包含 setter 公有方法，也包含业务方法，这样 ForumMessage 兼具失血模型和充血模型两个特点，但是在不断扩展维护中发现这样非常不方便，前端界面的表单数据通过属性复制放入 ForumMessage 以后，ForumMessage 又兼顾失血模型 DTO 作用，然后从数据库仓储读取已有帖子时，直接在仓储层创建一个 ForumMessage 对象实例，这样 ForumMessage 兼顾了三种角色职责：充血模型聚合根实体、输入表单的 DTO 失血模型和持久层实体失血模型。

这三种职责耦合在一起，导致 ForumMessage 维护、扩展起来很难，增加一个字段属性，或加入一个行为方法，需要考虑对前端和仓储两边的影响，原来在领域服务中的耦合只是被转移到实体模型里面了。

如果将失血模型的两个职责转移出去，ForumMessage 将只完成聚合根实体一个职责，里面的业务行为基本反映领域知识和规则，它还负责失血模型的生成与协调，真正成为一个不管细节的有战略能力的“领导”了。

分离重构 ForumMessage 的第一步是创建一个失血 DTO 模型，负责前端表单数据输入和仓储持久层数据的映射，可取名为 AnemicMessageDTO：

```
@Searchable
public class AnemicMessageDTO {
    @SearchableId
    private Long messageId;
    private String creationDate;
    private long modifiedDate;
```

```
    private ForumThread forumThread;
    @SearchableReference
    private Forum forum;
    private Account account;
    @SearchableComponent
    private MessageVO messageVO;
```

在 AnemicMessageDTO 这个类中，可以加入@Searchable 等与全文搜索有关的注解，也可以加入 Hibernate 相关的注解，这个 AnemicMessageDTO 就负责 ForumMessage 与仓储的各种存储技术打交道。

下面是在仓储层的 MessageInitFactory 中实现从 jiveMessage 数据表中获得失血实体 AnemicMessageDTO 的代码。

```
public AnemicMessageDTO createAnemicMessage(Long messageId, Map map) {
  AnemicMessageDTO messageCore = new AnemicMessageDTO(messageId);
```

另外，AnemicMessageDTO 还可以负责接收前端表单的输入数据，例如在领域服务中，服务方法的输入参数类型可以是 AnemicMessageDTO，这时 AnemicMessageDTO 其实担负“命令”职责。

下面是 ForumMessageService 中发新帖的部分代码。

```
public Long createTopicMessage(EventModel em) throws Exception {
        AnemicMessageDTO forumMessagePostDTO = (AnemicMessageDTO) em.
getModelIF();
```

领域服务主要面向外部调用，包括前端 UI 的调用，是对外暴露 API 的地方，而仓储层则是存储领域模型的地方，这两个地方都属于领域以外的地方，按照六边形架构理论，在这些与外界接壤的地方需要加上适配器，失血模型 DTO 就是数据交换的适配器。

当使用 AnemicMessageDTO 分解了聚合根实体模型 ForumMessage 的数据传输职责以后，ForumMessage 的 setter 公有方法就可以改为私有了。下面是 ForumMessage 的部分代码。

```
private void setMessageId(Long messageId) {
    this.messageId = messageId;
}
private void setModifiedDate(long modifiedDate) {
    this.modifiedDate = modifiedDate;
}
private void setForumThread(ForumThread forumThread) {
    this.forumThread = forumThread;
}
```

4.6.2 注重对象的构建

setter 私有方法只能在实体模型中自己调用，例如在构造函数中，或者在 Builder 构建模式中。4.5.2 节 ForumMessage 的 build()方法中调用了私有的 setter 方法。

通过比较隆重甚至有些冗余的 Builder 模式，郑重其事地明确这些 setter 方法涉及聚合结构，这非常关键，也涉及重要的业务策略和规则，例如这里的重要规则通过setFilterPipleSpec 注入。filterPipleSPec 是一个规则集合，封装了论坛中帖子的输出格式过滤规则，例如将文本格式转换为 html 格式、对敏感词语过滤、对帖子中的图片进行处理等，这个规则可以自定义，然后通过后台管理以插件形式动态插入，当构造 ForumMessage 时，需要将这些自定义的过滤规则注入模型中，这样模型才能在帖子显示时应用这些规则对帖子的内容进行处理。

上述 ForumMessage 的 builder()方法调用代码如下，这是在 MessageDirector 的 fillFullCoreMessage 中调用的。

```
        ForumMessage forumMessage = ForumMessage.messageBuilder().messageId(anemic
MessageDTO.getMessageId())
                .parentMessage(parentforumMessage)
                .messageVO(anemicMessageDTO.getMessageVO())
                .forum(forum).forumThread(parentforumMessage.getForumThread())
                .acount(accountOptional.orElse(new Account()))
                .creationDate(anemicMessageDTO.getCreationDate())
                .modifiedDate(anemicMessageDTO.getModifiedDate()).filterPipleSpec
(filterPipleSpec)
                .uploads(uploads).props(props).build();
```

这个创建过程虽然冗长、繁琐了一点，但是举行如此隆重的仪式是为了迎接重要的客人——ForumMessage，作为领域的聚合根实体，它的创建应该受到如此重视，对于其重要组成部分都必须逐个确认，当程序员调用这样隆重的代码时，代码本身就有提示作用。首先需要赋值 messageId，这是实体的唯一标识，也是实体的特征定义，然后赋值 mesageVO 对象，这是一个关于帖子主题和内容的值对象，也是 ForumMessage 本身重要的业务内容；之后是赋值帖子的结构：处于哪个 Forum 中？是哪一个 ForumThread？Forum 由许多 ForumThread 组成，ForumThread 是由首帖和很多回帖组成，这样一个结构关系需要定位明确；再就是赋值发帖人 Account；接着是发帖时间等；最后是定义重要的过滤业务规则，当然还有帖子的附件、图片等，以及有一些附属属性的创建。

现在，一个帖子实体的聚合部件通过 Builder 模式隆重地赋值创建了，这样的实体对象完整安全，可以放心地将重要的业务逻辑执行职责交给它了。

因为有了 Builder 模式创建聚合根实体对象，就要尽量避免没有参数的构造函数，实体对象需要一些初始化数据来维持有效状态和逻辑。如果由于技术需要，确实必须设置无参数的构造函数，那么也需要小心设置实体中一些字段属性的初始状态，这原本是非常危险的，不过由于该实体重要字段的修改方法 setter 已经变为私有，所以大大降低了这种危险程度。图 4-20 所示为 ForumMessage 的默认构造函数，这是为了一些技术处理而设置的，不是常规 ForumMessage 创建使用的。

```
protected ForumMessage() {
    this.messageVO=this.messageVOBuilder().subject("").body("").build();
    this.messageUrlVO = new MessageUrlVO("", "");
}
```

在这个 ForumMessage 的默认构造函数中，将 messageId 设置为空。如果一个实体没有唯一标识，它应该是一个值对象，这里其实是作为值对象的变体 DTO 使用，主要是 AnemicMessageDTO()构建时涉及 ForumThread，而 ForumThread 是一个实体模型与失血 DTO 模型的混合体，ForumThread 中有一个首帖，需要使用 ForumMessage，当然这时也可以使用 Builder 模式构建 ForumMessage，但这样过于隆重，属于编码与设计的灰色地带。

至此，ForumMessage 这个充血模型除了拥有更新帖子（update）和增加回帖（addReply）等业务行为以外，还拥有帖子当前状态（也就是当前最新回复帖）、帖子的回复数以及浏览人数等动态变化的状态，聚合根实体将这些状态字段作为属性封装起来，通过修改相应的方法为公有，允许外界更改这些状态，这就是有闭有开、开闭结合，将 setter 宣布为私有属于封闭，而将业务方法予以公开，这才是充血模型的真正特点。

总结一下，实现充血模型有如下要点。

1）将 setter 宣布为私有，保证了实体模型的自我验证、独立性，不再依赖外部服务进行赋值，破坏实体的封装性，同时，需要注意领域服务会被开发人员用作真正的银弹，使业务逻辑大量存在于领域服务中，最终导致实体模型变成贫血模型，这是贫血模型产生的最大原因。

2）也需要小心 Hibernate 之类的 ORM，它们负责自动创建域对象，生成真正的公共的 setter 和 getter 容器，这就直接导致了贫血模型。如果采取 ORM 框架，就必须将贫血模型和 DDD 聚合根实体的充血模型分离，不要在 ORM 的实体模型基础上设计、建立 DDD 的聚合根实体模型，如同前面介绍的 ForumMessage 和 AnemicMessageDTO 的区别一样，AnemicMessageDTO 是用于仓储层的失血模型，ORM 框架属于仓储层。

有了以上充血模型的设计原则，就可以更好地设计 DDD 实体和值对象了，下一节以 JiveJdon 实体和值对象的设计为案例，全面阐述一下 ForumMessage 的由来。

4.7 实例解析：论坛系统实体和值对象设计

JiveJdon是一个开源论坛系统，已经在 jdon.com 运行近 10 年，最初设计是来自 Jive 论坛，学习 Jive 源程序有助于更好地理解和应用 GoF 设计模式。但是随着软件设计和技术思想的发展，Jive 源码存在很多设计缺陷，正逢 DDD 设计思想诞生，笔者决定重写这个论坛系统，只是使用 Jive 的数据表结果，而源代码从零开始重写设计、编写。

JiveJdon 是基于Jdon 框架的全新论坛系统，为什么需要 Jdon 框架呢？

因为当时流行框架 Spring 等还不支持 DDD 领域模型的全新特点，Spring 框架是不管理实体对象的，实体对象由 Hibernate 管理，因此 Spring + Hibernate/JPA/MyBatis 是一种流行框架，在这些持久层框架下，实体模型其实是一种失血/贫血模型，并且加入了很多持久层框架特有的限制，例如元注解等。这样的实体模型对象是一种被服务逻辑操作的数据对象，大量业务逻辑存在于服务之中，造成一个大服务。当然，人们还希望依靠这些大服务实现重用和共享的目的，甚至提出以此构建“中台”的概念。大服务是单体巨石架构形成的根本原因，业务逻辑和技术应用纠缠在一起，难以扩展维护，业务需求变化快，技术变化也快，维护这样的意大利面条式代码是一种很大的挑战。

分解单体巨石架构的办法是依靠 DDD 有界上下文化为模块化，甚至是微服务架构。模块化和微服务的特点是解耦，解耦高于重用，首先实现解耦松耦合，然后才考虑重用、复用，这样的重用才是更好地复用。

松耦合的最好标志是发布订阅模式，有界上下文之间的映射也推荐采取这种模式，当然不同于通常服务之间的直接同步调用，这种模式需要创建一种传递消息的新类型，但是命令和事件的建模特点正好与消息模型吻合，两者一拍即合。

采取发布订阅模式还有分布式技术的考虑。在分布式系统中，网络默认是不可靠的，因此才有 CAP 定理作为分布式系统的黄金定律，至今还没有系统打破，目前最先进的数据库之一——谷歌的 Spanner 也只是在 CAP 定律基础上的折中。CAP 中 P 是分区的意思，网络出现暂时中断或对方主机堵塞等情况出现时，网络就分成两块区域，互相联系不上，至于什么原因也无法断定，反正就是无法联系，不断重试的情况下容易导致重试所在的系统无法正常运行，这时必须在不断重试和分区成两个系统正常运行之间取舍，如果分别正常运行，也就是追求高可用性 A，那么两个系统诞生的新数据怎么同步？如果可以允许各自拥有新数据，等重试连同彼此以后再同步，这就是最终一致性了（不是强一致性）；如果认为两个系统生成的新数据必须时刻同步（追求两者的强一致性），那么就首先需要解决重试连接畅通的问题，而这个问题有时是很难的，网络之间通信会经过很多路由器防火墙，所以无法判断两个系统中断联系的方式是网络问题还是对方系统的主机问题，那么此时只能暂停两个系统的正常运行，等重连成功以后再继续，这时追求的是强一致性 C。存在网络分区容忍 P 的情况下，只能在强一致性 C 和高可用性 A 之间选择一个。

总之网络不可靠使得开放主机的 API 调用非常脆弱，当然谷歌推出了 Kubernetes 云计算基础容器编排系统，这个系统试图使得微服务之间的调用更加可扩展，如果计算能力不够，会自动创建一个新容器运行新的微服务实例，通过 Istio 等服务网格技术提供微服务之间的负载平衡调用、断路器、跟踪等功能，这些技术都是为了防止网络不可靠导致的问题，而且可以基于请求响应的同步模型进行服务调用，由此可见，在分布式网络情况下，为了实现服务之间的正常调用，付出的努力是巨大的。

在这种背景下，采取异步的发布订阅模式有时成本更低。根据 DDD 理论，有界上下文之间可采取发布订阅模式，但是 DDD 聚合根实体模型与其他部分的调用交互也可以采取发布订阅模式，这样就能够让 DDD 领域模型在一个主机内运行时，也不再依赖基础设施或外部接口，这些设施或外部接口与 DDD 领域模型交互可通过失血模型 DTO 进行，联系的方式是异步的发布订阅模式。发布订阅模式不只能应用在有界上下文之间，核心子域与通用/支持子域之间也可通过发布订阅模式解耦，这就是 Jdon 框架的由来。

Jdon 框架可以让 DDD 聚合根实体模型直接发送领域事件给外部子域或其他有界上下文，也可以接受外部命令的单独写入，避免多个写入请求共享一个聚合根实体模型造成的资源争夺和堵塞。关系数据库通常是通过锁来解决资源争夺，造成性能和吞吐量下降，这种堵塞式处理方法不具有高度的扩展性和伸缩性。Jdon 框架引入了 LMAX 架构的 Disruptor 框架来实现高并发、无堵塞的单写模式，希望更多了解 Jdon 框架可以前往Github 开源项目。

4.7.1 聚合根实体是什么?

下面回到JiveJdon的设计，该论坛系统的功能需求比较简单，如图4-7所示，主要是发帖、浏览帖子和发表回复等功能，管理员可以进行帖子的增删查改，当然这个“CRUD”不是很符合DDD的理念，需要使用业务领域的专业统一语言，而不是数据技术语言。

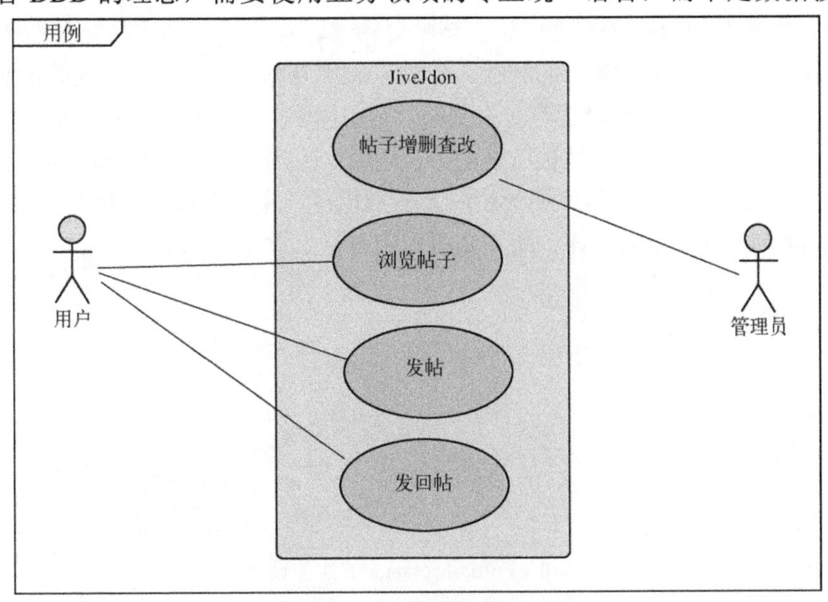

图4-7 JiveJdon用例图

按照DDD建模步骤，首先是有界上下文划分，找出聚合以及聚合根，发现聚合根实体。

因为这些功能比较简单，可以找出这些功能的核心。无论浏览帖子或发表回复，或者管理帖子等，都需要有一个帖子存在，发帖应该是这些功能的核心，其他功能围绕这个核心功能展开，除此以外，没有其他与其并行的核心功能了。如同在电商系统中，商品的新增是商品管理有界上下文的核心，只有新增了商品，才有商品浏览，客户才可能购物，而除了新增商品，还有购物车和订单等活动，这两种活动虽然也对商品有所依赖，但已经不是逻辑上天然的依赖，而是客户与商品之间发生了某种订购关系，这种订购关系是另外一种重点关心对象，可以说与商品新增在同等位置。

发帖作为一种核心功能，围绕发帖衍生出回帖、删帖、浏览帖等各种功能，这些其他功能都以发帖作为有界上下文，这个有界上下文可以取名为帖子管理，当然也可以直接以发帖作为有界上下文。

有人认为：发表回帖可能是基于发新帖的另外一种核心功能。如果发回帖与发新帖有根本不同，如同订单和商品存在根本不同一样，那么确实应该将发回帖作为一种新的有界上下文，但是新帖和回帖的区别在于哪里？回帖是对一个存在帖子的回复，它应该有一个所回复的父贴的引用，至于标题和内容等结构两者都是具备的，因此新帖和回帖两者可能属于同一种类型，是同一种类型的两种子类型。

从命令和领域事件建模角度来分析，这里发生的命令和事件组合如下：浏览帖子因为是纯粹的查询读取，不会产生任何发生改变的事实，主要分析一下发帖这个功能，用户输入表单数据以后，单击“发布”按钮，这是发出“发帖（post）”的命令，领域模型接收以后，会发出“已发帖（posted）”的事件。

通过召开事件风暴会议，有人指出，发新帖和发回帖的命令和事件可能不同，那么这里就明确新帖和回帖的区分，发新贴的命令是 postMessageCommand，而发回帖的命令是 postReplyMessageCommand；相应的已发帖事件也要进行区分。现在的关键是命令和事件在哪里衔接？发新帖的命令和事件应该在新帖处衔接，而回帖应该在回帖处衔接。

分析到这里，一个实体已经跃然纸上，新帖子或回复帖子应该是一个实体，前面已经分析了新帖和回帖的区别只在于是否有一个父帖，它们属于同一个类型，那么是否可以用统一的 ForumMessage 来命名呢？当然也可使用 Post 命名，这里使用 ForumMessage 也是因其历史上下文，因为 JiveJdon 的数据库还是使用 Jive 数据库，主要名称也是参考其原来的设计，因此使用 ForumMessage 作为实体。图 4-8 所示为对以上设计的总结。

图 4-8　ForumMessage 的实体设计

注意到图 4-8 中将 ForumMessage 作为聚合根实体，那是不是这个实体有资格做聚合根实体呢？如同一个组员是否有资格做小组长呢？这需要进一步分析，因为有资格做聚合根实体的候选者还有论坛 Forum 和 ForumThread。FourmThread 是一个抽象容器，如同 Car 是一个抽象容器一样，你在车子的任何一个地方都找不到一个称为 Car 的地方，Car 是对车身、车轮、发动机和方向盘等部件的总称，而 ForumThread 是一个首帖和很多回帖的总称，它是一个集合概念。为什么需要一个集合概念呢？因为首帖和回帖主要是针对一个主题进行的一系列讨论，通过 ForumThread 进行类型区分，在 Forum 与 ForumMessage 之间就有一个中间者，主要管理 ForumMessage 中首帖和回帖之间的关系。论坛的结构如图 4-9 所示。

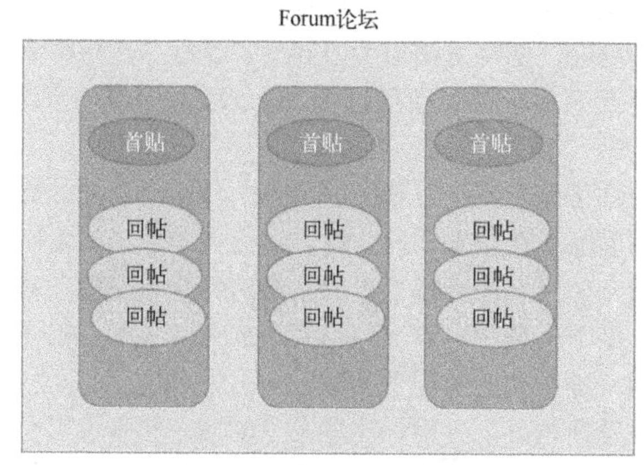

图 4-9　论坛的结构组成

ForumMessage是首帖和回帖的一个抽象：帖子。帖子分两种，第一种是首帖，也就是第一个发表的帖子；而回帖是对这个帖子的各自回复，需要引用首帖，否则不知道回复是针对哪个帖子的。为了让事情变得简单点，这里假设回帖只对首帖回复，不对回帖再进行回复。当然原来的Jive支持这样的设计，但是JiveJdon的设计是混合博客和论坛两种风格，因此弱化一下复杂的回帖关系，这是产品设计的决策。

在论坛结构中，Forum是最大的容器，里面有ForumThread，那么Forum是否有资格作为聚合根实体呢？

Forum、ForumThread和ForumMessage三者之间的关系是一种树形结构，这是其全局性的一种静态信息结构关系，这种结构需要与聚合中的树形结构进行区分，虽然聚合根与其子对象之间也类似这种树形结构关系，但不能因为这两种结构都是树形结构，就认为Forum是聚合根，这样两种树形结构正好吻合、统一起来，看上去很完美，但是这种因为相似而合并的理由是站不住脚的，这是想象思维或比喻思维可能产生的误导。

这里突出了一个设计要点：聚合根实体是针对当前有界上下文设计的，是当前有界上下文的重点关注对象，如此关注以至于必须分清楚同类型实体的实例有什么区别，这时就需要使用唯一标识区分它们。

那么Forum是当前有界上下文关注的重点吗？当前有界上下文是什么？当前有界上下文是围绕“发帖”展开的各种功能，这里关注的是“发帖”这项活动的结果：ForumMessage。虽然是向Forum中添加ForumMessage，但是ForumMessage比Forum更值得关注，因为发帖以后，回帖、删帖或编辑都是围绕ForumMessage，和Forum就没有什么关系了，只是在发表一封首帖时，需要指定其挂在哪个Forum下，需要指定在某个Forum中发表，例如不能在技术类Forum中发表非技术的帖子。

当然，从字面上看，“发帖”是一个动作，这时候会想起是否可放入领域服务中。领域服务中确实会有发帖这个功能，因为服务是外部客户端调用的接口，外界比如用户可以调用服务的发帖方法实现发帖，但是这种发帖的逻辑是否应该在领域服务中呢？这里的设计原则是，如果无法放入实体和值对象中，那么就只能暂时放入服务中，但是这条原则是灵活的，如果没有发现和设计实体和值对象，那么是不是所有领域中的逻辑都放入服务中呢？这又回到了意大利面条状的大服务了。所幸的是，这里可以找到放入“发帖”领域逻辑的地方，因为发帖是在Forum中添加内容，因此，可以将发帖功能的核心部分放入在Forum中。

发首帖这个核心业务行为可以放入Forum实体中，但是不代表Forum就是聚合根。聚合根代表整个聚合，当外界寻找聚合时，首先找到聚合根，才能找到整个聚合。对于内部而言，聚合根照顾整个聚合内部对象之间的变化一致性，维持整个结构和业务规则的实现。聚合根这种内外结合的职责有时不一定能集中在一个对象上，也是可以按照单一职责原理进行分工的。

首先，从外部来看，外部只能看到聚合的聚合根实体，无法看到聚合内部其他对象。那么聚合的外部是哪里呢？聚合处于当前有界上下文中：发帖及相关管理。从这个上下文看，在Forum、ForumThread和ForumMessage三者之间，哪个最能代表整个聚合？最能切合发帖这个有界上下文？应该是ForumMessage，ForumMessage代表帖子这个对象。

现在可以明确 ForumMessage 是当前有界上下文的聚合根实体，只有在发首帖时才和 Forum 有关。Forum 虽然是整个论坛结构的根节点，但不是设计中的聚合根节点，设计的聚合根需要结合当前有界上下文考虑，Forum 本身的树形结构是客观本身的一种形式，而聚合树形结构是主客观结合的一种形式，两者并不是一回事。

这里还有另外一个对象 ForumThread，当首帖有了回复帖子之后，这些帖子就组成了一个 ForumThread。ForumThread 是一个整体概念，类似 Car 汽车这个概念，生成汽车的厂商基本是组装厂，因为 Car 是一个整体概念，它是由很多部件组装而成。因此，这里可能存在多个聚合根，ForumThread 也是一个聚合根，它的职责是负责首帖和回帖之间的关系处理，是负责 ForumMessage 这个对象外面的事情管理。

那么发帖这个功能是否可以放入 ForumThread 呢？其实 ForumThread 的生命周期和首帖一样，只有发布首帖以后，才有 ForumThread 这个概念，ForumMessage 代表的是首帖，这时两者是同时生成的，因此，发帖这个功能放入 Forum 中合适，在 Forum 中添加帖子以后，同时生成 ForumMessage 和 ForumThread。

分析了 ForumMessage、Forum 和 ForumThread 的各种定位和关系以后，可以得出图 4-10 所示的聚合设计。

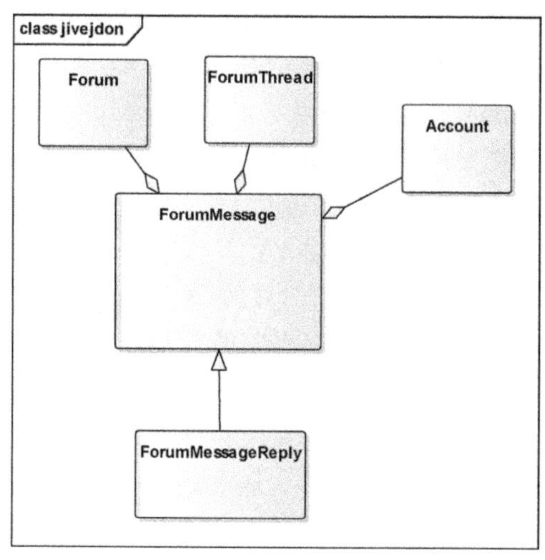

图 4-10　聚合设计

ForumMessageReply 代表回帖，是 ForumMessage 的一个子类实现，ForumMessage 默认是首帖，在帖子管理这样的上下文中，Forum 和 ForumThread 只能为配角，主角是 ForumMessage，另外发帖人（用户）Account 也是聚合的重要组成部分，这样整个聚合可以表达为：用户进行发帖管理。

4.7.2　值对象的设计

当进入 ForumMessage 内部进行设计时，帖子的标题和内容应该是帖子的核心。首先，标题和内容在生命周期上是同等的，在性质上也属于同一种类型，都属于 ForumMessage 的主要内容，那么是不是可以用一种类型概括这两个字段属性呢？

现在到了为标题和内容两个字段取一个统一名称的时候，它们本来就代表一条帖子，肯定离不开 message，那么可以取名为帖子内容：MessageContent。接着需要判断这个对象的类型：是实体还是值对象？

是否有唯一标识是选择实体和值对象的依据，MessageContent 的唯一标识是其标题和内容组成的共同特征，如果两个帖子的标题和内容有 80%（假定数字）以上相同，就可以认为这是同一个帖子，如果这样的帖子发布两次，可以判定为重帖。因此，MessageContent 是否存在唯一标识是由其字段值决定的，MessageContent 的存在意义不是为了区分彼此，而是持有标题与内容的值，因为 MessageContent 从属于 ForumMessage，真正唯一标识字段是 ForumMessage 的 messageId，MessageContent 本身的重点不是进行彼此区分，只是文字这种字符串值的容器。

从以上分析可以判断，由标题和内容组成的 MessageContent 是一种值对象，值对象有时可以在类名中体现，有时不必体现，这主要取决于是否与业务称呼吻合，例如这里的值 Value 和 Content 非常近似，因此取名 MessageVO 可以起到一石两鸟的效果，VO 是值对象的简称，MessageVO 表示这是一个帖子值对象，也可以认为是帖子的数值或字符串值。

MessageVO 类代码主要如下：

```
public final class MessageVO{
private final String subject;
    private final String subject;
    private final String body;
    ......
}
```

值对象中的字段使用 final 声明为不可变，一旦创建就不能再改变了，如果想修改，可以重写构建，因此，构建值对象变得比较重要，为了显示这种构建的重要性，使用 Builder 模式实现。

首先将 MessageVO 的构造函数宣布为私有：

```
private MessageVO(String subject, String body, ForumMessageforumMessage) {
    this.forumMessage = forumMessage;
    this.subject = subject;
    this.body = body;
}
```

然后，提供公共的构建方法：

```
public static class MessageVOFinalStage {
    private final String subject;
    private final String body;
    private final ForumMessage message;
    //构建器
    public MessageVOFinalStage(String  subject,String  body,ForumMessage
message) {
        this.subject = subject;
```

```
            this.body = body;
            this.message = message;
        }
        public MessageVO build() {
            return new MessageVO(subject, body, message);
        }
    }
```

这样，如果创建一个 MessageVO，就使用以下代码：

```
messageVO.builder().subject(“帖子标题”).body(“帖子内容”).build();
```

只要涉及帖子的标题或内容，都只能通过 MessageVO 访问获取。

这样，整个聚合设计多出了一个 MessageVO，如图 4-11 所示。

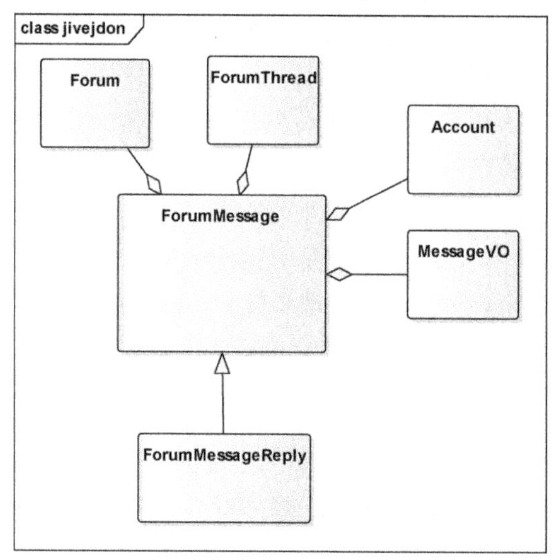

图 4-11　新的聚合设计

总结一下前面的思路：当尝试创建充血模型时，需要将实体集中在标识身份和生命周期的设计上，尽量避免实体因属性或行为过多而而变得臃肿。实体 ForumMessage 代表帖子对象，标题和内容是其主要内容，不同的标题和内容组成不同的 ForumMessage，这种不同的区分由 messageId 负责，messageId 作为帖子身份的唯一标识，其实已经等同于不同帖子标题、内容之间的区别，因此可以将标题和内容放入 MessageVO 值对象中，实体 ForumMessae 中留有 messageId 就可以了，这样体现实体设计集中在标识身份上。

实体的生命周期管理是通过 ForumMessage 的构造函数和 Builder 构建器实现的，虽然 Builder 构建器使用起来有些繁重，但是这正好体现了实体设计的关注重点。

领域服务可能是放置行为的地方，但是在放置行为时，需要好好考虑实体和值对象是否设计到位。领域服务与实体、值对象之间是鸡生蛋、蛋生鸡的关系，例如发帖这个行为，从字面上看是动词，代表动作，那么理应放入领域服务，但是放入领域服务中的行为应该是与实体和值对象无关的元素，所以，还是优先考虑是否放入实体或值对象中。

遇到膨胀的实体充血模型时，首先要做的是查找一组具有凝聚力的实体属性和相关行为，将一些隐式概念提取到值对象中来使这些隐式概念显式化，然后，实体可以将其行为委托给这些值对象。例如，MessageVO 是一种实际中不存在的对象，帖子内容是一个整体概念，隐藏在标题和内容后面，这是一种隐式概念，现在设计中强调了这个整体概念，并取名为 MessageVO，相当于它从幕后走到前台了，这是隐式概念的显式化，然后，ForumMessage 实体就可以将帖子内容过滤等职责委托给 MessageVO 值对象了。

同理，ForumThread 也属于隐藏在首帖和回帖之后的隐式概念，设计中将其突出显示出来，并取名为 ForumThread 实体，作为一个单独的实体对象，涉及首页和回帖的外部功能都可放入 ForumThread 中，否则就会泄露到领域服务中。

在实际程序设计中，经常会将重点放在聚合根实体上，不断完善实体设计直至最后满意，但是如果尝试偏向于值对象设计，就可以获得值对象带来的不变性、封装性和可组合性的好处，走向更柔顺的设计。

4.7.3 状态设计

在 DDD 设计中，聚合抽象了领域逻辑中的不变部分，聚合根实体负责维护聚合的结构关系。相对不变而言，还存在变化的部分，这些变化由业务功能导致，研究这些业务功能的实现，找出影响领域模型变化的部分，这是领域模型设计的重要一步。

领域模型的变化包括两个部分：变化动作本身和变化的结果。在传统面向数据表编程中，变化动作是使用 SQL 的新增、修改和删除语法实现的，SQL 操作数据表后形成结果。但是在 DDD 中，这种变化动作被抽象为职责行为和领域事件两种模型，而变化的结果被抽象为状态。

状态存在的意义是：它能对下一次命令是否被接受起到决定作用。例如一个订单聚合模型的状态有已下单、已支付和已发货三种，当前状态是“已下单”，如果接收到“发货”命令，聚合将检查业务规则，而“已下单”的下一步只能接受“支付”命令，不支付就发货可能不是业务规则所允许的。

以 JiveJdon 为例，从领域事件看，当发生发帖事件以后，会导致一些状态变化，首帖的最后回复状态变成了刚刚发布的新帖，如图 4-12 所示。

图 4-12　帖子状态

回复状态是指每个首帖有多少回复、最新回复是谁、时间是什么时候。这些状态的改变都是因为发帖事件的发生。图 4-13 展示了发帖事件与回复状态的因果关系。

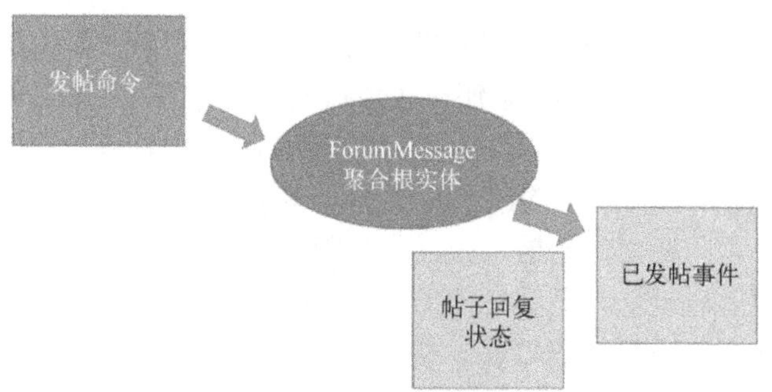

图 4-13　事件与状态的因果关系

注意这里的因果关系，状态改变是有原因的，是因为发帖事件发生了，但是发帖事件的发生不一定只是导致回复状态的改变，还可能导致其他状态改变。一个领域事件发生后的影响效果，取决于当前需求设计，如果将领域事件保存起来，随着需求变化，可以根据领域事件导出不同的可变状态设计。这里的回复状态只是当前一个需求，如果将来需求发生改变，例如需要在发帖以后将发帖人的发帖数状态进行改变，或者订阅该论坛版块的订阅者能够收到新的帖子，这些新的功能需求都是基于发帖事件产生的后果设计的。

确定了事件和状态的因果关系之后，下一步是如何在聚合设计中实现，在聚合设计一章曾经提出一个跨 DDD 和 ER 关系数据库设计的模型，如图 4-14 所示。

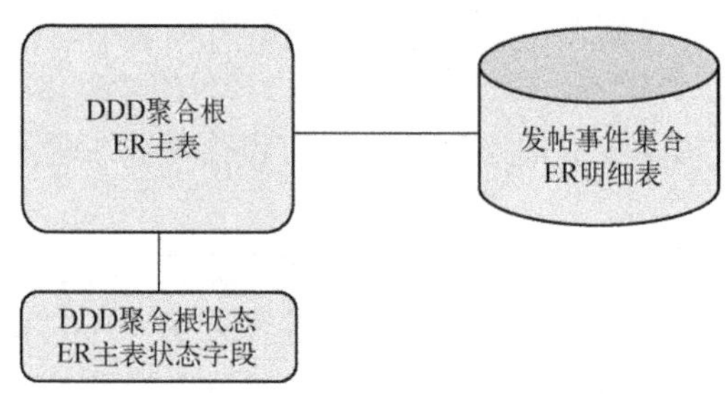

图 4-14　综合 DDD 和 ER 的星形聚合模型

在这张聚合图中，DDD 中的领域事件集合等同于 ER 中的明细表，明细表（事件）是造成主表（聚合根）变动的原因，假如主表是个人账户，而明细表代表进出明细，那么每发生一次进出，个人账户的余额状态就发生变动。

例如，如果个人账户余额初始是 100 元，进账 30 元，出账消费 20 元，那么个人账户的余额就变成 100+30−20=110，状态值从 100 元变成了 110 元。

从 ER 数据库角度看，进账 30 元和出账 20 元属于进出明细，从 DDD 领域事件角度看，它们属于发生的两次事件，发生了进账 30 元事件和出账 20 元事件。

它反映了一种通用的设计范式，是一种经验总结，现在可套用到这里。ForumMessage 是聚合根，代表了主表，那么明细表是什么？也就是说，围绕聚合根发生了哪些领域事件？

从 ER 模型角度看，明细表是各种回帖，而从 DDD 角度看，领域事件集合是各种回帖事件，一篇首帖发布以后，很多人会发回帖，纷纷发表自己的看法，这些不同人的不同看法是一种明细，也是发生的各种事件，最终会影响聚合根/主表的回复状态，如图 4-15 所示。

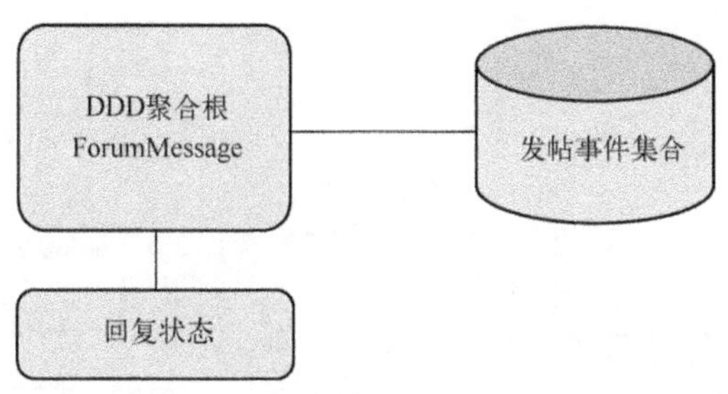

图 4-15 JiveJdon 的状态设计

发帖事件是导致 ForumMessage 回复状态变动的原因，当然发帖事件也可能会造成其他类型的状态变动，只是目前需求只要求实现回复状态的变动。

按照这张模板设计，图 4-16 所示为 JiveJdon 的类图设计。

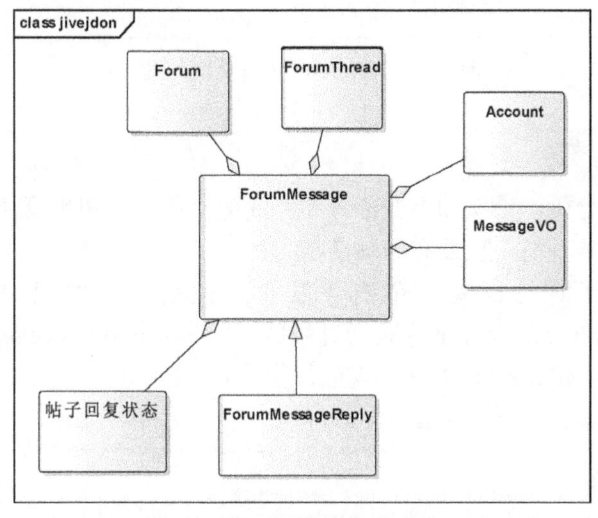

图 4-16 状态设计类图

注意，回复状态是在 ForumMessage 下，ForumMessage 是默认的首帖，但是 ForumMessageReply 是其子类。其实回帖的回复状态目前是不需要的，只是要求获得首帖的回复状态，因此，回复状态放在 ForumMessage 中好像不太合适。回复状态应该属于一种回复关系的状态，表示首帖与最新回复的关系，而 ForumThread 是代表帖子回复关系的聚合根，是一个整体概念，不像 ForumMessage 是一个部件概念（首帖是所有帖子的领头羊，但也是所有帖子中的一个），所以回复状态可以放入 ForumThread，如图 4-17 所示。

ForumThreadState 是首帖的回复状态类，它是 ForumThread 的一个子对象，这个类记录了帖子的最新回复状态，包括：有几个回复贴？最新的回帖是哪个？

现在再看看图 4-15，聚合根也许改为 ForumThread 更合适，而 ForumMessage 应该包含在发帖事件中，每发生一个发帖事件，里面实际包含了一个帖子的内容。这个问题等到下一章事件溯源再继续讨论。

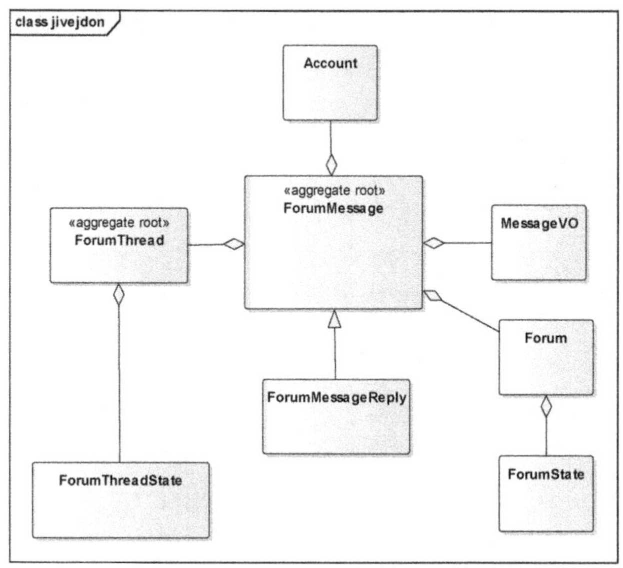

图 4-17　JiveJdon 状态设计类图

4.7.4　发帖功能实现

通过前面几节的分析，论坛的不变部分和可变部分都已经初步设计出来了，下面使用这些初步设计实现业务功能，以发布回帖功能为例。

当用户写完帖子评论回复，单击“发布”按钮时，发出“发布回帖”命令 postReplyMessageCommand，这个命令是通过领域服务 ForumMessageService 传递到聚合根实体 ForumMessage 的 addChild()方法实现的，如图 4-18 所示。

```
@OnCommand("postRepliesMessageCommand")
public void addChild(PostRepliesMessageCommand  postRepliesMessageCommand) {
    try {
        long modifiedDate = System.currentTimeMillis();
        String creationDate = Constants.getDefaultDateTimeDisp(modifiedDate);
        ForumMessageReply forumMessageReply=
(ForumMessageReply)ForumMessage.messageBuilder()
                    .messageId(postRepliesMessageCommand.getMessageId())
                    .parentMessage(this)
                    .messageVO(postRepliesMessageCommand.getMessageVO())
                    .forum(this.forum).forumThread(this.forumThread)
                    .acount(postRepliesMessageCommand.getAccount())
                    .creationDate(creationDate)
                    .modifiedDate(modifiedDate)
                    .filterPipleSpec(this.filterPipleSpec)
                    .uploads(postRepliesMessageCommand.getAttachment().getUploadFiles())
                    .props(postRepliesMessageCommand.getMessagePropertysVO().getPropertys())
                    .build();
        forumThread.addNewMessage(this, forumMessageReply);
        forumMessageReply.getAccount().updateMessageCount(1);
        eventSourcing.addReplyMessage(new
RepliesMessagePostedEvent(postRepliesMessageCommand));
    } catch (Exception e) {
        System.err.print(" addReplyMessage error:" + e + this.messageId);
    }
}
```

图 4-18　发布回帖的业务实现

业务行为应该是聚合根模型的主要组成部分，当它被外界通过唯一标识找到后，它代表聚合整体接受外部的访问。领域服务 ForumMessageService 代表聚合所在有界上下文，有界上下文是聚合的外部，在 ForumMessage 中设计 addChild()用于接收外部访问，这是一个典型的业务职责行为，发布回帖的核心业务逻辑是在它里面实现的，下面看看它是如何实现回帖业务逻辑的。

addChild()方法接收到前端的表单输入 anemicMessageDTO 以后（这个 DTO 是被封装在发布回帖命令 postReplyMessageCommand 中的），通过 ForumMessage 的 Builder 模式构建一个新的回帖对象 ForumMessageReply。

回帖的业务功能核心首先应该是创建一个回帖业务对象，这里使用实体领域模型 ForumMessageReply 代表回帖业务对象。

创建一个回帖业务对象是为了使用它，它的用处是什么呢？

上一节“状态设计”中的图 4-13 是进行事件风暴得出的建模结果，它应该能指导寻找核心业务功能方向所在。当命令进入聚合根实体后，主要是改变了这个实体的状态，发布回帖以后，首帖的回帖状态被改变了，由于回帖状态挂在 ForumThread 下面，而 ForumThread 定位在管理帖子关系上，回帖属于帖子关系，所以 ForumMessageReply 回帖对象创建以后，下一步应该是改变首帖的回帖状态。

状态是通过动作去改变的，那么这里有两种设计：通过直接调用代表动作的方法函数实现或者通过发布领域事件驱动实现。前者是同步调用，但是耦合性强，后者是异步调用，比较松耦合，这里应该是哪一种呢？

聚合内部的调用应该是同步事务性的，这是聚合的不变性设计要求，聚合内部的改变应该一致的，是一种强一致性改变，因此聚合内部的改变不适合通过领域事件驱动，聚合之间或有界上下文之间是可以通过领域事件的订阅发布模式实现的。

这里改变回帖状态应该通过直接方法调用实现，回帖状态 ForumThreadState 是 ForumThread 的一个可变部分，那么就要为 ForumThread 设计一个改变回帖状态的行为方法，可以取名为 changeState(ForumMessageReplyforumMessageReply)：

```
private void changeState(ForumMessageReplyforumMessageReply) {
    this.state.get().setLastPost(forumMessageReply);
    this.state.get().addMessageCount();
    this.forum.addNewMessage(forumMessageReply);
}
```

这样就完成了发布回帖的业务核心功能，但是请想一想，changeState()方法是不是一个代表业务的行为？如果是，就可以公开供外部调用，如果不是，则最好寻找相关的业务行为。作为一个充血模型，它应该包含重要的业务行为，而 changeState()和增删查改的名称一样，有点过于通用了，是设计层面的语言，并不是当前论坛领域中特别的动作词语。

改变状态是因为发布回帖造成的，对于 ForumThread 这个代表帖子之间关系的对象来说，发布回帖意味着增加了一个新帖子，如果发布的不是回帖，而是一个新首帖，对于

ForumThread 来说也是增加了一个新帖子，因此为 ForumThread 设计一个业务行为 addNewMessage()方法是合适的（当然，这个方法实际并不是笔者设计出来的，而是修复 Bug 过程中发现的，见下一节“双聚合根”）。

当然，如果发布首帖和发布回帖两个动作导致状态不同，那么就要区分对待，分别设计相应的方法。现在的情况是，对于帖子状态而言，如果是首帖，回复状态中最新回复也就是自己，代表没有回复，当然如果业务需求要求，没有回复就显示回帖状态为空，什么也不显示，那么这里就需要业务行为设计的区分。

这样，回帖对象 ForumMessageReply 创建以后，被作为参数传入 ForumThread 的 addNewMessage()方法（见图 4-18 画框部分），实现 ForumThread 的内部状态 ForumThreadState 的改变。

当聚合内部状态发生改变以后，意味着发布回帖的命令已经产生效果，命令产生效果的结果有两个：首先是通知回帖发布者，它的命令已经被成功接收，然后是发布“已回帖”领域事件，通知其他有界上下文或聚合，将这种代表业务重大改变的状态变更事件广播出去。

发布回帖的请求来自用户界面，当用户单击界面上的“发布”按钮后，产生 postReply MessageCommand 命令，现在已经被领域模型接收并处理了，但是用户界面不知道什么时候处理完毕。按照通常的请求/响应模型，界面发出请求以后，领域模型应该处理完成后返回一个响应，如果处理时间很长，那么用户界面需要不断提示等待。请求响应模型基于 HTTP 连接，HTTP 连接打开是有时间限制的，除非指定长时间连接，因此用户界面最好能重新发出查询是否处理成功的命令，不断地轮询后端。轮询什么呢？轮询回帖状态，如果发现回帖状态更新了，说明后端领域模型已经完成业务处理了。因此这种前端界面与后端之间交互的异步性更加灵活，并不是死板地依靠一个请求/响应实现很多复杂业务处理，带来的用户体验更好，系统质量也更高。

通过更新回帖状态通知前端回帖发布者以后，还需要向后端其他 API 或有界上下文通知这一重大业务变更，这是通过发布领域事件完成的。注意图 4-18 中最后一行，借助 Jdon 框架的发布订阅模型，这里发布了一个领域事件 ReplyMessage CreatedEvent：

```
eventSourcing.addReplyMessage(
new ReplyMessageCreatedEvent(anemicMessageDTO));
```

如果将这个 ReplyMessageCreatedEvent 事件存储起来，那么如果以后不只需要更新回帖最新状态，还需要更新其他状态，或实现其他新功能（如发布新回帖以后通知订阅者等），那么就可以监听这个 ReplyMessageCreatedEvent 事件，在其发生时实现新的业务功能，而不必打开现有代码修改，同时也不影响原有系统的运行，体现了松耦合的好处。

JiveJdon 这种设计思路符合六边形架构，其原则是领域模型不能依赖外界基础设施，必须与外界基础设施或技术组件实现解耦松耦合，如图 4-19 所示。

六边形架构在下一章专门阐述。

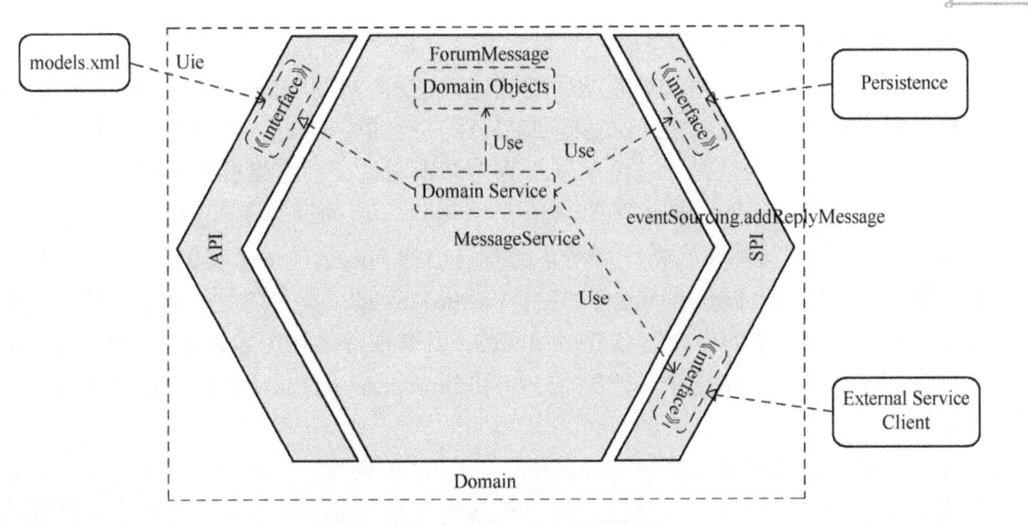

图 4-19 JiveJdon 的六边形架构

4.7.5 双聚合根

在 JiveJdon 的不断完善和发展过程中，走过很多弯路，其中最大的错误是将 ForumThread 作为聚合根，后来在代码迭代中发现 ForumMessage 也应该作为聚合根。

为什么 ForumThread 和 ForumMessage 都是聚合根呢？ForumThread 如同 Car，Car 作为一个整体概念是一个聚合根，而发动机作为 Car 的部件，也是其聚合根，Car 与发动机的关系类似 ForumThread 和 ForumMessage 的关系，ForumMessage 代表首帖，一个 ForumThread 需要有一个首帖 ForumMessage，这个首帖其实是其唯一标识，也就是说 ForumMessage 的 messageId 与 ForumThread 的唯一标识应该是一致的，至少是相同的值。

但实际上，ForumThread 也有自己的唯一标识 threadId，这是因为以前设计时没有考虑到这点，ForumThread 对应的数据表 jiveThread 有自己的唯一标识主键 threadID，为这个表分配主键值时，与 ForumMessage 对应的数据表 jiveMessage 的主键 messageID 分配了不一样的值，造成 threadID 和 messageID 不是同一个值，因为从数据表角度看，这是两个不同的实体表，它们的主键值怎么可能是一样的呢？当时没有从业务模型角度进一步分析。

一个实体是否为聚合根，需要结合内外两个方面来判断。从外界来看，有时在一个上下文中，需要根据 ForumThread 的唯一标识定位到它，有时又会直接根据 ForumMessage 的唯一标识 messageId 定位到 ForumMessage，如果 ForumThread 的唯一标识等同于 ForumMessage 的唯一标识，那么 ForumThread 作为聚合根就再合适不过了。

这种尴尬的设计导致了以后的很多麻烦，因此唯一标识或数据表的主键值分配机制非常重要，涉及 DDD 的聚合根设计。

笔者对 ForumThread 本身的认识也有一段曲折的过程，以下是一些相关的回顾。

JiveJdon 之前一直存在一个顽固的 Bug：回帖后的最新状态不能及时更新，本地调试运行可以，上线运行时而出现问题。图 4-12 中，帖子最新回复状态时而出现不正常情况。

这种难以捉摸的问题一般都是设计思路不当引起的，也就是设计中没有与领域中的规律“共振”，难免有不和谐的问题。

用 ForumThreadState 来封装最新帖子的状态，现在的问题就是，也许 ForumThreadState 没有更新，或者更新的 ForumThreadState 是另外一个对象。不过，对象不一致性已经通过缓存解决了，因为发表回帖时，首先要从缓存中获得父帖，而父帖因为之前用户阅读时加载过，所以肯定在缓存中，不会立即从缓存中删除，新的回帖和父帖共用的就是一个 ForumThread，因此，父帖和回帖不可能各自有自己的 ForumThread 实例。

那么为什么同一个 ForumThread 中的 ForumThreadState 有时没有更新呢？代码中 ForumThreadState 有几个动作：读取 TreeModel（用来维持内存中帖子的树形结构）；从数据库查询获得最新帖子后将这个帖子赋予 ForumThreadState 的 lastPost。问题可能就出在这两处。

首先，通过 JProfiler 发现读取 TreeModel 对 CPU 消耗大，每次帖子更新，都需要从数据库中重新收集树形结构信息，反复访问树形结构很耗费数据库性能，为什么要重新刷新呢？难道不能将最新帖子加入已经在内存的树形结构中吗？

其实更新 ForumThreadState 时不必通过读取数据库，缓存中已经有一个 ForumThread 实例，思考到这里，笔者才发现自己的思维还是数据库编程，完全忽视了内存中的 ForumThread，总是将缓存或内存中的对象看成数据库的备份，而不是将数据库看成内存中对象的备份，当思路转到后者时，就豁然开朗了。

之后笔者在 ForumThread 中增加了 addNewMessage()这样的方法，将当前回帖加入内存中 ForumThread 的 TreeModel 中，而不是每次回帖时，从数据库中查询后再创建新的 TreeModel，这样会快得多，也能避免因为回帖动作刚刚写完数据库，事务过程没有结束（事务通常较慢）（更关键是，ForumThread 有了自己的业务行为方法：增加新帖，这才是领域模型设计的重点）。

当思路回到围绕内存中的 ForumThread 对象时，帖子的最新回帖是直接在 addNewMessage() 中通过 setLastPost()方法迅速设置完成的，这样就不必再到数据库中按时间查询最新帖子，ForumThread 成为一个标准的胖模型、丰富模型。

从性能角度看，如果按照失血模型的设计方法，将 ForumThread 的 addNewMessage() 方法放在领域服务中，如果发生并发情况，也就是一个帖子有两个以上用户同时回帖，那么 addNewMessage()就可能需要上锁（synchronized），而在领域服务中对方法加 synchronized 关键字，会对所有回帖的操作加锁，严重影响性能，但是对 ForumThread 的 addNewMessage() 方法加锁，就只会对这个帖子所有回帖的速度性能有影响，事务锁的范围变得精确了。

从一个顽固 Bug 修正过程中，发现围绕对象编程和围绕数据库编程两个思路导致的问题，以及领域胖模型和并发线程安全等知识点，这些知识点都是统一的，当思路重点在对象上时，才会关注领域模型的质量，才会关注并发线程安全，否则并发等问题就会直接信任关系数据库，性能问题只有在运行很长一段时间以后才能发现，而此时已经“物是人非”了。

经过上述设计重构，发现回帖不能及时更新的 Bug 依然存在，这时笔者开始怀疑，回帖更新时的 ForumThread 并不是浏览帖子的那个 ForumThread，也就是存在两个 ForumThread 实例，这个情况的出现是因为 ForumThread 的生命周期处理得不够严谨。这无法从代码中一一调试进行定位，因为生命周期问题不会出现在某个具体代码处，它是整个代码在运行时刻的一个总体表现。

首先，只能断点调试跟踪确认回帖更新的整个调用流程，这也是一个确认核对过程，仔细核对流程中 ForumThread 的生命周期情况。在这个过程中，反复考虑 ForumThread 的模型性质：是实体还是值对象（当时只是以 ForumMessage 为唯一聚合根，根本不会认为 ForumThread 也是聚合根，后者是不是实体还值得怀疑，当时的思路是按照值对象设计 ForumThread，因为 ForumThread 也是 ForumMessage 的一部分。但是这个部件与 MessageVO 部件性质不同，MessageVO 是帖子的真正内容，是帖子真正的内部部件，而 ForumThread 是从帖子外部考虑的，可见事物内部和外部是两个完全不同的视角，但笔者之前没有意识到这种内外区别，长期设计经验会培养自己的这种内外有别的敏感性）。

重新考虑 ForumThread 的模型性质，它实质上是一个首帖实体的代表，ForumThread 应该和其内部的首帖对象在生命周期上是一致的，而生命周期控制是在 Factory（工厂）中实现的，因此 Factory 代码中应该加入对这两者一致性的约束，这部分代码需要重构。

ForumThread 虽然是首帖代表，但是它又有值对象的影子，因为它一般是不变的，只有回帖更新时才会变化，这个变化并不违反 DDD 中关于值对象不变的约束（当时的思路还是陷在值对象之中，试图说服自己接受“ForumThread 是一个值对象”）。

值对象被其他对象使用有两种方式：复制和共享。

复制是被推荐的方式，因为值对象是不变的，没有标识。还可以使用 FlyWeight 模式进行大量复制，每个引用者有一份 ForumThread 实例，虽然每个引用对象引用的值对象不是同一个实例，但是它们内容相同，而且在传统的分布式环境中复制很容易传播（Bug 的关键在这里，将 ForumThread 作为值对象看待，而值对象可以复制很多份，当修改值对象时，就不知道修改了哪个值对象实例，但是值对象是不可修改的，ForumThread 中存在可变的 ForumThreadState 时，就已经意味着它不是值对象了，这是笔者当时的水平限制）。

因为 ForumThread 有实体的影子，用户浏览主题列表时，需要查询 ForumThread 集合，这些使用复制可以实现，但关键是：用户浏览主题时，会想知道这个主题更新的回帖信息，最后回帖的是谁等，如果使用 ForumThread 的复制方式，那么一旦有回帖，所有 ForumThread 实例都要通知，并更新 ForumThreadState，这显然不切实际。所以，ForumThread 只能使用共享（当时笔者还没有认识到 ForumThread 并不是值对象，以为只要使用值对象的共享方式就可以解决问题，其实值对象的复制和共享是同时成立的，既能复制也能共享，如果违反其中一个就不是值对象）。

帖子和其所有回帖共享一个 ForumThread 实例，当发布回帖时，更新 ForumThread 的 ForumThreadState 状态，它们就都会发现，当前首帖有回帖了。

所有重构都集中到 ForumThread 的工厂创建中，工厂不但要保证 ForumThread 和其引用的部件首帖在创建时是同时一致创建的，而且必须保证 ForumThread 是被所有帖子共享的（当一个对象需要被工厂特别“照顾”地创建，说明你很关注它，它其实就是实体了，需要唯一标识来区分，否则需要工厂这样“隆重的仪式”做什么呢？并且，如果这个对象需要被共享，说明它已经具备整体概念，有聚合根潜质了）。

后来笔者突然豁然开朗，ForumThread 应该也是一个聚合根，ForumMessage 和 ForumThread 是两个聚合根，这样的设计也是经过一段弯路才领悟的，关键是对 ForumThread 的认识有一个不断深入的迭代过程。

4.7.6 分配职责行为

由于 ForumMessage 和 ForumThread 是两个聚合根，有时会出现在这两个聚合根实体之间分配职责行为的权衡问题。

以修改帖子标题为例，这个职责是分配给 ForumThread 还是 ForumMessage？帖子标题属于帖子的内部内容，帖子的外部由 ForumThread 管理，内部由 ForumMessage 管理，那么这个职责应该分配给 ForumMessage。

但是在这个职责分配的实际过程中笔者也走了弯路，由于当时刚刚明白 ForumThread 是聚合根，同时认为一个聚合应该只有一个聚合根，那么 ForumMessage 就不是聚合根了，所以将修改贴子标题这个动作放入了 ForumThread，还特地为 ForumThread 增加了一个字段 name 代表帖子标题，而 ForumMessage 中也有专门字段代表帖子标题，这就造成了双份数据的冗余，在这种冗余情况下如何实现两者的一致性就成了棘手问题，造成了不必要的复杂性。

后来笔者逐渐认识到 FourmThread 的单一职责应该定位在帖子关系的处理上，通过重构去除了 ForumThread 的 name 字段，保证唯一来源是 ForumMessage 的标题字段。

另外一个分配权衡是帖子的树形模型。首帖有回帖，回帖也有回帖（实际没有启用），记录帖子之间的关系模型是依赖一个 ForumThreadTreeModel 模型，这个模型使用关系数据库实现二叉树，遍历起来性能非常差，只能用作删除功能，当删除一个帖子时，将其所有回帖或回帖的回帖全部删除。树形模型属于描述帖子之间关系的模型，应该是 ForumThread 的核心功能，也是其设计为聚合根的目的所在，根据 DDD 聚合根的定义，删除操作必须一次性删除聚合边界内的所有对象，这个职责是由聚合根实体完成的。

判断一个帖子是否有回帖的功能属于帖子之间关系管理的范畴，也应该属于 ForumThread，由此可见将 ForumThread 定位于表达帖子关系的聚合根是一种合理设计。

下面再看看帖子标签的功能实现。每个帖子需要贴上分类标签，如图 4-20 所示。

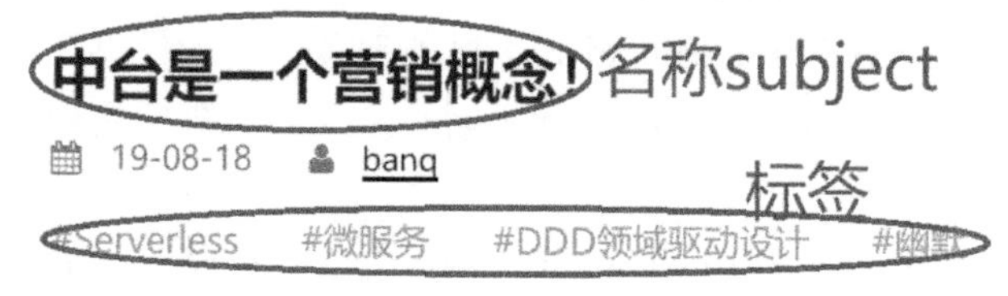

图 4-20　标签显示

这个标签的管理职责是应该分配给 ForumMessage 还是 ForumThread 呢？标签属于帖子内部范畴还是外部呢？这很矛盾，标签好像等同于名称，名称属于一个事物的内部还是外部？有时人们根据外部特征命名，有时根据内部特征命名，取名是一件难事。

认为标签属于帖子内部的属性时，只有首帖才有标签，回帖没有，而 ForumMessage 虽然默认是首帖，但是它有一个子类 ForumMessageReply（回帖），如果放入 ForumMessage 中，就会被误解为继承子类也可能具有，当然，这也可能是继承本身的问题。

这里稍微说一下继承与组合的选择问题。很多人认为宁可使用组合，也不用继承，关于继承和组合哪个默认优先使用，争论非常多，Martin Fowler 认为：继承用于将一个通用行为调整到特定行为时更有用和简单，只是它被误用了，像很多其他技术一样，开发人员需要学会如何好好地用它。

但是有的人认为：应默认使用组合，并且如果在重复几次之后有意义时才使用继承。

有的人认为使用场景存在错误，继承应该用在业务领域，但它通常被用于非业务范围，而不是领域逻辑，如一些 Web 框架需要扩展控制器或模型类的方式，这些 Web 框架属于技术类，而非业务类。

有人认为：领域模型的实现中使用继承、接口隔离会很好，例如，使用子域的继承使关系变得清晰（非常明确）并且非常有用。

因此，这里首帖和回帖之间的继承关系应该不值得怀疑，这样的设计比较直接反映了两者的区别和联系，但是正如有人认为的那样，关于继承最危险的事情是，它使得调整通用行为变得简单、易于实施，但维护成本不明确，特别是需要增加标签功能时，如果理所当然认为标签是首帖的功能，那就放入首帖 ForumMessage，但是首帖和回帖存在继承关系，标签会被误继承到子类回帖中。

那么在这种情况下，将标签看成帖子的外部特征，标签管理功能放到 ForumThread 中实施。

仓储如何保存标签呢？是否需要更改原有的表结构呢？不需要。标签可以放入属性表中，属性表包含由名称和值组成的属性，专门用于保存拓展的属性，标签功能也属于拓展功能。

通过以上设计考量后，在 ForumThread 中增加一个字段 ThreadTagsVO 代表标签，这个持久化字段是需要放在属性表中的，ThreadTagsVO 是封装标签的一个值对象：

```
public class ThreadTagsVO {
    private final Collection<ThreadTag> tags;
    private ForumThread forumThread;

    public ThreadTagsVO(ForumThread forumThread, Collection tags) {
        super();
        this.forumThread = forumThread;
        this.tags = tags;
    }
```

一个帖子可能有很多标签，组成一个标签集合，放在 tags 中。这个值对象还有一个通知功能，也就是如果某个标签下新增加一篇帖子，会自动发送通知消息给订阅者。

但是标签是在发布帖子时输入的，只能由 ForumMessage 委托 ForumThread 来实现标签的录入、修改等功能。

但是，实际中也在 ForumMessage 中增加了一个字符串数组字段代表标签：

```
private String[] tagTitle;
```

这样又形成了两份标签数据，带来了复杂性和运行不稳定性，笔者后来才发现这种设计有些多余，特别是将 AnemicMessageDTO 职责从 ForumMessage 中分离出来以后。之前 ForumMessage 身兼三种职责：聚合根实体、前端表单录入数据 DTO 和仓储数据 DTO。这三种职责耦合在一起，使得 ForumMessage 的字段设计特别难，因为有些字段只能接收前端表单数据，无法用在仓储数据库端，这里设计的 tagTitle 也是为了接收前端表单数据，因为表单中录入的标签是一个字符串数组。将前端和仓储端 DTO 功能剥离以后，才发现 tagTitle 变得多余。

从以上过程中看出，有些设计理由并不是当时写代码时就能明白的，而是经过不断重构后，才越来越有条理，自己对领域知识的理解也更加深刻。

再看一例，帖子浏览计数功能的职责分配。这个职责应该放在 ForumThread 还是 ForumMessage 中？

浏览计数属于帖子的内部范畴还是外部呢？这也很难说，它代表帖子被用户浏览的次数，外部特征更强一些，内部特征主要是帖子标题和内容，浏览数不属于标题和内容。

如果将计数功能划分到帖子中，会涉及区分首帖和回帖的不同浏览计数，但实际上只需要整个帖子包括回帖的整体计数即可，这种涉及整体概念的功能被分配到了 ForumThread 中。

当然，最具争议的是，发回帖这个功能是否应该放入 ForumThread。因为回帖属于首帖的回复关系，现在的处理方式是这样的：回帖的回复关系部分放入 ForumThread，但是入口还是在 ForumMessage，这样体现出 ForumMessage 是聚合根的基础，如同发动机是 Car 的基础，验车时会根据发动机号判断一辆车的真实性一样，换了发动机的车基本和以前不一样了。

在 ForumMessage 和 ForumThread 两个聚合根存在的情况下，ForumMessage 是具有标识作用的“字段”点，而 ForumThread 是一个代表聚合关系的整体概念。

因为 ForumThread 中有一个 TreeModel，那么增加的回帖需要加入这个 TreeModel 中：

```
getForumThreadTreeModel().addChildAction(forumMessageReply);
```

这是在 ForumThread 的 addNewMessage()方法中实现的，不但改变了回复状态，也改变了树形结构状态。

另外，增加回帖时，如果需要通知被回帖的作者，这个功能需要被分配给 ForumThread，这样能减轻 ForumMessage 的一些次要职责。

ForumThread 和 ForumMessage 作为双聚合根，在保存到缓存中时，都作为单独实体保存，并且互相指向，这是一个难点和注意点。一般保存到缓存中是将聚合根实体保存到实体，聚合边界内其他子对象则无须单独保存到缓存，因为都被根实体引用了，因此，只要找到根实体，就能找到聚合边界内的其他子对象。ForumThread 作为 ForumMessage 的子对象，如果不是聚合根，则不必单独在缓存中保存，但是当浏览一个论坛内所有首帖时，单独保存后从仓储中查询 ForumThread 的集合比较方便，界面如图 4-21 所示。

图 4-21　浏览所有帖子

图 4-21 中的行显示其实是一个 ForumThread 显示，当从仓储找到所有 ForumThread 的唯一标识 threadId 集合以后，再从缓存中获得 ForumThread 对象，这里要注意的是，ForumThread 和 ForumMessage 互相引用的对方对象需要保证也是在缓存中的那个对象，保证对象实例的唯一性，这些是通过在构建工厂中实现相应约束保证的。

4.7.7　构建对象必须遵循唯一性

将重点放在 ForumMessage 和 ForumThread 上后，笔者竟然忽视了 Forum。编辑帖子时出错，调试跟踪 ForumMessage 的值，发现其中的 Forum 竟然只有 ForumId，并不是完整的 Forum 对象，如图 4-22 所示。

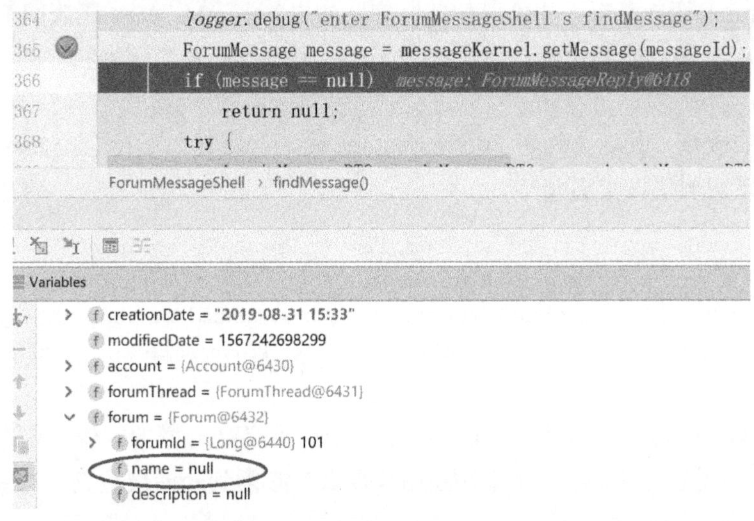

图 4-22　调试发现 ForumMessage 中 Forum 是个“值对象”

问题肯定出在 ForumMessage 对象的构建上，该对象已经通过隆重的 Builder 模式构建，怎么会为空呢？难道赋值 Forum 进入 ForumMessage 时就为空？或者使用了 ForumMessage 的默认构造函数？从这里看出错误可能来自两个方面，问题变得复杂了，如果将 ForumMessage 的默认构造函数去除，只需要追查一个来源就可以了，可是由于技术等各种限制，必须保留着 ForumMessage 公有的默认构造函数（代码如下），无法让 ForumMessage 所有的构建都通过 Builder 模式实现。

```
protected ForumMessage() {
    this.messageVO = this.messageVOBuilder().subject("").body("").build();
    this.messageUrlVO = new MessageUrlVO("", "");
}
```

当然，如果确实使用了 ForumMessage 这个默认公有构造函数，Forum 应该直接为空，而不是 Forum 的 name 为空，因为在构造函数中并没有构造 Forum 实例。下面就从 Builder 模式这条路径追查，在构建 ForumMessage 之前，应该获得一个完整的 Forum 对象，也就是 Forum 的 name 不应该为 null。在 ForumMessage 的 setForum()方法中添加检查调试断点：

```
private void setForum(Forum forum) {
     if (forum.lazyLoaderRole == null || forum.getName() == null){
        System.err.println("forum not solid for messageId="
+ messageId + "forumId="+ forum.getForumId());
     }
     this.forum = forum;
  }
```

这个 setForum()是私有的，只有在 ForumMessage 构建时才调用，因此如果构建时 Forum 的 name 为空，将在这里出错，或调试时暂停在这里。注意，正是将 DTO 性质从 ForumMessage 中移走，setForum()变成私有，才可以如此断定，如果 ForumMessage 还兼职 DTO，那么这里 Forum 的 name 是可能为空的，这里体现了将 setForum()方法变为私有的好处，即可以进行唯一推定。

通过这样的排查，发现在构建 ForumMessage 时，确实传入了一个空 name 的 Forum，那么添加以下语句解决这个 Bug：

```
if ((forum == null) || (forum.lazyLoaderRole == null) ) {
        forum = messageBuilder.getForumAbstractFactory()
                .forumDirector.getForum(anemicMessageDTO.getForum()
                        .getForumId(), forumThread, forumMessage);
        }
```

forum.lazyLoaderRole 为空与 forum.name 为空的意义是一样的，说明这个 forum 不是从仓储层获取，而是直接因为技术原因构造的，那么就必须到仓储层查询获取完整的 Forum 对象。

经过以上重构，笔者已经基本解决了这类奇怪的问题，但是没有认识到深层次的原因——ForumMessage 的构建还是有两个途径，即通过“new ForumMessage()”和通过 Builder 模式构建，加上 ForumThread 需要引用 ForumMessage，两者相互引用，导致了潜在的复杂性，相当于平方级别的爆炸。

在 JiveJdon 运行期间笔者发现缓存中的一个 ForumMessage 有两个实例，如图 4-23

所示。

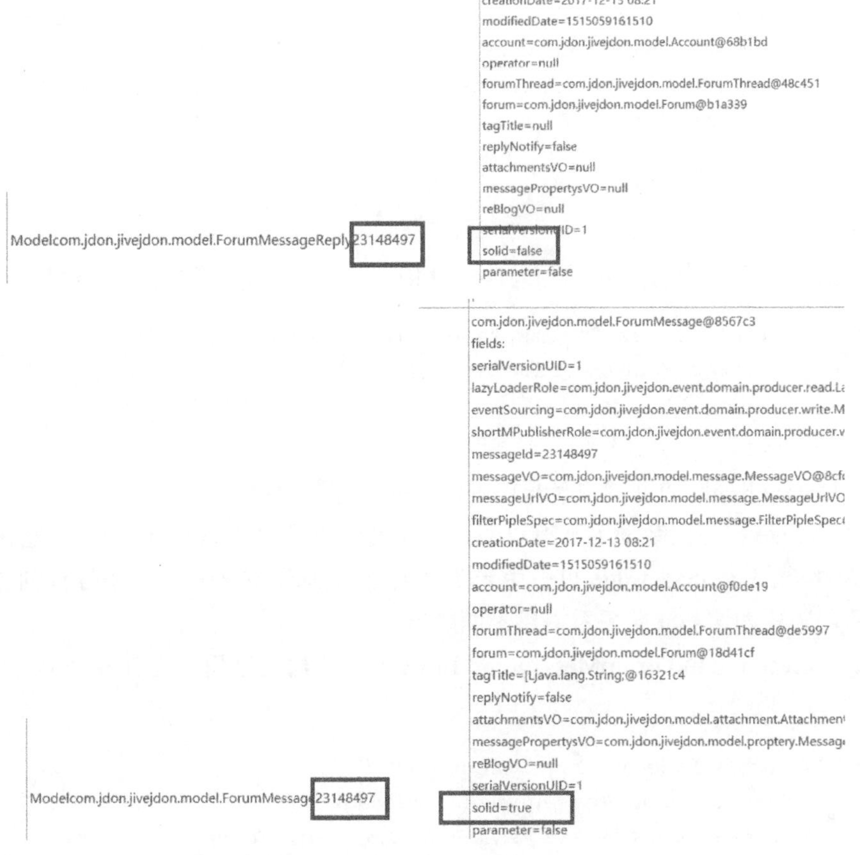

图 4-23　一个 ForumMessage 的两个实例

这个唯一标识为"23148497"的 ForumMessage 实例竟然在缓存中有两个，其中一个以 ForumMessageReply 类型存储，而实际上它是一个首帖，不是回帖，并且其中一个字段 solid 为 false，这是通过 Builder 模式构建的标志，如果构建成功，这个标志为 true，就意味着这个 ForumMessageReply 是一个半成品，虽然不影响整个系统的正常运行，但是暴露了对象生命周期的管理混乱。

这个现象的出现很难判断真正原因，但是大体应该是与 ForumMessage 和 ForumMessageReply 的创建有关。因为创建量很大，这又是个例，很难对一个个数据去跟踪调试，因此，决定将 Builder 创建方式重新梳理一遍，总的要求是增强构建约束性，增强构建过程的逻辑性和可推理性，减少多种可能性。

为了减少创建一个对象的多种可能性，将类的构造函数设置为一个，如果通过 Builder 模式构建，则将构造函数设置为私有，保证所有实体对象的创建只能有一种方式，避免因存在多种构建方式，相同类型的对象实例包含的数据不同，使得对象成为黑盒子，变得不可捉摸。

去除上一页的 ForumMessage 公有的默认构造函数，将构造函数变为私有或 protected，

ForumMessage 的创建就只能通过 Builder 模式实现：

```
public class ForumMessage extends ForumModel implements Cloneable{
    protected ForumMessage() {
      this.messageVO=this.messageVOBuilder().subject("").body("").build();
      this.messageUrlVO = new MessageUrlVO("", "");
    }
    …
}
```

设置为protected而不是private，是因为ForumMessage有一个继承子对象ForumMessageReply：

```
public final class ForumMessageReply extends ForumMessage {
     protected ForumMessageReply() {
     }
}
```

ForumMessageReply 的创建也是只能通过 Builder 模式实现。

ForumMessage 构造函数变为私有以后，首先受到影响的是 ForumThread，它需要引用一个首帖实例，而 ForumMessage 也引用一个 ForumThread，这种双向关系导致创建时容易发生死循环，需要为这种双向关系提供不同的方法，

MessageDirector主导 ForumMessage 的 Builder 模式构造过程，它有两个 getMessage() 方法：

```
public interface MessageDirectorIF {
    ForumMessagegetMessage(Long messageId);
    ForumMessagegetMessage(Long messageId, ForumThread forumThread);
    void setThreadDirector(ThreadDirector threadDirector);
}
```

其中，getMessage(Long messageId)供普通获取 ForumMessage 使用，而 getMessage(Long messageId，ForumThread forumThread)在 ForumThread 构建其内部首帖时使用，这个方法的调用在 ForumThread 的导演ThreadDirector中，如图 4-38 所示。

```
        private ForumMessage buildRootMessage(Long messageId, ForumThread
forumThread) throws Exception {

    ......
        final AnemicMessageDTO anemicMessageDTO = (AnemicMessageDTO)
    messageDao.getAnemicMessage(messageId);
    ......
    }
```

那么在 messageDirector 构建 ForumMessage 的过程中首先判断是否已经传入 forumThread，如果已经传入，就使用现有的 forumThread 实例，如图 4-24 所示。

```
Private ForumMessage buildMessage(Long messageId, ForumThread forumThread) throws Exception {
    logger.debug(" enter createMessage for id=" + messageId);
    try {
        final AnemicMessageDTO anemicMessageDTO = (AnemicMessageDTO) messageDao.getAnemicMessage(messageId);
        if (anemicMessageDTO == null) {
            nullmessages.put(messageId, "NULL");
            logger.error("no this message in database id=" + messageId);
            return null;
        }                                                              回帖的父帖
        ForumMessage parentforumMessage = null;
        if (anemicMessageDTO.getParentMessage() != null && anemicMessageDTO.getParentMessage().getMessageId() != null) {
            parentforumMessage = buildMessage(anemicMessageDTO.getParentMessage().getMessageId(),forumThread);
        }
        Optional<Account> accountOptional = createAccount(anemicMessageDTO.getAccount());
        FilterPipleSpec filterPipleSpec = new FilterPipleSpec(outFilterManager.getOutFilters());
        Forum forum = forumDirector.getForum(anemicMessageDTO.getForum().getForumId());
        if (forumThread == null || forumThread.lazyLoaderRole == null)
            forumThread = threadDirector.getThread(anemicMessageDTO.getForumThread().getThreadId());
        Collection props = propertyDao.getProperties(Constants.MESSAGE, messageId);
        Collection uploads = uploadRepository.getUploadFiles(anemicMessageDTO.getMessageId().toString());
        ForumMessage forumMessage = ForumMessage.messageBuilder().messageId(anemicMessageDTO.getMessageId())
                .parentMessage(parentforumMessage)
                .messageVO(anemicMessageDTO.getMessageVO())
                .forum(forum).forumThread(forumThread)
                .acount(accountOptional.orElse(new
Account())).creationDate(anemicMessageDTO.getCreationDate()).modifiedDate(anemicMessageDTO.getModifiedDate())
            .filterPipleSpec(filterPipleSpec).uploads(uploads).props(props).build();
        return forumMessage;
    }catch (Exception e){
        logger.error("getMessage exception "+ e.getMessage() + " messageId="+ messageId);
        return null;
    }
}
```

如果ForumThread已经存在，则不重新创建，使用现有实例，主要针对ForumThread中的RootMessage首帖创建

图 4-24 ForumMessage 的 Builder 模式调用代码

通过上述方法解决了 ForumMessage 和 ForumThread 构建时相互引用的问题，同时，将 ForumMessage 的构造函数私有化以后，只能在其 build()函数中创建，而之前构造函数公有的时候，是在 build()外部创建好才传入其中，这样的过程不是很严谨，也有点违背 Builder 模式的宗旨。Builder 模式也是一种工厂模式，是从无到有创建一个对象，那么对象自己创建好后传入工厂模式或 Builder 模式再构建一次吗？显然逻辑性不是很强，虽然这样做是迫于特殊的上下文（JiveJdon 使用缓存防止多次重复创建一个实例，提升性能），但是总是假设缓存只能与数据库 DAO 存在一起，缓存在 MessageDirector 之后，而没有想到，缓存是可以在 MessageDirector 之前的。习惯成自然，但有时却经不住逻辑推理。

为了实现真正的 Builder 模式，必须将“new ForumMessage()”放入 Builder 模式内部实现，外界通过调用 Builder 模式获得一个 ForumMessage 实例以后，再放入缓存，这是一个非常严谨的对象创建过程。

通过这样的严谨性重构，缓存中存在一个类的两个实例的现象不再发生，这个问题存在了很多年，导致笔者自己都不愿意去修改 JiveJdon 的代码，总觉得复杂（Complicated），其实是因为其对象复杂的创建没有形成有逻辑的严谨过程，而是存在很多变数，这些变数在运行阶段掺和在一起，无法通过调试去跟踪。

其关键原因是根据不同目的设计了不同的 ForumMessage 或 ForumThread 的构造函数，

导致同一类型的对象中数据却不一致，这是面向对象编程的大忌。

总的教训是：领域模型特别是聚合根实体一定要使用 Builder 模式创建，其构造函数设置为私有，setter 方法也是私有，不能是普通的 POJO，从而杜绝各种看似方便的赋值可能；每一个实体只有一种构建方式，实体自身的意义只能在一种构建方式中验证，同时也要避免实体在使用过程中被赋值改变的功能，如果确实需要修改，必须设计明确的业务方法，这也是严格执行面向对象的封装性，如同打包裹，就要包装得严严实实，不要有漏缝，否则后患无穷。

更多 JiveJdon 的详细设计可参考：https://www.jdon.com/ddd/jivejdon/1.html。

4.8 总结与拓展

本章主要讨论了实体、值对象和领域服务，这是 DDD 战术模式的核心部分，重点是作为聚合根的实体，它会与领域服务协调工作，在这两者间分配职责行为是一个难点，如果将业务行为分配到领域服务，会造成其臃肿，实体也会变成失血模型。

领域模型是系统中的最关键部分，应该特别注意。以下是一些应用于每个模块的领域模型的关键原则和属性。

1）必须实现高层次的严格封装。默认情况下，聚合根实体所有属性的 setter 方法都是私有的，构造函数也是私有的，迫使外部使用该实体对象只能通过 builder()构建，这样聚合根实体当然无法被 Hibernate 等 ORM 框架使用，因为其构造函数是私有的，无法被 Java 等语言动态反射机制加载，这也凸显了领域模型的领导地位。将充血的领域模型和失血的 DTO 模型分离，后者是一个真正普通的 JavaBeans，可以被 ORM 等框架动态构建。

2）必须实现高层次的对数据库持久性无感。领域模型不应该依赖于任何基础设施和技术平台、数据库和其他东西，领域模型可以使用 UML 类图表达，也可以使用 Java、C# 等语言表达，但是没有特殊注解，没有继承任何技术平台或框架的接口或抽象类，它是完全纯洁的业务表达。在 Java 和 C#转换时，看不到各自语言生态系统侵入带来的影响，能无缝、平滑、完整地转换模型表达方式。其中最难的是做到与数据库持久无关，这需要 Builder 模式创建好领域模型以后，所有业务功能都围绕这个领域模型对象，而不是围绕数据库中数据表编程实现，这种思路转变是非常难的。

当然，领域模型也需要持久保存，这时与数据库等基础设施的交互行为可放在应用服务中，或者为了简单，也可暂时放入领域服务，但是领域服务只能与仓储交互，数据库是仓储的一个具体实现，通过仓储模式实现与数据库解耦。

领域模型类似司令部，指挥战场，用户界面和数据库类似两个战场，服务类似通讯员，而传统的编程习惯是协调用户界面和数据库之间的关系，考虑用户需要显示什么，录入什么表单，保存到数据库哪个表中，如果两者字段有些不对应就在服务中做些修补，这两种编程风格相差甚远。

当然，面向领域模型编程范式并不意味着不需要关心数据库存储，实际上是多了一件事，程序员需要照顾领域模型、数据库和用户界面，重要的是防止它们之间的冲突。为了避免直接硬碰硬的对抗，使用失血的 DTO 作为数据库和用户界面的代表，让它与领域模型交互，这样领域模型就与界面和数据库解耦，专注于自己的业务逻辑。服务与 DTO 都起到通信作用，服务是通信员，而 DTO 就是通信员传递的司令部的指令。不推荐领域模型直接介入用户界面的表单和数据库操作，在简单系统中可以这样做，但是在复杂系统中会导致领域模型耦合太多技术框架及平台及数据库的东西。

3）充血的领域模型必须有丰富的业务行为，所有业务逻辑都位于领域模型中，没有泄露到应用程序层或其他地方。其中业务行为也有分类，例如，JiveJdon 中的 ForumThread 负责照顾帖子之间的外部关系，而 ForumMessage 照顾帖子内部内容等方面的事情，通过双聚合根分离复杂职责，遵循 SOLID 原则中的单一职责原理，避免聚合根实体也成为臃肿的对象。

当然，在不同实体和值对象中分配职责是一个不断深入理解业务的过程，所以有人说，程序员不是在开发代码，而是在开发知识，随着自己对业务知识不断深入、扩大，分配职责就会自然到位，因此，也可以从业务职责行为的分配上看出程序员对业务的理解程度。这是一个渐进过程，是反复迭代的探索过程。

当关注重点在聚合根实体时，容易忽视值对象的存在。其实值对象比实体更加无处不在，可以说是粒度比实体更低、更细。千里之行始于足下，需要培养一种低级别的、细腻的原始观察能力，将实体的原始属性组合封装成值对象，这样可以分解实体中的一部分职责到值对象中去，这也是避免实体臃肿的一个办法，这样业务的职责行为就在领域服务、实体和值对象三者之间分配，各有各的特点，细腻度也是从大到小排列。随着对业务的理解更加细腻，在值对象中分配职责行为变得更加频繁，当然也要注意到值对象的不可变性，如果分配的行为需要改变值对象的不可变属性，就需要创建新的值对象，那么这种需要改变值对象属性的行为可考虑放在上一级实体中，放在值对象内部就需要重新构建值对象自己。

4）领域模型的属性和方法行为都必须使用领域统一语言命名，避免 CRUD 之类的通用名称。例如，post（发帖）比 createForumMessage 要好，当然这也涉及英文功底。动名词、过去式等形式用中文没有英文简洁明了，发帖命令是 post，已发帖事件是 posted，英文表达起来很简单，只需要一个后缀“ed”，如果使用拼音，就只能表达一些名词，动词很难表达，例如做作业，拼音是“zuozuoye”，从形式上看不出任何意义，需要读出来翻译成汉字才知道它的所指含义。使用领域统一语言尽量使用英文，特别是事件风暴建模，这是发现领域中动词的机会。

领域模型涉及普通语言的统一和分析，普通语言的表达又离不开上下文，因此，必须结合当前有界上下文，使用业务语言明确命名所有类、方法和其他成员。

5）领域驱动设计战术部分的设计难点有两个，它们其实也决定了程序代码的结构形式：是实体还是值对象？多个实体之中确定哪个实体作为聚合根？有时一个实体代表内部的不变特征，是内部成员的管理者，另外一个实体则只是负责对外，而聚合根是指内外兼顾的实体，对于这种情况只能根据 SOLID 原则中的单一职责，设置双聚合根，这是一个违背直觉和习惯的设计，会比较难，双聚合根会造成后续业务职责行为分配的权衡问题。

关于对象职责责任模式（GRASP）的信息可查看https://www.jdon.com/tags/10174。

第 5 章　CQRS 架构

CQRS（Command Query Responsibility Segregation，命令和查询职责分离）是由 Greg Young 提出的模式，本质上是一种读写分离的架构。

传统的 DDD 实现如图 5-1 所示。

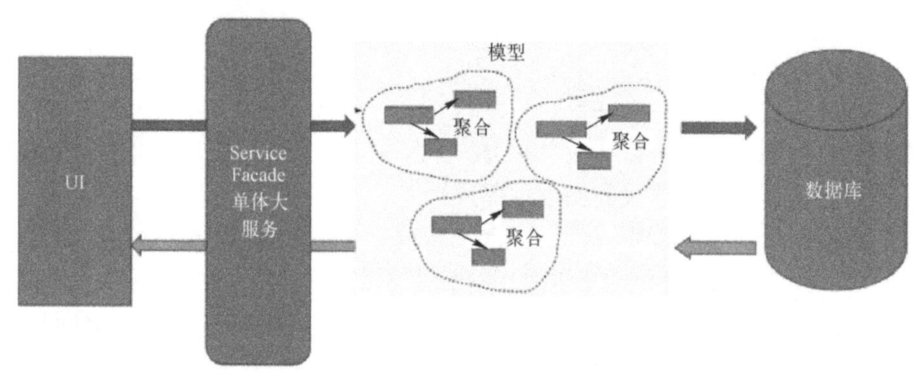

图 5-1　传统 DDD 实现

UI（通过控制器层）使用服务外观层，该层负责协调领域模型执行的业务操作，模型存储在关系数据库中。这种架构使用的是一个统一 DDD 模型来读写两种不同请求的处理，执行业务逻辑功能的同时，还要实现搜索等查询功能，这些都是通过相同领域模型实现的，这样会导致领域模型加入一些与查询有关的属性，更糟糕的是，也可能会强制从查询角度去设计 DDD 模型。

虽然这样的架构实现了 DDD 模型，但是它将领域模型与技术框架等基础设施耦合在了一起，特别是使用了太多的数据库技术，将导致领域模型严重依赖数据库技术。随着技术的发展，业务逻辑被具体数据库产品所绑架，如果从 Oracle 迁移到 MySQL 等其他开源数据库，就会导致整个系统的重写，这些都是实现真正 DDD 的最大阻碍。

通过这样的 DDD 建模方法，召开了多次事件风暴会议，凝聚了组织内各个方面的意见和经验的领域模型，却会在变成代码的过程中耦合了太多无关职责而变得面目全非，这是组织的巨大损失，也是软件质量的噩梦。

本章将介绍业界在实现 DDD 架构中探索的不同架构形式，从清洁架构、六边形架构到 CQRS 架构，这些架构都从不同方面关注系统的职责功能。清洁架构和六边形架构是将业务与技术相分离，这是一个大的分离解耦方向，而 CQRS 则是将业务领域分离为查询和命令两种方式。通过这两种不同方式的切分，DDD 领域模型将切实得到隔离和保护，这些领域模型能够不受各自具体技术发展的影响，成为组织内真正的核心资产。

5.1 DDD 架构介绍

DDD 的实现架构有很多种，包括传统 DDD 架构、清洁架构、六边形架构以及本章重点介绍的 CQRS 架构。

这些架构都是一种关注点分离模式的实现，也是 SOLID 单一职责原则的体现，将人们关注的一个职责与其他职责分离，不要试图混合在一起。传统的 SOA 架构在这方面有很大缺陷，造成了一种单体耦合的架构，虽然这样的大型服务能够实现一定程度的复用和重用，但是在重用和解耦之间需要有一个取舍，在这两者之间如果非选择一个，那么首先选择解耦。通过解耦可以实现更小粒度的重用，虽然这种重用粒度太细小会使得提高生产效率方面的效果不是很明显，但是随着系统的扩展和复杂性的提高，其优点将逐步体现。

现在有一种更极端的观点：代码不是用来维护的，而是用来被删除或被破解的。容易被删除或被破解的代码，才是真正的好代码，而一个新程序员必须小心翼翼地打开慢慢修改的代码不是好代码。新程序员应该可以直接卸除旧代码，或外接一些代码实现对原有代码的破解。让新程序员快速上手是形成组织高效生产力的基本措施之一。

基于关注分离的原则是通向“开挂”的第一步，具体在哪些方面分离，业界已经探索了很多方式。首先是业务逻辑与技术框架架构的分离，这是六边形架构、清洁架构等架构的特点，也是将 DDD 落地实现的第一步。DDD 注重业务领域的模型建立和设计，这些设计结果需要落实为代码，但是不能再将这些业务代码与技术代码混合在一起，否则会前功尽弃，而且随着技术的变更，如 Spring 和之后的 Spring Boot 其实是两种不同的体系架构，如果代码无法实现无缝迁移，就说明业务代码已经严重依赖技术框架了。

依赖混乱是 SOA 单体架构的一个重要特点，这可以从 Maven 的依赖路径中发现。曾经有一个大型系统一直使用 Ant，后来过渡到 Maven 时，需要理清各个模块之间的依赖关系，这个过程很难，而且到最后理清时，发现在整个路径中竟然严重依赖某个技术框架或工作流组件，而位于依赖路径顶端的应该是 DDD 模型。

如果要让 DDD 模型成为整个架构依赖路径的顶端模块，从编写第一行代码时就要进行这样有意识的设计和安排，采用一些体系结构来保证这种目标的实现。

5.1.1 MVC 模式

MVC（Model View Controller）是很多人熟悉的模式。MVC 中的 Model 代表模型，View 代表显示视图，Controller 代表控制器，用于协调模型和视图之间的转换。那么 MVC 中的 Model 是代表领域模型还是数据模型呢？这两种模型是完全不同的，领域模型代表业务对象，是有业务行为的充血模型，而数据模型只是贫血或失血模型。

MVC 中的 Model 模型其实有两种职责，只不过很多人平时没有注意，而是无意识地将它们合二为一了。一种职责是实现读取查询功能的，直接支持在视图（View）中显示读取；另一种职责是支持在控制器中写入的，用来向后台写入。这对应两种不同方向的模型，却耦合在同一个 Model 中，违反了关注点分离原则和单一职责原则。

这两个模型实际上分别是由读和写事件驱动的，过去一般把它们同步在一起实现，使得这个模型被迫蜕化成了一个失血的数据模型（Data Model），因为只有数据模型才能满足读写两种职责的要求。

这两种模型代表的性质也不同：领域模型代表用户需求中的业务模型，而数据模型是计算机系统内部进行处理的模型。这两种模型其实经常是不一致的，不是同一个，但是在 MVC 的控制器中却将它们强迫一致、同一化了。

MVC 模式还有很多变体：

- Model View Presenter（MVP）。将“Controller”改为“Presenter”意味着读写分离：以前的 Controller（控制器）具有处理读取和写入两种职责，而 Presenter（演示者）的主要职责是写入修改模型，视图负责处理读取查询。
- Model View ViewModel（MVVM）将读取查询职责专门合并到了 ViewModel 中，它对写入模型和读取视图两个职责进行了完全解耦。MVVM 将读取查询视图与写入模型断开连接，并将 ViewModel 作为两者的中间体间接地引入，ViewModel 中常见的职责是实现界面输出的控制逻辑，它通常会同时影响多个 GUI 元素。MVVM 的主要动机是使视图能够在没有任何逻辑的情况下由 XML 定义，因此没有编程技能的 UI 设计人员也可以构建它。
- CQRS 是在 MVC 模式基础上最彻底的变体，一方面它本身也是一种 MVC 模式，另一方面它在 MVC 模式基础上进行了读写模型的分离，这种分离不只是对控制器本身的划分，还涉及存储系统的划分。

5.1.2 传统三层架构

常见的分层架构有三层：表现层、应用层和数据层，如图 5-2 所示。

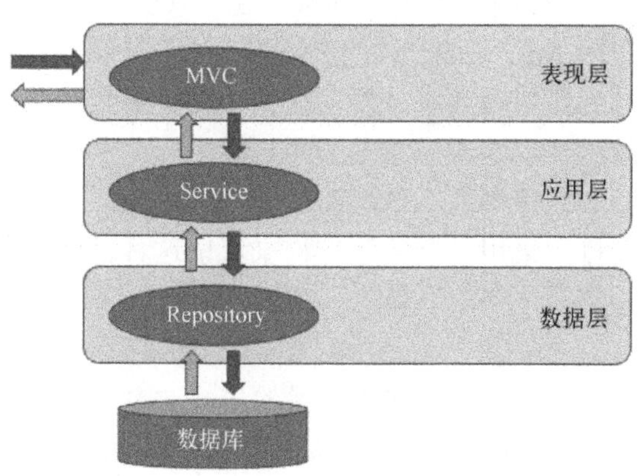

图 5-2　传统三层架构

表现层是与外界进行联系，处理所有传入请求和放回响应的地方，这是 MVC 模式实现的地方。表现层依赖应用层来执行系统提供的所有功能。表现层仅仅依赖应用层，在 React.JS 或 Vue.JS 等浏览器富客户端流行的情况下，表现层已经在浏览器客户端实现，而传统 SpringMVC 则是在后端服务器实现 MVC。

应用层是开发应用程序提供所有功能的地方，这也是业务逻辑所在，业务领域核心所在，也就是进行所有业务规则验证的地方。应用层仅仅依赖数据层，保存所有的数据供以后使用，或获取某些先前保存的数据，应用层将其计算结果返回表现层。

在业务逻辑不复杂的情况下，通常数据的 CRUD 操作基本在应用层实现，而随着业务复杂性的增加，原先写在服务（Service）中的简单 CRUD 逻辑已经不能满足业务要求，服务中的代码不断增加，变成胖的、大的服务。这种上帝式的服务类似于餐厅的服务员开始做老板了，进行了业务决策，而服务本身的定位是业务协调者。业务决策和业务协调在简单的 CRUD 功能下区别不是很明显，正是在这种无法觉察的情况下，业务代码不断加入服务类中。

通过引入 DDD 模型，应用层增加了领域层，而通常领域层是一个主要层，领域层替代了应用层，原来应用层的服务变成领域层中的应用服务和领域服务两种类型。应用服务的粒度比领域服务更大，是一种 Façade（门面式）的大服务，而领域服务则是与特定业务逻辑有关的服务，这样就形成了 DDD 的实现架构。

传统三层架构中的数据层可以处理数据的持久性，它与数据库通信，并且没有进一步的依赖关系了。数据层将数据库的数据返回给应用层。

如果没有使用 DDD 模型，直接使用 Spring 框架开发应用程序，实际上就可能已经使用了这种三层架构。

在使用 Spring 的应用程序中，MVC 或 REST 的控制器类位于表现层，服务类位于应用层，存储库位于数据层，在这些层中，有各种用于通信的对象。

- 数据传输对象（DTO）：客户端向应用程序发送的数据被表现层控制器接收，表现层将 DTO 发送到应用层的服务类，应用层将 DTO 作为结果返回表现层。
- 实体对象：从数据库中获取的数据将映射到实体对象，如果需要在数据库中保存数据，首先必须将这些数据映射到实体对象。
- 领域对象：应用层使用的对象，在不使用 DDD 模型的情况下，可能是一个失血模型，或者直接使用实体对象替代。

在这样的三层架构中，数据库是最重要的组件，所有其他组件直接或间接依赖于数据库。这与以领域为中心的架构设计完全不同，在 DDD 设计中，领域模型是最重要的层和组件。

下面以具体代码说明传统三层架构的实现。这种实现没有考虑 DDD 模型的设计，是一般 Spring 入门教程使用的实现方式。

首先从 POJO 开始，设计 DTO、实体对象，这些贫血对象是在三层之间传递的。

表现层从浏览器或客户端接收用户提交表单的 DTO 如下，这个 DTO 类似于 CQRS 中的命令包含的数据：

```
class CustomerDepositDTO {
  public String username;
  public Integer amount;
}
```

数据层实体对象如下，它是 JPA 实体对象：

```
@Entity
@Table(name="CUSTOMER")
class CustomerEntity {
  @Id
  @GeneratedValue(strategy=GenerationType.AUTO)
  public Long id;
  @Column(name="USERNAME")
  public String username;
  @Column(name="PASSWORD")
  public String password;
  @Column(name="AMOUNT")
  public Integer amount;
}
```

数据层的代码大概如下，这是使用 Spring JPA 实现的仓储类：

```
@Repository
public interface CustomerRepository extends JpaRepository<CustomerEntity,
Long> {
CustomerEntityfindByUsername(String username);
}
```

应用层的服务类代码如下：

```
@Service
@AllArgsConstructor
class CustomerService {
  private final CustomerRepositorycustomerRepository;
  public void deposit(CustomerDepositDTOdto) {
    CustomerEntitycustomerEntity =
            customerRepository.findByUsername(dto.getUsername());
            customerEntity.amount += dto.getAmount();
            customerRepository.save(customerEntity);
  }
}
```

在应用层的 CustomerService 类中，实现加入存款数据的业务逻辑，代表最重要的业务逻辑是 customerEntity.amount（账户余额）增加了从表现层传入的 CustomerDepositDTO 中的金额，这样通过 deposit 操作实现了存款的业务功能。这种余额的变化也称为业务对象的状态变化，在后面的事件溯源章节会讨论如何以事件替代这种状态。

下面是基于 SpringBoot 的表现层代码：

```
@Controller
@RequiredArgsConstructor
public class CustomerController {
  private final CustomerServicecustomerService;
  @PostMapping(value = "/customers/deposit")
```

```
    public @ResponseBody void deposit(@RequestBodyCustomerAddMoneyDTOdto){
      customerService.addFundsToCustomer(dto);
    }
  }
```

以上是一个基于 Spring 框架的传统代码，表现层的 CustomerController 依赖于应用层的服务类 CustomerService，而 CustomerService 依赖于数据层的 CustomerRepository，这体现了三层依赖关系，这种依赖可以使用 Spring 依赖注入模式实现。很明显，CustomerRepository 成了依赖最核心层，也就是数据仓储层成了三层架构的核心依赖，而 DDD 强调领域模型代表业务领域对象，领域模型才应该是应用架构的核心依赖，仓储只是领域模型存放持久数据的地方，如同一个家庭的住房结构中，卧室或客厅应该是整个住房的核心场所，储物间或衣柜等只是次要空间。

这种架构的优点和缺点都很明显，优点就是简单，所以比较容易被接受，而缺点正是因为太简单了，所以无法应付复杂的大中型业务系统。

下面分别针对传统三层架构的优缺点进行分析。

（1）优点

1）层是隔离的，对每一个层的更改不会影响其他层。每个层可以独立测试。

2）关注点分离，每个层都处理应用程序的一个方面，使得代码容易管理。

3）开发人员熟悉这种简单架构，每个人都可以通过代码库轻松找到需要的方法代码。

（2）缺点

对于简单的 CRUD 操作还是分层太多了，创建一个数据库的记录需要涉及三个层。

这三层合起来才能构成一个应用，对于某个层的修改需要重新部署整个应用程序。

当业务复杂时，更大的业务逻辑会写入应用层的服务类中，因为应用层依赖数据层，数据层依赖数据库，导致应用层的业务逻辑严重依赖数据库，运行时负载集中在数据库一端，造成数据库缓慢或延迟。

实现数据库或前端技术升级时，应用层的业务代码几乎全部需要重新编写，业务代码无法独立于技术而存在，无法形成自我演进和思考路径，所以这种三层架构无法应付非常复杂的业务领域。

从读写角度看，读取和写入都要涉及三层的代码修改，有些查询读取只是 SQL 实现，但也涉及多个地方的修改，读写关注点无法分离。这与前文所述 MVC 模式中的控制器问题一样，表现层的控制器、应用层的服务类和数据层的仓储类都是负责读取和写入两个方面，数据层不但负责数据保存，还负责先前数据的读取，这两种职责都耦合在一个层的一个类，没有实现职责分离、关注点分离，在复杂、高负载的情况下，无法针对读取查询进行独立优化。

5.1.3 传统 DDD 分层架构

传统的 DDD 分层架构对传统三层架构的主要缺点进行了优化。传统三层架构的主要缺点是整个系统的最核心层是仓储层和数据库，业务领域逻辑都写在了数据库表结构和 SQL 或存储过程中，这些技术很难实现对业务对象直观、直接的映射。最简单的说明是失血模型和充血模型的不同：业务对象是拥有业务行为的充血模型，而数据库表的 ORM 实体则是失血模型，有关业务行为散落在应用层服务或仓储层的 SQL 中。这样就造成了严重的软件负债，使新手无法很快掌握整个业务逻辑，业务需求一旦变化，牵一动百，Bug 无数，而且这样的系统相当脆弱，新功能拓展也越来越慢，交付时间越来越长等，因此失败的案例不计其数。

传统 DDD 架构在传统三层架构基础上增加一个领域层，如图 5-3 所示。

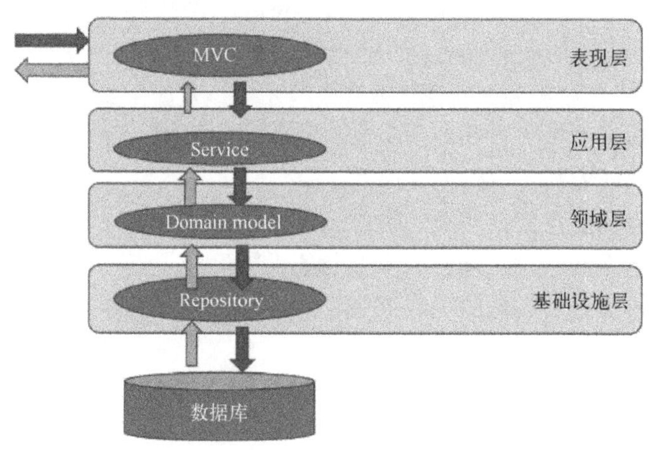

图 5-3　DDD 传统架构

将数据库层或仓储层作为基础设施层，而应用层则用来协调领域层和基础设施层，因为最终一个功能是需要业务领域决策加上仓储来实现的，例如以下传统 DDD 架构下的 CustomerService：

```
@Service
@AllArgsConstructor
class CustomerService {
  private final CustomerRepositorycustomerRepository;
  public void deposit(CustomerDepositDTOdto) {
   CustomerEntitycustomerEntity =
customerRepository.findByUsername(dto.getUsername());
   //委托领域层进行业务决策
   customerEntity.compute(dto.getAmount());
   //customerEntity.amount += dto.getAmount();
   //调用基础设施层的仓储数据层保存数据
   customerRepository.save(customerEntity);
  }
}
```

注意，这里的关键业务逻辑（也就是状态修改）是：

```
customerEntity.amount += dto.getAmount();
```

在传统三层架构中，这段业务逻辑是在应用层服务中实现的。这是一种重要的业务决策，它决定了 customerEntity 的余额状态改变，应该属于 DDD 领域层的管辖范围。那么使用传统 DDD 架构实现时，这段业务逻辑就委托给领域层实现了：

```
customerEntity.compute(dto.getAmount());
```

customerEntity 是作为领域层的实体模型实现的，它也是基础设施层，也就是仓储数据库层的 ORM 实体。它是一个失血模型，如果在 customerEntity 对象中加入了业务行为，如 compute()方法，那么它就变成了充血模型。这是简单系统的做法，如果系统很复杂，最好将 DDD 充血模型和失血模型分离，在领域层专门设计一个 DDD 实体 Customer 充血模型，这样就一共有了三种对象模型：DTO 失血模型用于传输数据；DDD 充血模型用于封装核心业务逻辑；ORM 实体模型用于存储数据。

这里的 CustomerService 实现了一种应用程序的逻辑，这种逻辑不但调用领域层的领域服务或实体，还要调用基础设施层的技术服务，例如：

```
customerRepository.save(customerEntity);
```

它调用了基础设施层的仓储数据库来保存数据。数据库或消息系统等技术架构都属于基础设施，应用层的职责主要是服务于领域层进行各种资源协调，它类似于十字路口的交通警察，来往车辆类似于业务领域逻辑，交警需要依据红绿灯等技术设备指挥车辆有序通过。这里交警不做技术方面的事情，不会替代红绿灯，也不会亲自驾驶车辆通过，他的职责是业务协调。

应用层的服务与领域层的领域服务和基础设施层的基础服务都是区别的，这些服务都分别服务于不同层。应用层服务可以看成一种总服务，协调领域层和基础设施层，当然服务种类多了，容易让系统架构变得复杂，或者使业务逻辑泄露到各种服务中。领域服务和业务逻辑有关，无法放入实体内的行为可以放入领域服务。这个过程好像很简单，其实很复杂。有些实体如果没有设计或挖掘出来，包括实体和值对象都没有想到或设计出来，但是职责功能已经有了，还没有意识到应该归类到某个实体或值对象，这时没有地方可归属，就想当然地归属到领域服务，这样实体和值对象会很少，或者几乎都是失血实体模型，虽然系统也可以运行，但却不是 DDD 实现，而是典型的传统三层架构实现。

因此，服务是不得已而为之的一种补充设计类型，由此催生了微服务的概念。微服务是微小服务的意思，那么复杂业务逻辑怎么塞入一个微小服务中呢？只能通过划分和委托，应用有界上下文划分成一个个小服务，每个服务内部还委托聚合根实体进行业务决策，这种情况下，服务就没有那么多种类，没有那么多需要解释的了。

当然将服务承担的业务逻辑协调功能进一步分解，变成一种与外界相接的适配器或者各种外部接口（见清洁架构和六边形架构中的实现方法），这样就能够进一步明确服务的复杂含义了。

同时，由于 DDD 的应用层逻辑容易与传统三层架构中的应用服务相混淆，所以实际使用时难以做到不在应用层泄露任何业务领域知识，这是程序员的习惯问题。为了重申或强调领域层的重要性，应该将领域层作为整个系统的核心，这个核心应该被明确强调，而不是躲在应用层后面；它应该只是被应用层包围的巨大核心，应用层应该像月亮那样绕着地球核心运行，而不能因为应用层面向外界，就有权进行业务决策和业务计算。在六边形架构中，将领域层突出为一个六边形核心，而在清洁架构中，将领域层像地球核心那样突出强调，这些形式上的改变都是为了强调领域层的核心作用。领域层应该是所有依赖的核心，它不应该依赖任何技术或应用服务，而是所有基础设施或应用程序逻辑依赖于它。

以上一章“聚合设计”中订单（Order）实现为例，分析一下传统 DDD 架构是如何在其中实现的。代码地址：https://github.com/banq/order。

Order 代码有三个包。

1）domain：领域层，这是 DDD 的核心部分，其中可包括聚合、领域实体、值对象、命令或事件等领域模型。

2）service：服务层，这是应用层的服务，用于协调基础设施层与领域层之间的应用逻辑操作。

3）repository：这是基础设施层中的仓储层，简单一些的系统可以直接使用仓储层，如果有消息系统、全文搜索等不同于数据库仓储的基础技术，则需要命名为基础设施层。

看看聚合根实现订单 Order：

```
@Table("order_table")
public class Order {
    private Collection<OrderItem> items;
    private Address m_Address;
    private OrderStatus m_OrderStatus;
    @Id
    private String id;
    public Order() {
        items = new ArrayList<>();
        m_OrderStatus = new Placed();
    }
```

这里的聚合根实体 Order 也兼顾基础设施层的 JPA 实体，使用了@Table 这样 JPA 元注释。在复杂一些的案例中，领域模型实体需要与基础设施层的实体分离，否则业务逻辑和持久层逻辑混合在一起，违背了单一职责原则。

再看看 Order 中的应用服务：

```
@RestController
public class OrderServiceImpl implements OrderService {
    @Autowired
    OrderRepoorderRepo;
```

这里的应用服务直接充当 REST 的 MVC 控制器，在简单系统情况下可以提高开发效率，这样应用服务其实兼顾领域层服务、应用层服务和 API 接口实现三种角色，在复杂系统下，这三种角色的职责需要分离。

5.1.4 清洁架构

清洁(Clean)架构是著名软件工程大师 Robert C.Martin 提出的一种架构整洁清晰之道，也是当前各种语言开发的目标架构。干净、清晰、整洁的架构应该只包含单向的依赖关系，这样才可以在逻辑上形成一种向上的抽象系统，如图 5-4 所示。

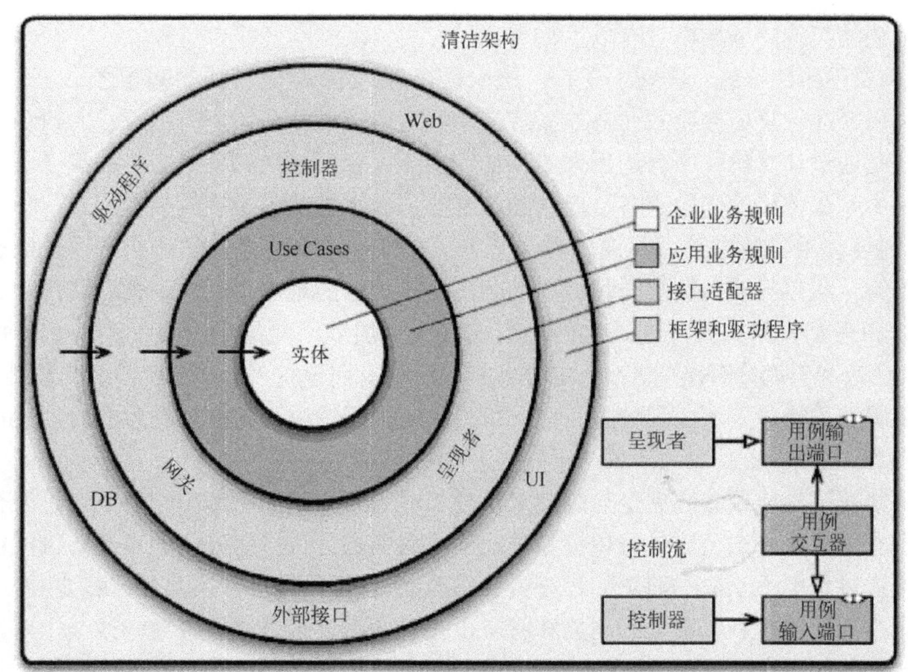

图 5-4 清洁架构

图 5-4 中的同心圆代表各种不同领域的软件。一般来说，越深入代表软件层次越高。外圆是战术实现机制，内圆是战略核心策略。

此架构能够工作的关键是依赖规则。这条规则规定源代码只能向内依赖，在最里面的部分对外面一点都不知道，也就是内部不依赖外部，而外部则依赖内部。这种依赖包含代码名称、类的函数、变量或任何其他命名软件实体。

同样，在外圆中使用的数据格式不应被内圆中使用，特别是如果这些数据格式由外面一圈的框架生成时。清洁架构不希望任何外圆的东西影响内圆的业务核心。

（1）实体（Entitie）

实体封装的是企业业务规则，一个实体可以是一个带有方法的对象，或者是一系列数据结构和函数，只要这个实体能够被不同的应用程序使用即可。它类似于 DDD 中的聚合和实体模型。

（2）用例（Use Case）

这个层的软件包含应用指定的业务规则，它封装和实现系统的所有用例，这些用例会混合各种来自实体的数据流程，并且指导这些实体使用企业规则来完成用例的功能和目标。它类似于 DDD 中的应用服务模型，相当于传统三层架构中的应用层。

（3）接口适配器（Interface Adapter）

这一层的软件基本都是一些适配器，主要用于将用例和实体中的数据转换为外部系统（如数据库或 Web）使用的数据。在这个层次，可以包含一些 GUI 的 MVC 架构，表现视图、控制器都属于这个层，模型（Model）是从控制器传递到用例或从用例传递到视图的数据结构。

实现清洁架构的领域模型有以下特点。

1）需要使用纯粹统一的业务语言。统一语言是DDD战略模式的基础之一，在其中起着关键作用。非计算机专业的业务专家或产品经理应该能够理解所有逻辑、术语和概念，即使这些是通过计算机程序表达出来的，他们也无须掌握这些编程语言。如果在一个个有界上下文中到处使用相同的语言、概念和含义，那么大家就容易达成共识。

2）需要使用封装方法，只向外界公开有关模型的最少信息，防止业务逻辑泄露到应用程序逻辑。应用层或用例层与领域层的分离是实战中的难点，因此，推荐使用六边形架构中端口和适配器的方式，通过这两种方式将应用层或用例层进一步细分，然后再使用CQRS的命令和查询分离模型细分，这样就将应用逻辑划分成一个个粒度很细的边界内，使得业务逻辑不可能混入这些细粒度、单一职责的应用逻辑中。具体可见后面的“Command对象”一节。

默认情况下，将领域层完全封装起来，外界进入领域层的领域模型只能通过聚合根实体公开的有限公共方法，这是领域模型唯一的输入渠道。这样保守型的设计防御能够防止系统在演进过程中不断被不熟悉的程序员无意改动，保证领域层的隔离性和稳定独立发展。

对象中封装的是领域模型的属性和状态，公开的是行为方法。直接修改一个对象的属性很方便，如同直接修改数据表的某个字段一样，但这样的修改是没有留下原因，也没有任何业务风险提示的，只要修改者大脑中验证通过，同时测试功能也正常，就理所当然地认为已经高效地完成了任务，其实这样做是非常不谨慎的。

其纠正方式是编写有丰富内容的业务行为，但是如果业务行为还只是setXXX()，那么这其实不是业务行为，只是数据操作行为，没有任何业务色彩。为什么会setXXX()呢？因为，如现在是促销期间，价格需要被修改，那么促销就是理由，就有业务色彩，把setXXX()方法改为promote()这样丰富业务内容的行为，这样才能反映无处不在的统一业务语言，业务人士和产品经理如果看到代码，看到promote()方法，也会明白这是与促销有关的行为。

实现清洁架构的领域模型还必须实现持久层无感，持久层无感是领域模型另一个众所周知的概念和理想属性。不要在领域模型和持久性存储之间建立高度的耦合，它们涉及的是不同的概念、任务和责任。一件事的改变对另一件事的影响应该最小，反之亦然，两者之间的低耦合意味着系统可以更好地适应变化。

DDD落地为清洁架构的过程中必须坚持的唯一原则是SOLID原则。

由于领域模型是面向对象的，因此应遵循所有SOLID原则。

1）单一职责（SR）：一个实体只能代表一个业务概念。一种方法行为可以做一件事，一个事件代表一个事实，这是必须牢记的首要原则，也是实现分离关注点的关键步骤。

2）开闭原则（OCP）：业务逻辑实现应在不会涉及更改其他地方代码的情况下易于扩展，可使用策略/战略模式实现这一点。

3）里氏替换（LSP）：继承是类之间的最强耦合，这是要避免的。可以使用组合替代继承，聚合模型本身也是一种组合。切记不要将领域模型继承任何非领域模型的父类，这样会导致领域模型依赖技术平台或框架，违背了领域层作为唯一核心的设计目标。

4）接口分离（ISP）：各个层的服务或策略的接口应较小，理想情况下应采用一种方法。服务的职责定位于协调者，只能决定何时调用业务，但不能决定如何执行业务。无论是应用层服务、领域服务、基础设施服务，还是各种端口和适配器，都应该将接口切分得更小，使职责更单一。

5）依赖注入（DI）：需要使领域模型与其余应用程序和基础结构脱钩，但是领域模型又必须和周围环境交互。可以使用依赖注入和依赖倒置原理。发布订阅等模式比依赖注入更加松耦合，两种方式结合在一起使用，可以使得领域模型中保持一定的抽象水平，从而能在整个模型中使用业务语言，同时能隐藏实现细节。领域模型是大脑，定义的是“做什么”等战略方向性大问题，而“怎么做”等战术实现细节必须隐藏，两者结合时使用依赖注入或发布订阅等松耦合方式进行连接。

按照清洁架构标准对上一节讨论的订单（Order）案例尝试重构，代码地址为 https://github.com/banq/order。

重构代码后包层次如下。

1）domain：领域层，这是 DDD 的核心部分，相当于清洁架构中的实体模型。

2）usecase：将原来的服务层重构为用例层，这是实现应用程序逻辑的地方。但是要注意的是，服务有接口和实现两种，在这里放置的是服务实现类，如 OrderServiceImpl：

```
public class OrderServiceImpl implements OrderService {}
```

OrderServiceImpl 的继承接口 OrderService 被重构到接口层。

3）interface：接口适配器层，用于与外界接口适配，也可取名为 boundary。它有输入和输出两种接口，输入和输出是相对于领域而言的。如 OrderService 是一个输入接口，而原来仓储层的 JPA 接口 OrderRepo 作为这里的输出接口：

```
public interface OrderRepo extends CrudRepository<Order, String> {}
```

当然，访问外部服务或消息系统等输出类型的接口都可以放在这里。

4）adapter：适配器层，这里放置的是领域层输入和输出两端的不同实现，如 Web 和 持久层两个子包。

适配器层的 Web 层子包一般是领域层数据输入的源头，这里放置 Web 的一些类，如以@RestController 标注的 REST 或 MVC 控制器类。之前的 Order 项目只是简单地在应用服务 OrderServiceImpl 标注了@RestController，这里的清洁架构中需要将 OrderServiceImpl 和@RestController 分离，OrderServiceImpl 放入了用例层中，在适配器层的 Web 层子包中单独实现一个带有@RestController 标注的 OrderController 类。

适配器层的持久层子包一般与持久有关，以领域层数据输出性质实现，包括用于 ORM 实体对象，如 JPA/Hibernate 实体对象等。这里需要将领域模型的充血实体和 ORM 的失血实体分离。之前的 Order 项目中，Order 类身兼两职：聚合根实体和持久层实体，在清洁架构中需要将这两种职责分离，实现单一职责，所以将聚合根实体放在了领域层，持久层放置的是与 JPA 有关的实体类。前者是充血模型，后者是失血模型。

5）configuration：这里放置的是与框架有关的类，如 Spring Boot 的启动应用类就放在这里：

```
@SpringBootApplication
```

```
@EnableSwagger2
public class OrderApplication {}
```

还有 Spring 相关的以@Configuration 标注的 Configuration 组件类等。

清洁架构的 SpringBoot 参考案例可见网址https://github.com/mahanhz/clean-architecture-example。

5.1.5 六边形架构

清洁架构实际总结了六边形架构和洋葱架构的特点，其用例和接口适配器类似于六边形的适配器。它们的核心都是将业务逻辑和基础设施相分离。清洁架构虽然与传统三层架构中的表现层、应用层和仓储层都有对应关系，但又有本质区别：清洁架构多层中的最终依赖核心是领域层，而传统三层架构的最终依赖层是仓储层和数据库。

六边形架构（Hexagonal Architecture，也称为“端口和适配器模式”）由 Alistair Cockburn 提出，被 Steve Freeman 和 Nat Pryce 在他们的书籍《测试驱动的面向对象软件开发》中所采用。六边形架构如图 5-5 所示。

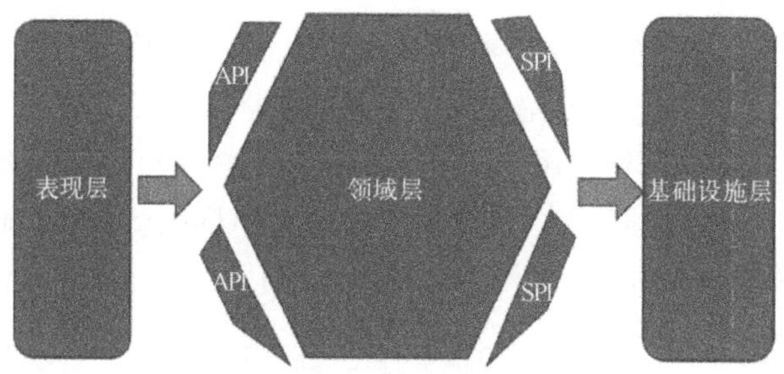

图 5-5　六边形/六角形架构

六边形架构的特点如下。

1）只有两个世界。在六边形里面是所有的业务模式/逻辑，外面则是基础设施，也就是代表所有技术规范。两者之间通过端口或适配器组件联系。端口根据调用请求方向又分 API 和 SPI 两种，请求先调用 API 端口，进入领域层核心后，领域模型需要检索数据库或第三方 API 时则是通过 SPI。适配器通过软件技术组件来实现业务领域端口和具体技术之间的适配转换。

2）依赖关系始终从外部进入内部，这确保了业务域的隔离，如果以后更改基础架构，业务逻辑将可以重用。

3）采用图 5-5 中架构的一个必然结果是，六边形内的一切一定不能依赖任何技术框架，包括诸如 Jackson 或 JPA 之类的外部注释。要确保使用 maven，使用 Maven 执行器插件。

最后一点非常重要也很难做到，例如，如果从 Spring 框架迁移到 Spring Boot（这其实是两种技术架构体系），如果基于 Spring Integration Tests 实现了大量测试验证代码，当迁移到 Spring Boot 时，由于 Spring Boot 与其他框架都有自身特殊的集成方式，会导致所有测试都失败。

依赖关系混乱的话维护起来很难，因此很多传统项目必须下决心引入 Maven 等依赖工具，但是在引入过程中会发现有很多难以厘清的依赖关系。如果下决心进行依赖梳理重构，那么一定要分清技术依赖和业务依赖两条路径，并确保这两条路径之间彼此隔离。

六边形内部代表业务依赖路径，外部代表技术依赖路径；内部应该依赖外部，外部可以依赖内部。业务代码应该不依赖任何技术框架或数据库技术，但是传统项目大多数是通过服务调用大量的 SQL 语句，业务逻辑大量集中在数据库持久层。服务中有数据库 SQL 依赖和 Spring 等框架依赖，使迁移到六边形架构几乎成为不可能完成的任务，因为迁移至少要做两件事：首先，使用 DDD 模型替代数据库模型；其次，不能依赖任何技术框架和基础设施，包括服务中和领域模型中的代码。

六边形架构体现了一种关注点分离：将对业务逻辑的关注和对技术架构的关注实现分离，两者可通过控制反转 IOC 模式联系在一起，当然发布/订阅等模式在解耦程度上更高些。

六边形架构中的端口代表一组接口，可以将端口等同于 Java 中的接口类，外部世界只能与六边形端口交互，而不应该直接访问六边形的内部。端口类似传统 DDD 架构中的领域服务，属于核心业务逻辑的一部分，它是应用程序提供给外界的接口，用于允许参与者与应用程序进行交互。这里的端口分为被驱动或被调用的端口（API）以及调用外部的端口（SPI）。

API（应用程序编程接口）和 SPI（服务提供者接口）的主要区别：API 是被调用者、被驱动者，是供外界调用和使用的接口；SPI 是主动调用者、主驱动者，驱动调用基础设施或第三方 API。SPI 可以收集所有由业务领域检索的信息或从第三方获得某些服务所需的接口。

六边形架构中的适配器代表使用特定技术与六角形端口交互，一个适配器是一个软件技术组件，适配器类似于清洁架构中的接口适配层。

对于 API 性质的端口，其适配器可以是一个单元测试；可以是一个 MVC 控制器，控制器从视图接收用户请求的动作，并将其转换成一个调用 API 端口的请求；可以是一个 REST API 控制器，实现 REST API 请求转换；可以是一个领域事件订阅者，从其申请订阅的消息队列中将消息转换为领域事件。

对于 SPI 性质的端口，其适配器可以是一个 SQL 适配器，通过 SQL 实现数据库访问和数据保存；可以是一个电子邮件适配器，实现电子邮件的发送；可以是一个调用远程应用的适配器，调用远程应用程序的端口并获得一些数据；可以是一个事件发布者，发送事件到消息队列。

六边形架构把业务领域和技术实现之间的转换看成一种适配，而且划分为两种类型：请求进入领域层之前的 API 类型适配器；领域层输出的 SPI 类型适配器。这样相当于将传统 DDD 的应用层或清洁架构的用例层划分成两个部分，实现了职责分离和关注点分离。

应用层或用例层中其实有两个方向：输入和输出。输入领域层之前会有各种应用逻辑，例如调用会话或权限系统检查，与基础设施层交互获得一些辅助数据等；领域层输出也有各种应用逻辑，例如领域层需要从第三方 API 获得一些数据等。如果没有输入和输出的分离，这些不同方向的应用逻辑会混淆在同一个层中，造成混乱与高度耦合。

六边形架构的重要特征是端口和适配器，所以，六边形架构也称为端口和适配器架构。

六边形架构的优点如下。

1）将所有业务模型/逻辑放在一个地方。

2）领域（六边形的内部）是隔离的，并且与技术部分（六边形外部的基础结构）无关，因为它仅依赖于自身。这就是依赖项总是从六边形的外部传播到内部的原因，这也让领域模型位于整个依赖路径的顶端。

3）六边形是一个独立的模块，可以编写不需要处理技术问题的、真正业务性的功能测试，可以提高领域的可测试性。

4）提供了强大的模块化功能，可编写各种各样的适配器，而对其余软件的影响很小。而且由于该域在堆栈中是不可知的，因此可以在不影响业务的情况下更改堆栈。

5）通过始终从六边形的内部开始，可以通过专注于功能开发来确保快速为公司创造价值，这样就可以延迟技术实施的选择，以便在正确的时间做出最佳选择。

这里以 https://github.com/thombergs/buckpal/中的转账项目为例说明一下六边形架构在代码上的反映。

1）domain：领域层，放置核心业务逻辑，如 Account。

2）application：六边形架构类似清洁架构，也是将服务接口和服务实现子类分离，这是在同步技术下的一种接口实现分离的方式。如果使用消息模型，发布者和订阅者也需要分离，发布者类似服务接口，订阅者类似接口实现子类。

在 application 下有两个子包。

- port：表示六边形的端口接口，这里放置的是纯接口类，如 SendMoneyUseCase：

```
public interface SendMoneyUseCase {}
```

这里的接口分输入和输出两种，输入和输出都是相对于领域层而言的。接收 Web 表单数据提交的属于输入方向，输入也就是 API；而输出则是领域层调用其他资源（如基础设施数据库或第三方 API）的，也就是 SPI。

SendMoneyUseCase.java 属于输入 API 子包下的接口。SPI 下的接口有 LoadAccountPort.java：

```
public interface LoadAccountPort {
    Account loadAccount(AccountIdaccountId, LocalDateTimebaselineDate);
}
```

这是从领域层外部加载查询 Account 的接口类。

上面这些端口接口的实现放在 application 子包的 service 下面。

- service：application 一级目录下的二级包，如接口 SendMoneyUseCase 的实现如下。

```
@RequiredArgsConstructor
@Component
@Transactional
public class SendMoneyService implements SendMoneyUseCase {}
```

3）adapter：适配器层，这里放置的是内外界相互适配转换的类。适配器模式的典型比喻是 220V 转 110V 的电源转换插头。适配器层下有两种子包层：输入的 Web 层子包或输出的持久层子包。

Web 层子包中放置的是 SpringBoot/SpringMVC 的控制器，也就是以@RestController 标注的应用控制器类，如：

```
@RestController
@RequiredArgsConstructor
public class SendMoneyController {}
```

持久层子包中放置的是与数据库实现有关的类，包括 JPA 实体类失血模型、仓储 Repository 类、DAO 类或各种 DTO 等，如果是 Web 层应用的 DTO，则放在 Web 子包中。

以上案例是 SOA 或微服务同步架构下的应用，如果领域模型与基础设施之间不是通过接口或注射方式衔接，而是通过发布/订阅的异步模型衔接的，又如何实现六边形架构呢？

这里以 JiveJdon 为例说明六边形架构的异步应用。JiveJdon 借助 JdonFramework 的 pub-sub 发布订阅模型将业务领域与基础设施实现了分离，领域模型通过发送消息事件给基础设施驱动其相应功能，包括数据库表的存储。

JiveJdon 的代码模块中，包是按如下方式划分的。

1）domain：这里放置的是业务领域核心代码，即 DDD 模型实现代码。

2）api：这里放置的是接受调用的 API 服务类，是属于输入性质的接口和实现，这类似于传统 DDD 架构中的应用层以及清洁架构中的用例层。

3）spi：这里放置的是领域层通过领域事件驱动指挥基础设施做事的代码，不只保存领域模型的数据，还要查询检索，包括事件溯源中的状态重建等，还有访问第三方服务的接口，如新浪 Oauth 授权、发送 Email 通知等，属于输出性质的接口和实现。

4）presentation：这里放置与 UI 相关的 Web 类，包括后端 MVC 实现或 REST 控制器等。这属于六边形架构的 apdater 层。这里没有显式地设置一个 adapter 层。

5）infrastructure：这里放置具体数据库仓储实现，包括 Kafka 或 RabbitMQ 等消息系统的技术实现等。这也属于六边形架构中的 adapter 层。

以上五层的调用关系：presentation ->api -> domain -> spi ->infrastructure。

类似于六边形架构的还有洋葱架构（Onion Architecture），它由 Jeffrey Palermo 提出，认为架构就像洋葱一样，一层层分离，位于洋葱最核心的是业务逻辑。洋葱架构非常类似于前面介绍的传统 DDD 架构，包括应用层、领域层和基础设施层。

总之，这三种架构在原理上是非常类似的，将业务领域逻辑与基础设施等技术分离，技术可以依赖领域模型，但是领域模型不能依赖技术实现。

5.1.6 垂直切片架构

垂直切片架构是来自 Jimmy Bogard 的 CQRS 实践总结，它是对洋葱架构、清洁架构以及六边形架构的否定。根据这些架构的分层方法，一个业务功能会跨越这些分层执行，当需要增加或修改一个功能时会涉及在这些层内实现多次修改，Jimmy Bogard 的想法是：

如果根据功能进行分“层”（称为“片”）则会大大提高开发效率，这种“片”是垂直于分层的，如图 5-6 所示。

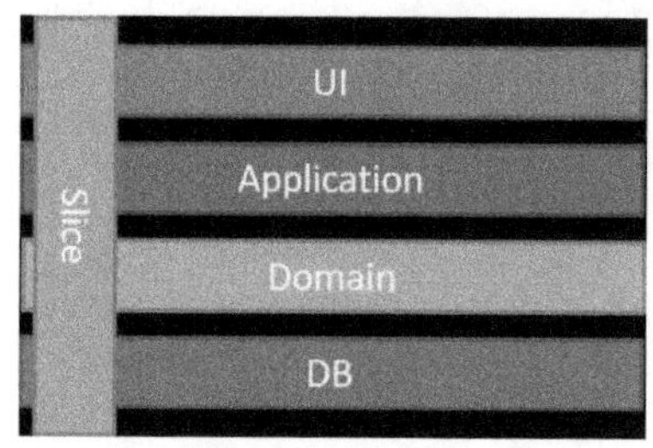

图 5-6　垂直片与水平的层

这种垂直切片思路遵循 SOLID 原则中的单一职责法则，读写职责是两种不同的职责，如获取订单是一种读取职责，可以直接使用 ORM 转换为 DTO 实现，而对于订单细节的查询可以使用原生 SQL 转换为 DTO 实现；又如发票的提交是一种写入操作，使用基于聚合根的事件溯源方式，而取消订单则使用存储过程，如图 5-7 所示。

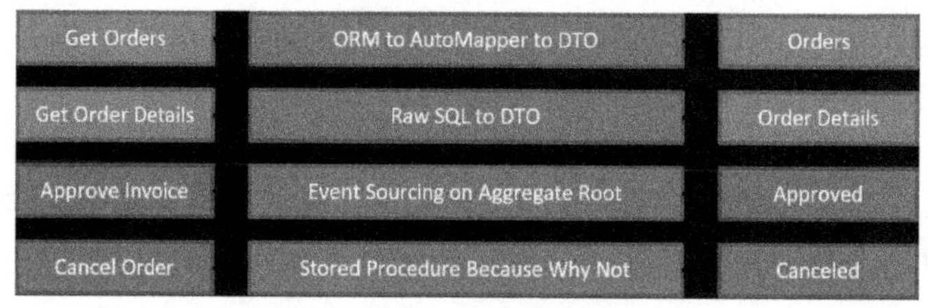

图 5-7　垂直切片的灵活性

通过这种方法，大多数抽象的分层都可以消失了，在一些功能实现中就不需要任何类型的抽象层，如存储库、服务层、控制器或适配器。虽然有时仍需要这些层里面的工具，但将交叉切片逻辑共享保持在了最低限度。

但是，这种方法有一些缺点，因为它确实假设团队已经预先知道不能将业务逻辑都放入服务中。在这个垂直切片中，如果涉及写入模型的重要操作，至少还有服务和聚合两个层，但是查询时，有时一个调用 ORM 转换到 DTO 的应用性服务就可以了，不需要聚合模型，如果取消一个订单涉及级联删除很多，而且需要在一个事务中快速完成，使用数据库的存储过程也不是不可以。

这种思路和微服务的想法不谋而合，微服务会将图 5-7 中的四个垂直切片分为四个微服务，由不同微服务小组开发，例如取消订单和查询订单由两个不同的团队开发。微服务的推动者亚马逊就是将购物车专门由一个团队开发。

因为一个微服务代表一个有界上下文，垂直切片方式也被用来进行有界上下文的分类，一个垂直切片就可能是一个有界上下文。当然，垂直切片强调的功能粒度非常细腻，而且是根据不同的技术实现进行切片的，并不是根据业务能力进行切片。这种架构的总体原则也是根据 SOLID 原则中的单一职责，既可以按业务单一职责切分，也可以按技术实现的单一职责切分。

5.2 CQRS 架构的特点

传统多层架构实现中，来自界面的请求会经过多个抽象层才能最终完成，如图 5-1 所示。上一节介绍的那些分层设计虽然初衷是为了分离领域和技术，但是过于武断和粗粒度，有时一个简单的查询如果也遵循这种分层，那么维护拓展起来未免过于复杂。垂直分片架构提出了从请求的功能职责角度进行分片分层的思路，对于不同的请求功能应用不同的策略分层，如果是简单查询，可以直接使用 SQL，无须跨越多个抽象层。

图 5-8 所示为从读写职责角度对请求的功能进行分类。当界面的表单数据提交到后端时，就会有写入表单数据的命令，命令送达聚合模型，将命令中的 DTO 提取出来，进行业务逻辑检查或计算，聚合中的状态发生改变，发出领域事件，这条路线称为 Command 模型路线。而另外一种请求则没有这么复杂，搜索只是从搜索库中获取搜索的结果，并没有任何复杂的业务逻辑计算，这时候如果也是使用聚合模型，可能会使得聚合模型的设计需要为搜索方面的功能需求进行添加和修改，这使得领域模型的职责变得复杂了。

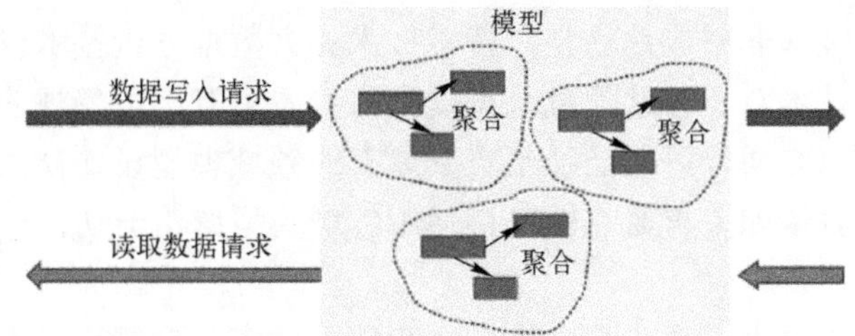

图 5-8 请求的不同方向

命令是客户端让服务器做事情，是从客户端向服务器后端发出写入操作命令，通常会改变后端模型的状态；而查询是服务器后端向客户端返回结果。这是两种不同的方向，如果这两种方向涉及的职责耦合在一起，使得领域模型的设计需要兼顾这两种方向，就容易耦合成一个大的上帝式的对象。

图 5-9 所示为读写职责分离的设想。

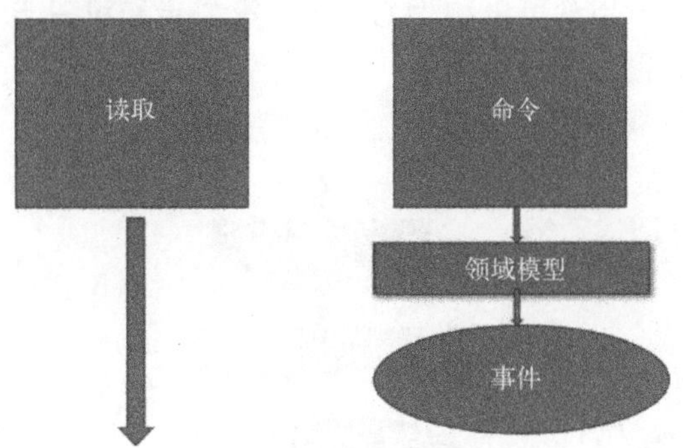

图 5-9 命令和查询分离

CQRS 源于 Bertrand Mayer 设计的命令查询分离（CQS）原理，CQS 声明一个类只能有两种方法：改变状态并返回 void 的方法和返回状态但不改变状态的方法。

例如，普通 POJO 的 setter 和 getter 也是符合这种要求的，setter 是改变类中的状态属性，但是不返回状态，而 getter 是返回状态属性，但是不会改变它，POJO 的这种读写分离方法设置上也可以应用到更大的架构模式中。

根据 CQS 思想，任何功能可以划分为读取/查询和命令/写入两大功能，写后再读也归为写功能。因此如果将功能粗暴简单地分为读写两种功能，开发团队也可以由此划分为两种：DDD 业务逻辑实现和数据报表分析。负责写功能/命令模型的团队由掌握领域逻辑的面向对象分析建模人才负责，小组成员主要以 DDD 方面的建模专家为主，包括解决复杂性的资深架构师和程序员，当然在这个部门内还可以根据有界上下文进行细分，不同上下文对应不同的小组，这是一种微服务的实现方式；另外一个团队则是由数据库专家、DBA、大数据分析师等数据与技术工程师组成，负责报表输出、数据分析和 BI 等各自的信息查询和搜索。

CQRS 架构与清洁或六边形架构并不是完全矛盾的，在 CQRS 的命令写入模型中还是可以使用清洁架构和六边形架构。将业务领域逻辑与技术架构分离是必须完成的，但是这种分离有时会带来维护拓展的不便性，特别是在查询模型中，不涉及对系统状态数据的任何修改，况且数据库技术非常成熟稳定，搜索技术、大数据分析技术也在不断日趋完善和普及，这些新旧数据技术对于帮助信息系统提升自身质量有不可忽视的重要性，在进行数据分析、报表查询输出方面，可能已经不需要原有的领域模型设计视角，而是跨各种模型随意的字段组合，这时候如果再僵化地坚持使用领域模型统治一切，严格采取分层架构，就把简单问题复杂化了。

CQRS 的实现可以分为三个步骤，这三个步骤是由容易到复杂逐步过渡的。

1）拆分查询读取和命令写入。这两个方向正好相反，一个是数据库的写入方向，一个是从数据库读取的方向。这一步实现主要是将 API、服务、MVC 控制器分离成查询和命令两种。在这个阶段查询和命令的数据库可以是同一个数据库。

2）使用不同的数据访问。查询模型可以专门使用缓存等优化的查询数据库，而命令模型则使用自己的写数据库。

3）使用领域事件实现写入数据库和查询数据库之间的同步。

以上这三步完成任何一步都可以称为 CQRS，第二步和第三步是针对大规模系统的。

最终的 CQRS 架构如图 5-10 所示。

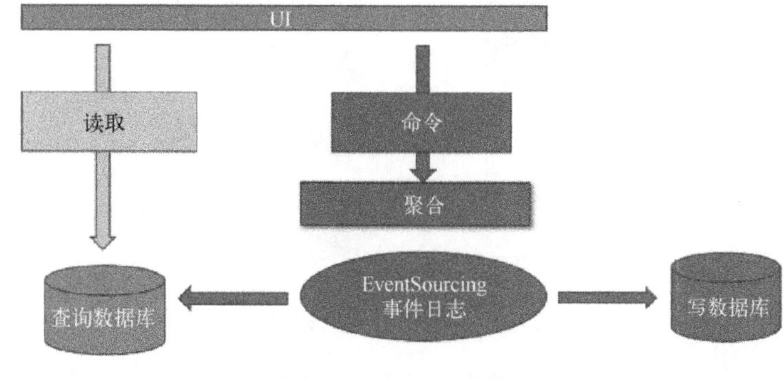

图 5-10　CQRS 架构

下面详细谈谈这三个步骤。

5.3 命令和查询分离

命令、事件和查询是 DDD 实现中的三个基本术语，从事件风暴会议中可以发现，领域中的命令和事件是 DDD 建模的重点，但是在具体实现中，还有一种形式并没有引起 DDD 的重视，那就是查询。可以说查询已经位于 DDD 的边界之外了，当然 DDD 中也有提及：使用仓储也可以实现大量数据的获取，但这也只是在存在领域模型的前提下，而在查询场景下，领域模型可能根本没有存在的必要。当然如果查询只是围绕领域模型相关展开，也还是可以使用领域模型的对象实例的。

命令和查询描述用户的一种操作意图，用户单击按钮后，客户端发送命令给服务器，告诉它做一些事情（或者说命令它做事），可能是“完成一个销售”“审批采购订单”“提交贷款申请”等。意图是明确地告诉后端服务器，用户想这样做，服务器能够知道用户的意图。

实现 CQRS 的第一步是进行查询和命令的分离，那么首先需要了解哪些是命令。如果以传统的 CRUD 为例，CUD（增删改）基本属于命令，属于命令的职责操作都需要领域模型设计，而 R（读取）则属于可能与领域模型无关的查询模型。

查询与命令的分离体现在具体架构上，如果使用 MVC 模式，那么控制器应该实现查询与命令分离，如果使用 API，那么 API 也可实现这种分离，当然领域服务更要实现两者的分离。

一般情况下，一个聚合模型的 CRUD 操作总是放在一个领域服务中进行传递协调，现在需要将其分为 CUD 命令模型服务和读取查询服务两种，如图 5-11 所示。

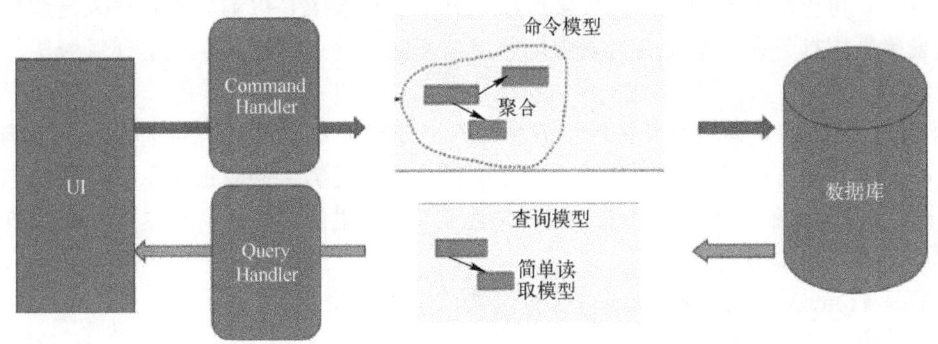

图 5-11　查询与命令分离

根据数据进出的方向分为 Command 命令模型和 Query 查询模型两种。这里使用 Handler 而不是服务描述，突出了 Handler 作为专门处理命令或查询的一种方式，但是真正进行命令或查询处理的并不是 Handler 本身，而是它委托给领域模型或查询模型。这里的 Handler 也是一种命令或查询的传递处理方式，它接受来自前端的请求，这种请求被打包成命令方式。Handler 以类似 MVC 控制器的方式来接受命令或查询（也可以是来自异步消息机制），然后递交给领域模型或查询模型进一步处理。查询模型与领域模型是两种完全不同的模型，领域模型是完全基于 DDD 原则建立的，而查询模型则是根据数据查询要求来建立的，两种模型的设计依据不同。

5.3.1 查询模型实现

查询模型有什么具体不同？这里以 JiveJdon 论坛系统为例。该系统的领域模型部分已经在前面的“实体和值对象”一节详细分析过，下面重点分析一下其查询模型。

图 5-12 所示为 JiveJdon 的 CQRS 完整实现原理，这里先讨论查询与命令的分离部分。JiveJdon 使用 ForumMessageQueryService 实现查询读取模型，而用 ForumMessageService 实现命令模型。

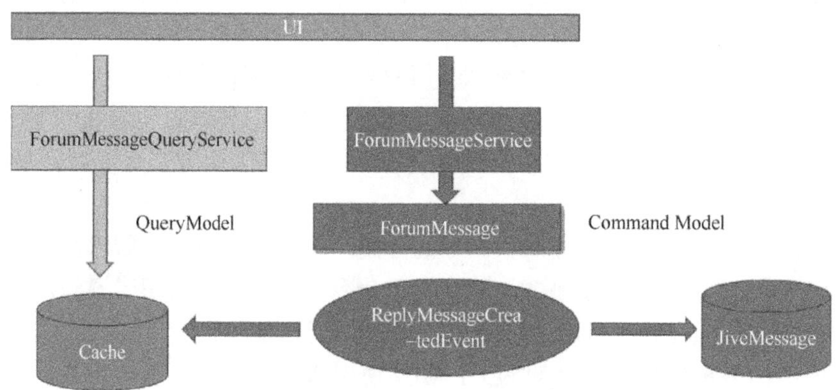

图 5-12 JiveJdon 的 CQRS 架构

当前端界面发出查询请求时，这些请求处理由 ForumMessageQueryService 处理；而前端的表单数据提交的数据写入命令则由 ForumMessageService 处理。这些命令请求如何传入查询服务？可以用普通同步方式直接调用，严格一点要求是以消息方式传入，这样可以将前端表单数据打包在一个命令对象中，通过消息队列传入领域层，以实现领域层与外部接口层解耦。

JiveJdon 使用的是领域服务替代了命令或查询处理器 Handler，在当前微服务架构不断发展之际，使用服务概念比 Handler 概念更加符合主流趋势，同时也显示了服务的定位与 Handler 定位是一致的，是一种传递协调者角色定位，这里的领域服务也是对命令或查询的处理传递，委托给模型层处理。

下面是 ForumMessageQueryService 查询接口中的方法。

```
public interface ForumMessageQueryService {
  PageIterator getMessages(Long threadId, int start, int count);
  PageIterator getMessages(int start, int count);
  ......
}
```

在这个查询服务中，提供了各种分页查询功能，其中大部分是返回 PageIterator 这个对象。这个对象类似 Java 的 Collection 中的 Iterator，是一个分页遍历器，将一个页面看成一个元素，多个页的前后遍历如同遍历 Iterator 一样，如图 5-13 所示。

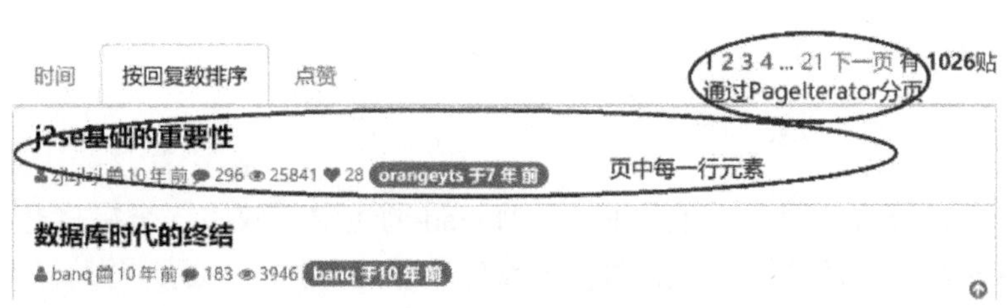

图 5-13　JiveJdon 分页查询

PageIterator 中的元素并不是显示页面中的一行完整数据，在前面章节 JiveJdon 的状态设计中已经知道：这一行完整数据是一个 ForumThread。PageIterator 中的元素并不是一个 ForumThread 对象，而是其唯一标识主键 forumThreadId。因为涉及大量分页，如果将 ForumThread 放入 PageIterator，则会涉及大量 ForumThread 的创建，降低返回分页信息的速度，而使用其主键标识，则能减少数据量，同时能进行灵活的分页计算。例如，每页默认是 200 个 forumThreadId 集合，而前端可以是 130 个 ForumThread，或者 20 个、50 个，那么前端的 ForumThread 集合就在 200 个 forumThreadId 集合中获取。如何将 forumThreadId 转为 ForumThread 呢？可以直接查询数据库，然后使用缓存，这属于数据访问方式，在下一节详细讲解。

由此可见，查询模型中的设计是完全为了优化各种查询要求（如分页），如果能够利用命令模型中的领域对象就尽量使用，如果无法利用，则要构建新的 DTO 失血模型来满足。在查询模型中，需要大量的各种失血模型 DTO，这些失血模型只是数据库查询结果的承载体而已。

当然，如果利用 Java 进行各种排序查询，而不是使用数据库 SQL 进行排序，那么查询模型就会更丰满。例如，需要对点赞数量从多到少进行排序，点赞这个数据并没有在数据库表中设计排序的字段，而是以属性 key/value 形式存储，因此无法依靠数据库的排序机制直接排序，只能使用 Java 在内存中进行。

首先设计一个 Collection 的 Comparator 实现：ThreadDigComparator。

```
public int compare(Long threadId1, Long threadId2) {
  if (threadId1.longValue() == threadId2.longValue())
    return 0;
  ForumThread thread1 = forumMessageQueryService.getThread(threadId1);
  ForumThread thread2 = forumMessageQueryService.getThread(threadId2);
  int thread1Count = thread1.getRootMessage().getDigCount();
  int thread2Count = thread2.getRootMessage().getDigCount();
  if (thread1Count > thread2Count)
    return -1; // returning the first object
  else if (thread1Count < thread2Count)
    return 1;
  else {
    if (threadId1.longValue() > threadId2.longValue())
      return -1;
    else
      return 1;
```

```
            }
        }
    }
```

在这个 Comparator 实现中，根据 ForumThread 的主键获取了一个完整对象实例，然后从这个对象中获取其点赞数量，最后再根据点赞数量进行排序。通过这样基于领域对象的查询，可以基于原本数据表设计没有考虑到的字段进行排序，因为数据表结构的设计不可能有很强的预见性，20 年前的论坛设计不可能预见到今天点赞的功能。数据表字段最好是根据命令模型中 DDD 设计的需要进行索引，如果需要照顾到各种形式的查询，可以专门输出各种物化视图，或者在内存中动态排序，然后使用缓存保存结果。

除了按具体字段排序可以使用 Java 在内存中进行外，也可以在其中进行各种筛选。例如，筛选条件是至少有一个点赞，至少有一个回复，发帖人至少发过 10 次，这三个条件中满足一个就变成推荐帖。下面是 ThreadApprovedNewList 中 loadApprovedThreads()方法的实现。

```
      int i = 0;
      int start = approvedListSpec.getCurrentStartBlock();
      int count = 100;
      while (i < approvedListSpec.getNeedCount()) {
         PageIterator pi = forumMessageQueryService.getThreads(start,count,
approvedListSpec);
         if (!pi.hasNext())
            break;
         while (pi.hasNext()) {
            Long threadId = (Long) pi.next();
            if (approvedListSpec.getCurrentIndicator() > threadId
                 || approvedListSpec.getCurrentIndicator() == 0) {
               final ForumThread thread = forumMessageQueryService.getThread
(threadId);
               if (thread == null) continue;
               Long userId = thread.getRootMessage().getAccount().getUserIdLong();
               final Account account = accountService .getAccount(userId);
               if (approvedListSpec.isApproved(thread, account) && i <
approvedListSpec.getNeedCount()) {
                  resultSorteds.add(thread.getThreadId());
                  // map to sort account
                  authorList.addAuthor(account);
                  threadDigList.addForumThread(thread);
                  i++;
               }
               threadTagList.addForumThread(thread);

               if (i >= approvedListSpec.getNeedCount()) {
                  approvedListSpec.setCurrentIndicator(threadId);
                  approvedListSpec.setCurrentStartBlock(start);
                  break;
```

```
            }
        }
    }
    start = start + count;
}
```

在这个筛选查询中，也是根据主键 ThreadId 获得 ForumThread 完整聚合对象，然后在其中遍历各种筛选条件，再根据筛选条件 approvedListSpec 对每个 ForumThread 逐条筛选过滤。当然这种计算量可能比较大，可以在 JiveJdon 程序启动时进行，或者每隔一段时间进行一次重新计算，然后将结果缓存到内存中。计算可以在后台进行，这种方式本质上也是一种明细与状态的关系，根据明细进行计算得出状态结果，计算的频率可以设定，隔一段时间或基于新增一个帖子的事件来进行计算。

使用 Java 基于内存计算的好处是可以减少对数据库的性能冲击，保护数据库尽可能用于写入模型的快速处理。

上面讨论了 JiveJdon 的查询模型实现。总体来说，JiveJdon 的查询模型并没有破坏领域模型的设计，而是从领域模型 ForumThread 外部以不同查询条件输出领域对象。这些查询都是基本查询，如果存在复杂的连表查询，那么就可能需要构建不同的 DTO 来实现。

当然基于领域模型实现各种查询也是有好处的。领域模型中提供了业务逻辑规则，这种规则可能对输出查询也是有作用的，对论坛这种以阅读为主的应用来说尤其如此。ForumThread 的首帖 ForumMessage 中最复杂的业务逻辑是帖子的输出格式过滤器，如图 5-14 所示。

系统设置
- 全局过滤
- 搜索设置
- 缓存
- 文章URL

过滤器动态的重新格式化消息内容。使用下面的表单安装和自定义过滤器。

当前过滤器

顺序	名称	描述	移动	编辑	删除
1	HTMLFilter	HTMLFilter			
2	ListStyle	ListStyle			
3	Newline	Newline			
4	CodeHighlighter	CodeHighlighter			
5	TextStyle	TextStyle			
6	URLConverter	URLConverter			
7	ImageFilter	ImageFilter			
8	Profanity	Profanity			
9	UploadImageFilter	UploadImageFilter			
10	UploadFileFilter	UploadFileFilter			
11	Bodymasking	Bodymasking			
12	AuthorNameFormat	AuthorNameFormat			
13	QuoteRegexFilter	QuoteRegexFilter			
14	FontStyle	FontStyle			
15	LinkUrlExtractor	LinkUrlExtractor			
16	ThumbnailExtractor	ThumbnailExtractor			

图 5-14　JiveJdon 内容输出格式过滤器

这里的过滤器可以在后台管理界面进行定制，常用的有 16 种之多，也就是帖子的内容需要经过这些过滤器过滤最终显示在用户面前。这些过滤器有关于 HTML、文本显示换行、代码高亮、上传图片转换、字体转换、地址转换等，它们是在构建 ForumMessage 时针对 MessageVO 发挥作用的，也就是说，ForumMessage 在构建时就已经考虑了其查询显示的复杂格式。在这种情况下，基于领域模型查询可以获得更好的用户体验，那么表单数据写入的命令模型是否有类似对写入进行过滤的设计呢？

从图 5-14 中的一些过滤器性质可以看出，这些过滤器应该是读写联动的，如图 5-17 中的显示过滤器 ImageFilter，在命令模型进行图片上传时有一个约定，然后在显示时有同样的约定。

5.3.2 命令模型实现

首先看看 JiveJdon 接受命令模型的领域服务/命令处理器接口。下面是专门用于写入模型的领域服务 ForumMessageService。

```
public interface ForumMessageService {
   AnemicMessageDTO initMessage(EventModel em);
   AnemicMessageDTO initReplyMessage(EventModel em);
   ......
}
```

发帖和发回帖以及删帖等主要用例需求是在这里处理的，当然核心处理是由 ForumMessageService 传递给聚合根 ForumMessage 进行的。

下面是 ForumMessageService 接口实现子类 ForumMessageServiceImpl 中的发回帖代码。

```
public Long createReplyMessage(EventModel em) throws Exception {
   AnemicMessageDTO forumMessageReplyPostDTO = (AnemicMessageDTO) em.
getModelIF();
   if (UtilValidate.isEmpty(forumMessageReplyPostDTO.getMessageVO().
getBody()))
      return null;
   if ((forumMessageReplyPostDTO.getParentMessage() == null || forum
MessageReplyPostDTO.getParentMessage().getMessageId() == null)) {
      return null;
   }
   ForumMessage parentMessage = getMessage(forumMessageReplyPostDTO.
getParentMessage().getMessageId());
   if (parentMessage == null) {
      logger.error("not this parent Message: " + forumMessageReplyPostDTO.
getParentMessage().getMessageId());
      return null;
   }
   if (!prepareCreate(forumMessageReplyPostDTO))
      return null;
```

```
        Long mIDInt = this.forumBuilder.getNextId(Constants.MESSAGE);
        try {
            //准备上传附件
            Collection uploads = uploadService.loadAllUploadFilesOfMessage
(mIDInt, sessionContext);
            AttachmentsVO attachmentsVO = new AttachmentsVO(mIDInt, uploads);
            forumMessageReplyPostDTO.setAttachment(attachmentsVO);
            //发布作者
            Account operator = sessionContextUtil.getLoginAccount(sessionContext);
            forumMessageReplyPostDTO.setOperator(operator);
            forumMessageReplyPostDTO.setAccount(operator);
            //发布属性，如发布 IP 等
            Collection properties = new ArrayList();
            properties.add(new Property(MessagePropertysVO.PROPERTY_IP, operator.
getPostIP()));
            MessagePropertysVO messagePropertysVO = new MessagePropertysVO
(mIDInt, properties);
            //生成 PostRepliesMessageCommand 对象,前端数据打包提交给
            //领域模型 ForumMessage 的@ @OnCommand("postRepliesMessageCommand")
方法
            PostRepliesMessageCommand postRepliesMessageCommand =
                    new PostRepliesMessageCommand(parentMessage, mIDInt, operator,
                        inFilterManager.applyFilters(forumMessageReplyPostDTO.
                        getMessageVO()), attachmentsVO, messagePropertysVO,
                        forumMessageReply PostDTO.getTagTitle());
            messageKernel.addreply(parentMessage.getForumThread().getThreadId(),
parentMessage, postRepliesMessageCommand);
        } catch (Exception e) {……}
```

在这个发回帖方法实现中，主要是对前端表单 ForumMessageReplyPostDTO 对象进行一些预处理，如加入唯一标识，从上传聚合服务获得上传的图片，从登录权限系统获得登录的用户名、用户的 IP 地址等信息。可以说这个 ForumMessageServiceImpl 是一种应用型服务，不是简单的领域服务，它对其他聚合或实体进行调用，完善准备好 ForumMessageReplyPostDTO 这个命令对象，最后，通过 messageJernel.addReply 发送消息给聚合。这里借助的是 JdonFramework pub-sub 消息机制，命令借助消息机制发送到 ForumMessage 的 addChild()方法，如下所示。

```
@OnCommand("postRepliesMessageCommand")//命令从此处被 Jdon 框架传入当前方法
public void addChild(PostRepliesMessageCommand postRepliesMessageCommand){
    try {
        long modifiedDate = System.currentTimeMillis();
        String creationDate = Constants.getDefaultDateTimeDisp(modifiedDate);
        //ForumMessageReply 的 Builder 模式
        ForumMessageReply forumMessageReply=
                (ForumMessageReply)ForumMessage.messageBuilder()
```

```
                        .messageId(postRepliesMessageCommand.getMessageId())
                        .parentMessage(this)
                        .messageVO(postRepliesMessageCommand.getMessageVO())
                        .forum(this.forum).forumThread(this.forumThread)
                        .acount(postRepliesMessageCommand.getAccount())
                        .creationDate(creationDate)
                        .modifiedDate(modifiedDate)
                        .filterPipleSpec(this.filterPipleSpec)
                        .uploads(postRepliesMessageCommand.getAttachment()
                        .getUploadFiles())
                        .props(postRepliesMessageCommand.getMessagePropertysVO()
                        .getPropertys()).build();
                forumThread.addNewMessage(this, forumMessageReply);
                forumMessageReply.getAccount().updateMessageCount(1);
                //发布领域事件，对发布回帖成功事件感兴趣者会接收到此事件
                eventSourcing.addReplyMessage(new    RepliesMessagePostedEvent
(postRepliesMessageCommand));
            } catch (Exception e) {
                System.err.print(" addReplyMessage error:" + e + this.messageId);
            }
        }
```

@OnCommand("postReplyMessageCommand")是 JdonFramework 队列消息的接受注解，使用此注解的方法将接收命令进行处理，队列消息底层采取 LMAX 的 Disruptor 无锁无堵塞的数据结构，保证高吞吐量的同时实现单一写入。这个方法的其他实现在前面章节已经分析过，主要是构建回帖对象、改变状态、发出领域事件，这些都是接收命令并处理命令的过程。

这里有一个关键的地方需要重构。领域模型 ForumMessage 的 addchild()方法参数是 AnemicMessageDTO 失血 DTO 对象，这是从应用服务 ForumMessageService 传入的。应用服务的职责是协调领域层和基础设施层，而 AnemicMessageDTO 属于基础设施层的失血数据传输对象，不应该入侵领域层，否则会导致领域层依赖基础设施层，违背了 DDD 架构包括清洁架构或六边形架构等的基本宗旨。

5.3.3 Command 对象

CQRS 是命令和查询分离的模式或架构，因此 Command 命令对象是 CQRS 的关注重点。命令表达用户的意图，是用户希望计算机系统做想让它做的事情，命令通过发出请求的方式到达计算机系统，通过响应让用户知晓他的命令是否被计算机成功执行。

命令来自请求，而请求涉及计算机技术，如 HTTP 请求或消息请求。请求的技术形式很多，需要在应用服务层将命令从请求中剥离出来，因为请求中的数据基本都封装在失血的 DTO 数据传输对象中，因此，需要将属于技术级别的 DTO 中的数据转换为领域层的领域对象。这些工作属于应用程序级别的逻辑，在应用层完成。

传入领域层的数据都是以命令对象的形式封装的，这样领域层所依赖的输入数据不再是 DTO，因为 DTO 属于技术级别，如果领域模型的输入参数依赖 DTO，那么就会造成领域层依赖技术层，这就违背了领域驱动设计的宗旨。

领域驱动和数据驱动的区别就在于此处。传统三层架构包括表现层、应用层和仓储层，表现层依赖应用层，而应用层依赖仓储层，结果实体对象、DTO 对象或数据库成了被依赖的核心，这是数据驱动架构的典型特征。而领域驱动设计应该以领域模型为依赖核心，清洁架构、六边形架构和洋葱架构提供了领域驱动的实现架构。

从数据库模型为核心过渡到领域模型作为整个系统的核心，这个过程不是一帆风顺的，因为数据驱动设计已经深入人心，可以说是朴素的入门设计方式，这种方式将会培养人们的思考习惯，让他们即使在领域驱动设计的实践中也会不自觉地使用数据驱动设计。

CQRS 的好处之一是将领域驱动设计和数据驱动设计分离，在查询读取模型中可以使用数据驱动设计，而在命令传入执行的模型路线中必须使用领域驱动设计，因此，从请求的起点开始，沿着请求传入方向，逐个检查请求经过的各个环节，以确保请求数据在传入领域层之前已经被转换为命令对象。

当然，有人认为这会造成数据冗余，因为命令对象中的数据来自 DTO 数据，而 DTO 数据来自前端表单数据，这样，一份数据就有很多表现形式：Form 数据、DTO、Command、领域模型实体、仓储实体和数据表。**这些不同形式的对象中包含的数据都差不多，是不是比较复杂了呢？**

其实不然，各个数据形式分别服务于不同的分层：Form 服务于表现层、DTO 负责在技术级别层次之间传输纯数据、命令服务于领域层、领域模型的实体服务于业务领域和需求、仓储实体服务于数据表、数据表服务于长久保存的目的。这些都是职责分离的体现，每个数据对象都有其单一职责。这样的好处是便于扩展，如果用户界面希望显示什么字段，可直接在 Form 对象中增加，是不是需要放入命令对象，那就要考察这个字段是否属于业务领域范畴，如果这个字段是控制显示方式的，那么它属于应用程序的逻辑，不是业务逻辑，当然不需要放入命令对象；如果属于业务逻辑放入命令对象了，也要考察这个字段对领域模型的影响：为什么设计领域模型时没有考虑这个字段，是否意味着流程改变或分支流程的出现，是否会出现新的有界上下文和聚合（这个影响比较大）。

应用逻辑和业务逻辑的区别需要一定的敏感性，学习领域驱动设计的一个好处就是培养业务逻辑的识别，有了业务逻辑识别，就自然对应用逻辑变得敏感了，这样就能逐渐走上业务与技术分离的架构路线，保证业务逻辑在领域模型中得到不断重构和发展，成为系统的核心资产。

这里继续以 JiveJdon 为例。JiveJdon 开发过程中也出现了这种应用逻辑和业务逻辑不分离的情况，虽然使用了 DDD 聚合、实体和值对象以及领域事件等概念，但是传入参数这一环节也只有从 CQRS 角度去梳理时才会发现。当然，如果 JiveJdon 一开始就使用事件风暴建模，将 JiveJdon 涉及的领域事件和命令都罗列出来，也许不会出现这种情况。

上节谈到 JiveJdon 中领域模型 ForumMessage 的 addchild()方法作为命令处理程序（command handler），接受的应该是命令 Command 对象，而现在是直接将基础设施层的 DTO 失血模型 AnemicMessageDTO 作为命令对象传入了，这带来的问题是领域模型

ForumMessage 严重依赖基础实施层的 DTO，而根据前面 DDD 架构、六边形架构以及清洁架构的设计宗旨，领域层应该是被依赖的核心，它不应该依赖数据库等基础设施层，更不能依赖运作在基础设施层的数据传输对象。

同时，作为 CQRS 架构实现，领域模型接受的应该是命令，也就是用户的意图表达，如果使用一个通用的数据对象来表达意图就比较敷衍，因为用户每次操作的意图不同，例如发回退的意图命令是围绕发回帖的各种数据，而修改帖子的命令肯定与发回帖的命令不同。两种意图不同，如果都使用相同的数据对象来表达，就无法明确表达这两种意图之间的差异了。

重构思路：作为 CQRS 命令端模型的实现，领域模型 ForumMessage 的 addchild()方法参数接受的应该是“命令 Command”，因此，将 AnemicMessageDTO 重构为 PostRepliesCommand。当然，PostRepliesCommand 的内容好像与 AnemicMessageDTO 类似，但也不完全是这样。

AnemicMessageDTO 的内容上一节已经讨论过，这里看一下 PostRepliesCommand 的内容。PostRepliesCommand 继承了 PostTopicMessageCommand，PostTopicMessageCommand 是用于发首帖命令的，因为回帖领域模型 ForumMessageRely 是首帖 ForumMessage 的继承子类，因此它们对应的命令也可以是一种父子继承关系，这样可减少重复字段，如以下代码所示。

```
public class PostTopicMessageCommand {
    private final Long messageId;
    private final Forum forum;
    private final Account account;
    private final MessageVO messageVO;
    private final AttachmentsVO attachment;;
    private final MessagePropertysVO messagePropertysVO;
    private final String[] tagTitle;
    ......
}
```

PostTopicMessageCommand 中是用来发帖的相关数据字段，主要表示发帖的标识、在哪个论坛中发布、发布者是谁。发布内容放在 MessageVO 值对象中，还有上传的附件（如贴图等）、其他一些关于帖子的属性值，最后是发帖的标签分类。这个字段在发回帖时不需要，可以使用回帖父帖的标签分类。

下面是 PostRepliesCommand 的内容，比 PostTopicMessageCommand 多了一个字段——父帖对象，因为发回帖肯定是针对某个父帖的。

```
public class PostRepliesMessageCommand extends PostTopicMessageCommand {
    private final ForumMessage parentMessage;
    ......
}
```

PostRepliesCommand 命令对象是一种值对象，所有的字段都是 final，这样只能用构造函数构造，一旦构造创建就不能修改，这些都应该是命令对象的实现约束。

PostRepliesCommand 是在应用服务 ForumMessageService 中构建的，以下发布回帖的方法是其重构后的新方法内容。

```
        PostRepliesMessageCommand postRepliesMessageCommand =
            new PostRepliesMessageCommand(parentMessage, mIDInt, operator,
                inFilterManager.applyFilters(forumMessageReplyPostDTO.
                getMessageVO()), attachmentsVO, messagePropertysVO,
                forumMessageReplyPostDTO. getTagTitle());
       messageKernel.addreply(parentMessage.getForumThread().getThreadId(),
parentMessage, postRepliesMessageCommand);
```

应用服务是与领域层和基础设施层协调的应用逻辑所在，因此其发回帖方法接受的是 AnemicMessageDTO 这个失血模型。AnemicMessageDTO 失血模型在 JiveJdon 中专门用于与技术有关的地方，如表现层或基础设施层。在应用服务中，失血数据传输对象中的数据被取出，然后被重新构建为 PostRepliesCommand 命令对象（代码最后两行就是创建 PostRepliesCommand 命令对象），之后将此命令发送到命令处理程序。在这里领域模型 ForumMessage 的 addChild()方法充当命令处理程序，该方法的重构代码如下。

```
@OnCommand("postRepliesMessageCommand")//命令从此处被 Jdon 框架传入当前方法
public void addChild(PostRepliesMessageCommand postRepliesMessageCommand) {
    try {
        long modifiedDate = System.currentTimeMillis();
        String creationDate = Constants.getDefaultDateTimeDisp(modifiedDate);
        //ForumMessageReply 的 Builder 模式
        ......
       //发布领域事件，对发布回帖成功事件感兴趣者会接收到此事件
        eventSourcing.addReplyMessage(new RepliesMessagePostedEvent
(postRepliesMessageCommand));
    } catch (Exception e) {
        System.err.print(" addReplyMessage error:" + e + this.messageId);
    }
}
```

在该命令处理程序中，方法参数是命令对象 PostRepliesCommand，业务逻辑是根据命令对象的内容创建一个回帖对象 ForumMessageReply，然后将此新对象加入当前的话题线索 ForumThread 中。话题线索最新回复帖的状态变为此新对象，这是重要的状态变化，应该有对应的领域事件抛出。RepliesMessagePostedEvent 表示新回帖事件发生了，这个新事件将通知相关订阅者，包括基础设施层中数据库的回帖保存，领域模型 ForumMessage 和基础设施层通过这种发布订阅模式实现了解耦，领域层模型不再依赖基础设施层。

这里的 RepliesMessagePostedEvent 是一个领域事件对象，注意代码最后一行，在其构建时传入的是 PostRepliesCommand 命令对象，而不是 ForumMessageReply，下面分析一下这种选择的原因。

ForumMessageReply 对象中 MessageVO 是应用了显示过滤规则的，如下所示。

```
private void setMessageVO(MessageVO messageVO) {
    ......
//应用帖子内容过滤器，过滤器是运行时通过管理界面动态上传的 JavaBeans
//帖子过滤器应用到帖子后，产生帖子内容的改变，实际改变帖子状态
```

```
//此处可应用事件溯源模式保存改变帖子内容的过滤事件，以便追溯
    this.messageVO = filterPipleSpec.apply(messageVO);
}
```

这个过滤规则是对帖子内容进行过滤显示，用户发帖输入的内容是普通文本格式，而显示帖子时需要 HTML 格式，另外上传的图片等都要显示出来，因此显示过滤规则属于 CQRS 中的查询模型，而这里的上下文是在命令模型中，按道理不能应用显示过滤规则。另外如果应用了此规则，再将此 ForumMessageReply 对象保存到数据库，将会把带有 HTML 格式的内容持久保存起来，下次再加载查询以后，再次应用显示过滤规则就变成双重应用了。

但是，在 JiveJdon 当前的架构设计中，查询模型是从缓存中读取查询，查询模型和命令模型共享的是一个缓存，ForumMessageReply 对象放入了 ForumThread，而 ForumThread 作为聚合根保存在了共享的缓存中，因此，ForumMessageReply 对象也是为查询显示而使用的，也就必须应用显示过滤规则。

既然如此，ForumMessageReply 就不能被保存到数据库了，只能为 CQRS 查询服务，而不能为基础设施数据库服务，这也体现了单一职责分离设计原则。因此，当发出领域事件 RepliesMessagePostedEvent 指示基础设施保存当前回帖对象内容时，在 RepliesMessagePostedEvent 中包含的就不是 ForumMessageReply，而是 PostRepliesCommand 命令对象。

下面的代码中是领域模型 ForumMessage 的 addChild()方法抛出的领域事件 RepliesMessagePostedEvent 的订阅者，主要调用基础设施层的 MessageCRUDService 服务实现数据库的回帖数据保存，传入的还是 PostRepliesCommand 命令对象，MessageCRUDService 服务的 insertReplyMessage 将把 PostRepliesCommand 命令对象中的数据保存到数据库中。

```
@Consumer("addReplyMessage")
public class AddReplyMessage implements DomainEventHandler {
  ......
  public void onEvent(EventDisruptor event, boolean endOfBatch) throws
Exception {
    RepliesMessagePostedEvent repliesMessagePostedEvent = (Replies
MessagePostedEvent) event.getDomainMessage().getEventSource();
    try {
//调用基础设施 SPI 服务将回帖对象保存到仓储数据库
messageCRUDService.insertReplyMessage(repliesMessagePostedEvent.
getPostRepliesMessageCommand());
    } catch (Exception e) {
      logger.error(e);
    }
  }
```

5.3.4 命令和查询的协作

从传统 DDD 架构转为 CQRS 架构的过程中，很难剥离的是命令和查询之间的模糊中间地带，如 JiveJdon 中的帖子过滤规则。帖子需要经过过滤规则转换后才能显示，帖子在

数据库中保存的是常用的文本格式（严格地说采取的一种 BBB 文件格式），而帖子显示需要输出 HTML 格式，这两种格式的转换需要应用过滤规则。

对帖子应用过滤规则是在使用 Builder 模式构建回帖对象时进行的，将过滤好的帖子内容放入 ForumMessage 的 MessageVO 中，这样读取 MessageVO 的 getBody()方法时，将获得已经应用过滤器完成过滤的帖子内容，因此，初步判断过滤规则是关于查询显示模型的。

发布帖子写入数据库仓储时也有过滤规则，这是在 ForumMessageServiceImpl 中实现的。有人认为这么重要的过滤规则应用应该在聚合根 ForumMessage 中实现，当然这是对的，当前的实现方式将一些业务逻辑泄露到了服务中，是需要重构的。这种不恰当的实现主要因为笔者当初并没有严格地从 CQRS 读写两个角度考虑，导致读模型的过滤规则影响了 ForumMessage，而写模型的过滤规则被放入服务中，这是日常开发中经常被忽视的问题。

下面以图片过滤器为例，分析过滤器在读写方面的分工和协作。

ForumMessageServiceImpl 的发回帖方法中调用写入过滤器的代码：

```
    inFilterManager.applyFilters(forumMessageReplyPostDTO.getMessageVO())
```

调用InFilterManager的 applyFilters 方法如下。

```
    public MessageVO applyFilters(MessageVO messageVO) {
       logger.debug("enter inFilter: ");
       try {
          Iterator iter = inFilters.iterator();
          while (iter.hasNext()) {
             messageVO = ((Function<MessageVO, MessageVO>) iter.next()).
apply(messageVO);
          }
       } catch (Exception e) {
          logger.error(e);
          e.printStackTrace();
       }
       return messageVO;
    }
```

下面的代码为遍历一个过滤器集合，然后应用其中每个 apply 方法。这个过滤器集合在 JdonFramework 的注入配置manager.xml中定义，类似 Spring 的 beans.xml 定义。

```
    <component name="inFilterManager"
       class="com.jdon.jivejdon.spi.component.filter.InFilterManager">
       <constructor  value="com.jdon.jivejdon.domain.model.message.weibo.
EscapeUTFInFIlter"/>
       <constructor  value="com.jdon.jivejdon.domain.model.message.props.
InFilterPosterIP" />
       <constructor  value="com.jdon.jivejdon.domain.model.message.weibo.
InFilterAuthor" />
    </component>
```

这里定义了三种写入模型时的输入过滤器：EscapeUTFInFilter 过滤一些 utf-16 的字符；InFilterPosterIP 用于注明该帖子被修改过；InFilterAuthor 用于发现帖子中@了哪位用户，并向该用户发送消息通知。这些过滤器都是针对帖子内容的处理。

结合前面查询模型中介绍的输出显示过滤器，现在已经有两种过滤器了，那么在 ForumMessage 中应该引入哪种过滤器呢？按照 CQRS 读写分离，写模型中应该引入输入过滤器，读模型中应该引入输出显示过滤器，而现在 ForumMessage 正好相反，那么如果进行重构，该如何考虑设计呢？

这里有一个选择难题，涉及 CQRS 的不同数据访问方式。ForumMessage 使用缓存实现数据库查询，内存缓存中的 ForumMessage 应该是用于显示的，内存中的 ForumMessage 是在命令模型中使用 Builder 模式创建的，命令模型的输出结果是查询模型的输入，这种查询和命令同步的耦合设计造成了 ForumMessage 两种过滤器放置的尴尬问题。图 5-15 所示为两种过滤器的示意图。

图 5-15　输入输出过滤器示意图

从 JiveJdon 的这个问题可以看出，当进行查询和命令分离以后，查询和命令的同步设计必须经过详细设计。

命令模型和查询模型之间同步方法的选择取决于许多标准，即使使用数据库视图也可以获得很好的结果，因为使用的是只读副本扩展数据库。具有单独的表能简化读取，因为不必再编写复杂的 SQL，但必须自己编写用于更新查询模型的代码。

同步方式可以考虑以下策略。

1）使用 Spring 中的应用程序事件或使用领域事件在同一事务中同步。

2）在命令处理程序中的同一事务中同步。

3）异步使用某种内存事件总线，实现最终的一致性，

4）异步使用像 Kafka/RabbitMQ 这样的某种队列中间件，实现最终一致性。

同步方式的一些最佳实践如下。

1）应该为每个界面的屏幕/窗口小部件构建一个表/视图。

2）表之间的关系应该是屏幕元素之间关系的模型。

3）“查看表格”包含屏幕上显示的每个字段的列。

4）读取模型不应该进行任何计算，而是在命令模型中计算数据并更新读取模型（除非使用 EventSourcing）。

5）读模型应存储预先计算的数据。

最后但同样重要的是：不要害怕重复。

没有神奇的框架会帮助做同步这件事，读取模型的数量也是一个决策因素。如果有一个聚合的 2～3 个查询模型，则可以安全地使用在命令处理程序中的更新，它不会影响性能；但是如果有 10 个查询模型，那么可以考虑在更新聚合的事务之外异步运行它。在这种情况下，必须检查是否允许最终一致性。这是业务决策，必须与业务用户讨论。

拥有单独的查询数据库表是将 CQRS 解决方案提升到新水平的一个很好的步骤。

5.4 不同的数据访问方式

将大量服务重构为单独的查询和命令，这是应用 CQRS 的第一步，这时很少有服务会保持不变，它们可能只包含一两种方法，这是单一职责的体现，让一个服务专注于重要的事情，这也是一种微服务。

查询和命令分离后，应用程序逻辑已经在一个小型的、高度边界化的对象中定义了，这些对象更易于测试和维护。不幸的是，它只是一种结构性变化，还没有在实质上改善应用程序的性能。但是，通过这种明确定义的职责分离，完全可以找到性能瓶颈点并对其进行微调。

例如，会发现查询处理程序试图在一次调用中获得太多数据，导致巨量的 SQL 查询。当然可以拆分查询并对数据库执行多个请求，但这只是隐藏了问题但不解决问题。这时会意识到查询实际上只需要查询对象中的少量信息，可能期望生成一张物化视图，或专门用于此类查询的数据表结构，将查询模型所需的存储形式从命令模型中独立分离出来成为必然的选项。

实现 CQRS 的第二步是为查询模型和命令模型使用不同的存储引擎。例如，ElasticSearch 用于查询端，JPA/MySQL/Oracle 用于命令端，使用 MongoDB 等 NoSQL 或 Redis 缓存用于查询，在命令端的 RDBMS 中将聚合存储为 JSON。

图 5-16 所示的 CQRS 中使用了不同的存储库架构图。

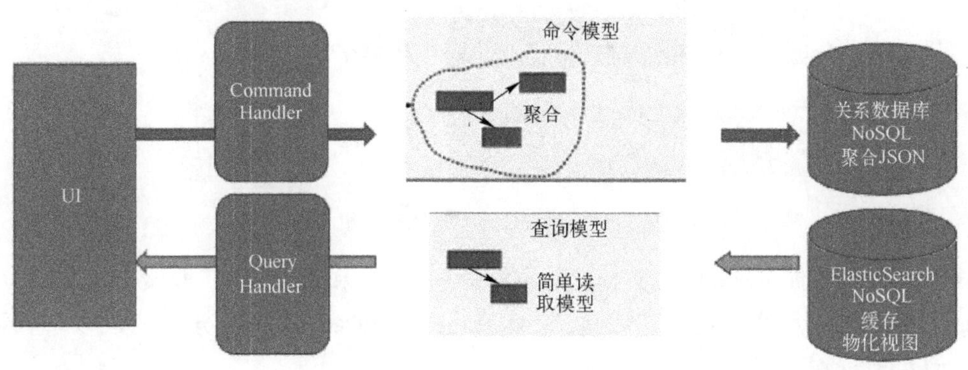

图 5-16 使用不同存储形式

这种情况下，查询模型和命令模型之间的同步是基于存储形式的，具体同步方式取决于存储形式。

在重构情况下，建议存储形式的分离可先从为查询端引入缓存开始，命令端（命令模型）的缓存可以和查询端的缓存合二为一，下一步再分离这两种缓存。由于缓存只支持key/value形式查询，可以使用key/value形式的NoSQL替代，如Redis。

5.4.1 查询端存储实现

本节以JiveJdon的搜索、缓存以及关系数据库等三种不同存储形式说明如何支持CQRS的存储分离。在“实体和值对象”一节中已经讨论了JiveJdon的存储模式，它将这三种不同存储形式看成了存储模式的不同实现。

JiveJdon查询模型的存储访问都是通过MessageQueryDao接口实现的，代码如下。

```
public interface MessageQueryDao {
   TreeModel getTreeModel(Long threadId, Long rootMessageId);
   PageIterator getMessages(Long threadId, int start, int count);
   PageIterator getMessages(int start, int count);
   PageIterator getThreads(Long forumId, int start, int count, ResultSort
resultSort);
   PageIterator getThreads(int start, int count, ThreadListSpec
threadListSpec);
   ......
}
```

之所以直接使用Dao模式，而不是使用DDD的仓储Repository模式实现，是为了遵循垂直分片架构的宗旨，在查询端尽量简单，尽量少跨层，使得查询的修改拓展更加简单直接。

JiveJdon查询端存储结构如图5-17所示。

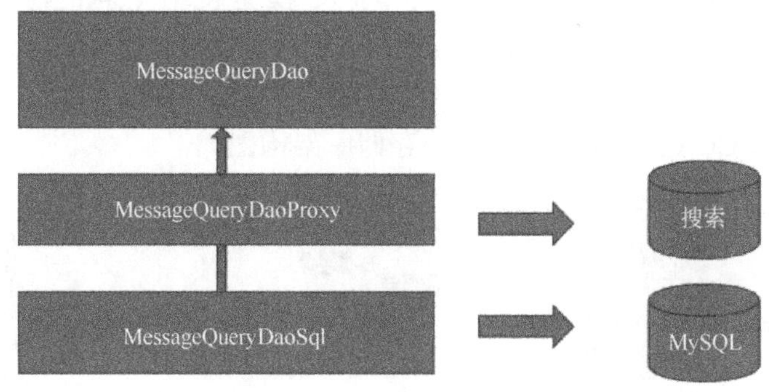

图5-17 JiveJdon不同的存储组合

专门用于查询MySQL的MessageQueryDaoSql和专门用于搜索数据库查询的MessageQueryProxy组合起来完成接口MessageQueryDao的大部分功能，以下代码为MessageQueryDaoSql的一个方法。

```
public PageIterator getThreadListByUser(String userId, int start, int
count) {
```

```
        String GET_ALL_ITEMS_ALLCOUNT = "select count(1) from jiveMessage
where parentMessageID IS NULL AND userID=? ";
        String GET_ALL_ITEMS = "select threadID  from jiveMessage WHERE
userID=? AND parentMessageID IS NULL ORDER BY creationDate DESC";
        Collection params = new ArrayList(1);
        params.add(userId);
        return messagePageIteratorSolver.getPageIteratorSolverCache(userId).
getPageIterator(GET_ALL_ITEMS_ALLCOUNT, GET_ALL_ITEMS, params, start,
            count);
    }
```

这个查询的细节封装在一个库包中，分两次查询，首先获得满足条件的所有总数，然后获得满足条件的主键 ID 集合，这样封装成一个 PageIterator 分页查询对象，这个对象是被缓存起来的，缓存的 key 是查询条件和值的字符串组合。这里是根据用户的 userID 关键字进行查询的，因为在 MySQL 中已经设置了这个字段的索引，所以使用 MySQL 实现这段查询。

以下代码使用搜索库来实现全文搜索。

```
    public Collection find(String query, int start, int count) {
        logger.debug("MessageSearchProxy.find");
        Collection<MessageSearchSpec> result = new ArrayList();
        CompassSession session = compass.openSession();
         try {
            tx = session.beginTransaction();
            hits = session.find(query);
            logger.debug("Found [" + hits.getLength() + "] hits for [" + query + "]
query");
            ……
            hits.close();
            tx.commit();
            ……
    }
```

在这段全文搜索实现中，将查询结果封装成 messageSearchSpec 这个查询对象模型，然后返回给客户端。messageSearchSpec 是专门为搜索设计的查询模型，虽然有点像 ForumMessage，但是它主要类似于 MessageVO 值对象。MessageVO 是命令端的领域对象，这里的查询端实现了与命令端的两种模型的分离。

5.4.2 规格模式

如果业务规则的变化和组合很多，包括各种算法或者条件判断，那么这些业务规则就不适合放入实体和值对象，因为这些繁多的变化和组合会掩盖领域对象本身的基本含义，主次不分。可以将它们放入专门的规格（Specification）对象中。

规格模式是满足某种条件的指定对象，如图 5-18 所示。

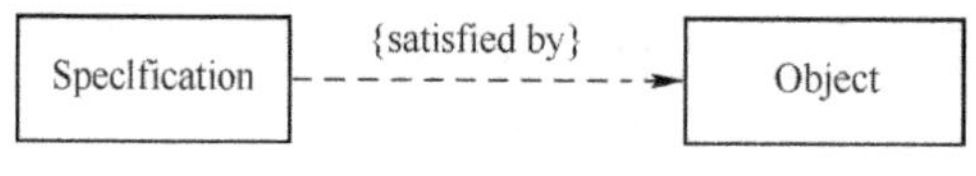

图 5-18　规格模式

规格模式有三种形式。

1）用于验证：验证一个对象，看它是否满足某些业务要求，或者是否已经准备就绪，检查状态是否符合要求。

2）用于筛选过滤：从一个集合中筛选出符合指定要求的对象。例如，带有指定条件的 SQL 查询语句。

3）按需创建：创建一个对象时指定该对象必须满足某种要求。例如，下订单时，要求厂家按照自己指定的规格生产产品。

规格模式是由“谓语”升华而来的。谓语可以用 AND、OR、NOT 来组合和修改，这些逻辑运算对于谓语是封闭的，因此，规格的组合也表现为一种操作封闭性。

如果想简单一点理解，可以将规格模式看成“指定的要求”或“筛选”等相关概念，这点在 CQRS 中的查询模型使用比较普遍，因为根据各种条件查询实际就是按照要求进行筛选。例如，按照修改时间查询帖子集合，这里的规格要求是按照修改时间，那么代码如下所示。

```
public void parse(String tablename) {
   logger.debug("enter parse");
   String prefix = "";
   if (!UtilValidate.isEmpty(tablename)) {
      prefix = tablename + ".";
   }
   StringBuilder where = new StringBuilder();
   where.append(" WHERE ");
   where.append(prefix).append("modifiedDate >= ? and ");
   where.append(prefix).append("modifiedDate <= ? ");

   String fromDate = ToolsUtil.dateToMillis(qc.getFromDate().getTime());
   logger.debug("fromDate=" + qc.getFromDate() + " sql formate=" +
fromDate);
   String toDate = ToolsUtil.dateToMillis(qc.getToDate().getTime());
   logger.debug("toDate=" + qc.getToDate() + " sql formate=" + toDate);
   params.add(fromDate);
   params.add(toDate);

   if (qc.getForumId() != null) {
      where.append(" and ");
      where.append(prefix).append("forumID = ? ");
      params.add(new Long(qc.getForumId()));
   }

   if (qc instanceof MultiCriteria) {
      MultiCriteria mmqc = (MultiCriteria) qc;
```

```
        if (mmqc.getUserID() != null) {
            where.append(" and ");
            where.append(prefix).append("userID = ? ");
            params.add(mmqc.getUserID());
        }
    }
    //合成最后的 SQL 查询语句
    this.whereSQL = where.toString().intern();
}
```

这段 QuerySpecDBModifiedDate 中的代码功能其实是转换出 SQL 语句，通过这个规格对象可以获得按照修改时间进行查询的 SQL 语句，“按照修改时间”转换成了 SQL 的“Where”语义。

使用规格模式封装 SQL 的条件语句是为了能够重用这些 Where 语句，如在 MessageQueryDaoSql 中可以多次使用根据修改时间进行查询的规格要求，代码如下。

```
        QuerySpecification qs = new QuerySpecDBModifiedDate(qc);
        qs.parse();
        StringBuilder itemIDsSQL = new StringBuilder("SELECT threadID FROM 
jiveMessage ");
        itemIDsSQL.append(qs.getWhereSQL());
        itemIDsSQL.append(qs.getResultSortSQL());
```

在另外一个查询功能中再次使用同样的规格对象。

```
        QuerySpecification qs = new QuerySpecDBModifiedDate(qc);
        qs.parse();
        StringBuilder allCountSQL = new StringBuilder("SELECT count(1)  FROM 
jiveMessage ");
        allCountSQL.append(qs.getWhereSQL());
        StringBuilder itemIDsSQL = new StringBuilder("SELECT " + keyName + " FROM 
jiveMessage ");
        itemIDsSQL.append(qs.getWhereSQL());
        itemIDsSQL.append(qs.getResultSortSQL());
```

当然，规格模式更大的好处是带来了声明性风格，例如，需要根据修改时间要求查询时，只要在代码里面声明定义一下 QuerySpecDBModifiedDate 这个对象，而无须照顾如何具体输出怎样的 SQL Where 条件子句等。这些都是具体实现细节，如果不是针对关系数据库查询，而是使用 Java 在内存中查询，那么同样声明一下就可以直接使用了。下面的代码用于在 Java 中筛选出可推荐的帖子，值得推荐的条件是一种规格要求，只有按照这种推荐的规格筛选出的帖子才是值得推荐的。

```
        public class ApprovedListSpec extends ThreadListSpec {
            public boolean isApproved(ForumThread thread, Account account) {
                if (isGoodBlog(thread, account) || isExcelledDiscuss(thread)) {
                    return true;
                } else
```

```
            return false;
        }
    }
```

这个推荐规格是几种条件的逻辑组合，要么是一个好的博客文章，要么是一篇好的讨论帖子，只要符合这两种条件之一的帖子就值得推荐。当然这两个业务策略条件也相当抽象，可以由具体的业务规则去实现，如果使用 SQL 语句则需要落实成 Where 条件，如果使用 Java 编程语言则需要落实成相关代码，但重点是这个规格组合声明了筛选帖子的总方向，忽略了实现细节，它是业务层面的一种查询模型的高度抽象，符合业务领域层面的总体方向要求。

规格模式除了在查询模型中使用以外，也可以用在命令端的 DDD 模型中。如果有一个业务概念代表目标或目的地，那么这个概念无疑是一个规格对象。例如，在货运系统中跟踪货柜的运输轨迹时，货柜有自己的目的地，那么这是一个目的地规格。还有各种生产计划或管理计划系统中，都有目标期望值，这些都是一种规格值对象，而日常软件运行时不断根据现在的状态或发生的事件来跟踪检查是否符合目标规格，这也是信息系统本身是一种跟踪系统的原因。

规格模式可以嵌套组合，新的规格可以包含老的规格，就像权限设计一样，局长的权限肯定包含科长的权限，这样设计一个父子树形结构关系，比琐碎地并行使用两个平级规格要有效率。

前面讨论的帖子内容过滤器，其实也是一种规格模式实现，按照要求对显示进行过滤，称为输出过滤器，按照要求对输入内容进行过滤，称为输入过滤器。

5.4.3 命令与查询的同步

命令端的存储实现可以使用 ORM 或 JDBC 等方式，在前面“聚合设计”一节的订单案例中演示了使用 Spring Data JDBC 的案例，JiveJdon 就是使用 JDBC 方式，在前面“实体和值对象”一节的存储模式中也有所讨论。

要实现 CQRS 命令端存储和查询端存储的数据同步，一种办法是使用数据库自身的数据库集群功能，主数据库实现命令端写入，从数据库负责查询端读取，主从复制依靠数据库自身完成，Oracle RAC 集群可以设置这样的主从结构，如图 5-19 所示。

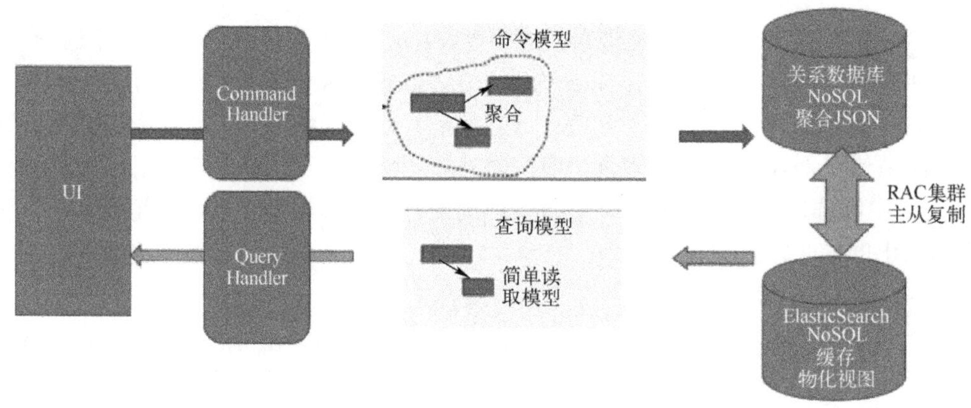

图 5-19　数据库之间同步

另一种办法是在应用程序中通过代码实现两个存储的同步，关键是需要将这两种数据库的操作置于同一个事务之中，如可以使用 2PC 两段事务 JTA/XA 跨多数据源的机制，这是一种同步式的数据事务操作，也可以使用消息队列实现异步的操作，如图 5-20 所示。

当命令端更新自己的数据库时，在这个更新事务中，同时更新查询端数据库，这可以使用 JavaEE 容器（如 Weblogic）的多数据源设置，为两个数据库设置各自的数据源 JNDI，然后让 Spring 使用 Weblogic 的容器事务激活其 JTA 特性，使用@Transaction 标注在更新这两个 JNDI 数据源的服务方法上即可。该方式适用于查询端和命令端都使用 Java EE 标准的服务器和产品，如果查询端使用 ElasticSearch 或 NoSQL，则无法使用这个方法。

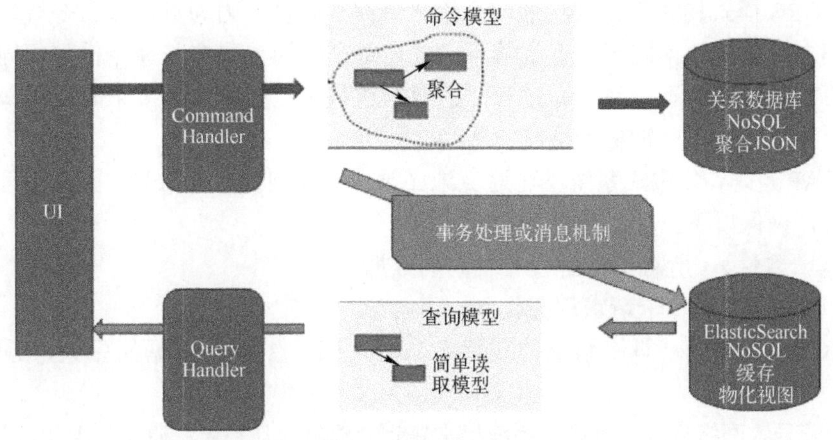

图 5-20　应用之间同步

命令端应用可以通过消息队列驱动更新查询端数据库，如果两边都是 JavaEE 产品，可以使用 JMS 事务性消息，否则使用 Apache Kafka/RabbitMQ。值得注意的是，消息队列比较是事务性的，也就是实现近似正好一次传递机制。消息传递分为至少一次、至多一次和正好一次。正好一次虽然难以真正实现，但是可以通过至少一次+接受端幂等操作来实现近似正好一次，从而保证消息可靠地（不会丢失也不会重复）到达目的地，这种方式在后面的“事件溯源”一节中将再次讨论。

如果认为对现有代码进行更新会增加程序员的负担，则可用第三种办法——在两个存储数据库之间使用事务性消息机制。可以将消息系统 Apache Kafka 衔接在两个数据库之间，如源数据库是 Oracle，使用 Oracle 的 OGG（Oracle GoldenGate）将 Oracle 数据库内部发生操作数据表的事件（更新、插入、删除）输出到 Apache Kafka，然后再通过 Kafka 输出到特有的供查询的 MySQL 等其他类型数据库。Debezium 是一个类似的产品，可以将 MySQL 的内部事件输出。

通过实现不同存储数据库的方法，可以应用不同的工具来执行查询，实现更好的性能和可伸缩性，但这是以增加复杂性为代价的。在这样的 CQRS 系统中，系统中执行的绝大多数操作将使用读取侧/查询端模型，可以应付互联网级别的更高的负载，是可扩展的，并允许构建允许高级搜索的复杂查询。当然，在将查询端开放给互联网用户时，如果在查询端和命令端的数据源之间还是采取传统分布式事务（如 JTA 等两段事务），那么分布式事务就会变成性能杀手，而且大多数 NoSQL 数据库都不支持 2PC 两段事务，这时应该考虑使用领域事件或事件溯源方式替代，这样才能应付大规模吞吐量和访问量，同时保证数据更新的一致性，当然这种一致性是最终一致性。

最终一致性在 CQRS 中是合适的，因为一般复杂查询不需要那么高的实时性，当然查完立即需要修改等操作还是可以在命令端实现，命令端依赖传统关系数据库事务或聚合的事务设计可以实现查改之间的高度一致性。

5.5 CAP 定理

按照 CQRS 模式构建系统架构通常会引入最终一致性，因为查询和命令模型是独立的组件，它们之间需要数据同步，查询端不一定在每个时间点包含与命令模型相同的数据。查询模型可能包含暂时不一致（即过时）的数据或状态，在未来的某个时刻“最终”会收敛到一个一致的状态，这被称为最终一致性。

根据 CAP 定理，分布式系统不可避免地必须决定如何处理一致性，因为它可以在发生网络故障时，确保以下三项中的两项。

1）C（一致性）：所有参与者查看相同的数据。

2）A（可用性）：每个请求都会收到一个响应。

3）P（分区容忍）：即使系统的任意参与者之间发生同步数据的丢失，系统仍继续运行。

网络故障导致网络分区是分布式系统经常碰到的现象，几乎无法避免，因此，分布式系统的健壮性设计要求是必须实现分区容忍，也就是说，在分布式系统环境下，P 代表的分区容忍性是必需的选择，当选择了 P 以后，就只能在 C 和 A 两者之中选择一个。

网络分区的发生会影响一致性，因为参与者需要处理数据无法同步的问题；它还影响可用性，因为每个参与者都需要满足其自身客户端调用请求。注意，分布式系统中的每个参与者不但满足其正常业务请求，还要与其他参与者进行通信同步，实际上每个参与者有两个不同方向的处理请求。这时参与者面临一致性与可用性的两难选择：如果选择继续可用性，继续满足其自身客户端调用请求，运行正常业务请求，那么这个参与者就会累积新的业务数据状态，这些数据状态无法同步到其他参与者那里，它们之间的数据就不一致了，这种选择基于可用性高于一致性；如果在发生断网时优先选择同步，不断重试连接，而自身不再处理新的请求响应，这是基于一致性高于可用性的选择策略。

假设命令端与查询端遭遇网络故障，命令端无法将数据同步到查询端，这时它继续接受新的命令处理，不断抛出新的领域事件，这些事件无法同步到查询端，当然，重试也在不断进行，等到重连成功后，将分区断开这段实际的事件集合再复制到查询端，查询端执行这些事件集合后，最终将查询端的状态同步到与命令端变成一致，这是最终一致性。

如果命令端优先选择同步，也就是不断地重连查询端，不断地重试，在没有成功之前不再接受新的命令请求处理，那么这属于选择了高一致性而放弃了高可用性，这时候，命令端和查询端之间的网络分区问题严重影响了命令端的处理，相当于整个系统都无法使用了，查询端查询的是过时数据，命令端不能接受表单数据保存，这在实际应用中是大家不愿意看到的。但是这又是忽视 CAP 定理最容易造成的情况，因为停止其正常处理进行不断重试是非常简单的，相当于整个命令端处理与重试处于一个同步调用过程中。

例如，命令端处理命令是一个 CommandService，而同步到查询端服务是 SyncService，一般朴素情况是在 CommandService 中直接通过 RPC 或 RESTful API 调用远程的 SyncService，如果调用失败，进行重试，直至成功，那么整个 CommandService 就堵塞在不断重试的循环中，造成整个命令服务无法继续处理新的命令。很显然，这里应该在 CommandService 和 SyncService 之间引入异步的消息机制，CommandService 处理完成后，发出更新查询端的领域事件，通过消息系统激活订阅者 SyncService，如果 SyncService 没有处理更新事件，则这个消息会滞留在消息系统内，直至处理完成。可见，这种不断重试的逻辑变成了消息这样的数据滞留在第三方存储库中，这样既保证了命令端和查询不再耦合，不会因为网络原因拖垮两者，也保证了两边数据的最终一致性。

5.6 领域事件实现数据同步

基于领域事件实现数据同步也是基于不同的存储数据库，将聚合中发生的事件通过消息发送给查询端，在查询端订阅该领域事件，一旦更改事件送达，就执行这个事件，将其转为查询端的视图结构，这个过程称为投影（Projection）。投影是将事件流转换为结构表示的过程，结构表示有许多其他名称：持久性读取模型、查询模型或视图，如图 5-21 所示。

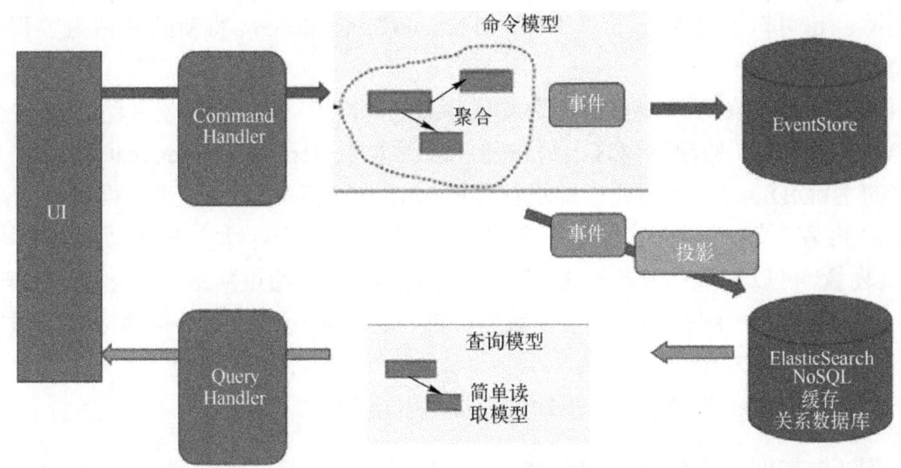

图 5-21 通过领域事件投影到查询端

这种方式的特点在于命令模型：这里使用 EventStore 作为持久存储，而不是 RDBMS 和 ORM；不保存实际的对象状态，而是保存事件流。这种模式被命名为事件溯源（Event Sourcing），事件溯源将在后面详细讨论。

这里讨论这种方式的变体，图 5-22 所示为 JiveJdon 的领域事件变体实现。

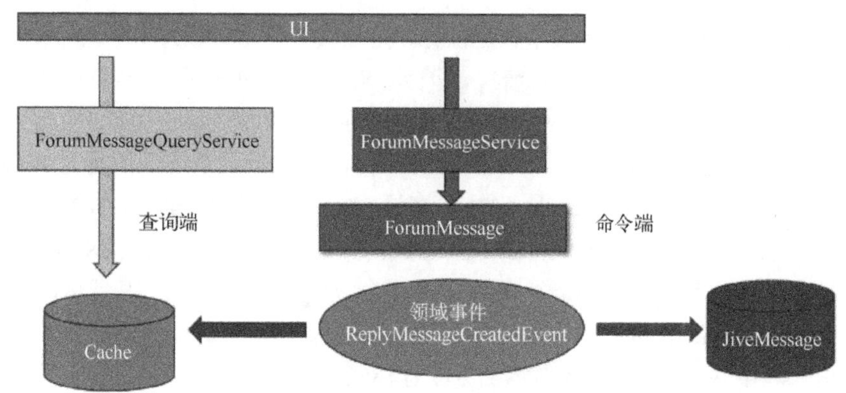

图 5-22　JiveJdon CQRS 变体实现

JiveJdon 使用缓存 Cache 作为查询端的存储库，使用关系数据库作为命令端的事件存储库，领域事件实现缓存与关系数据库之间的同步。

图 5-22 中的领域事件 ReplyMessageCreatedEvent 做了两件有关 CQRS 的事情。

1）添加新的帖子消息给 jiveMessage。这是一个关系数据表，但其主键是不断随着时间自增的，因此可以看成一种随着时间不断追加的 EventStore 变体。

2）清除查询缓存。这个领域事件是回帖成功时发生的，也就是有增删改任何一个命令类型操作发生，这时候需要将命令端的操作通过领域事件同步到查询端，因为查询端是缓存，直接清除相应缓存即可，当下次读取时，会从关系数据库中获得新的信息。这里查询端与命令端共享的是一个关系数据库，对于查询端来说，这个数据库只是用来更新缓存的数据源，也就是说，查询端缓存存储的数据来自共享关系数据库，如果不希望共享关系数据库，也可以通过领域事件 ReplyMessageCreatedEvent 将新的回帖内容直接写入缓存存储。

这两种方式都是在查询端投射命令端的事件方式，一种是在领域事件 ReplyMessage CreatedEvent 中携带新的回帖内容，另一种在领域事件 ReplyMessageCreatedEvent 中只是带有回帖的主键 ID 标识，然后让查询端程序根据 ID 在查询时再去关系数据库 jiveMessage 中查询回帖内容。这两种方式的选用取决于回帖内容是否巨大：如果领域事件的内容 payload 很轻量，可以与事件一起发送，如果非常重量，那么通过网络序列化是非常耗时的。当然如果查询端和命令端在物理部署上截然分离，查询端无法直接访问命令端的数据库，那么只能采取第一种方式。

现在看看 JiveJdon 的这个领域事件是在哪里发出的。

```
@OnCommand("postRepliesMessageCommand")
public void addChild(PostRepliesMessageCommand postRepliesMessageCommand){
    try {
        long modifiedDate = System.currentTimeMillis();
        String creationDate = Constants.getDefaultDateTimeDisp(modifiedDate);
        //builder 模式
        ForumMessageReply forumMessageReply= (ForumMessageReply)
ForumMessage.messageBuilder()
```

```
                    .messageId(postRepliesMessageCommand.getMessageId())
                    .parentMessage(this)
                    .messageVO(postRepliesMessageCommand.getMessageVO())
                    .forum(this.forum).forumThread(this.forumThread)
                    .acount(postRepliesMessageCommand.getAccount())
                    .creationDate(creationDate)
                    .modifiedDate(modifiedDate)
                    .filterPipleSpec(this.filterPipleSpec)
                    .uploads(postRepliesMessageCommand.getAttachment().
getUploadFiles())
                    .props(postRepliesMessageCommand.getMessagePropertysVO().
getPropertys())
                    .build();
               //改变内存中聚合根的状态
              forumThread.addNewMessage(this, forumMessageReply);
              forumMessageReply.getAccount().updateMessageCount(1);
              //发送更改成功事件到感兴趣者，其中之一是数据库存储，它将保存当前聚合状态
              eventSourcing.addReplyMessage(new RepliesMessagePostedEvent
(postRepliesMessageCommand));
```

以上代码在前面“聚合设计”一节详细讨论过，postReplyMessageCommand 进来后，这里是命令处理程序，激活了 ForumMessage 的 addChild()方法，然后使用 builder 模式构建了回帖对象 ForumMessageReply，之后改变命令端缓存中 ForumThread 的状态：forumThread.addNewMessage(…)。

在命令端也是有缓存的，命令端和查询端默认共享的是同一个缓存，当然，也可以在部署时将这两个缓存分开，变成两个缓存系统。例如命令端继续使用现有的 Ehcache，而查询端使用 Redis 缓存，这种分离部署不会对代码造成太大影响，也就是说，代码几乎不需要任何修改，就能支持查询端和命令端缓存的分离。

eventSourcing.addReplyMessage(...)用于发送领域事件 ReplyMessageCreatedEvent，这个领域事件是和 CQRS 有关的。

首先是在命令端将领域事件追加到 EvenStore。这是一个时间序列的数据集合，这里使用 jiveMessage 关系数据表替代实现，它也能保证以时间序列存储，因为它的主键 ID 是随时间增长不断自增的。jiveMessage 的表结构如下。

```
CREATE TABLE jiveMessage (
   messageID          BIGINT NOT NULL,
   parentMessageID    BIGINT NULL, #defaul is null
   threadID           BIGINT NOT NULL,
   forumID            BIGINT NOT NULL,
   userID             BIGINT NULL,
   subject            VARCHAR(255),
   body               TEXT,
   ……
);
```

如果想获得这个表的最后一个记录，无须从头开始遍历，只需要 SQL 语句：

```
SELECT messageID from jiveMessage WHERE  threadID = ? ORDER BY threadID DESC
```

它利用关系数据库的索引功能进行排序，因为关系数据库的优势是成熟、简单、好用。相反，如果过于追求所谓标准的 CQRS 而专门引入一个 EventStore，这种新型数据库到底怎么样、成熟度如何，这些都不是很确定。当然，也可以使用 Apache Kafka 作为 EventStore，Apache Kafka 内部采取事件日志的方式，具体原理见后面“事件溯源”一节。

领域事件 ReplyMessageCreatedEvent 追加到 jiveMessage 数据表是在专门的领域事件处理器 AddReplyMessage 中完成的，代码如下。这个消费者通过 JdonFramework 的注解 @Consumer 订阅了 ReplyMessage CreatedEvent 事件。当该领域事件发生时，将自动异步激活这个消费者，默认情况下是开启第二线程异步执行，也可以在这两个线程之间引入大型消息系统，只要在这个消费者中实现 Apache Kafka 的消息发送即可。这里直接调用了 messageTransactionPersistence 的 inserReplyMessage()方法，这个方法委托仓储层实现 jieMessage 表的数据 insert 操作。

```
@Consumer("addReplyMessage")
public class AddReplyMessage implements DomainEventHandler {
  ……
  public void onEvent(EventDisruptor event, boolean endOfBatch) throws
Exception {
     RepliesMessagePostedEvent repliesMessagePostedEvent = (Replies
MessagePostedEvent) event.getDomainMessage().getEventSource();
     try {
       //调用基础设施 SPI 服务将回帖对象保存到仓储数据库
       messageCRUDService.insertReplyMessage(repliesMessagePostedEvent.
getPostRepliesMessageCommand());
     } catch (Exception e) {
       logger.error(e);
     }
  }
```

这个消费者完成了命令端的事件存储操作，然后还需要对查询端的缓存存储进行投射操作，这是由 ReplyMessageCreatedEvent 事件的另外一个订阅消费者AddReplyMessage SendEventBus完成的，代码如下。

```
@Consumer("addReplyMessage")
public class AddReplyMessageSendEventBus implements DomainEventHandler{
  ……
  public void onEvent(EventDisruptor event, boolean endOfBatch) throws
Exception {
     RepliesMessagePostedEvent repliesMessagePostedEvent = (Replies
MessagePostedEvent) event.getDomainMessage().getEventSource();
     Long messageId = repliesMessagePostedEvent.getPostRepliesMessage
Command().getMessageId();
```

```
            cacheQueryRefresher.refresh(this.forumFactory.getMessage(messageId));
        }
    }
```

如果查询端的缓存部署在另外一套系统上，也可以在这里调用 Apache Kafka 的消息发送，另外一套系统上的 Redis 等缓存作为消息的接收者，通过这套机制实现数据更新通知。这里使用的是调用 cacheQueryRefresher.refresh()直接清除缓存的方式，如下所示。当然也可以接受事件的内容，将 forumMessageReplyDTO 的内容直接保存到缓存。

```
        messagePageIteratorSolver.clearPageIteratorSolver("getMessages");
        messagePageIteratorSolver.clearPageIteratorSolver("getThreads");
        messagePageIteratorSolver.clearPageIteratorSolver(forumMessage.getFo
rum().getForumId().toString());
        messagePageIteratorSolver.clearPageIteratorSolver(forumMessage.getFo
rumThread().getThreadId().toString());
        messagePageIteratorSolver.clearPageIteratorSolver(forumMessage.getAc
count().getUserId());
```

查询端除了缓存存储以外，还有专门的搜索库。更新搜索库的方式和更新缓存是一样的，通过同样事件的另外一个订阅消费者 AddReplyMessageSearchFile 实现，不过现实中并没有将回帖内容加入搜索库的需要，只要将首帖也就是主题帖加入搜索库就可以了。如果有其他查询端存储需要更新，只要实现一个领域事件的订阅消费者就可以；如果查询端存储在另外一套系统，那么这个订阅消费者就作为消息系统的消息生产者，串联在一起就可以实现跨系统的更新。

JiveJdon 这种更新命令端和查询端两个存储的机制比较特殊，但是却利用了常用的成熟技术，可能概念上不是很符合 CQRS，但是保证了生产中的成熟稳定。

总之，通过领域事件实现查询端和命令端的同步，并不一定是每发生一个事件就立即同步，如果事件数量很多，这时可以将命令端的事件集合发送到查询端，查询端再依据这些事件重新建立与命令端一样的状态，这时就变成了事件溯源，根据事件集合追溯原来发生的事情。事件溯源将在后面详细讨论。

5.7 实例解析：使用 Axon 框架实现 CQRS

在本节中将使用 Axon Framework 和 Axon Server 实现 CQRS 案例，Axon Server 是专用的事件存储和消息路由解决方案。这个案例使用订单业务领域，订单在前面的小节“聚合设计”已经使用 Spring Boot 实现，这里结合 Axon 框架和 SpringBoot 一起实现，使用的是 CQRS 架构，特别是订单状态，是使用领域事件表达的，而不是直接定义订单的几个状态。

Axon 框架提供了很多组件来专门支持 CQRS，值得注意的是：Axon 全家桶可能将人们导向其专有产品之中。组件的选用可以从实现 CQRS 的成本考虑，但关键是要从 CQRS 架构的本质出发去选择组件产品，例如关系数据库完全可以作为 EventStore，也能满足事件存储的基本要求。当然字面上事件存储好像是一个全新概念，但实际上并不是，事件日志或存储这种范式本质上是一种函数式思维，这种思维体现在很多产品实现上。

Axon Server 是一个专用的 EventStore 存储库，能提供存储事件所需的理想特性，但是一个存储库可投入生产的成熟标志是其管理工具。同时它也是一个消息路由系统，类似 RabbitMQ 或 Kafka 等系统，但是成熟度还是有待考察。当然，将消息系统和数据库系统融合在一起是否会产生单点风险，也是值得考虑的。数据库现在也开始流行像计算机一样组装了，例如使用 Kafka 作为关系数据库的解决方案如下。

1）Apache Kafka：用于持久性，使用 KCache 作为嵌入式键值存储。

2）Apache Avro：用于序列化和模式演变。

3）Apache Calcite：用于 SQL 解析、优化和执行。

4）Apache Omid：用于事务管理和 MVCC 支持。

5）Apache Avatica：用于 JDBC 功能。

这些组件合并起来可以作为一个完整的关系数据库，分离开来还可以各自发展。

Axon Server 内嵌了一个 Tomcat 服务器，它的配置信息存储在小型 h2 数据库中，包含有关消息传递平台节点和具有访问权限的应用程序的信息。此信息将自动在群集中的节点之间复制，但是是否支持事务性消息传递没有提及，这点在可靠性上是非常重要的，在后面事件溯源一节的分布式事务替代方案中，近似恰好一次的传递是实现事务性消息的基础，目前只有 Apache Kafka 声称支持，RabbitMQ 和 Akka 等需要自己在消费端实现幂等操作防止重复消息。

Axon Server 的消息传递平台具有两种类型的接口：HTTP 和 gRPC（HTTP 2.0），标准 Axon Framework、Axon Server 客户端和消息传递平台之间的通信使用 gRPC。Axon Server 可以在这里下载：https://download.axoniq.io/axonserver/AxonServer.zip。它是一个简单的 JAR 文件，直接运行就可以启动：

```
java -jar axonserver.jar
```

可通过 localhost:8024 访问 Axon Server 实例，如图 5-23 所示。打开后显示的实际是一个简单的仪表板，可监控命令和消息，很多细节还是需要通过 Spring Boot 与 Spring Cloud 的监控工具查看，当然更大的规模可使用 Kubernetes。仪表板还提供了事件存储的查询机制。

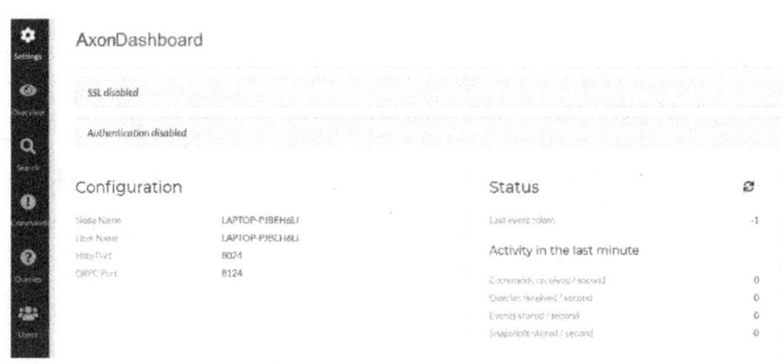

图 5-23　Axon Server 的管理控制台

Axon Server 的默认配置可通过 axon-spring-boot-starter 自动连接。

为了创建一个 Axon / Spring Boot 应用程序。需要将最新的 axon-spring-boot-starter 依赖项添加到 pom.xml 中，以及用于测试的 axon-test 依赖项：

```
<dependency>
    <groupId>org.axonframework</groupId>
    <artifactId>axon-spring-boot-starter</artifactId>
    <version>4.2</version>
</dependency>
<dependency>
    <groupId>org.axonframework</groupId>
    <artifactId>axon-test</artifactId>
    <version>4.2</version>
    <scope>test</scope>
</dependency>
```

这里的 Axon 版本是 4.2，最新版本可在以下地址查询到：https://mvnrepository.com/artifact/org.axonframework/axon。

现在准备工作已经就绪，可以开始订单案例的 CQRS 开发了。

5.7.1 命令端实现

（1）事件建模

首先需要事件建模。事件建模包含命令和领域事件两个模型，一个输入，另外一个输出，这里首先在领域中发现命令，它是用户的意图表达。Order 服务能够处理三种不同类型的操作：下新订单（PlaceOrderCommand）、确认订单（ConfirmOrderCommand）、订单发货（ShipOrderCommand），定义如下。

```
public class PlaceOrderCommand {
    @TargetAggregateIdentifier
    private final String orderId;
    private final String product;
    // constructor, getters, equals/hashCode and toString
}
public class ConfirmOrderCommand {
    @TargetAggregateIdentifier
    private final String orderId;
    // constructor, getters, equals/hashCode and toString
}
public class ShipOrderCommand {
    @TargetAggregateIdentifier
    private final String orderId;
    // constructor, getters, equals/hashCode and toString
}
```

TargetAggregateIdentifier 注解用于告诉 Axon 框架这是一个聚合 ID，这里将命令对象的字段都标记为final，说明其是一个值对象且不可变，命令作为一个传递性的对象保持不变性将有助于性能提升。

（2）领域事件

有了命令 Command 模型，下一步是聚合接受该命令后产生领域事件。对应的领域事件也有三个：订单已下（OrderPlacedEvent）、订单已确认（OrderConfirmedEvent）和订单已发货（OrderShippedEvent），如下所示。

```
public class OrderPlacedEvent {
    private final String orderId;
    private final String product;
    // default constructor, getters, equals/hashCode and toString
}
public class OrderConfirmedEvent {
    private final String orderId;
    // default constructor, getters, equals/hashCode and toString
}
public class OrderShippedEvent {
    private final String orderId;
    // default constructor, getters, equals/hashCode and toString
}
```

（3）聚合对象

有了命令对象、事件对象，第三步是设计聚合对象。按照 CQRS 模式，聚合对象只存在于命令端，因此实际上现在开始命令端的模型对象设计。

订单（Order）聚合根实体对象代码如下所示。

```
@Aggregate
public class OrderAggregate {
    @AggregateIdentifier
    private String orderId;
    private boolean orderConfirmed;

    @CommandHandler
    public OrderAggregate(PlaceOrderCommand command) {
        AggregateLifecycle.apply(new OrderPlacedEvent(command.getOrderId(),
command.getProduct()));
    }
    @EventSourcingHandler
    public void on(OrderPlacedEvent event) {
        this.orderId = event.getOrderId();
        orderConfirmed = false;
    }
    protected OrderAggregate() { }
}
```

代码中的几个注解是 Axon 框架的。

1）@Aggregate：注释该类是一个聚合根实体，它将通知 Axon 框架需要为此 OrderAggregate 实例化 CQRS 和 Event Sourcing 所需的特定构建块。

2）@AggregateIdentifier：注释指定实体的唯一标识符，说明该对象是一个实体，需要使用标识来区分它们。

3）@CommandHandler：表示该方法是一个 CQRS 的命令处理器，下单命令将激活执行这个方法。这个方法体内很简单，没有演示业务规则检查等核心业务实现，直接抛出一个下单成功的领域事件 OrderPlacedEvent，命令-聚合-事件整个关系在这里可以很清楚地表达出来，这与 Jdon 框架的实现比较类似。

这里的事件发布是通过一个静态类的使用来实现的：AggregateLifecycle #application (Object ...)，发布广播 OrderPlacedEvent 的通知。这个静态类是一个第三方框架的发布机制，这可能使得领域模型依赖技术框架，有些与清洁架构或六边形架构宗旨违背，实际上 Jdon 框架使用了依赖反转，将发布事件的基础设施部分注入领域模型，这也是清洁架构推荐的方式。当然，在代码简单程度上，直接使用静态类是相当简单的。

Spring Boot 是在 Spring Data 框架中引入 org.springframework.data.domain. AbstractAggregateRoot，聚合根实体对象只要继承这个类即可。这种方式是欠佳的，业务类不能继承任何技术框架，否则会使业务类严重依赖技术框架。其实从继承逻辑看，业务类只能继承自己业务领域的其他类。技术框架等基础设施不能凌驾于业务之上，这种方式侵入性太高，对代码伤害比较大，还存在改进空间。

以上比较了 Spring Boot、Axon 和 Jdon 三种框架对聚合根实体类的支持方式，相信随着 DDD 越来越得到重视，技术越来越先进，更优雅和简单的结合方式会出现。

4）@EventSourcingHandler：表示这是事件溯源的处理器，可以将事件溯源看作一个事件数据库。这里的处理器是为了重建订单状态数据，状态是将订单的确认状态设置为 false，同时将存储库中的订单唯一标识值注入该对象。这种重建是事件溯源的一个核心特点，这样数据库就不用直接设置 orderConfirmed 这个字段，这个字段是 true 还是 false，可以通过 OrderPlacedEvent 来确定，如果事件是 OrderPlacedEvent，那么可以推理当前状态是刚刚发生订单、成功下单的阶段，还没有被确认。

这个 EventSourcingHandler 功能是 Axon 框架特有的功能，Jdon 框架没有这个功能，但是不意味着无法实现事件溯源的重播。将事件日志重播到当前状态有很多方式，可以利用 SQL 语句等关系数据库本身的功能实现，也可以通过代码实现。Axon 框架选择的是通过代码实现。这个功能因为非常琐碎和基础，更大程度上应该通过基础设施本身来完成，然后再利用 Java 8 的 stream 快速获得当前状态，例如：

```
eventsources.stream().map(e->e.getValue()).reduce(this.balance,(a,b)->a+b);
```

这是一个计算账户余额的 stream 写法，遍历事件日志中的出账与入账事件，最终计算出当前余额，当然其中的 a+b 是一种加法运算，如果不是计算账户余额这样的加减算法，而是需要执行一个业务方法，Java 8 也只是将函数/方法作为参数传入。这些事件溯源细节在后面章节专门讨论。

以上是 Axon 框架 CQRS 命令端的简单开发指南，下面再看看查询端的开发方式：

5.7.2 查询端实现

查询端的模型可以与命令端模型不同，假设查询端需要查询一些已经订购的产品数据，那么为了这个查询建立一个 DTO 模型：OrderedProduct，代码如下。

```
public class OrderedProduct {
    private final String orderId;
    private final String product;
    private OrderStatus orderStatus;
    public OrderedProduct(String orderId, String product) {
        this.orderId = orderId;
        this.product = product;
        orderStatus = OrderStatus.PLACED;
    }
    public void setOrderConfirmed() {
        this.orderStatus = OrderStatus.CONFIRMED;
    }
    public void setOrderShipped() {
        this.orderStatus = OrderStatus.SHIPPED;
    }
    // getters, equals/hashCode and toString functions
}
public enum OrderStatus {
  PLACED, CONFIRMED, SHIPPED
}
```

在这个查询端模型中，使用 enum 枚举了订单的三个状态：已下单（PLACED）、已确认（CONFIRMED）和已发货（SHIPPED）。那么查询端的这个模型到底处于这三个状态中的哪一种？这是由命令端发送的事件决定的。查询端响应命令端的事件处理器定义如下。

```
@Service
public class OrderedProductsEventHandler {
    private final Map<String, OrderedProduct> orderedProducts = new
HashMap<>();
    @EventHandler
    public void on(OrderPlacedEvent event) {
        String orderId = event.getOrderId();
        orderedProducts.put(orderId, new OrderedProduct(orderId, event.
getProduct()));
    }
    // Event Handlers for OrderConfirmedEvent and OrderShippedEvent
}
```

命令端的 OrderPlacedEvent（已下单事件）会通过 Axon 框架和 Axon Server 激活该代码中@EventHandler 标注的方法，这里构造了一个新的 OrderedProduct 实例，重建了命令端 OrderPlacedEvent 发生时的订单状态。

在 JiveJdon 论坛系统实现中，查询端使用缓存作为存储库，缓存的还是命令端的领域模型，因此只要将查询端缓存中的相关领域模型清除，就可以实现下一次从关系数据库加载最新领域模型。这是查询端和命令端共享一个关系数据库的情况，如果两者不共享一个数据库，查询端专门使用 Redis 等分布式缓存系统作为存储库，那么命令端的领域事件也可以通过消息系统如 Kafka 或 RabbitMQ 发送到 Redis 这边，然后从领域事件中重建领域模型。

下面看看如何向前端界面提供查询功能。

要查询所有已订购的产品，应首先向提供此功能的 API 引入一条 Query 消息：

```
public class FindAllOrderedProductsQuery { }
```

其次，必须更新 OrderedProductsEventHandler 才能处理 FindAllOrderedProductsQuery：

```
@QueryHandler
public List<OrderedProduct> handle(FindAllOrderedProductsQuery query) {
    return new ArrayList<>(orderedProducts.values());
}
```

QueryHandler 注释功能将处理 FindAllOrderedProductsQuery 并设置为返回一个 List<OrderedProduct>，类似“find all”查询。

当界面调用 REST 端点 API 时，通过以下方式可直接调用。通过 queryGateway 这个 Axon 框架提供代理入口实现查询调用，将上述查询需要的几个部件组合在一起。

```
@GetMapping("/all-orders")
public List<OrderedProduct> findAllOrderedProducts() {
  return queryGateway.query(new FindAllOrderedProductsQuery(),
    ResponseTypes.multipleInstancesOf(OrderedProduct.class)).join();
}
```

查询端更多的情况下可以直接使用 SQL 实现更复杂灵活的查询，在这个方面，Java 语言是无法和 SQL 语句竞争的。当然 ORM 等框架试图以自己的查询机制替代 SQL 语句，其实这样做是不明智的，数据库 SQL 几十年的成熟运行和普及，生产级别的产品需要稳定、成熟以及可维护性，因此 CQRS 才推出查询端和命令端分离，领域模型掌管命令端，而 SQL 掌握查询端，发挥各自模型的优点和长处。

Axon 框架的 CQRS 完整源码参见：https://github.com/eugenp/tutorials/tree/master/axon。

更多 Axon 框架的编写案例见：https://www.jdon.com/tags/13095。

5.8 总结与拓展

本章主要讨论了 DDD 实现架构。传统的三层架构或多层架构已经不能满足 DDD 的实现要求，例如典型的 MVC 模式。MVC 模式虽然将模型、视图以及协调者三者进行了分离，但是不够彻底，控制器进行读写两个方向上的协调，致使控制器中耦合了不少业务代码，已经丧失了其作为红绿灯指挥员的作用。想一想，如果红绿灯的指挥员整天处理闯红灯的事务，他还有空专门进行指挥吗？

MVC 模式的贡献是将模型和显示视图进行了分离，这种分离可以看成读写分离的雏形，模型应该代表用户需求的那个业务模型，而视图则是计算机显示给用户看的界面要素，这两者是不同的，这是 MVC 模式的可贵之处，让人们认识到了两者的区别，但是在具体处理上靠控制器处理模型和视图之间的太多事情，没有进一步细分，没有进一步分离关注点，没有真正突出单一职责。

六边形理论和鲍勃大叔的清洁架构更进一步将业务模型与界面以及数据库等基础设施进行了分离，并规定，业务模型不能依赖于界面视图或数据库等基础设施，只能被它们依赖，这样保证了业务模型能够不受技术快速发展的影响，保持自己独立的演进路径，保持整个系统核心功能的稳定性。

无论是 MVC 模式、六边形或清洁架构，都是通过切分多个层次结构来保护业务模型，但是一个业务功能的实现是需要糅合业务模型和界面以及数据库等多个方面一起实现的。分层结构导致了业务功能的实现和维护需要跨越多层进行多处开发和修改，这给业务功能的实现带来了麻烦，如同明星的保镖多了也很麻烦，到哪里都跟着，挡住了很多与粉丝亲密接触的机会，给人一种距离感，反而让自己与粉丝疏远了。但是，业务领域确实应该受到保护，业务功能也应该一步到位快速实现，这两种要求是不是可以同时满足呢？通过划分更细的应用场景边界，可以满足这两方面的要求，如同明星的保镖可以在一些场合带着，例如人多混乱的场合，但是在自己轻装出行的生活场合则没有必要携带那么多保镖了。

CQRS 将业务领域受到保护的场景划定在用户试图写入修改时，这时用户会发出命令，将自己输入的数据试图写入计算机系统中。这些命令代表了用户试图写入的意图，而系统中的领域模型可以根据业务规则判断是否执行用户的意图，如果可以执行，那么发出领域事件宣告用户意图成功执行。

但是，在用户试图从系统中查询读取数据的场景下，这时可以不必使用领域模型，而是建立与查询报表等相关的模型，采取数据分析技术，利用关系数据库、NoSQL 或搜索引擎等特有强大的数据技术进行查询读取，因为没有了领域模型，也就不必进行特殊的保护，可以在界面或 API 中直接利用 SQL 等数据技术实现业务功能。

CQRS 的读写分离实际是将过去的 CRUD 四个标准动作进行了分离。过去的 CRUD 操作一般放在一个 MVC 的控制器中，或放在一个服务之中实现，导致控制器或服务统管一个模型的所有操作，这样的方式做起来很简单很朴素。起初 CRUD 操作非常简单，放在一个类中实现也好像没有什么不好，但是随着业务功能的复杂性提高，开始在这个类中增加太多功能，慢慢地业务领域功能也渗透进去，变成单体大服务或上帝式的控制器。这种情况使得整个系统的维护拓展甚至替换破解都变得困难，新程序员难以在短时间内上手，无法快速形成生产力，老程序员也身心疲惫。与其事后束手无策，重构变成一种梦想，不如事前划分边界时再仔细点。

CQRS 将 CRUD 中 CUD 和 R 两种模型进行了分离，也将 MVC 中的 C 层进行了读写分离。过去都是采用 MVC + CRUD 这样的方式快速、敏捷地完成一个个项目，现在方式改变了，使用 CQRS 如同在 MVC + CRUD 体系中纵向再切一刀，这样既照顾了软件质量，方便维护拓展，也照顾了软件开发效率。当然质量和效率不一定是对立的，但是人们已经形成了这样的共识，甚至常识，努力改变常识不够明智，切实的办法是建议人们在这两者之间取得平衡。

CRUD 中 CUD 和 R 代表两种不同的职责模型，CUD 服务后面是 DDD 聚合模型，用于前端表单数据的写入修改，而查询服务后面则可能是数据库技术，例如 SQL 等。后面如果采取专门用于读取查询的数据库表设计，性能则会大幅度提升，非常适合大数据和报表查询分析，甚至可以通过 Apache Kafka 这样的消息系统根据不同查询目的生成物化视图或数据表结构，将用于查询的数据库和写入的数据库分离。这两种数据表结构设计是不同的，查询的索引需要建得越多越好，但是索引多了会影响写入性能，读写分离后就无法影响写入性能了。通过 CQRS 将关系数据库本身的特点和领域模型自身的特点都发挥了出来。

CQRS 可实现查询和写入两条路线的彻底分离，从前端 MVC 到后端 CRUD 包括数据库完成分离，甚至由不同小组负责，因为这两条路线代表不同的技术方向和技能：写入方向的路线需要强大的业务逻辑分析和设计技能，对于 IT 技术则没有必要要求那么苛刻，可以说是产品经理或领域专家带队的团队；而读取查询方向的路线则是 DBA 等数据库专家或数据分析师带队的团队负责。

CQRS 将分布式系统带入了 DDD 的实现，也为微服务系统的实现打好了基础，因为 CQRS 和微服务都基于单一职责原则，每个服务只能完成一个职责，结合 CQRS 具体落实为一个服务专门承担写职责，一个服务承担读职责。

随着划分粒度的细致化，带来了分布式系统的复杂性。最简单的 CQRS 实现是用于读的缓存和用于写的数据库。用于查询和读取的缓存类似数据库，例如采取 Ehcache 或 Redis，这些缓存产品也称为内存数据库。有了两个数据库，关键问题就是在读写数据库之间同步数据了，这是通过领域事件实现的。

例如 JiveJdon 采取的也是这种最简单的 CQRS 架构。当然随着规模扩大，加入消息系统，将缓存和写数据库分离部署，这样就会实现真正的 CQRS 架构。在 JiveJdon 中，ForumThread 和 ForumMessage 都保存在缓存中，缓存是事件日志的快照，如果更新命令发送到其中一个聚合根模型，聚合根实体就会发送领域事件来清除缓存数据，读缓存和写数据库之间的一致性由领域事件维护。

CQRS 可以结合 Event Sourcing 事件溯源实现读写两端的同步，写入端将触发状态切换的领域事件保存到事件日志存储中，然后将此事件日志复制到查询端进行重播，这样可以把写入端状态完整地复制到查询端数据库，实现读写两个数据库的最终一致性。关于事件溯源的详细情况见下一章。

在 CQRS 中有命令处理程序和事件处理程序。通常命令处理程序是一种 Handler 递交程序，并不是命令在这里真正处理，而是委托给聚合根实体的业务行为实现。命令处理程序在语义上类似应用层服务，定位也和应用层服务类似，属于业务协调者，而不是业务决策者；事件处理程序触发了一些基础设施的动作执行，例如触发数据库的数据保存或消息系统发送等，在这种情况下事件处理程序在语义上也类似于应用层服务；应用服务层负责协调各个域，包括领域层或基础设施层等，它通常围绕业务用例构建，也是处理诸如事务、验证、安全性等交叉问题的地方。应用程序层不是必需的，它取决于功能和技术要求以及已做出的体系结构选择。

命令处理程序和事件处理程序在语义上也类似清洁架构的用例层、六边形架构的端口适配器。

总之，命令处理程序、事件处理程序和应用层服务都用来处理应用程序逻辑相关的知识，必须注意应用逻辑和业务逻辑（领域逻辑）的区分。从词意上看，“Handler”和“Service”比较类似，都定位于协调者，Service 运行时间可能比较长，而 Handler 通常是包装在对象中的单个函数；Handler 一般处理消息对象，与线程或消息队列等异步系统有关，而 Service 属于同步系统，在后台长时间运行才能提供服务功能。在 Serverless（无服务器）架构中，后端提供的其实是一种 Handler，而不是 Service，这样才能根据调用运行时间计费，如果是 Service，则是通常的 PaaS 或 SaaS 平台，这些服务一直在 API 后面运行，就无法根据调用时间随时计费了。

当然还有 MVC 模式的 Controller，它是用户界面组件和模型之间的接口，控制器应该是瘦类，除了将用户界面事件映射到模型函数外，还需要做其他协调中介事宜，这些模式大概都属于 GoF 设计模式中的 Mediator 模式或 Adapter 模式。

这里简单介绍一个使用六边形架构实现 DDD 中货运 Cargo 的项目，源码：https://github.com/practicalddd/implementations。

该源码的架构特点如下。

1）采用基于微服务的架构风格，并使用以下技术。

- 以 Spring Boot 为核心。
- 用于微服务编排基础架构的 Spring Cloud 流。
- RabbitMQ 作为微服务消息传递代理。
- Spring Data 作为数据管理平台。

2）其用例需求满足如下要求。

- 假设货物已预订从香港交付至纽约，交付期限为 2019 年 9 月 28 日。
- 根据规格，通过分配行程相应地运输货物。
- 货物在行程的各个港口装卸，最终由客户索取。
- 客户可以在任何时间使用唯一的跟踪号跟踪货物。

四个微服务分别实现了这四个需求：预订微服务、运输微服务、跟踪微服务和装卸微服务。微服务模块内部代码结合了清洁架构、六边形架构和 CQRS 读写分离架构的设计。

1）Domain（领域层）：领域模型，其中有 aggregates、command、entities 和 valueobjects 等子模块层。

2）Application（应用层）：放置应用服务，命令和查询处理程序。其中有 CargoBookingCommandService，这是 CQRS 的命令服务（命令处理程序）；CargoBookingQueryService 是 CQRS 查询服务（查询处理程序）；CargoEventPublisherService 是事件处理程序，用于向 RabbitMQ 消息系统发送消息；应用层主要是与 CQRS 和消息系统相关的工具或 SPI 的相关类。

3）Infrastructure（基础设施层）：放置数据库、消息技术系统相关的基础设施代码。

4）Interfaces（接口层）：控制器、REST API 接口以及相关 DTO 或事件。这里放置的是提供被调用 API 的相关类，包括 DTO；领域模型对象不应该直接被外部调用引用，应该转为 DTO 供外界使用。

更多关于 CQRS 的讨论可见：https://www.jdon.com/cqrs.html。

第6章 事件溯源

想想银行账户或支付宝账户，经常注意到的是账户当前的余额，如果对当前余额感到奇怪，比如怎么这个月花了那么多钱呢？这时就需要查询当月进出明细，看看一笔笔账户进出的金额，工资入账多少钱，在某宝购物花了多少钱。

您有没有想到账户余额与进出明细的关系呢？进出明细应该是导致账户余额变动的原因，其中存储了构成账户余额的各个事件，影响当前账户余额的是这些事件的总和，这就是事件溯源（Event Sourcing），即通过发生过的事件追溯当前状态的原因，这些事件是造成当前状态的唯一真相来源。

事件溯源的基本思想是确保在事件对象中捕获应用程序状态的每个更改，并且将这些事件对象按照它们发生的顺序存储（事件明细），这些存储的信息称为事件日志，它可作为直接存储状态本身的替代。不仅可以通过事件日志查询这些事件，还可以使用事件日志重建过去的状态，并作为自动调整状态以应对追溯更改的基础。

只存储事件而不存储状态，这样不至于在同时发生大量并发访问时，对数据库中的状态进行竞争式的修改，从而巧妙回避了通过加锁防止并发修改又导致的性能问题。

以账户余额为例，如何获得当前账户的余额状态？只需要读取进出事件明细，进行加减计算便可以获得。也就是说，账户余额不是直接从对应数据表的余额字段读取，而是通过阅读事件明细表计算出来的，这样就将负担从写数据转移到读取操作，写入数据时保证可靠和高吞吐量，没有堵塞，而读取查询时，第一次需要计算事件总和，之后可依靠缓存提高性能。

假设账户原本有 100 元，工资入账 20000 元，消费出账 1000 元，那么账户状态是多少？100+20000−1000=19100，下面看看以事件为主和以状态为主的两个视角的区别。

以状态为主的视角做法是：在每次出入账事件发生时，在数据库的进出明细表中添加记录，如入账记录 20000 元，然后同时将账户表中的余额字段改为 20100，也就是说，余额的计算是在写入明细表数据时同时进行的，明细表与账户表同时进行写操作，如果一张表写入错误，已经写入的另外一张表必须回滚，这是依靠数据库的 ACID 事务机制保证的。ACID 事务除了保证两张表修改的完整性，还会防止同时修改账户表的余额字段，因为账户表的余额字段是一个共享字段，如果有很多写操作同时发生，肯定会发生同时修改这个共享字段的情况，那就会发生竞争，ACID 中的隔离性就是为了避免这种竞争而设置的属性，通常通过上锁实现，代价是牺牲性能和吞吐量。

但是，在事件溯源架构下，虽然同样还是要保存事件发生的明细，但是写入明细表以后，就不会去修改账户余额的状态，这样，整个写入过程就不会遭遇共享资源的争夺，也就没有必要使用事务机制，只是追加新记录，甚至可以使用普通磁盘文件，日志文件也是一种事件日志。

既然账户余额并不是在写操作时修改，那就需要在读取数据时实时计算。当每次读取账户余额字段时，首先读取事件明细表，获得入账事件 20000 元和出账事件 1000 元这样的事件集合，然后计算 100+20000-1000=19100。

有人觉得每次读取都进行计算性能会差一些，这个问题可以通过缓存得到优化。缓存其实是一种快照，第一次读取余额状态时会计算一次，然后将结果保存到缓存中，如果写入事件明细再次发生，就会删除缓存中的余额数据，等待新的“第一次读取请求”发现缓存中没有余额数据了，就会转而从数据库中获得余额的初始值，然后读取进出事件表，最后计算出当前余额，保存到缓存中，供其他读取请求快速获得。

如果将事件集合中的运行看成电影一样的流动，那么状态如同在某个时刻对流动的事件实现的快照，代表那个时刻系统的状态。当前状态始终可以从事件中派生。这个过程被称为投影（Projection）。

事件溯源类似 Oracle 数据库的 Oracle GoldenGate（OGG）技术，OGG 能够捕获数据库中发生的每一项活动（更新、插入和删除）。Debezium 是一个类似的产品，可以与 MySQL 以及许多其他数据存储一起使用，苹果公司使用这种技术将数据库中的数据复制到 Apache Kafka 中，再复制到 OLAP 数据库中。这些技术在数据集成方面发挥了很大作用。

6.1 什么是事件溯源？

Martin Fowler 在 2005 年的博客中提及了“Event Sourcing”这个词语，他将事件描述为一个应用的一系列状态改变，这一系列事件能够捕获用来重建当前状态的一切事实真相。他认为事件是不可变的，事件日志是一种只会不断追加（append-only）的存储。事件从来不会被删除，这意味着事件可以被重播。

Greg Young 是另外一个在事件溯源领域的著名专家，他将事件溯源描述为一系列事件存储状态，然后通过播放这一系列事件重建系统状态。按照他的观点，事件日志处理只会不断追加事件，事件是已经发生的，不能再被改变（undo）。Fowler 称这些事件为追溯事件，而 Young 称之为逆转交易（事务）。

从这里看出，事件溯源的事件不一定是领域事件，追溯事件是来自聚合发出的用于重建状态的领域事件，而领域事件是更广泛的一种事件，可以用于在不同有界上下文之间实现通信。两者有时可合二为一，有时要注意区分，不是所有的领域事件都可以用来重建状态，用作追溯事件。

Udi Dahan 是另外一个对事件溯源系统比较关注的专家，他认为：领域模型的状态被持久为一个事件流，而不是单一的状态快照（snapshot）。

Martin Krasser 是 Akka 工具集领域关注事件溯源的专家，他认为：分布式系统的 Actor 之间通过消息通信，消息会触发状态切换，事件溯源是用于持久状态改变而不是状态本身的一种方式。状态变更作为一种不可变事实追加到日志（journal）中，这样做的动机是能够实现高交易频率（高事务吞吐量）和实现有效的复制，恢复 Actor 的状态只要通过重播被持久的事件即可。

这些定义的共同点是针对状态的每次变更，将其从状态后面明确地推送到前台，让人们更加关注状态变更，而不是状态本身。这些状态变更事件是一种只有追加操作的事件日志，导致了一系列事件，也就是事件集合或称事件明细，通过重播这些事件能够定位到具体某个时刻的状态。

传统架构只保留和维护对象的当前状态，而事件溯源维护状态的所有更改操作。CRUD 四个操作中删除和修改用于修改，而事件溯源系统只有一个操作：追加（append-only）或（insert）插入。图 6-1 所示为事件溯源与传统直接存储状态方式的区别。

传统存储模型

姓名	余额
张三	100

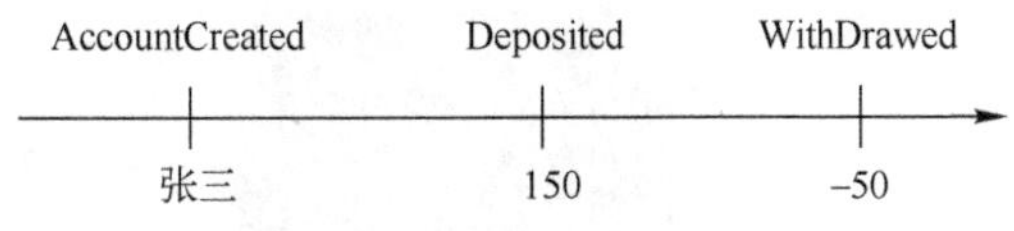

图 6-1　两种存储状态的不同方式

传统存储状态的方式是设计一个数据表字段，例如余额字段，表示张三当前的账户余额，每当有进出事件发生时，更改这个余额状态值；而事件溯源中的事件日志是记录导致余额变化的一系列进出事件，例如账户创建事件 AccountCreated、转入 150 元事件和转出 50 元事件，当前账户余额是通过遍历这些事件计算出来的：150-50=100。

状态与事件有一种等价关系，事件是导致当前状态的原因，结合 DDD 聚合设计，图 6-2 所示为对账户设计的聚合图。

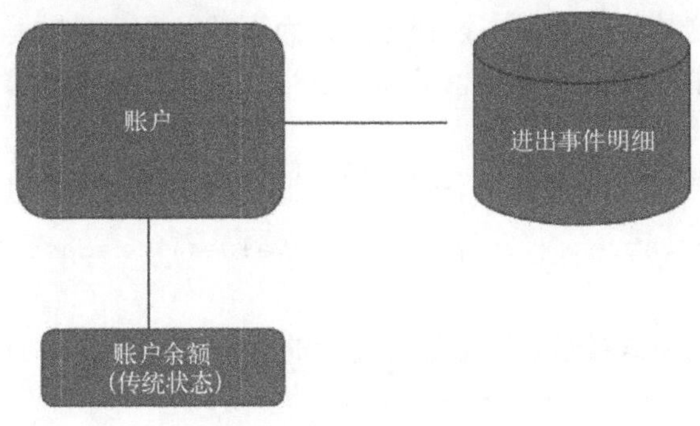

图 6-2　账户聚合设计

一个账户既有当前账户余额，也有导致余额状态改变的一系列进出明细，这些进出明细实际上是进出事件集合，如果存储起来就称为事件日志。那么这种设计模型是否能够推广到其他领域呢？图 6-3 所示为一个普遍的聚合状态与事件集合。

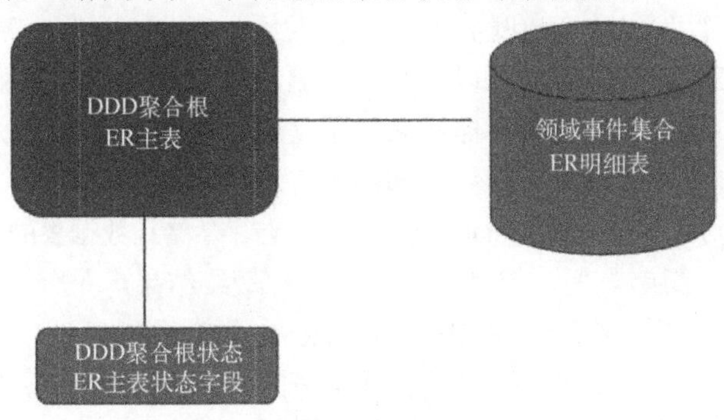

图 6-3　聚合状态与事件集合

账户是一种 DDD 聚合根，代表 ER 星形模型中的主表，事件集合等同于 ER 星形模型中的明细表，这一系列明细改变了 DDD 聚合根的状态值，这个状态可以使用 ER 模型中的状态字段表示，如账户余额字段。

也就是说，DDD 这种聚合设计可以有两种表示状态的实现：可以使用数据表的状态字段表示聚合根状态，也可以使用事件集合来追溯当前聚合根状态。

图 6-4 所示为使用订单作为案例实现的聚合状态设计。

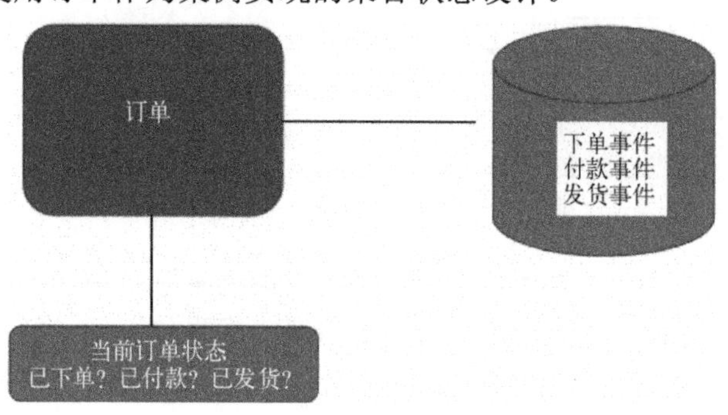

图 6-4　订单聚合状态与事件

订单的状态实现有两种方式：一种使用订单数据表中的 state 字段表示当前订单状态，约定 state=1 表示已下单，state=2 表示已付款，state=3 表示已发货，使用整数数字类型表示订单的三个状态，这是传统的状态设计方式；而事件溯源记录的是下单事件、付款事件和发货事件这一系列事件集合，如果想了解订单当前状态，就通过播放这个事件集合，播放到事件集合结束就代表了当前状态。

播放事件方式根据不同的应用而不同，例如根据事件进出明细计算当前余额：

```
    eventsources.stream().map(e->e.getValue()).reduce(this.balance,(a,b)
->a+b);
```

这是使用 Java 8 的流式播放，将事件集合中的事件应用到具体 DDD 聚合的函数方法，然后进行汇总计算。

事件溯源强调了状态变更（事件）高于状态本身，这种不同的视角为建模思考提供了新的切入点。如果在设计系统之初，能从事件溯源角度去思考建模，结合 DDD 聚合一起设计，有时会起到简化系统设计的作用，能够抓住问题的本质。同时，这也是一种使用函数式编程思维实现 DDD 的方式。面向对象方式注重封装，将可变的状态封装在聚合对象内部，由聚合对象的行为去改变自身状态，那么为什么多此一举呢？直接将驱动行为改变的命令或事件存储在聚合内部不就可以了吗？将驱动对象行为改变的驱动力抽象为命令或事件模型，然后追加到事件日志中存储起来，不是比直接存储行为改变的结果本身更有说服力吗？关注事件与关注状态的不同体现如图 6-5 所示。

按照传统的面向对象编程，使用 state 表示聚合状态，存储到数据表的 state 字段，可以通过 ORM 方式直接映射，简单方便，但是状态只是一种最终结果，是什么导致了状态改变?是 changeState()这个函数方法。这个方法是被 Command 命令激活的，发生后产生了相应的事件。过去只关注状态，忽视了事件，而事件本身是不可变的，符合函数范式，将不可变的事件追加存储起来，保证了整个事件集合无法被修改删除，整体也是不可变的。

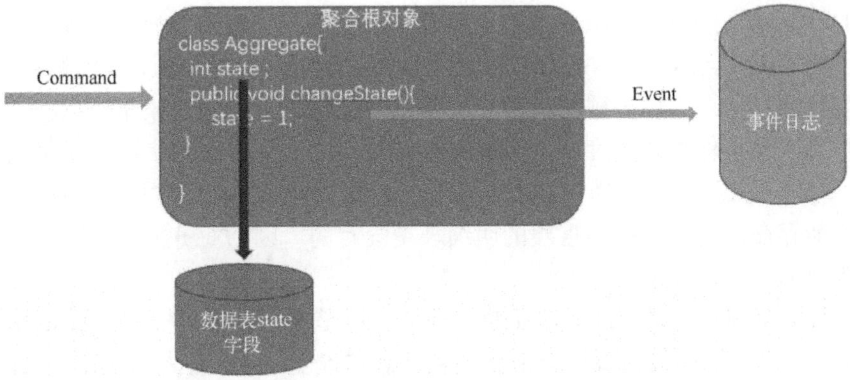

聚合根对象
class Aggregate{
int state ;
public void changeState(){
state = 1;
}
}
Command
Event
事件日志
数据表state
字段

图 6-5　关注事件与关注状态的不同

事件溯源可以让人们从函数式视角对业务领域建模，这里试图从事件溯源角度对 JiveJdon 重新建模，以此介绍事件溯源对数据库的表结构设计产生的影响。

在 JiveJdon 聚合设计中，一直存在一个两难问题，就是聚合根是 ForumMessage 还是 ForumThread？这个两难设计一直导致 JiveJdon 在后续开发时而简单，时而复杂，例如增加帖子的标签分类时，这是属于 ForumMessage 还是 ForumThread 呢？标签和帖子内容有关，但也是帖子的外部标签，用于从外部识别这个帖子的类别。而如果从事件溯源角度来分析这个问题，就一下子变得简单，详细分析见后。

从事件溯源角度建模的好处是：能够以一种通用的、更高的视野定位业务领域的情况。在领域建模过程中，因为大量时间被投入模型的细节当中，DDD 倡导将更多的时间集中到建模最复杂的问题，当习惯这种方式以后，有可能造成身在庐山中却不识庐山真面目境况，有时不禁会问：为什么自己的领域如此复杂？是不是切入角度有问题，或者说南辕北辙了？这时需要从一个宏观通用的高度来看看自己的领域模型，而事件溯源就提供了这样一个宏观模型。

聚合的事件与状态模型在前面章节已经介绍过，这里还是依据这个模型来讨论 JiveJdon 的论坛系统领域，如图 6-6 所示。

DDD聚合根
ER主表
领域事件集合
ER明细表
DDD聚合根状态
ER主表状态字段

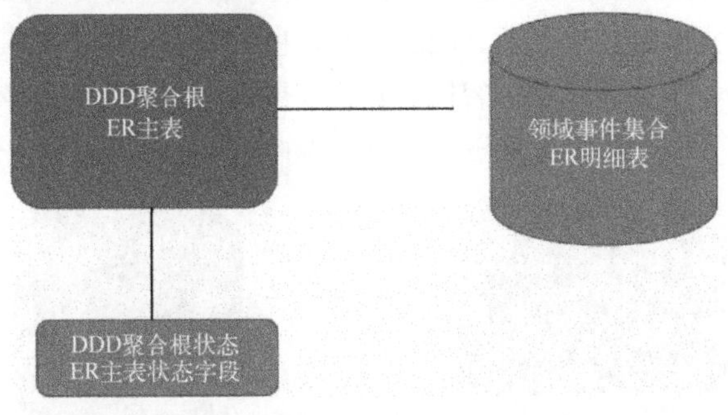

图 6-6　DDD 聚合模型与 ER 星形模型的事件与状态

DDD 的聚合树形模型类似 ER 星形模型，只是表述不同：ER 主表等同于聚合根；主表的状态是被发生的事件明细改变的，这些明细事件记录的是类似入账事件 150 元和出账事件 50 元这样的记录；聚合根状态类似个人账户的余额状态。事件溯源是将发生的领域事件看成真相的唯一来源，不再保存余额状态，因为如果还保存余额状态，那么余额状态与事件集合的计算结果是两个来源，理论上两者应该相等，但技术事故或事务机制等问题会导致实际上的不等。当然，并不是为了防止故障才需要唯一真相来源，其实数据冗余越多，越难以发现真相，一个人如果戴两只手表，两只手表时间不一样，该相信哪一个呢？

也就是说，从事件溯源角度看，数据表结构设计中，主表状态字段和明细表两者之中只能选择一个，而且必须是选择明细表存放事件日志，不需要状态字段。但是通常做法是，这两者都可能存在，甚至一些不重要的明细表是没有的，因为业务需求没有要求。但业务需求是会改变的。

在“实体和值对象”的“JiveJdon 状态设计”一节中，如图 6-7 所示，展示了论坛中发回帖的命令、发回帖完成的事件与最新回复状态的改变。这三者之间存在因果连环关系，发回帖命令进入聚合根实体，实体执行后，产生已发帖事件，同时修改最新回复帖子为当前已经发布的帖子。

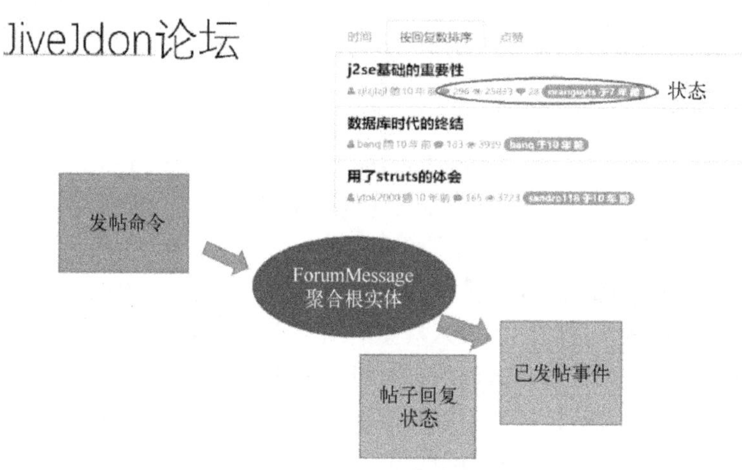

图 6-7　JiveJdon 命令事件和状态

在进行聚合根设计之初，很可能会认为 ForumMessage 是聚合根实体，因为它代表首帖，也就是第一个帖子，后面有回帖当然是修改它的状态，表示首帖有回复了；ForumThread 是代表首帖和回帖的整体模型，主要定位于帖子之间的关系，也就是帖子外部的事情，而 ForumMessage 定位于帖子内部的事情，主要是帖子内容等。那么问题来了，聚合根应该是哪个？

在难以取舍之时，可以借助事件溯源提供新的设计视角，如图 6-8 所示。

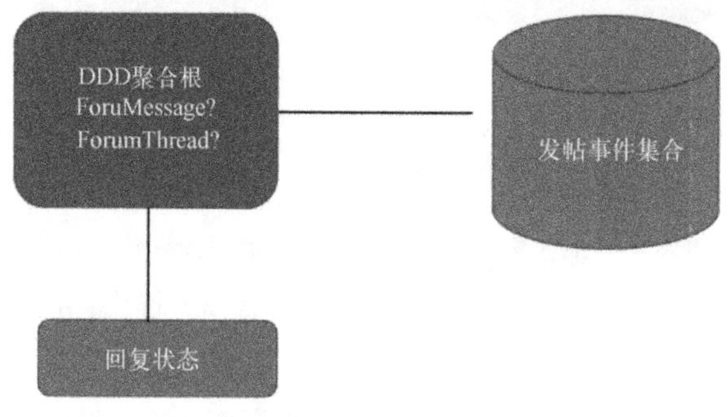

图 6-8　论坛发回帖的聚合设计

发帖事件集合类似前面的进出账明细事件，而聚合根类似银行账户，回复状态类似余额状态，发帖事件里面应该包含发帖的内容，正如进出明细账中每次进出都包含金额一样。

在 JiveJdon 领域中，ForumMessage 代表帖子内容，那么 ForumMessage 应该归于发帖事件，聚合根自然变成了 ForumThread，回复状态属于 ForumThread 也很合理，因为 ForumThread 定位于整体概念、帖子外部和帖子之间关系等概念上，回复当然属于帖子关系的概念范畴之中。

通过套用这张聚合事件与状态图，可以迅速定位 ForumMessage 与 ForumThread 的关系。如果之前没有 ForumThread 这个概念，通过套用这张图也可以将 ForumThread 挖掘出来，因为 ForumMessage 肯定属于发帖明细，发帖明细又是发帖事件，不断发帖的动作事件改变了谁的状态呢？肯定不是 ForumMessage 自己的状态，而是改变整个 Thread 的状态。当然，中文中没有 Thread 对应的词语，比较贴近的意思是线索、思路、思绪，如此涉及日常言语讨论的重要名词竟然在中文中没有表达，委实让人遗憾。

下面进一步按照事件溯源的思路分析下去：事件溯源的原则是状态应该由事件重播或投射而来，那么回复状态如何从发帖事件中重播出来呢？

首先来看看发帖事件也就是发帖明细存储在哪里。存储在磁盘上的事件集合称为事件日志，必须保证事件的前后顺序，发帖事件保存在关系数据库 jiveMessage 中。数据库形式不是影响事件日志定义的重要障碍，不能因为有了事件日志，就一定要用日志文件形式保存事件集合，而不能使用关系数据库。jiveMessage 的表结构如下所示。

```
CREATE TABLE jiveMessage (
  messageID            BIGINT NOT NULL,
  parentMessageID      BIGINT NULL, #defaul is null
  threadID             BIGINT NOT NULL,
  forumID              BIGINT NOT NULL,
  userID               BIGINT NULL,
  subject              VARCHAR(255),
  body                 TEXT,
  ......
)
```

jiveMessage 表的主键是 messageID，而 messageID 的值是程序中不断随着时间自增而产生的，所以 jiveMessage 中的数据是随着时间不断追加插入的。当然，关系数据表也提供了 CRUD 四种功能，在程序中注意尽量不要删除和修改这个表。

如果需要遍历整个表，然后计算出最终结果，可以通过 SQL 语句。例如计算当前 ForumThread 的回复状态时，需要遍历这个 ForumThread 的所有帖子，获得最后一个帖子，把它设置为最新回复状态即可，这可以通过 SQL 语句完成：

```
SELECT messageID from jiveMessage WHERE  threadID = ? ORDER BY modifiedDate DESC
```

这条语句是根据修改时间排列的发帖事件集合，其实也可以根据 messageID 排列。通过 SQL 可以快速找到最后的回复帖，可以认为是使用 SQL 实现了快速重播或投射。重播事件不一定要在应用程序中使用 Java 死板地播放所有发布的事件，当然如果事件集合保存在 Apache Kafka 或其他日志文件中，可能就需要自己手动遍历播放所有事件了。

一个关键是：在 JiveJdon 中没有专门关于回复状态的字段，正如在转账案例中，账户的余额 balance 是依靠溯源事件集合计算出来的，这里也是保持了事件溯源的特点。

当然，在 JiveJdon 运行期间如果有发回帖事件产生，会同时更新内存中 ForumThread 的 ForumThreadState 状态，这可以看成一种实时投射，数据库看成是主服务器，内存缓存看成是从服务器，或者次序颠倒。在 JiveJdon 设计中，次序是倒过来的，内存缓存是主服务器，当发生回帖时，首先更新内存中的 ForumThreadState 状态，然后发出事件，由事件通知数据库更新。这种变更事件也是一种差额事件，因为 JiveJdon 整个系统启动时的回复状态是上面的 SQL 语句从数据库中重建的，运行时内存中的领域对象就成了主服务器，当前发帖事件是一种差额变更事件，通知数据库进行更新。

另外，不一定每次发帖事件发生时都通知数据库更新，而是定时或累计到一定量的事件集合大小再让数据库更新，这种方式的采用取决于吞吐量和数据库负载、内存数据和数据库数据是一种分布式复制，属于分布式一致性范畴，如果需要通知不只一个数据库更新，而是两个以上，那么分布式一致性设计就更重要了。在 CQRS 中，读写数据库是分开的，那么内存、写数据库和读数据库就组成了三种数据存储形式，如何让一份数据在这三者之间保持最终一致？依靠变更事件集合进行更新成了关键，或者说，使用事件溯源实现 CQRS 可以提高读写数据库的复制质量，保证高可靠性和高可用性。

JiveJdon 在实现事件溯源方面比较保守，特别是提供了帖子修改这个功能。事件溯源是不能提供直接修改功能的，而是将修改这个动作作为一个事件，与回复事件一样保存到 jiveMessage 这个事件存储中，当显示这个 Thread 时，将这些事件都遍历一遍集中显示在一个页面上；这个页面上有首帖，然后是各种回复帖，也有对首帖内容进行修订的帖子，这种方式非常类似于区块链的方式，帖子与帖子之间的回复关系使用 jiveMessage 的 parentMessageId 字段表达，这相当于帖子之间的链接关系，jiveMessage 这个事件日志存储表类似金融系统中的进出明细账。

从事件溯源角度看，数据库只需要 jiveMessage 这样的事件表即可，不需要 jiveThread 这种数据表，当然 ForumThread 这个业务对象是需要的，它代表事件的聚合整体概念，它的内部属性主要是发帖事件集合。

完全按照事件溯源的概念设计以后，产生的问题主要是修改事件如何显示呈现，例如修改原来帖子中的一个错别字，只能以回复形式说"原帖中的 XXX 应该改为 YYY"，这种方式下用户体验就不是很好，所以，事件溯源并不完全适合文字类的应用。

当然，事件溯源可以应用在分布协作式的文档编辑中，将每个人对文字的编辑动作设计为一系列事件，这些事件作为一种 CRDT 数据结构相互发布到对方的编辑器中，每个人的编辑器将自己的事件合并到这些事件集合中，然后再播放事件集合，这样每个人看到的文字内容都是相互编辑修改后的内容。有兴趣者可进一步阅读：https://www.jdon.com/52197。

分布式协作文档编辑将事件溯源机制作为背后同步数据的机制，而不是像区块链那样直接将其推向前台。对于 JiveJdon 这种需要将事件集合应用到前台的场景，事件溯源还是有些限制，关键问题是如何合并这些事件集合并呈现出来，也就是在 CQRS 中读取时，如何播放这些事件集合然后呈现给用户。不过，从过去的成功案例来看，事件溯源作为背后机制的应用比较多，也比较容易成功，直接推向前台大概适合金融这些与数字有关的行业——账户的数字余额是进出事件集合的“累计”结果，但是帖子内容无法将所有回帖事件和修订事件“累计”在一起。软件的版本控制系统如 SVN 或 Git 是如何将各种历史版本“累计”在一起的呢？依靠的是人工合并，当发现版本冲突时，需要开发人员人工介入修改代码，将不同版本的代码合并在一起。

6.2 基于事件溯源的聚合根设计

事件溯源是一种用事件日志追溯状态的方法，因此事件溯源的关键在于事件日志。事件日志是一种事件集合，代表聚合根发生的一系列事件，使用事件溯源的关键就是需要在聚合根中引入事件集合或事件日志。

前面章节讨论过事件建模，在 DDD 建模过程中，除了聚合、实体、值对象和服务以外，还有一种新的领域模型就是领域事件，通过事件风暴会议，发现业务领域中的这些领域模型，才能更好地使用 DDD 设计实现。

领域事件通常是有界上下文之间进行通信的方式，有一种领域事件还可以实现聚合内部的状态追溯，这种领域事件是用在聚合内部的，用来实现聚合根状态的替代。这里专门讨论一下用来实现事件追溯的领域事件建模。当然这种追溯事件也可以用来进行上下文通信，包括更新 CQRS 中的查询模型状态，这类追溯事件在有界上下文之间广播主要是为了同步状态数据。

当然，并不是所有领域事件都是用来同步数据的，有的领域事件从一个有界上下文发出后，成为另外一个有界上下文的输入命令，从而驱动这个有界上下文执行相应逻辑，这些领域事件更注重聚合外部之间的串联流程。

因此，领域事件有聚合内部和有界上下文之间两种用处。聚合内部如果不使用事件溯源替代状态，而是采取普通的 JPA/ORM 等基于数据库的 ACID 机制，而聚合之间采取领域事件通信，这也是一种事件驱动架构的实现。

这里讨论的是：聚合内部采取领域事件替代状态设计，有界上下文之间也采用领域事件的架构，这是一种基于事件溯源的事件驱动架构实现。事件溯源从建模开始直至最终实现，都是一种完全不同的事件驱动架构（简称 EDA），因此，已经不能简单使用 EDA 来说明它，事件溯源和普通 EDA 完全不同，两者甚至是可以并列的。

6.2.1 用事件替代状态

从事件溯源角度可以拓展聚合根的定义。聚合根是一个聚合的代表实体，它既是一个实体也是一个聚合成员的代表；它有内外两种职责，对内包含聚合成员对象群，对外与有界上下文有关，因此聚合根的确定是 DDD 设计中的重要环节。

但是，聚合根通常又难以确定，它一旦确定错误，后续功能职责的分配就会产生大量问题。试想，将一个本不属于聚合根的职责归于它，这些职责又是外界领域服务等调用的重要入口，方向性错误，大量代码就可能要重构调整。以笔者研发 JiveJdon 为例，从最初就总是无法确定 ForumMessage 是聚合根，还是 ForumThread 是聚合根。

如果从事件溯源角度来确定聚合根，聚合根实际上不只是聚合结构的代表，也是事件集合的代表。聚合的结构关系只是描述了聚合中的不变部分，表示整体由部分构成的结构关系，这类似于 ER 模型中外键表达的关联表。但是聚合根除了这种不变性结构关系以外，作为实体，而不是值对象，它还包含可变的状态，这些状态在业务执行过程中不断被改变，也影响业务后续步骤的执行。

因此，一个聚合根模型是由两个部分组成的：不变的整体部分关系和可变的状态。在确定一个实体是否是聚合根的过程中，首先判断这个实体是否复杂，是否有整体和部分的高聚合关系，但是如果存在多个这样的实体，又如何在这些实体之间确定哪个是聚合根呢？

例如 ForumMessage 有复杂的整体部分关系，它由帖子内容、发帖者等部件组成，而 ForumThread 也有整体部分关系，它的组成部分是多个回帖，主帖和多个回帖组成一个话题 Thread。那么这两者哪个是聚合根呢？在前面讨论的设计中，是暂且将这两个都作为聚合根，但是存在两个聚合根也给具体编码实现带来了问题，如创建这两个聚合根到底先创建谁？两个相互引用吗？这比只有一个聚合根的系统要复杂些。

这时从整体和部分的高聚合结构关系比较它们已经无法区分了，那么就从可变的状态来区分。而状态是一个非常抽象的词语，实体中总有一些数据字段需要改变，但是不是所有需要改变的数据字段都是状态。状态在 ForumMessage 中到底意味着什么？在 ForumThread 中意味着什么？这很难再分析下去，但是别忘记事件建模时，会得出大量领域事件，有些领域事件会导致聚合内部状态的变化，那么从事件入手追查状态设计成为比较容易的方式。

例如 JiveJdon 论坛中发表回帖事件是一个重要的领域事件，它的影响就是增加回帖后才发生的。回帖发布新增后，影响了 ForumMessage 还是 ForumThread 呢？ForumThread 代表一个话题，是一系列回帖的代表，当然应该影响了 ForumThread。如果要使用事件溯源表达这种影响，就是将一系列回帖事件放入 ForumThread 中，这样 ForumThread 的任何状态都可以从这个回帖事件中追溯还原出来。因此，从事件溯源角度看，JiveJdon 的聚合根应该是 ForumThread。基于事件溯源的 JiveJdon 聚合根设计如图 6-9 所示。

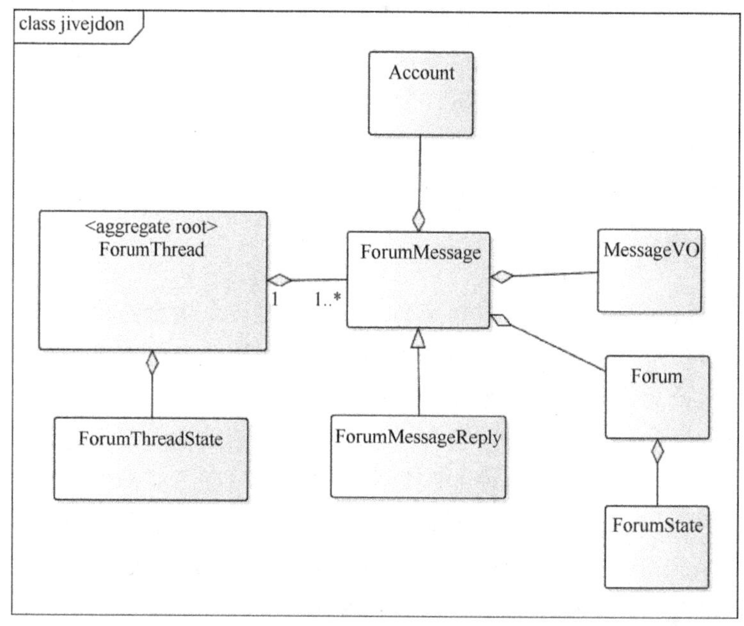

图 6-9　基于事件溯源的 JiveJdon 聚合根设计

为什么之前一直认为 ForumMessage 也是一个聚合根呢？因为帖子的 CRUD 操作都针对的是帖子内容，这其实受到了传统数据库建模的影响。有了 CQRS 和事件溯源两个概念以后，CRUD 被拆解成为 CUD 命令模型和 R 读取模型两个部分，而事件溯源是不能实现修改的，因此，CUD 命令模型其实就只剩下 C 追加新增的方法了，修改和删除都可看作新增的一种事件，CRUD 最终变成 C 和 R 两个操作。表面上只是简化，实际上建模的根本思路发生了变化。

为了能让一个 C 新增追求操作实现以前 CRUD 的所有操作，就需要对模型结构设计进行重新设计。在之前的聚合章节中探讨了发现和设计聚合的几种方式，实际上还有一种新的方式——聚合是将所有事件明细凝聚在一起的一个整体对象，事件集合本身应该也是一种对象，这个对象并不是纯粹为了事件集合本身而存储，而是在业务领域中也已经有其位置，只是没有被发现而已。例如 JiveJdon 中 Thread 这个概念就是发帖事件集合的代表；账户余额这个概念就是账户进出明细事件集合的代表；购物车是各种商品数量和价格组成的事件明细的集合代表；入库单和出库单也是如此。这其实可能反映了人们的一种思维方式，即在明细上进行抽象总结。

下面通过多个场景来进行讨论。

再举个例子，运输行业的货物与普通商品或产品有什么区别呢？商品如果被包装后准备运输，那么就可以称为货物，因此在运输航线这个领域上下文中，普通商品变成货物，它的一些特点如下。

1）有包装便于长距离运输。

2）便于装卸，并需要在各个港口装卸。

3）便于放入各种运输交通工具。

这些特点如何反映在货物上？让货物包含运输航线上各种装卸事件的集合，这样就反映了这个商品已经变成货物，而不是商城里的普通商品。

事件集合代表了上下文的特点，而聚合根正是对内统领聚合边界，对外衔接有界上下文。统领聚合边界容易使得聚合根变得太抽象、太通用，变成上帝对象，那么如何使其更接地气，更符合当前有界上下文？加入当前有界上下文中发生的事件集合，包含了这个事件集合或事件日志，就相当于衔接了当前有界上下文。

再如订单与采购单有什么区别？其区别在于明细条目中是商品还是原料。当然原料也是一种商品，采购单是订单更加细化的一种表示，将采购单和通用订单进行区别，就必须在采购单中加入与采购活动相关的事件集合明细，例如采购活动事件中包含从哪家公司采购，采购的商品是什么，付款的形式是什么，采购事件内必然包含采购这个活动的特有属性。

订单与购物车都包含了商品数量和价格的事件集合，它们两者又有什么区别？购物车与订单很类似，其中也包含这些事件集合，但名称不同，就应该有所区别考虑购物车这个定义，购物车的重要特征是能够对购物车里的商品进行加入和移除，实际上购物车有购物明细的 CRUD 功能；而订单一旦生成，其中包含的订单明细就无法更改了，如果要更改，就只能生成新的订单。

这两种区别带给我们什么设计启示？订单是最后的总结视图，其中的事件集合不能再被改变，当然也不能新增了，而购物车则是订单生成之前的准备阶段，这个阶段可以对购物车条目明细进行任意 CRUD 操作，一旦这些购物条目变成订单内容，就不能再更改了。总之，同样是购物条目明细集合，在购物车阶段可以变更，但是在订单阶段就不能更改了。

可以进行变更的数据通常认为是可变的状态。在购物车阶段，购物条目明细集合可以看成是可变的状态，而订单阶段则是状态的改变结束阶段，可变状态可以使用相应的事件替代，购物条目明细的各种改变类似各种变更事件。更有心的电商公司通常不是关心顾客最终购买了哪些商品，而是关心购物车的变更操作事件集合——用户 A 最终购买了 10 个 1 号商品和 5 个 2 号商品，但是在这之前，该用户反复权衡，曾经在购物车中放入 3 号商品 2 个、4 号商品 7 个，等等，通过追溯这些发生过的变更事件集合，可以获得市场营销信息。

而在订单阶段，购物条目明细不能变更了，也就是变更事件集合不能再添加修改，已经封存成为聚合不变性结构的一部分，这时进行变更的数据是什么呢？也就是说在订单阶段什么是可变的状态？这时变更事件主要围绕订单是否付款、是否确认、是否发货等操作，因此这时的事件集合是这三种变更事件。购物车与订单的事件/状态的区别如图 6-10 所示。

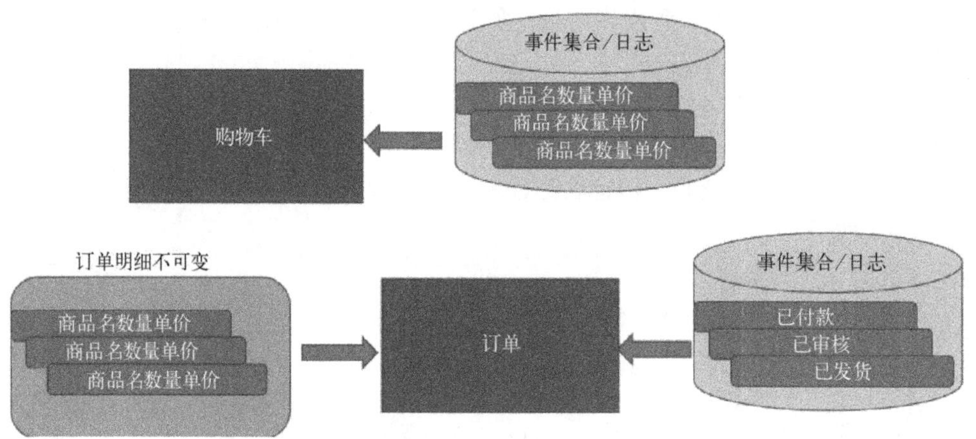

图 6-10　购物车与订单的事件/状态的区别

由此可见，购物车和订单两个阶段，虽然作为聚合根实体都有事件集合，但是事件类型是不同的，事件是针对在这个阶段经常变更的数据而操作的。

管理信息系统本质上是一种跟踪系统，通过信息系统可以跟踪从纸上到具体实施的各种过程和阶段。购物车和订单这种事件集合模式可以应用到通用的管理信息系统——当在拟定计划或方案时，可以进行计划内容的各种变更，发生大量变更事件后，最终变为几条定稿的事件集合，然后进入方案计划的实施阶段，这时操作变更的不是计划内容了，而是整个方案计划的实施情况，例如已经审核、执行到哪个阶段、全部执行完毕等。

不只管理信息系统，商业服务行业的软件系统也可以应用此模式。例如货运行业，首先客户需要提交订单，当然在货运行业中“订单”的统一语言是“运单”，下运单之前也需要像购物车一样，让顾客进行路线、运输工具等各种定制变更，当运单确定以后，货物进入运输阶段，这时的运单状态不再是其运单内容的变更，而是运单的执行状态：是正在执行、正在准备，还是已经完成？或者更细致的状态：货物现在处于哪个港口？

又例如保险公司提供的投保系统，如果将保险合同看成一个订单，那么在订单之前存在购物车阶段，客户需要能够对各种保险产品进行挑选，发起各种变更事件，最后生成不可变的保险合同，合同进入生效期以后，这时的变更事件是合同的执行情况：已经缴款几年？是否已取消？是否进入支付保险费阶段？

区分出各个阶段或各个有界上下文中的变更状态是什么，这对于聚合根的设计非常重要，通过引入可变的事件集合或事件日志，可以明显地突出当前聚合根所在上下文的特点以及职责操作的主要目标。

采取事件日志替代状态设计的一个问题是：事件集合或日志很大时怎么办？这时可以通过定义聚合边界来获取当前时间窗口的事件日志，也就是从时间或空间上设定一个界限，保证在这个界限内的事件代表当前比较关注的那部分，而之前的事件可以标记为历史事件。

采取这种事件溯源方式设计业务对象，也需要考虑业务需求，例如购物车的用户只关心购物车经过用户挑选后最终剩余了哪些商品，也就是购物车状态，但是商家关注的是用户在购物车里进行挑选的各种事件，因此在这里事件溯源只对商家有用；而在订单中，事件集合既是订单用户关心的，又是商家关心的，这时订单的任何状态改变如已审核或已付款，对于用户和商家都是有用的。因此，采取事件溯源建模时，可以先从那些用户和管理员等多个参与角色都很关心的聚合开始，这样可能不会引入过多的复杂性，能优雅地解决双方的需求。

6.2.2 活动与事件

当采取事件溯源方式建模聚合根时，聚合根一般代表现实世界中的活动概念，在这个活动中发生了各种事件，这样就完全从动词方面进行领域建模。活动本来是一个动词，但是使用聚合根这个类表示活动，在这个活动中会发生各种事件，而活动也是有上下文条件的，这就指出了当前的有界上下文。

例如足球比赛，在这个需求中，如果使用活动概念来建模聚合根实体，那么比赛（Match）就是这里的聚合根，在比赛活动中，发生的事件有比赛开始、比赛结束，业务规则是比赛结束不能晚于比赛开始，比赛开始时间不能为空等。

下面的代码是 Match 聚合根中的两个方法：第一个方法 startMatch()用于被来自用户意图的命令所激活，经过业务规则检查，开始事件不能为空，然后允许发送领域事件，领域事件的发送意味着当前 Match 聚合根状态改变，状态处于比赛开始或比赛进行中，这是通过比赛开始事件 MatchStartedEvent 表达的；如果希望通过事件溯源获得 Match 当前的状态，那么也是通过事件表达，第二个方法 handle()则是通过 MatchStartedEvent 重建当前 Match 的状态，其中包括开始时间，有了开始时间，当前 Match 状态就变为已开始或进行中，比赛结束的事件发生后，状态就变为已结束。

```
public void startMatch(Date matchDate) {
  if (this.matchDate != null)
    System.err.print("the match has started");
  this.matchDate = matchDate;
  es.started(new MatchStartedEvent(this.id, matchDate));
}
```

```
public void handle(MatchStartedEvent event) {
  this.matchDate = event.getMatchDate();
}
```

图 6-11 展示了用活动/事件概念建模聚合根实体的方式，这种方式适合一些流程性或过程性的案例，活动代表一种大的有时间性的过程，而事件代表活动中发生的各种事件，活动是包含各种事件的，这种语义非常符合自然生活的描述，因此，这样建模比较容易直接，过渡到事件溯源也是非常自然。

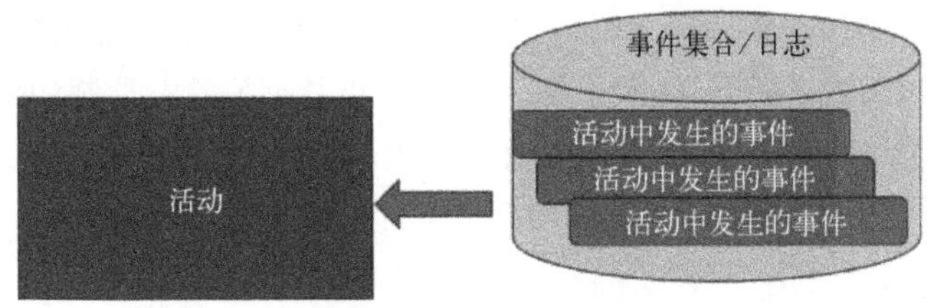

图 6-11　用活动建模聚合根，用事件代表其状态

值得注意的是，因为活动和服务都是一种动词描述，所以两者可能常常混淆在一起，在服务中实现活动的业务概念，例如前面的比赛案例，在 MatchService 中实现 Match 聚合根的业务逻辑，包括业务规则检查等。其实服务是一种业务协调者，不是业务决策者，正如饭店的服务员不是饭店的决策者一样，服务之所以命名为“服务”，而不是命名为“大动作”或“活动”，是有其本身含义的，服务这个概念本身含有协调的意思，服务好不好，其实就是协调能力强不强，服务好，客户满意，老板也满意，这很难，因为协调双方的利益很难。

在软件中的服务需要协调外部和内部领域模型，也是不容易的，协调多了，服务自己直接完全代表了整个领域模型，自己说了算，因为它把聚合根实体废除了，这样的情况下，实体模型变成贫血\失血的 DTO，虽然也可能存在命令和事件，但是却是在服务中发生。事件代表业务状态，是业务逻辑的核心表示，却放在了服务之中，这已经完全偏离了业务模型，真正的、完整的业务模型应该用聚合代表活动，活动包含事件，两者必须结合在一起，不能分离，因为一旦分离，活动与事件的区别就不是非常大了，它们都是动词的代表。

在工作流等流程管理（BPM）领域有一种流程标准语言 BPMN，如图 6-12 所示，活动和与事件是一个流程的基本组成单位。

图 6-12　BPMN 的活动和事件定义

以下内容使用 BPMN 的 XML 定义了一个流程。

```
<process id="myprocess-Id" name="myprocess" isExecutable="true">
    <startEvent id="start"></startEvent>
    <endEvent id="end"></endEvent>
```

```
</process>
```

这个名为 myprocess 的流程定义中，有两个事件，即启动事件和结束事件，活动使用 userTask 表示，这通常代表一个任务，也就是活动和任务在工作流中几乎同义。userTask 表示这是需要人工介入的任务，而 serviceTask 表示会驱动一个服务 API 完成实现，但是不代表就由服务完成全部的活动逻辑，真正活动的逻辑应该在聚合中实现，因此，现在工作流引擎也开始转向了 DDD 为聚合的流程设计，如 Camunda 等。Camunda 从著名的工作流引擎 Activiti 演化而来，Activiti 则是向云工作流等技术架构方向发展，这也是两者的区别之一。

如果将 BPMN 定义与 DDD 和事件溯源对应起来，以 Match 比赛为例，启动事件类似聚合 Match 的开始事件，结束事件类似聚合 Match 的结束事件，而 userTask 代表的活动则类似聚合 Match。当然对于外界调用是由 MatchService 协调的，外界与协调者交互，不代表内部就是由协调者做业务决策，这是两件事，切不可混淆。另外对于聚合来说，其他事件作为当前聚合的输入就使用命令来表达，这样区分了聚合输入和输出事件，这也是 DDD 与 BPMN 的不同之处。

DDD 与 BPMN 的相同之处在于，关键都是活动的设计，核心业务逻辑是在活动中完成的，也就是聚合根实体中完成，这也是 DDD 能和 BPM 等流程引擎结合的地方。另外，也可以利用 BPM 流程引擎实现流程回退回滚，进而实现长时间的分布式事务机制，这在后面的章节讨论。

使用活动建模聚合根，再在其中寻找事件集合，而事件一般都是值对象，聚合根是实体，通过这样的实体和值对象建模方法，能够更加具体化一些复杂的情况。活动/事件建模方法可以说是对聚合/实体/值对象这种传统 DDD 建模法的一个落地方式，让 DDD 的术语能够更加贴近日常生活语言，从而将两者顺利衔接起来，方便更多人掌握 DDD 建模。

活动事件建模其实在很多实践中已经不自觉使用了，只是可能没有被辨识出来，例如以演示六边形架构为目的的 https://github.com/thombergs/buckpal 账户转账案例：

```
public class Account {
  @Getter private final AccountId id;
  @Getter private final Money baselineBalance;
  @Getter private final ActivityWindowactivityWindow;
  public Money calculateBalance() {
    return Money.add(
        this.baselineBalance,
        this.activityWindow.calculateBalance(this.id));
  }
  public boolean withdraw(Money money, AccountIdtargetAccountId) {
    if (!mayWithdraw(money)) {
      return false;
    }
    Activity withdrawal = new Activity(
        this.id,
        this.id,
```

```
        targetAccountId,
        LocalDateTime.now(),
              money);
           this.activityWindow.addActivity(withdrawal);
           return true;
         }
```

Account 中包含了一种 ActivityWindow 活动窗口，一个 Account 可以具有许多相关活动 Activitys 来表示表示取款或存款到该账户（其实这是一种事件）。由于并不总是希望加载某个账户的所有活动事件，因此将其设计限制为一个 ActivityWindow。

下面看看 ActivityWindow 的代码内容：

```
public class ActivityWindow {
    private List<Activity> activities;
    public Money calculateBalance(AccountIdaccountId) {
        Money depositBalance = activities.stream()
                .filter(a -> a.getTargetAccountId().equals(accountId))
                .map(Activity::getMoney)
                .reduce(Money.ZERO, Money::add);

        Money withdrawalBalance = activities.stream()
                .filter(a -> a.getSourceAccountId().equals(accountId))
                .map(Activity::getMoney)
                .reduce(Money.ZERO, Money::add);

        return Money.add(depositBalance, withdrawalBalance.negate());
    }
......
}
```

ActivityWindow 其实是一个 Activity 集合，那么 Activity 是什么样呢？

```
public class Activity {
    private ActivityId id;
    private final Account.AccountIdownerAccountId;
    private final Account.AccountIdsourceAccountId;
    private final Account.AccountIdtargetAccountId;
    private final LocalDateTime timestamp;
    private final Money money;
......
}
```

Activity 是一个值对象，描述从哪个账户转账，转账到的目标账户是什么，以及转账时间和转账金额，很显然，这个 Activity 代表的是一次转账事件。

ActivityWindow 中包含了 Activity 集合，实际上包含了事件集合，因此，ActivityWindow 才应该是真正的活动。当然，排除了命名差异以后，其实现的方式都是一样的，计算余额的方法 calculateBalance 是遍历事件集合，投射出当前账户的余额状态。

从这里也可以得到启示，聚合代表一种活动窗口，也就是有时间边界的活动，在这个活动窗口中，事件集合的大小是决定窗口大小的主要因素，如果时间窗口是当前月，那么事件集合就是当月这个账户发生的转入和转出的所有转账事件。

下面使用这种活动/事件建模方式再对 JiveJdon 论坛系统进行反思。当一个首帖发表以后，有很多回帖，这些回帖与首帖组成了一个话题 Thread，整个论坛就是由这样一系列围绕某个话题讨论的活动组成的，也就是说，围绕一个话题的各自讨论是一种活动，这是一种讨论活动，论坛实际上就是组织人参与各自话题讨论。因此，ForumThread 代表一系列讨论，它是一种活动，那么在这种活动中发生的事件是什么呢？发回帖是在其中发生的事件，各种发回帖事件组成了事件集合，这个事件集合就是一系列 Thread，也就是 ForumThread。

活动与事件建模方法不只对聚合设计起到辅助作用，还对数据库表结构设计起到指导作用。按照事件是状态的同义词概念，ForumThread 的状态 ForumThreadState 就没有必要直接从数据表对应字段获取，而是从事件集合或日志中获得。各种回帖事件存储在 jiveMessage 数据表中，ForumThread 的大部分内容存储在 jiveThread 数据表中，但是其状态 ForumThreadState 是从 jiveMessage 表中重播事件获取的，如图 6-13 所示。

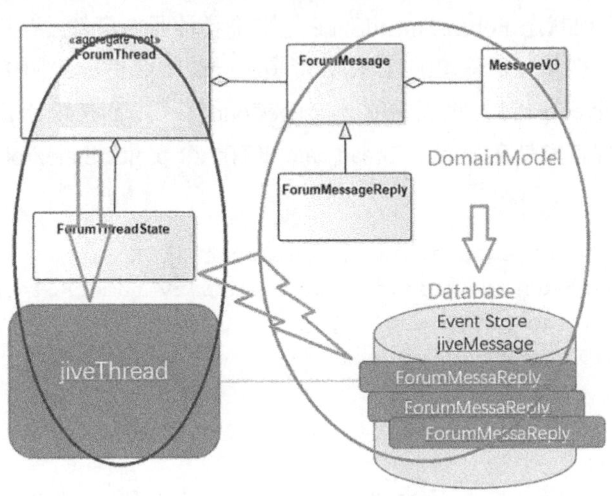

图 6-13 JiveJdon 领域模型和数据表映射图

这里有一个诡异的问题：ForumMessage 默认代表首（根）帖 RootMessage，它是 ForumThread 的一部分，但是它的内容数据也存储在 jiveMessage 表中，各种回帖 ForumMessageReply 也都是存储在 jiveMessage 表中。其区分是依靠数据表的 parentMessageId 字段，如果这个字段为空，意味着这条记录是首帖 ForumMessage，而如果这个字段值不为空，则代表回帖。

在聚合根工厂 builder 模式实现中，创建的顺序是：首先从 jiveMessage 中读取首帖数据创建 ForumMessage，然后读取 jiveThread 创建 ForumThread，这是聚合根活动的创建过程，也是符合业务含义的。一个活动只有首先有了一个首帖，在第一个帖子之后才能开始各种回复讨论，因此，这里 ForumMessage 和 ForumThread 作为双聚合根的设计还是可以不变。前面认为 ForumThread 是唯一的聚合根，那是因为忽视了 ForumMessage 是首帖代表，而事件集合是发回帖的事件集合，不包含发表首帖这个事件。首帖的地位类似订单中的订单明细，订单明细的变动不是在下订单阶段，而是在前面购物车阶段完成。在下订单阶段，订单明细已经作为一种结构具有不变性，是订单的核心部分，在下订单及其以后的阶段，订单状态不是围绕订单明细变动，而是围绕下订单、是否支付、是否审核和是否发货等事件发生的，类似地，首帖作为 ForumThread 的一部分，ForumThread 的重点不是首帖的变动，而是各种回复帖的新增和变动事件，如图 6-14 所示。

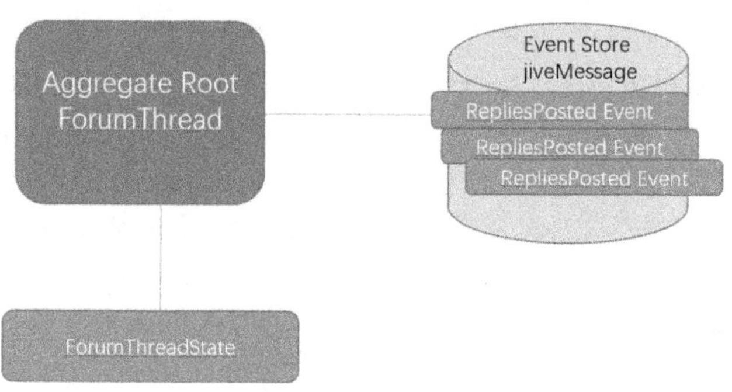

图 6-14　JiveJdon 的活动与事件存储建模

图 6-14 中的聚合根状态 ForumThreadState 是围绕各种回帖事件发生的，例如回帖数量这个状态是累计各个回帖数量以后得出的。回帖数量是 ForumThreadState 中的 messageCount 字段，这个字段不是直接从 jiveThread 数据表中的 messageCount 获得，而是统计 jiveMessage 回退事件数量获得的。这个过程首先是在 ForumThreadState 中有一个 projectStateFromEventSource()方法，如下所示。

```
        public void projectStateFromEventSource() {
            DomainMessage dm = this.forumThread.lazyLoaderRole.projectStateFrom
EventSource(forumThread.getThreadId());
            OneOneDTO oneOneDTO = null;
            try {
                oneOneDTO = (OneOneDTO) dm.getEventResult();
                if (oneOneDTO != null) {
                    latestPost = (ForumMessage) oneOneDTO.getParent();
                    messageCount = new AtomicLong((Long) oneOneDTO.getChild());
                    dm.clear();
                }
            } catch (Exception e) {
                e.printStackTrace();
            }
        }
```

ForumThreadState 中的两个重要状态字段 lastPost（最新回帖）和 messageCount（回帖数量）是依据 lazyLoaderRole.projectStateFromEventSource 的结果获得的，这是 JdonFramework 的发布订阅模式，将向消息订阅者 ThreadStateLoader 发送消息，订阅者的核心代码如下所示，消息订阅者从关系数据库重建当前状态。

```
    public void onEvent(EventDisruptor event, boolean endOfBatch) throws
Exception {
        ......
        ForumMessage latestPost=forumAbstractFactory.getMessage(lastMessageId);
        long messagereplyCount;
        long messageCount = messageQueryDao.getMessageCount(threadId);
        if (messageCount >= 1)
          messagereplyCount = messageCount - 1;
        else
          messagereplyCount = messageCount;
        OneOneDTO oneOneDTO = new OneOneDTO(latestPost, messagereplyCount);
        event.getDomainMessage().setEventResult(oneOneDTO);
        ......
    }
```

订阅者 ThreadStateLoader 的 onEvent()方法被消息发送异步激活，它将使用关系数据库的 SQL 查询方式获得 lastPost 和 messageCount，然后返回给发布者。

这个 SQL 查询可能非常耗费性能，因此这里使用异步执行的方式，这样 ForumThreadState 状态值是具有最终一致性的，在系统 CPU 繁忙时，若这个查询没有立即返回当前实时状态，但是下一次如果有回帖事件发生，最终回帖总数还是会与实际一致。

从 JiveJdon 的实现中可以看出，活动/事件建模的方法可以帮助数据表结构的设计。这里无需事先设计 jiveThread 中的 lastPost 和 messageCount 字段，这两个字段状态可以从 jiveMessage 发回帖事件日志中实时查询获得。在并发量非常大的情况下，比如回帖量并发很大，如果设计 lastPost 和 messageCount 字段，那么这两个字段在发回帖时需要修改，而同时的修改请求很多时，需要对这两个字段上锁，这是传统 ACID 的实现机制，这样同时只能有一个回帖请求修改这两个字段，其他回帖请求只能等待，从而带来很差的用户体验——用户发布回帖后迟迟得不到结果，也就是用户提交表单后，界面停滞在那里，或出现无法响应等错误。而现在依据事件溯源设计，没有这两个状态字段，也就没有上锁堵塞的可能性了。这两个字段是查询事件日志获得的，虽然查询可能也费时间，但是有异步机制，不会拖慢用户界面响应时间，当然用户界面出现的 lastPost 和 messageCount 状态值可能与实际有一些差异，但是最终会与事件真相来源 jiveMessage 中的回帖数量一致。

这里有一个设计技巧，按照活动/事件建模方式，ForumThread 是活动，其中事件集合是回帖集合，能不能将所有回帖集合变成 ForumThread 的一个 Collection 字段呢？这里有一个数据量大小的考虑，如果回帖并发很大，有成百上千个，那么放在一个集合中相当于放在内存中，构建 ForumThread 可能很费时，现在事件集合直接使用关系数据表 jiveMessage 代表了，还具有持久性，剩余要做的就是将事件投射到当前状态，这一点使用异步机制，通过通常 SQL 查询实现即可。这也是使用关系数据库实现事件溯源的一个思路，当然不只是关系数据库可以作为事件溯源的事件日志，Apache Kafka 内部也是一个日志格式，也可以直接作为聚合根的事件日志实现，具体可见后面章节。

事件溯源不只照顾了聚合根的设计，还兼顾了数据表结构设计，可以说是 JPA/ORM 等传统技术的替代，而且这种对象和关系数据库的映射设计可根据具体情况优化，灵活方便，不至于为了迁就这些技术框架而导致业务代码表达方式的怪异。例如需要构建一些DTO 贫血/失血模型，这些模型多了以后，它们与聚合中的实体以及值对象的关系让人头疼，毕竟它们有些相似，但是用处不同，而在事件溯源中，几乎没有 DTO，事件对象直接保存到事件日志中，事件对象可能是 CRUD/ORM 情况下的 DTO，但是这里它们具有业务意义，是命令或事件对象了。

事件溯源的优点不只是这些，尤其因为其涉及状态重建等概念，这部分改变原本属于传统的分布式事务范围，事务机制主要是保证状态变动的 ACID 实现，从而保证重要数据如账户余额的准确性，但是因为事件溯源消除了状态这个概念，传统分布式事务依赖的基础对象没有了，随之而来的是简单、轻量、直观的分布式事务，具体可见后续章节。

6.3 事件溯源的优点

事件溯源的特点在于注重“事件集合”这个概念，将一个个领域中发生的事件作为领域状态改变的唯一真相，这一看似简单的关注点的改变，却带来了很多意想不到的巨大效果。

首先，重视事件导致分析方式重点的改变，以前是重点分析可变的状态，现在重点是分析领域中的事件，因此，事件风暴分析出的领域事件也可以直接作为事件溯源的事件来源，事件风暴会议中寻找的各种领域事件，实际是在寻找各种动作明细记录。但是注意不是所有领域事件都可以作为追溯事件，有些领域事件只是其他有界上下文比较感兴趣所以关注订阅了而已，追溯事件是关注订阅那些改变聚合状态的重要领域事件，也可以将事件溯源和其他有界上下文一样作为一个领域事件的订阅者看待。

其次，重视领域中重大的可追溯事件，其实就是重视“变更数据的捕获”（英文简称CDC），这对分布式系统中进行状态同步非常有利，通过将一台机器上的变更日志（事件日志）广播到其他机器上，再在其他机器上重播这些事件日志，相当于将状态复制到其他机器上。这相比直接状态复制的好处是，能够将逻辑顺序复制过去。状态直接复制很难判断几个状态值的前后顺序，在分布式环境中很难统一全局的物理时间，因此无法根据真正的物理时间来判断前后顺序，这一点在分散式系统中更加明显，分散式系统比分布式系统更加去中心化。

其他好处有：

1）提供监管区域（如金融业）、政府法规中规定的审计日志。在许多国家，要求公司保存系统运行的记录。例如，美国的法规要求公司以不可重写、不可擦除的格式保存记录事件来源，由于事件溯源只附加事件日志和不可变事件特性，所以非常适合这一要求。

2）一次写入多读（WORM）数据存储等技术可与事件溯源互补使用，WORM 存储能在硬件级别防止数据更改，并且只允许附加新数据。

3）在硬件级别就防止数据更改，并且只允许附加新数据。

4）调试那些已经捕获的事件可用于进一步了解系统为什么会达到当前状态，哪些事件造成了当前状态。事件溯源在可跟踪性和调试能力方面体现了优势。

5）事件溯源还有可伸缩性的优势，只追加的事件日志是同步复制状态的唯一方法。相比状态字段锁而言，由于复制不可变的事件日志几乎不需要用锁，在 CQRS 中，复制事件日志比直接复制状态更易于扩展。

6）信息价值也是应用事件溯源的一个动机，检查事件日志可以重建或查询系统的所有过去状态。这可以为系统提供很大的价值，特别是当分析交互作用时。在这样的系统中，通常不知道将来要做什么样的分析。例如一个在线商店，商家老板希望列出顾客放入购物车或取走的所有商品列表，这样能够比较商品的受欢迎程度，使用事件溯源架构可以很容易遍历这个购物车事件集合并罗列出来。

现实世界中有许多文档体现了他们实现事件溯源架构的好处，如金融交易平台 LMAX 和微软 Windows Azure 团队的几个案例研究。

事件溯源最重要的好处应该是替代了传统分布式事务实现。

6.3.1 替代分布式事务

传统分布式事务主要是 2PC——两段事务提交，JavaEE 的 JTA/XA 是 2PC 的一种实现。过去相当长的一段时间里，它是构建企业分布式系统的实际标准。

值得注意的是，2PC 是原子提交协议，这意味着如果所有参与者都投票“是”，则所有参与者最终都将提交，否则将使系统保持不变。2PC 本身不提供 ACID 事务实现机制，它只是一种协调机制。

两段提交协议是一种分布式资源的原子确认协议，这个协议通过两段过程完成业务数据的更改：第一段是预准备阶段，事务管理器通知所有分布式资源准备接受提交或退出事务；第二阶段，事务管理器根据每个分布式资源的回应情况决定是真正提交完成事务还是退出事务。在第一阶段，修改的数据并没有真正写入数据库，只有最后阶段完成时才真正写入。

以转账案例为说明，A 账户转到 B 账户 100 元，A 账户余额应该减去 100 元，而 B 账户增加 100 元，如果 A 账户在上海机房服务器，B 账号在北京机房，那么通过 2PC 保证这种加减一致性，如果没有 2PC，A 账户已经减去 100 元，但是 B 账户却可能没有增加 100 元。2PC 通过原子性来保证整个业务过程的逻辑一致性。

使用 2PC 提交事务以及在每个参与者级别运行其他本地事务时，2PC 不会提供系统中原子的可见性。确切的行为不是由 2PC 定义的，而是取决于协议的具体实现、所涉及的资源以及部署和运行时配置。

2PC 的问题主要是并发性能不高，由于一段事务需要经过两个阶段，这两个阶段需要将资源上锁，而分布式环境中网络抖动是不可避免的，因此容易造成事务失败，或者由于事务正在进行中，锁定资源太多（比如锁定数据表记录太多），整个流程执行太长，最终可能导致数据库锁死，迫使人工介入解锁。在 2PC 中，最慢的参与者定义了整个事务持有锁的时间。

当然如果 2PC 参与各方（协调者和所有参与者）都在同一本地网络上、单个群集上或单个 VM 内运行，那么网络分区的可能性有多少？

对于 2PC 的高可用性来说，环境非常重要。

2PC 假定参与者和协调者之间高度信任，适合用于用户高度可信的可控环境。可以想象一个邪恶的用户操作特制的协调器，通过故意使事务挂起在“阻塞状态”来耗尽参与者的资源。如果网络开放到互联网级别，那么攻击者会对事务协调实现 DDOS 攻击，这是单点集中的风险。

随着云成为默认的部署模型，设计人员需要学习如何在没有云的情况下构建可靠的系统。2PC 的时代即将结束。

事件溯源是对传统分布式 2PC 的替代实现，著名的计算机科学研究网站 acm.org 将事件溯源看成 OLTP（在线事务处理）和 OLAP（在线分析处理）之外的第三种方式，并将之取名为 OLEP（在线事件处理）。熟悉数据库技术的人应该对 OLTP 和 OLAP 并不陌生，现在有了第三种范式。该文链接为：https://queue.acm.org/detail.cfm?id=3321612。

近半个世纪以来，ACID 事务（满足原子性、一致性、隔离性和持久性）一直是确保数据存储系统一致性的首选。众所周知的原子性属性为，在发生故障时，可确保事务写入的全部都完成或全部都不会完成；隔离防止同时运行的事务干扰；持久性确保在发生故障时不会丢失已提交事务所做的写入。

两段事务 2PC 需要数据库都支持 XA 之类的协议才能实现，但是数据库种类越来越多，大规模应用程序通常通过组合针对不同访问模式优化的多种数据存储技术来实现。这些数据存储技术不一定都遵循 JTA/XA 之类的技术，也就是不一定支持 JavaEE 的一些标准，例如大多数搜索服务器不支持分布式事务。

在这种情况下，事件日志作为大规模应用中数据管理机制的使用已经增加。这一趋势包括数据建模的事件溯源/事件采购方法、变更数据捕获系统的使用，以及 Apache Kafka 等基于日志的发布/订阅系统的日益普及。虽然许多数据库在内部使用日志（例如，预写日志或复制日志），但新一代基于日志的系统是不同的：它们不是将日志用作实现细节，而是将它们提升到应用程序编程模型的级别。

在异构分布式系统中，系统很难保证跨两个系统的写入的原子性，例如当需要将记录同时写入关系数据库和搜索引擎库时，会发生：

- 非原子写入。如果记录已经写入其中一个系统，此时发生故障，就无法写入另一个系统，使得这两个系统的记录彼此不一致。
- 不同的写入顺序。如果同一记录有两个并发更新请求 A 和 B，一个系统可以按顺序 A、B 处理它们，而另一个系统按顺序 B、A 处理它们，系统可能不知道这两种顺序哪种是最新的，也就会造成不一致。

采取事件溯源时，应用不是直接将记录写入两个存储系统，而是将更新事件追加到事件日志中，数据库和搜索引擎库各自订阅此日志，并按照它们在日志中出现的顺序将更新写入自己的存储中。通过日志对更新进行排序，数据库和搜索索引以相同的顺序应用相同的写入集，使它们彼此保持一致。实际上，数据库和搜索索引是对日志中事件序列的物化视图。该方法解决了前面两个问题。

- 将单个事件追加到日志是原子的：要么两个订阅者都看到同一个事件，要么两者都没有看到。如果订阅者处理失败就会恢复，它将恢复处理之前未处理的任何事件。因此，如果将更新写入日志，则最终都会由所有订阅者处理。

- 日志的所有订阅者都以相同的顺序查看其事件。因此，每个存储系统将以相同的顺序写入记录。

现有的基于日志的流处理框架（如 Apache Kafka Streams 和 Apache Samza）可以实现这两点。

事件溯源替代分布式事务是有一些前提条件的，这些关键条件在事件溯源实现中不能变相改变，或者说它们是事件溯源的本质特点。

- 首先是保证事件的顺序性。事件日志中的事件都是按照事件发生前后排列的，在区块链中，如果也是以普通事件日志记载事件，那么就有可能被黑客修改，打开事件日志文件调整顺序很容易，事件日志本身是不可修改的，这样的顺序才能反映事实发生的真实顺序。
- 其次，事件日志需要以共享或复制方式发送到不同机器上。共享方式和复制方式有本质的不同，无论共享或复制都需要保证事件的顺序性。

6.3.2 事件日志的顺序性

事件的顺序性是事件溯源的根本保证，没有前后顺序（如付款事件可能先于下订单事件），就会造成整个系统的处理混乱。事件顺序性通过设置某个时刻只有一个操作者对事件日志的追加事件来实现。

如果事件日志是一种集中共享方式，事件日志存放在统一的数据库或消息系统中，那么这种顺序性就是通过数据库或消息系统来保证的。数据库有自己的 ACID 机制，能保证写数据的事务性；而消息系统类似一种排队队列，能对传入的事件消息进行排序。

如果事件日志不是集中存放，而是每个参与者都有一份完整的日志（例如在分布式环境中，事件日志是复制给多个节点之间存放的），那么如果需要对事件日志进行追加，也必须满足只能由一个节点实现追加的条件，但是在那么多节点中选择哪个节点作为主节点呢？

基于共识（Paxos 或 Raft）算法选出主节点时，如果过半数同意则代表选举成功，其他则为从节点。主节点负责对事件日志进行新事件追加，然后主节点向从节点复制新的事件日志，超过半数以上的从节点成功获得事件日志就意味着复制成功。

基于数据类型的 CRDT 则是采取根据向量时钟或计数器进行事件日志合并的方式。CRDT 指无冲突的复制数据类型，其原理参考数据库原理。数据库通常维护数据记录的一些元数据：可能是上次修改或访问记录时的时间戳，也可能是某些生成计数器。在这种情况下，无须选举主节点进行事件日志追加，任何一个节点都可以，但是追加事件时，必须在事件数据中附带向量时钟，然后在节点之间进行合并时，根据各自的向量时钟判断事件发生的前后顺序，将新事件数据合并到自己的事件日志中。eBay 已经将 CRDT 落实到生产中，分布式文档协作编辑也是采取这种方式，CRDT 能够实现多人编辑同一份文档，而在 Git 等源码控制系统中，如果两个人同时修改一份代码，则需要进行手工合并，CRDT 能够实现自动合并。

区块链是一种典型的事件日志各自存放技术，每个参与者都有一份完整分类账，这种分类账实际也是一种事件日志，事件日志是整个交易明细记录。这些交易明细记录之间是前后链接在一起的，具有强烈的顺序性，无法被修改和破坏。这种强串行的排序方式带来的问题是：如何在众多服务器之间选择一个在其后面追加新的交易记录？也就是说，如何在分散式环境中实现对事件日志的有序追加呢？分散式环境与分布式环境的区别在于：分散式环境是不可控的，是不能被信任的。

在分散式环境中是不能使用可信任的第三方来协调追加顺序的，如事务协调器或选举出领导者主节点来主持复制。领导者需要被信任选举，但是在区块链这样的分散式环境中，每台机器有不同的主人，没有一个中心可以对每台机器实现控制和干预，也就无法让它们实现统一的选举算法，无法选举，就无法决定追加新交易记录由哪台机器完成。

另外依靠时间戳来确定事件顺序在分散系统中也是不可能的，因为分散式系统的各个机器时钟都是无法精确同步的，谷歌的 Spanner 分布式高一致数据库是通过 GPS 和物理原子时钟等硬件实现精确同步的，这种条件不适合不信任环境。

区块链采取工作证明（Proof-of-Work）来选举主节点。区块链创造了自己的时间概念，它的工作证明主要就是解决时间戳问题的，时间问题统一了，主节点选举的问题也解决了。

区块链通过给出一个计算目标决定写入权力由谁完成，就是让所有参与者计算出符合某个要求的 SHA-2 哈希值，谁先找到谁就是主服务器，追加新交易就由它完成，其他机器只能从它那里复制事件日志。这个哈希值是很难找到的，困难的地方在于哈希值必须小于一个特定数字，数字越小就越稀少并且发现它的难度就越高。它被称为“工作证明”，就是因为已知具有这种哈希的值已经非常罕见，这意味着找到新的这样的值需要大量的试错计算，即“工作”。反过来，这意味着消耗时间，比特币寻找哈希值的难度是动态调整的，这样每 10 分钟平均能找到一个正确的哈希值。

也就是说，区块链没有办法决定谁最快算出哈希值（因为每个参与者的服务器时钟不可能精确统一），那么延后一段时间（比如 10 分钟），谁先算出谁获胜，然后迅速繁衍，谁的链越长就越有优势，这是对于 10 分钟内可能有两个获胜者的附加判断条件。

工作证明时钟仅提供了秒表的滴答计时，但是没有办法从滴答来判断谁先算出以排出顺序，这就是 Merkle 树的用途所在。它加密地加强了区块排序的记录，Merkle 树也使得以前的滴答“更确定”、“更不可否认”或更简单。

图 6-15 所示为以上提到的一些分布式或分散式环境的选举算法。

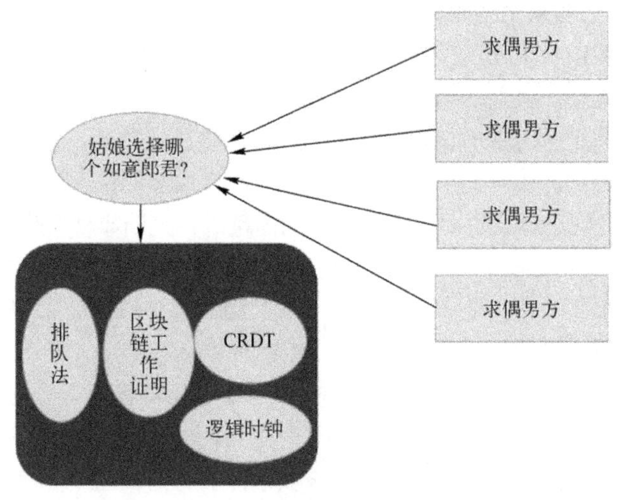

图 6-15　分布式或分散式环境的一致性算法

当有很多男士追求一位女士时，女方如何在众多追求者中选择自己中意的那一位呢？实际上就是选择主节点进行事件日志追加，其算法有很多，根据物理时间进行先后排序，这种方式适合事件日志集中存放的方式；CRDT、逻辑时钟或基于共识的选举方式适合事件日志分别存放在一个可控的分布式环境的情况；而工作证明适合分散式无中心化的不可信任环境。

区块链的优势是通过共享类似事件集合的分类账本实现分散式事务，相比分布式事务而言，不需要专门的事务协调器，没有中心点，也就没有单点风险。一份事件日志在每个主机上分别保存，这种方式不同于基于日志的流处理框架，各个业务节点将事件日志保存到专门的流处理框架，如 Apache Kafka。虽然 Kafka 也是多机集群备份，提供了高可用性，但是因为日志集中存放还存在单点中心化风险，而采取区块链技术则是在各个业务节点分别保存同样的日志，虽然带来了吞吐量的限制，但是安全性、可靠性极高。

6.3.3 基于事件日志的消息系统

事件日志的共享方式是各个应用将自己的事件发生到统一的事件数据库或消息系统，然后通过数据库或消息系统给其他不同的应用共享使用事件日志，这种共享也可以是增量变更共享。

使用消息系统而不是数据库的共享模式时，消息之间的传递机制和数据库的 ACID 机制一样重要，消息传递语义有三种。

1）最多一次（at-most-once）。

2）至少一次（at-least-once）。

3）恰好一次（exactly-once）。

最多一次的消息传递方法意味着当从发送方向接收方发送消息时，不能保证正常传递指定的消息，任何指定的某个消息可能会被传递一次，或者根本不会传递。

这种一次性交付方式类似于发送短信或发送 Email，在任何一种情况下，一旦发送出去，一般不会尝试验证邮件是否已发送。在许多情况下，使用最多一次的消息传递方法是可以接受的，尤其是在偶尔丢失消息不会使系统处于不一致状态的情况下。

使用至少一次发送消息的方法，消息发送方或消息接收方或两者都主动参与确保每条消息至少被传送一次。为了确保传递每条消息，消息发送方必须检测消息传递失败信息并在发生故障时重新发送（如果传递失败是由于网络拥挤，而接收方又正常处理了，就会导致接收方处理两次消息，消息接受方需要保证处理的幂等性），或者消息接收方必须连续请求尚未传递的消息（连续请求也会导致接受两次消息）。

至少一次传递方式与最多一次的区别是：最多一次的风险是可能不会被传递，而至少一次是可能会传递两次。

因此，至少一次在可靠性上比最多一次要好得多，宁可重复，不可遗漏，其唯一需要补救的是消除幂等性。收件箱模式可以保证幂等性消除（在后面章节介绍），原理很简单，每条消息包含唯一标识，在接收方使用关系数据库，以唯一标识作为数据表主键，进行数据库插入操作，如果唯一标识重复就会失败。如果消息系统使用 RabbitMQ 或 Akka 等方式，它们都是实现至少一次的传递，需要自己实现幂等性。

正好一次原理类似至少一次+幂等性处理，在 Apache Kafka 中，发送方需要为每个消息指定唯一标识，可以使用 UUID，Kafka 内部会根据这个 UUID 消除重复，并且在发送方和接收方之间确认。

通过消息系统一条条发送事件日志时需要注意发送顺序，Apache Kafka 的消息顺序依靠消息系统的 Topic 主题设置以及分区设置来保证，必须让同一种事件日志放在同一个 Topic 和分区中。Apache Kafka 为了实现高吞吐量，会将一个 Topic 下的消息再划分为由各个分区发送，这也导致多个分区之间的消息顺序无法保证。当然，将 Apache Kafka 直接作为事件日志存储也是可以考虑的，须将日志生存期设置为长期。

图 6-16 展示了使用 Apache Kafka 实现微服务架构的事件溯源架构，通过将事件日志共享给不同的应用，可以实现不同应用之间共享领域事件，从而为实现分布式事务提供架构基础。

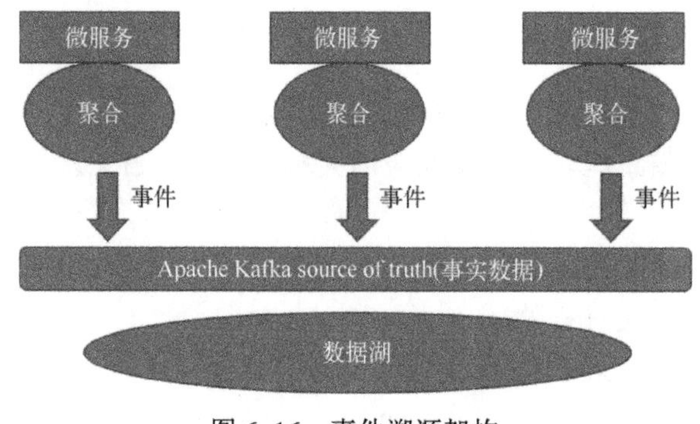

图 6-16　事件溯源架构

6.4　微服务中的分布式事务实现

微服务架构本身是一种分布式系统，微服务是将 SOA 单体中大而全的共享服务分拆成一个个小服务，这些微小服务运行在一个个分布式主机或容器中。

在这种情况下很多人会担心：如果需要将这些小服务组合在一起，如何保证这些服务操作各自数据库的事务性？例如，如果一个功能需要 a、b、c 三个微服务组合在一起实现，其中 a 服务修改了自己的数据库，但是 c 服务修改自己的数据库时发生失败，是否能让 a 服务的数据库也回滚呢？

首先，根据聚合设计原则，聚合可以根据事务边界设计，如果这三个微服务属于一个事务边界，就应该放在一个聚合中，也就是一个微服务中，而不能变成三个微服务。

其次，如果这三个微服务后面确实有三个大聚合，需要三个聚合之间协调事务，其中一个聚合操作自己数据库失败，其他两个聚合就需要回滚，因为聚合代表的是业务有界上下文，如果一个业务节点失败，处于同一个流程上的其他两个节点必须回退。这就涉及长事务的流程管理问题，通过在流程上设计回退功能，将三个微服务涉及的业务聚合分别回退到各自先前的状态，当然前提是这些聚合必须提供回退方法供流程管理器统一回退。如果聚合没有提供回退方法，但是保存了各个操作的事件记录，那么就通过加入一条回退事件，让聚合重播回退到上一个状态，如同通过快退键控制歌曲重新播放一样。

6.4.1 引入 Saga 模式

流程中任何一个环节执行失败，之前执行的环节都要进行回退，Saga 模式就是这种补偿式、回退的流程设计。Saga 于 1987 年首次应用于海克特和肯尼思·萨利姆的研究论文。它是作为长时间分布式事务的概念替代方案而引入的。

Saga 是将较大的事务分成一组较小的事务，这减少了必须在数据库资源上保留锁的时间，因此可以避免瓶颈。每个较小的交易都可以通过补偿动作撤销。

如果中途必须中止一个大型事务，则必须对已经完成的所有较小交易进行补偿回退。因此，本质上 Saga 就是一种补偿模式。

例如前面章节的电影票订票案例中，如果支付失败，或超过一定时间没有支付，那么就将其预订的座位释放，让其他人还可以预订到该座位，这也是补偿回退模式。

再以计划一次旅行为例。为了实现旅行这个功能，需要三个步骤，第一步预订出租车，第二步预订酒店，然后预订机票。如果预订机票时没有机票了，那么这段旅程只能取消，将酒店退订，出租车退租，这都是业务上发生的动作和事件。这些都可以在事件风暴会议中详细涉及，也就是说，分布式事务不再一股脑儿地推给分布式事务中间件，而是从业务上来建模实现。这段旅程的 Saga 模式如图 6-17 所示。

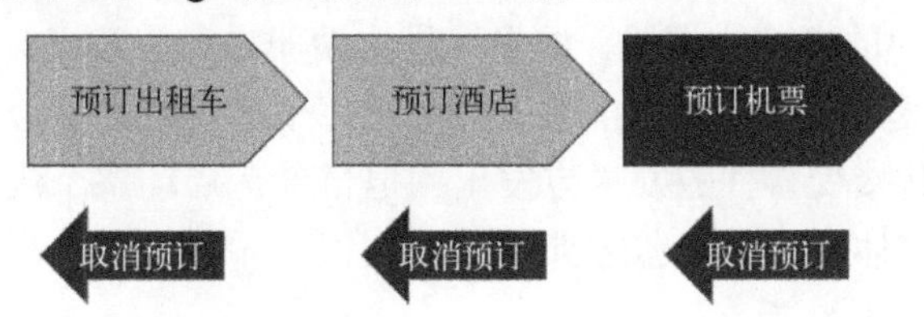

图 6-17 Saga 模式

当一个流程中任何一个环节发生异常（比如预订机票出错）时，那么取消之前的环节（如取消预订酒店，取消出租车），这样整个流程就好像没有执行一样，这是这段流程取消的真正业务含义。

6.4.2 Saga 分布式事务原理

实现 Saga 模式可以使用传统的数据库锁方式，专门使用一个字段作为流程锁，只有这个锁被释放，流程才能被再次执行，这保证了隔离性，能防止两个流程同时进行。当流程结束或者流程取消时，这个锁字段的状态才会变更。这种方式有一个缺点，就是需要参与者提供一个回退方法，如图 5-1 中计划会议、预订酒店、预订机票和预订大巴这几个不同有界上下文的聚合根实体，都要提供一个回退方法或处理回退事件，将实体中参与流程导致的状态改变进行恢复，如果在数据库增加了一条记录，那就删除这条记录，如果删除了一条记录，那么就会恢复这条被删除的记录。

使用事件溯源方式实现 Saga 需要以下三个部件。

1）持久的 Saga 事件日志：记录流程相关的事件集合。

2）Saga 协调器：类似数据库中的流程锁，这个锁管理整个流程的状态，除此以外，协调者还负责流程的下一步推动，或者回到上一步的回退推动。

3）补偿行为的幂等性：幂等性可以指流程中某个步骤节点能够重复执行多次，但是不会影响应用状态，当然如果影响了，也可以去除这种影响。这是由流程中每个步骤节点保证的。

Saga 模式如果使用事件溯源方式，每个参与的聚合根实体中就都有一份事件日志，当 Saga 协调器发出回退事件以后，事件日志中多了一条回退事件，如同会计记账处理中，如果前面一笔明细发生错误，那么就增加一笔冲抵记录，用于消除前面的错误影响。当然有些错误是无法消除的，如发出一封电子邮件，冲抵不能将电子邮件收回，但是可以发一封冲抵声明的电子邮件，这类似上市公司在一季度发布业绩公告，盈利 1000 万，二季度发布修正公告，盈利修正为 500 万，这可以认为是从业务上实现业务行为的幂等性。

Saga 模式使用事件溯源方式实现，还需要考虑事件日志需要复制还是共享。Saga 流程协调用来监视整个流程的步骤，如果在规定时间内没有得到相应步骤的相应节点返回的成功结果，那么就需要启动整个流程的回退流程。关键是流程管理器是否需要知道各个聚合根内部的事件日志信息？其实流程管理器是一种基于流程中步骤外部的协调器，不应该涉及每个步骤内部的执行细节，这属于黑盒内外的基本区别，因此，事件日志是不需要复制和共享的。

是否需要流程协调器也是值得思考的：如果有了流程协调器，容易产生单点风险，这类似分布式事务 2PC 中的事务协调器，如果流程协调器自己失败了，发生问题了，就容易导致整个 Saga 回退流程失败；如果没有协调器，在每个步骤中的聚合根实体如果发现自己执行失败，那么就向其接受事件的发送方发出回退事件，启动整个流程的回退，这种方式的缺点是每个聚合根实体耦合了步骤之外的流程知识，如果流程本身的发送走向更改，就需要通知每个聚合根实体。

流程协调器的存在能使设计上实现内外分离，特别是在处理事件溯源这样的复杂系统时，有层次分离的 Complex 结构才不会让人感觉复杂。

还有一个关键问题是，流程协调器如何判断一个步骤的失败？因为网络原因，流程协调器可能无法与步骤节点正常联系，超过其计时时间后就会启动回退流程，而实际上该节点已经正常处理了其步骤任务；或者流程协调器发出回退事件时，该事件因为网络问题无法正常到达步骤节点，致使整个流程不能正常执行完成。这个问题与分布式事务 2PC 的问题是相同的，只不过事务协调器换成了流程协调器。

消息系统通常是解决网络问题的好办法之一，流程协调器与各个步骤节点之间的通信应该采取正好一次的消息系统，Apache Kafka 提供了近似正好一次的消息传递。使用消息系统保证了流程协调器与各个步骤节点的可靠通信以后，可以假设流程协调器与步骤节点的通信没有问题了，事件消息指令可以正常到达目的地，如果再发生问题，可以推定步骤节点本身的执行存在问题。

使用消息系统实现事件指令发送，也要注意前后顺序，不能将后面发送的事件放在前面送达。区块链是通过链式数据结构来保证这一点的，消息的顺序依靠消息系统的 Topic 主题设置以及分区设置来保证。

图 6-18 展示了事件溯源、正好一次消息传递和聚合设计以及 Saga 回退形成的分布式事务替代模型。传统分布式事务主要通过 ACID 属性实现，现在根据图 6-23 中的四个属性

考察一下这个替代方案。

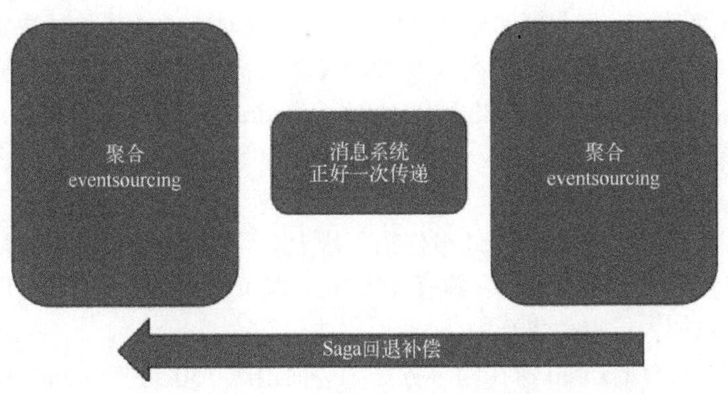

图 6-18 替代传统分布式事务

首先，ACID 的 A 代表原子性，也就是整个事务涉及的所有步骤要么全部执行、要么全部不执行，不能部分执行，像一个原子整体一样。在这里，每个步骤内部单个事件追加到事件日志中是原子的，而消息系统提供正好一次的原子传递，保证一个消息也就是一个请求必然得到对方的执行，这两个环节保证了所有步骤全部执行，如果任何一个步骤失败，就通过 Saga 的回退补偿实现全部回滚，实现全部不执行。

其次，ACID 的 C 代表一致性。这里的一致性有些不同于 CAP 定理中的一致性，它是数据完整一致性的意思，也就是更新多个数据表时需要同时更新，保证数据表之间的完整一致。在新的方案中，通过消息系统的正好一次，保证一个聚合修改以后，另外一个聚合肯定执行修改，如果发生故障，也会等到其恢复后再次重复执行这个消息，此前这个消息会滞留在消息系统。这相当于将不断重试的意图作为数据消息暂存起来，只要消息接收方正常就会迫使其再次执行。当然也有重试次数限制，超过次数可人工介入，或放入一个死信队列，专门用于管理员查看管理，这与 DBA 要经常查看 Oracle 数据的死锁现象，确认人工是否介入这些死锁一样。

然后，ACID 的 I 代表隔离性。隔离性意味着两个事务之间看不见对方，互相不影响，好像某时刻只有一个事务正在运行一样。隔离性在数据库或 2PC 两段事务中是通过锁机制实现的，只要涉及操作的数据源上了锁，其他事务就只能排队等待，这也是传统 2PC 两段事务的性能问题所在。在新的方案中，隔离性通过事件日志的逐个追加来实现，同时，消息系统的订阅者与消息要一对一分配，也就是某个消息在某个时刻只有一个订阅者去使用，这个订阅者实际上与其他订阅者隔离开来了。图 6-19 展示了转账案例中的隔离性。

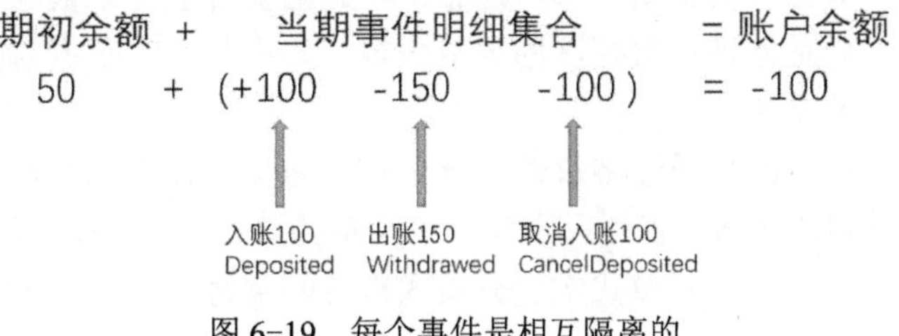

图 6-19 每个事件是相互隔离的

假设账户期初余额是 50 元，发生入账 100 元 Deposited 事件的同时，可能发生出账 150 元的 Withdrawed 事件，这两个事件相互隔离，不会根据对方的操作结果决定自己的操作行为。例如出账 100 元 Withdrawed 事件发生时，发现期初余额是 50 元，而同时发生了入账 150 元 Deposited，还没有加入事件集合中，那么 Withdrawed 事件就可能无法正常执行（这里 Withdrawed 事件实际是 Withdraw 命令），因为账户余额只有 50 元，试图转出 150 元是无法执行的。

如果假设出账 150 元 Withdrawed 事件在入账 100 元 Deposited 发生之后，那么它通过遍历事件集合加上期初余额判断，余额有 150 元，就可以出账 150 元，于是出账 150 元 Withdrawed 事件也加入了事件集合中。

假设入账 100 元 Deposited 所在的事务是 a1，而出账 150 元 Withdrawed 事件所在的事务流程是 b1，出账 150 元 Withdrawed 事件也加入事件集合中以后，入账 100 元 Deposited 所在的事务 a1 发生了回退，回退是通过发布取消入账 100 元事件 CancelDeposited 实现的，那么这时账户余额是 50+100−150−100=−100，账户余额变成欠款 100 元了，因为出账 150 的 b1 事务已经执行完毕。

可能这时候有的人已经质疑了，账户怎么能是负的呢？账户一般情况下不可能为负，除非是信用账户。但是以上这种为负的可能性是很小的，这是获得高吞吐量、高可用性的代价。根据 CAP 定理，这里选择了高可用性和分区容忍性，通常人们认为金融等涉及钞票的行业都需要高一致性，这是一种错觉，当实现支付宝或微信与银行卡之间的转账时，并不是眨眼就到账，这些都是最终一致性。最终一致性在现实生活中是普遍存在的，只是用了关系数据库这样高一致性的产品以后培养了错觉，关系数据库因为高一致性而失去了高可用性，所以在集群情况下遭遇高吞吐量就会死机、不可用。

特别明显的是 ZooKeeper 这种分布式锁实现者，Apache Kafka 之前用它来协调集群的状态复制，结果在高吞吐量下遭遇死锁，导致整个集群不可用，Kafka 下决心使用溯源替换它（可参见 https://www.jdon.com/52892）。

回到上述转账案例，账户为负的现象不是经常发生，只有这个账户发生高并发转账时才会出现，这个损失可以由银行通过保险支出，正如 ATM 会自动吐出多余的钞票一样，这些都属于交易事务的额外故障，可特别对待。

但是如果允许这种情况发生，那么就只能采取 ACID 那种串联的隔离性，通过锁实现每时每刻只允许一个事务进行。这种串行化事务吞吐量相当低，类似区块链的链表技术，在集中式环境中不可行，所以关系数据库采取 MVCC 多版本并发，其原理近似上述这种方式。MVCC 的原理是：当 MVCC 数据库需要更新一条数据时，它不会用新数据覆盖原始数据项，而是创建该数据项的更新版本。注意：不是直接覆盖原来数据，也就是不采取更新数据字段的方式，而是创建该数据项的更新版本，其中包含新数据的操作事件，这个原理非常类似事件日志的概念。

最后，ACID 的持久性是通过将事件集合保存到磁盘文件系统实现的，任何断电故障都不会影响这个事件日志内容，事件日志保存了完整的操作日志，即系统的原始唯一真相。

以上介绍了事件溯源+Saga 模式实现分布式事务的关键点，下一节将用具体代码演示这个原理。

实现 Saga 也可以借助工作流引擎，以下是一段使用开源工作流引擎 Camunda 实现图 5-1 流程的 Saga 代码：

```
SagaBuilder saga = SagaBuilder.newSaga("旅程")
        .activity("预订出租车", ReserveCarAdapter.class)
        .compensationActivity("取消出租车", CancelCarAdapter.class)
        .activity("预订酒店", BookHotelAdapter.class)
        .compensationActivity("取消酒店预订", CancelHotelAdapter.class)
        .activity("预订机票", BookFlightAdapter.class)
        .compensationActivity("取消机票预订",CancelFlightAdapter.class)
        .end()
        .triggerCompensationOnAnyError();

camunda.getRepositoryService().createDeployment()
        .addModelInstance(saga.getModel())
        .deploy();
```

也可以使用工作流标准符号 BPMN 实现，如图 6-20 所示。

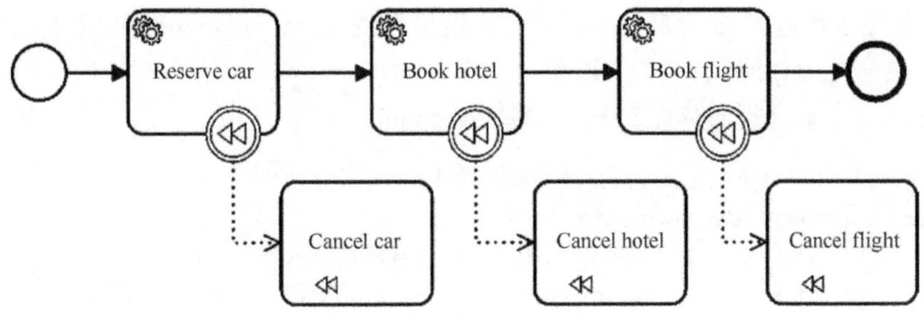

图 6-20 旅程的 BPMN 实现

该模型可以由相应的引擎直接执行。补偿活动与原始活动相关联，工作流引擎负责将这张流程图转为代码执行，因此，BPMN 的工作流引擎可以充当 Saga 协调员。各位读者可以在 GitHub 上找到相关所有详细代码信息。

工作流实现 Saga 的几个部件如下。

1）持久的 Saga 日志：这是由工作流引擎实现的。

2）SEC 流程（Saga 协调器）：这是由工作流引擎实现的。

3）补偿行为的幂等性：被 Saga 调用的业务服务实施（例如取消汽车预订），也就是业务必须提供回退方法。

6.4.3 实例解析：账户转账

本节使用账户转账作为案例演示事件溯源的 Saga 模式实现，展示如何通过 Saga 实现分布式事务的替代。

分布式事务实现的原理图见图 6-18，图 6-21 所示为实现架构，演示案例按照这种架构实现。

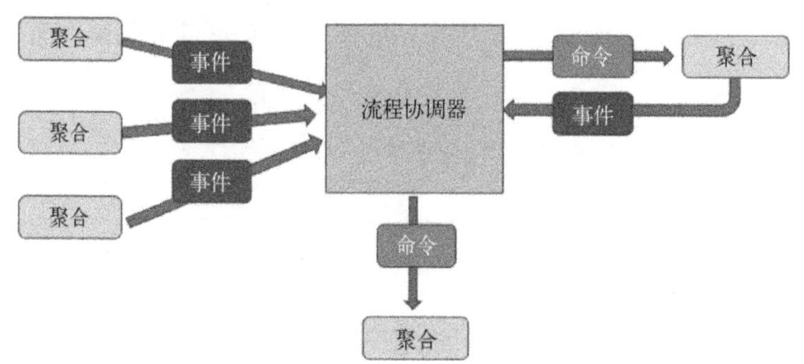

图 6-21　分布式事务 Saga 的实现架构

流程协调器扮演音乐指挥（orchestration）的角色，负责向前或向后推动流程或事务会话中每个步骤的执行，如果参与步骤执行的任何聚合节点内部发生错误，就会发出 Canceled 事件给流程协调器，流程协调器记录当前执行的步骤，根据流程定义向前面执行过的步骤发出 Cancel 命令，让参与这次流程或事务的所有步骤都指向回滚回退，相当于实现幂等性。

为了避免消息系统带来的复杂性，在演示案例中，使用线程之间的通信模拟消息系统。当然，为了避免多线程通信带来技术复杂性，这里使用 JdonFramework 的发布-订阅模式简化了多线程通信。源代码见 JF 的 Github。

首先设计一个聚合根实体银行账户 BankAccount：

```
@Model  //JdonFramework 领域模型标注
public class BankAccount {
    private final String id;   //聚合根实体的唯一标识
    private final int balance = 0;  //这是账户初期的余额状态
    //事件集合存放的是转账事件
    private Collection<TransferEvent>eventsources  = new ArrayList<>();
    ......
}
```

这里设计了聚合根实体 BankAccount 代表银行账户，有一个初期账户余额 balance，还有一个事件集合 eventsources，如果这个事件集合存储到磁盘上得到持久化就是事件日志，事件默认根据加入的先后顺序排列，所有转账的事件都会加入这个事件集合。图 6-22 所示为 BankAccount 与需实现转账事件的对应关系。

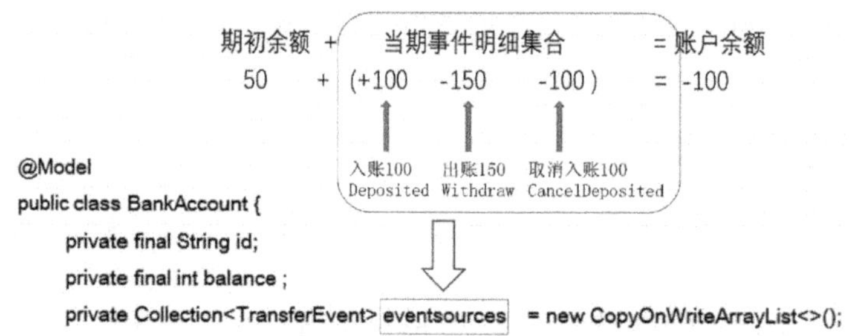

图 6-22　BankAccount 与需实现转账事件的对应关系

转账是在 BankAccount 的两个实例之间进行的，两个实例的唯一 ID 不同，代表两个不同的账户。

现在看看领域事件的代码内容。事件溯源的重点是领域事件建模，转账是一种动作，在两个账户之间进行。从A账户转出，转入B账户，有两种转账事件：转出和转入。

这里区分转账命令和转账事件，虽然它们差不多，但是能够在编码时清晰地区分其输入输出，对于理解整个复杂流程能起到很好地帮助作用。

下面是转账命令的值对象代码：

```
public class TransferCommand {

    private final String transactionId;
    private final String aggregateId;
    private final String commandId;
    private final int value;
```

这里有三个唯一标识的值，第一个是交易Id。每次的交易或事务涉及很多步骤，它也是一个小流程，这里使用Saga回退实现分布式事务的机制。每次交易或事务是一段会话，在这段会话或流程中，需要保证所有步骤全部完成，或者其中一个步骤发生问题时，将之前执行的步骤实现回滚回退。

转账事件非常类似转账命令，不同的是一些方法的实现。

转账命令有三个子类：WithDraw（转出）、Deposite（转入）和Cancel（取消）。转账事件也相应地有三个子类：WithDrawed（已转出）、Deposited（已转入）和Canceled（已取消）。这些子类继承基本没有什么特殊方法，只是在转出的命令和事件中，将getValue()方法重载为返回一个负数，因为这些都是扣钱，这样在业务计算时就都可以使用加法了。

命令类似方法函数的输入参数，而事件类似方法函数的输出结果，虽然它们的内容差不多，但是在形式上区分它们，有助于编写代码时在输入和输出上理清思路，方便编程。如果事件和命令没有区分，其中隐含的区别不能明确显式地表达出来，就会影响大脑的识别。命令和事件是在头脑风暴会议中发现的，因此也是领域建模的重要组成部分，也就是说，进行业务功能设计时，不能只设计功能方法，对其输入和输出也要进行设计，这是通常设计中容易忽视的地方。

这些事件和命令都是值对象，具有不可变性，如果需要产生新的对象，就要重新构造。可以根据命令构建对应的命令，减少命令和事件之间的转换，例如TransferCommand中提供了几个后续对象的创建：

```
//创建 TransferEvent
public TransferEventcreatTransferEvent(){
    return new TransferEvent(transactionId, aggregateId, commandId, value);
}
//创建 Canceled 事件
public Canceled createCanceled(){
    return new Canceled(this);
}
//创建 Cancel 命令
```

```
public Cancel cancel(){
    return new Cancel(this);
}
```

下面看看聚合根实体 BankAccount 如何实现转账。转账命令是下达给 BankAccount 的 transfer()方法的：

```
@OnCommand("transfer")
public void transfer(TransferCommandtransferCommand) {
    int balance2 = getBalance() + transferCommand.getValue();
    if (balance2 > 1000 || balance2 < 0) {
        aggregatePub.next(transferCommand.createCanceled());
    }
    TransferEventtransferEvent = transferCommand.creatTransferEvent();
    eventsources.add(transferEvent);
    aggregatePub.next(transferEvent);
}
```

在这个 transfer()方法中，首先进行余额判断，如果发生转账，余额是否会超过 1000 元或少于 0 元，这些模拟了业务规则检查；如果违反业务规则，则发出 Canceled 事件，否则进行正常的业务逻辑处理。这里创建了一个转账完成事件 TransferEvent，并将这个事件追加到事件日志中，然后发出这个事件给流程协调器或其他订阅者。值得注意的是，以上代码并没有如同通常编程一样实现核心的状态改变，将实体中字段 balance 余额修改为转账后的实际金额，因为如果这样修改，在高并发情况下，会发生对这个字段唯一资源的争夺，需要锁等事务机制来保证一个个修改轮流进行。而使用事件溯源可以避免这种争夺情况，不进行状态修改，只是将事件追加到事件日志中，这是事件溯源的主要特点所在。

那么账户余额是如何修改的？它是在查询账户余额时遍历这些事件集合计算得出的，当然如果不是像余额一样简单加减计算可得，则可以调用专门的业务方法重播。

```
    private int project(){
        return
            eventsources.stream().map(e->e.getValue()).reduce(this.balance,
(a,b)->a+b);
    }
    public int getBalance() {
        return project();
    }
```

当调用查询账户余额 getBalance()方法时，将进行事件重播投射到当前状态，这里只是将各个进出明细事件，包括取消事件 Canceled 进行累积。注意这里调用的 e.getValue()是 TransferEvent 事件类型，如果是出账事件 Withdrawed，或针对 Deposit 的 Canceled 事件，则 getValue()方法被重写，返回的是一个负数，因此使用 Java 8 流式的 reduce 进行汇总。如果这里不是简单的加减计算，而是业务逻辑执行，那么可使用业务方法替代。

在整个流程的各个步骤中，如果一个步骤发生错误，其他步骤会发生回滚，这是由流程协调器发出的，聚合根实体 BankAccount 相应的接受处理方法如下：

```
@OnCommand("cancel")
public void cancel(Cancel cancel) {
    int balance2 = getBalance()  - cancel.getTransferCommand().getValue();
    if (balance2 > 1000 || balance2 < 0) {
        System.err.println("……");
    }
    eventsources.add(cancel.getTransferCommand().createCanceled());
}
```

取消时也要进行业务规则检查，如果无法取消只能报错，希望人工介入，正如数据库事务导致死锁后需要 DBA 手工介入一样。

取消处理方法唯一做的事情就是产生取消事件，放入事件日志中。注意，这里采用的并不是通常做法——将余额减去或者增加，而是放入一个事件集合，当需要获得余额时，通过遍历这个事件集合实时计算，如果事件数据量很大，实时计算很慢，可采取快照方式。

在之前的聚合建模设计中，其中一个方法是根据当前时间建模聚合，也就是说，当前时间段是关心的重点，例如财务每个月都要做账，上个月的账只反映在科目期初余额中，上个月的明细已经不重要，这其实是上个月的明细事件已经投射到了上个月的月末余额，而上个月的月末余额可以作为当前月的月初余额（期初余额），这个余额状态是一种快照，那么当月的余额状态就会从期初余额开始，遍历当月的事件集合。

注意计算余额的 Stream 处理：

```
    eventsources.stream().map(e->e.getValue()).reduce(this.balance,(a,b)
->a+b);
```

其中，this.balance 代表期初余额，也是一种状态快照。如果追求高性能读取（通过事件溯源已经实现了高性能、高吞吐量的写性能），可以结合缓存。缓存是一种更短时间内的快照，是自上次修改以后的快照，其实它类似于在分布式系统之间复制状态，当主服务器上有新的写入事件时，这些事件会复制到从服务器上，但是在这段复制时间内，从服务器类似主服务器的缓存，缓存更新也可以采取事件差额更新的方式。

当然，这是一种最终一致性，其实真正严格的强一致性几乎不存在。数据库内部也会进行复制，数据库的 ACID 虽然提供了严格的事务保证和强一致性，但是真正实现串行化事务的数据库产品很少，因为只有串行化事务才是真正的强一致性，Oracle 和 MySQL 数据库的 ACID 默认设置 read_commited 也会发生读写不一致。

本节演示代码可见：https://github.com/banq/jdonframework/tree/master/src/test/java/com/jdon/sample/test/bankaccount。

6.5 使用 Apache Kafka 实现事件溯源

事件溯源的实现关键是实现事件日志的存储，虽然传统关系数据库可以实现事件日志存储，但是无法保证直接通过 SQL 去修改数据表中的数据，而事件日志的特点是不断追加新增，不能修改删除，因此，使用一种更符合事件日志特点的存储系统将能保证事件溯源的完整实现，当然前提是该领域适合使用事件溯源。

Apache Kafka 是一个基于事件日志的消息系统，其内部有一个日志，是一个强有序的记录序列，每个记录都被分配一个顺序的数字偏移量，用于标识日志中的记录位置。生产者将记录追加到此日志，多个消费者应用程序从各自指定的偏移量读取消息，如图 6-23 所示。

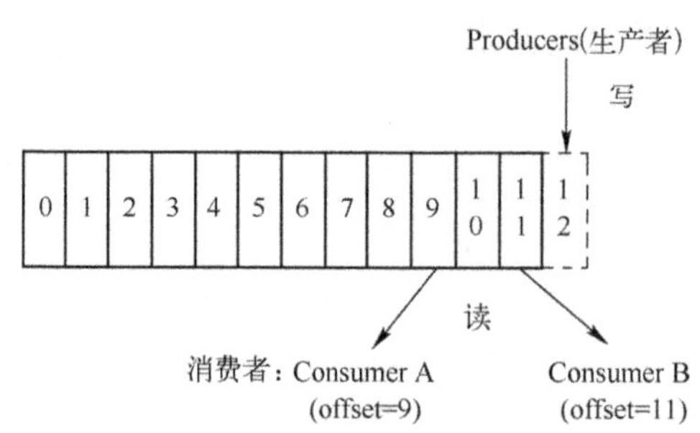

图 6-23　Apache Kafka 内部日志

生产者不断追加消息到日志中，消费者有自己的偏移量（offset）指针，表示自己读取这个日志的位置。每次读取消息处理完毕，这个偏移量指针会增加一格，向后移动，这样可以读取不断增长的日志中的消息数据。不同消费者有自己的偏移量。

Apache Kafka 是一个天然的事件日志存储（当然还需要将其永久保存设置为无限期），因此，可以将其作为事件溯源的日志存储，但是需要考虑以下细节。

Kafka 提供主题（Topic）分组，每个 Topic 下面还有消费分组，然后还有分区特性。分区是为了实现更大的吞吐量，但是会丧失事件的顺序性，因为每个分区中有一个日志，这样如果你的事件发布到多个分区日志中，消费者就无法判断它们之间的顺序。

使用 Kafka 存储事件有三种可能的策略。

1）将所有实体类型的所有事件存储在一个主题中（具有多个分区）。

2）每个聚合根实体类型对应一个主题，例如所有用户的相关事件放在一个单独主题下，所有与产品相关的事件放在一个主题里。

3）每个聚合根实体实例对应一个主题，例如每个用户实例和每个产品实例都有一个单独主题。

第三种策略是不可行的。如果系统中的每个新用户都需要创建新主题，就会得到无限数量的主题。而第一和第二种策略的优点是：只需一个主题就可以更容易地获得所有事件的全局视图。另一方面，对于每个聚合根实体类型对应一个主题，可以分别对每个实体类型流进行分区和扩展。这两种策略之间的选择取决于用例，常用的是第二个策略，一个聚合根类型对应一个主题。事件溯源建模章节分析过，一个事件日志/集合等同于一个活动的概念，等同于一个聚合，一个活动包含一个事件日志，这个活动对应 Kafka 的一个主题。

使用一个消息系统无非是从生产者和消费者两个角度考虑，Kafka 提供了事务性的生产者机制，也就是保证生产者发送的消息必然被消费者使用，这里在使用上有一些注意点。

使用 Kafka 生产者时应注意：需要激活消息确认机制，然后为每个消息生成唯一 ID 值，如下代码所示。

```
props.put("acks","all");
……
Producer producer = new KafkaProducer(props);
producer.send(..);
producer.close();
```

为每个消息分配唯一 ID，可以使用 UUID 或事件的唯一标识，Kafka 通过此 ID 消除重复消息，实现消息接受的幂等性，进而实现近似正好一次传递的效果。消费者的配置如下所示。

```
props.put("enable.auto.commit","true");
……
KafkaConsumer consumer = new KafkaConsumer<>(props);
```

如果自己实现消费者，除了需要实现以上确认机制以外，还需要保证消息接收与自己的业务逻辑在同一个事务之内。消息接收者一般内部也有一个事件集合，那么将接收到的消息放入自己的事件集合，然后 Kafka 系统会自动调整其内部日志的偏移量。下面是消费者的实现代码。

```
public void run(){
  ……
  consumer.subscribe(topics);
  while(ture){
     ConsumerRecords<String, JsonNode> recordes = consumer.poll();
     for(…){…}
  }
}
```

这段消息接受代码是将传过来的 JSON 格式消息放入一个 Map 数据容器中，如果这个 Map 需要被使用，或者暂时不用、需要保存到接受者的关系数据库中，那么这段代码就要置于关系数据库的事务当中，这样保证了数据接受后的处理以及隐式的 Kafka 日志偏移量增加两个动作处于一个事务当中，要么全部完成，要么全部没有完成，否则消息中数据接受后处理完成了，这个消息还在日志中，偏移量指针没有移动，下一个消费者又处理了一次，就产生了重复消息，如果数据处理逻辑无法实现幂等性，那么就会产生问题。

这是简单的 Kafka 消费者使用方式，如果应用于事件溯源架构，则需要注意的方面就更多了。

Apache Kafka 应用于事件驱动架构有两种方式：一种是用于聚合之间的通信，实现事务性消息传递；另外一种是用于聚合内部事件日志的存储 EventStore。

第一种方式在前面章节中已经提及过，如果每个聚合内部使用传统数据库的 ACID 实现事务，例如使用 JPA/ORM 等方式，那么可将 Kafka 用于聚合之间的领域事件传递，也可以结合 Saga 的回退机制实现整个事务流程的回滚。图 6-24 所示为基于聚合内部 ACID+Kafka 消息事务实现分布式事务的架构图。

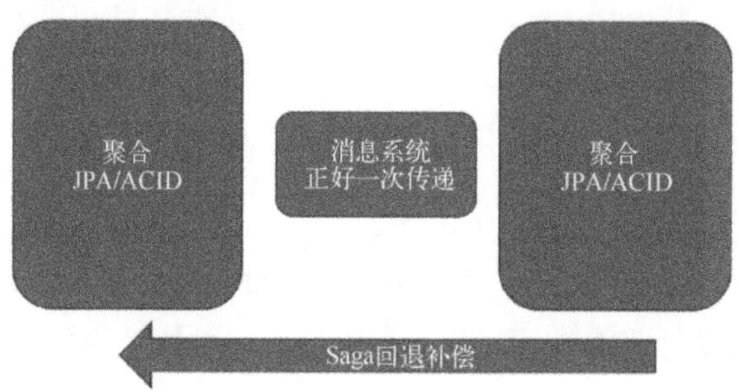

图 6-24　ACID+Kafka 的事务性消息

在这种架构中，Kafka 扮演的是消息传递中消息总线的角色，如图 6-25 所示。

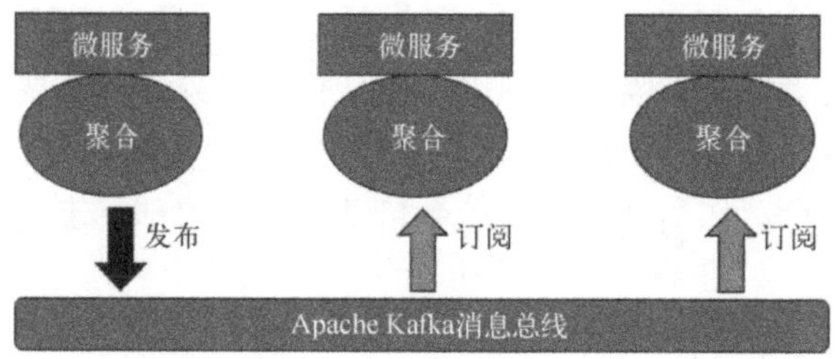

图 6-25　Kafka 扮演消息总线角色

第二种方式是本节讨论的重点：聚合内部的事件日志直接使用 Kafka 的日志实现，将 Kafka 作为事件溯源的存储数据库。在这种情况下，如果需要实现聚合或有界上下文之间的通信，最好使用另外一套 Kafka。当然，在系统规模很小的情况下，使用一套 Kafka 实现内外兼用也可以，但有人认为这是微服务中的反模式，因为微服务不可以将自己的存储数据库共享给外界。这种判断主要看依据什么标准，如果认为这样的事件溯源存储库+全局共享的消息总线更加优雅，并没有违背微服务的要求，一套 Kafka 用作两种用途更加简单，那它就是合适的。这种实现如图 6-26 所示。

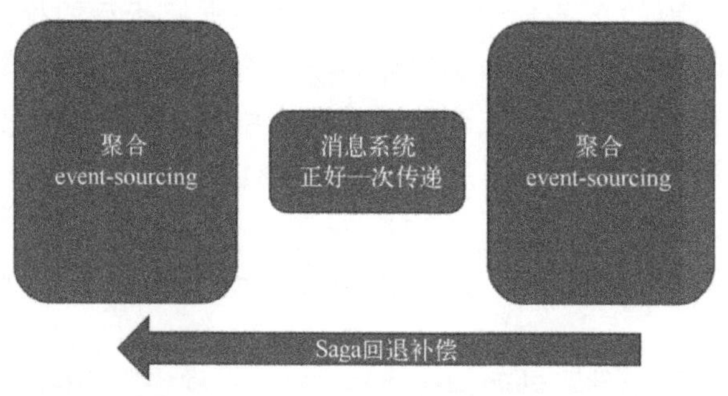

图 6-26　基于事件溯源的分布式事务

在第二种方案中，聚合内部的事件日志也是使用 Kafka，同时聚合之间的消息传递也是利用 Kafka 的事务性消息，Kafka 扮演聚合内部事件存储的架构图如图 6-27 所示。

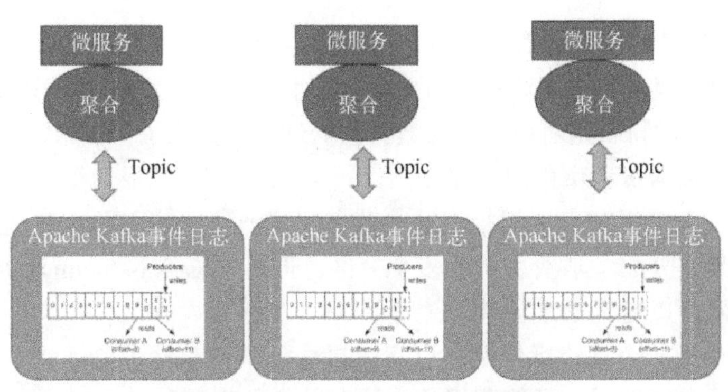

图 6-27 Kafka 用于事件日志的实现

如果聚合根的事件日志直接使用 Kafka 的事件日志来实现，Kafka 就不只是用于有界上下文之间的通信，还可以作为聚合根内部的存储数据库使用。在这种情况下，最基本的功能要求是：需要能从事件日志中查询获得的聚合根实体的当前状态，或称为数据流的折叠（folded）。通常，每个聚合根实体都有唯一标识 ID，因此，根据此 ID，Kafka 存储系统应可以返回对应的聚合根实体的当前状态。

事件日志是事实的主要来源，当前状态始终可以从聚合根实体的事件流中派生。为了做到这一点，存储引擎需要一个纯粹的（无副作用）函数，来获取事件流并返回修改后的状态，当前状态是事件流的折叠。

例如前面章节的 BankAccout，从该实体中的 eventsources 事件集合获得当前状态的方式如下：

```
        eventsources.stream().map(e->e.getValue()).reduce(this.balance,(a,b)
->a+b);
```

现在 BankAccout 的 eventsources 使用 Kafka 的日志实现，如图 6-28 所示。

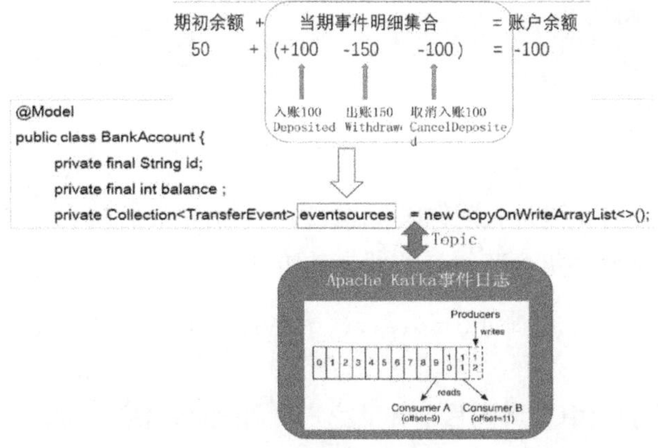

图 6-28 使用 Kafka 日志实现事件日志的转账案例

在转账案例中，从事件日志读取当前状态是直接自己实现，使用了 Java 8 中流（stream）API 的 map()和 reduce()函数。从 Kafka 中读取当前状态也可以这样自己实现：从 Kafka 的主题中流式获取所有事件，过滤它们，以指定事件 ID 并使用指定折叠函数折叠它们。

如果存在大量事件（并且随着时间的推移，事件的数量仅增加），这可能是一个缓慢且耗费资源的操作。即使结果将缓存在服务节点的内存中，仍然需要定期重新创建。当然，也可以通过事件溯源建模，将时间边界窗口局限在当前一段时间，从而减少事件日志的大小。不过，Apache Kafka 的特长是可以进行大数据量处理，它提供了卡夫卡流（Kafka-streams）这样特殊的事件日志消费者供用户直接使用。

Kafka-streams 在一组节点上运行，这些节点共同消费一些主题。与通常的 Kafka 消费者一样，为每个节点分配了消费主题的多个分区。但是，Kafka-streams 为数据提供了更高级别的操作，从而可以更轻松地创建派生流。

Kafka-streams 的一个高级操作是可以将流折叠到本地存储中。每个本地存储仅包含指定节点使用的分区中的数据。开箱即用的本地存储实现有两种：内存中的实现和基于各种数据库的实现。

使用 Kafka-streams 实现事件溯源的事件投射或播放，可以将事件流折叠到当前状态，然后存储在本地的数据库中，保存每个聚合根实体的当前状态到本地数据库中。

以下代码中通过使用 Kafka-streams 的 Java API（serde 代表序列化器/反序列化器）折叠事件获取当前状态。

```
KstreamBuilder builder = new KStreamBuilder();
Builer.stream(keySerde, valueSerde, "my_entity_events")
    .groupByKey(keySerde, valueSerde)
    //返回当前新状态
    .reduce((currentState, event) -> …, "my_entity_store");
    .toStream();
```

这段代码调用类似于转账案例中的下列代码调用：

eventsources.stream().map(e->e.getValue()).reduce(this.balance,(a,b)->a+b);

有关完整示例，可查看 Confluent 的订单微服务示例:https://github.com/confluentinc/kafka-streams-examples。

6.6 投射模式

前面其实已经涉及到了投射或投影模式（Projection），如转账案例中从 BankAccount 实体中的 eventsources 事件集合获得当前状态的方式如下：

```
eventsources.stream().map(e->e.getValue()).reduce(this.balance,(a,b)
->a+b);
```

投射模式是事件溯源中使用的核心模式之一，正如其名称一样，它是将事件流投射成状态，从事件流中得出当前状态。将一系列事件序列（也称为“流”）用于重建当前状态，以便可以处理任何后续请求。当前状态是大多数系统比较关心的主要数据之一。

例如银行业务中，每次查询账户余额时，需要查询其中曾经发生的所有交易，然后从更改历史记录中得出当前余额。读取成百上千个事件意味着花费大量时间在读写上，然后还要花费一些时间来计算当前余额。

相反，如果可以预先计算当前余额并将值存储在某个地方，则可以更快地响应查询。可以将其视为实例化视图或缓存的一种形式。这种方法是 CQRS 的实现基础。

之前章节讨论过六边形架构的实现案例，这也是一个账户转账案例（https://github.com/thombergs/buckpal/），虽然没有明确使用事件溯源和投射模式，但实际上就是这样实现的，ActivityWindow 代码地址为：https://github.com/thombergs/buckpal/blob/master/buckpal-application/src/main/java/io/reflectoring/buckpal/domain/ActivityWindow.java。

下面代码中使用 Java 的 Stream 从事件序列集合 Activities 中计算当前账户余额，首先找出存入的事件序列中 accoutId 的事件集合，然后在这个集合中获得事件对象 Activity 的 Money（金额），最后使用 reduce 将这些金额相加。扣款处理也是这样，通过计算获得当前账户余额。

```
public class ActivityWindow {
    /**
     * The list of account activities within this window.
     */
    private List<Activity> activities;
    ……
    /**
     * Calculates the balance by summing up the values of all activities
within this window.
     */
    public Money calculateBalance(AccountId accountId) {
        Money depositBalance = activities.stream()
                .filter(a -> a.getTargetAccountId().equals(accountId))
                .map(Activity::getMoney)
                .reduce(Money.ZERO, Money::add);
        Money withdrawalBalance = activities.stream()
                .filter(a -> a.getSourceAccountId().equals(accountId))
                .map(Activity::getMoney)
                .reduce(Money.ZERO, Money::add);
        return Money.add(depositBalance, withdrawalBalance.negate());
    }
```

投射成的状态结果可以有几种保存方式：内存、关系数据库、NoSQL 和文件系统。

维护投射状态的最简单方法是在服务启动时读取事件的整个流，然后将当前状态保存在内存缓存中。任何获取当前状态的查询都将尽快得到响应。JiveJdon 论坛系统采取的是这种方式，详细见 CQRS 章节的讨论。

还有一种传统的投影状态存储方式，也可能是最常用的一种。处理事件后，将最新状态存储在表中，然后可以在接收到相关后续事件时对其进行查询或更新。这种投射处理程序可以在后台进行，不至于拖累性能，因为事件集合或日志的追加是很快速的，如果同时进行投射计算，将会得不偿失。借助 Apache Kafka 等机制，将事件流发送到 Kafka，然后设计不同的订阅者，投射成不同结构的数据表，这样对查询性能也有好处，同时由于查询数据表完全不同于写入数据表，而且查询数据表的数量可以非常多，这样都不会影响数据的写入性能。

需要注意的陷阱之一是投影之间的依赖性。如果两个不同的投影相互依赖，那么以后需要时就很难重建它们。不幸的是，如果使用传统的 SQL 存储，此陷阱通常很容易发生，因为连接查询使用很普遍。这种方法的主要问题是，每个投射都有自己的生命周期，当传播了一个更改，但是还有一个没有传播投射完成时，就可能产生比赛条件、错误或其他难以解释的行为。

使用 SQL 构成的另一个挑战是诱惑为其实体建立第三范式模型。这通常是由于需要能够执行系统将来可能需要完成的查询需求。相反，应该集中精力了解什么才是当前需要支持的实际用例，然后建立一组有助于实现这些目标的投射。

市场上 NoSQL 解决方案数量的增加极大地提高了开发人员的这种意识——没有“一刀切”的解决方案来解决查询问题。将事件流投射到任何后端的能力都能够改善用户体验并简化应用程序代码。一个示例可以是将投影状态存储在搜索引擎、时间序列数据库或分布式键值存储中，这些存储将能够支持查询数据的最佳方式。

文件系统是另一种状态投射的存储选择，尤其是任何云对象存储都可以被视为投影数据的存储库。可能的示例之一是将数据存储为 json 或 xml 文件，以便应用程序客户端可以直接使用它们。

写入状态存储后，需要更新和存储投影的状态，可以通过两种方式发生。

- 同步：这会与写入事件流处于相同的事务中。这种方法通常非常受限制，因为它假定事件与投影数据存储在同一数据库中。它还不容易扩展，并且存在其他操作问题（例如可能无法实现或难以实现同步重播）。从好的方面来说，它降低了操作复杂性，并且还允许假定投射状态被立即更新。
- 异步：将事件写入事件存储后，事件会传递到投影系统。根据可用的基础结构和扩展需求，这可以以基于推或拉的方式发生。由于更新是异步的，因此不得不处理投影存储的最终数据一致性以及交付保证。从好的方面来看，这样可以将投射与主要事务写入分离，并且可以根据需要进行独立缩放、重放和监视。

在现实生活中，投影实现往往包含两个部分。

1）一个库，允许查找或存储状态。

2）一个投影器，也就是事件处理程序，它知道如何更新或创建状态。

6.7 更改数据捕获（CDC）

CDC 是一种设计模式，可以持续识别并捕获数据的增量更改，专门用于从现有数据库中复制所有的 SQL 操作事件。大多数现代数据库通过事务日志支持 CDC。事务日志是对数据库所做所有更改的顺序记录，而实际数据包含在单独的文件中。

CDC 是当前最常用的事件溯源衍生物，两者虽然有区别，但是事件日志是它们的共同点。虽然是衍生的事件溯源，但它是现有传统关系数据库基础上的变通，因此针对遗留系统使用事件溯源也非常有意义，也可以为企业逐步迈向事件溯源架构提供演进步骤。

从数据库事件日志中复制 SQL 操作事件已经有很多产品，OGG（Oracle GoldenGate）是一个甲骨文的产品，它能获取数据库中发生的每一项活动，包括 SQL 的更新、插入、删除等。当然 OGG 的实时性也是和数据量有关系的，一般将 OGG 捕获的数据发往 Apache Kafka，然后通过 Kafka 的流连接器事务化地保存到不同数据表结构。

当然如果不使用 Kafka 分发数据，可以使用 RabbitMQ 等用 Outbox（发件箱）模式实现事务化保存到本地数据库。Outbox 是微服务架构分布式事务的通用模式，它主要是为了在至少一次消息传递模式下保证幂等性，确保数据不重复。

Outbox 的表结构一般包含以下字段。

- id：每条消息的唯一 ID。消费者可以使用它检测任何重复事件，例如在故障后重新启动以读取消息时。它在创建新事件时生成。
- aggregatetype：与指定事件相关的聚合根类型。此值将用于将事件路由到 Kafka 中的相应主题，因此会有与采购订单相关的所有事件主题、所有与客户相关的事件主题等。
- aggregateid：被指定事件影响的聚合根 ID。例如，它可以是采购订单的 ID 或客户 ID。与聚合类型类似，与聚合中包含的子实体相关的事件应使用包含聚合根的 ID，例如订单行取消事件的采购订单 ID。此 ID 将在以后用作 Kafka 消息的密钥。这样，与一个聚合根或其任何包含的子实体相关的所有事件都将进入该 Kafka 主题的同一分区，这将确保该主题的使用者消费与该主题中的同一聚合相关的所有事件。
- type：事件类型，例如“订单已创建”或“订单行已取消”。允许消费者触发合适的事件处理程序。
- payload：具有实际事件内容的 JSON 结构，例如包含采购订单、有关购买者的信息、涉及的订单行、价格等。

Outbox 模式的实现源码参见：https://github.com/debezium/debezium-examples/tree/master/outbox。

除了 OGG 这样的商业产品，对于 MySQL、Postgres 等开源数据库，也有类似 OGG 的产品，即 Debezium。它可以与 MySQL 以及许多其他数据存储一起使用，上述 Outbox 模式的源码实现就是结合 Debezium 的。

Debezium 是为 CDC 构建的分布式平台，它使用数据库事务日志并在行级更改时创建事件流，侦听这些事件的应用程序可以基于增量数据更改来执行所需的操作。

Debezium 提供了一个现有数据库的连接器库，支持当今可用的各种数据库。这些连接器可以监视和记录数据库模式中的行级更改，然后将更改发布到诸如 Kafka 的流服务上。

通常，将一个或多个连接器部署到 Kafka Connect 集群中，并配置为监视数据库，还将数据更改事件发布到 Kafka。分布式 Kafka Connect 群集可提供所需的容错能力和可伸缩性，从而确保所有已配置的连接器始终处于运行状态。

这里有一个使用 SpringBoot+Debezium 的简单案例源码：https://github.com/sohangp/embedded-debezium。为了演示 Debezium 的 CDC 实现，它使用了嵌入式的 Debezium，这适合不需要容错和可靠性的应用，或者希望将整个平台的运行成本降至最低的应用，可以在应用程序中运行 Debezium 连接器。这是通过嵌入 Debezium 引擎并将连接器配置为在应用程序中运行来完成的。在发生数据更改事件时，连接器会将它们直接发送到应用程序。

这个 SpringBoot 应用程序称为“Student CDC Relay”，它追加了包含 Student 表的 Postgres 数据库的事务日志。当在 Student 表上执行诸如插入、更新、删除之类的数据库操作时，在 SpringBoot 应用程序中配置的 Debezium 连接器将在应用程序内调用一个方法。该方法对这些事件起作用，并在 Elastic Search 上的 Student 索引中同步数据。

下面是使用 Postgres 连接器的 Maven 配置：

```
<dependency>
   <groupId>io.debezium</groupId>
   <artifactId>debezium-embedded</artifactId>
   <version>${debezium.version}</version>
</dependency>
<dependency>
   <groupId>io.debezium</groupId>
   <artifactId>debezium-connector-postgres</artifactId>
   <version>${debezium.version}</version>
</dependency>
```

使用 Postgres 连接器侦听 Student 表上的更改。connector.class 由 Debezium 提供设置，它是源数据库连接器的 Java 类名称。将 Student 表上的更改发送到 Elastic Search 中，这样就实现了两种不同数据源的数据同步。

Student 表的内容如下：

```
CREATE TABLE public.student
(
   id integer NOT NULL,
   address character varying(255),
   email character varying(255),
   name character varying(255),
   CONSTRAINT student_pkey PRIMARY KEY (id)
);
```

运行下面的 SQL 将记录插入 Postgres 的 Student 表中：

```
    INSERT INTO STUDENT(ID, NAME, ADDRESS, EMAIL) VALUES('1','Jack','Dallas,
TX','jack@gmail.com');
```

查询 Elastic Search 上的数据会发现这条记录也同步到了该引擎中：

```
$ curl -X GET http://localhost:9200/student/student/1?pretty=true
{
  "_index" : "student",
  "_type" : "student",
  "_id" : "1",
  "_version" : 31,
  "_seq_no" : 30,
  "_primary_term" : 1,
```

```
    "found" : true,
    "_source" : {
      "id" : 1,
      "name" : "Jack",
      "address" : "Dallas, TX",
      "email" : "jack@gmail.com"
    }
  }
```

这是新增案例，CRUD 四个操作都是可以同步的。

本节简单介绍了一个现实世界中的数据复制或同步方式，它和事件溯源的共同点是都有一个保证顺序的事件日志，只不过这种事件日志不是人为建模设计的，而是数据库产品自身提供的，因为数据库产品内部的 ACID 机制也是依靠这份事件日志、采取与事件溯源类似的思路实现事务的，将数据库盒子内部这种实现事务的思路取出来，并推广到分布式网络系统中，就可以实现分布式系统的事务。

6.8 总结与拓展

本章主要介绍了事件溯源的原理与应用，事件溯源有一些基本特征。

首先，系统记录的是事件，而不是状态，但是事件的发现有赖于状态的发现。状态机存在于每个系统中，对状态变化的敏感有助于发现导致状态变化的原因。CRUD 只是发生的动作，不是导致状态改变的原因，某某数据改变了或更新了，这是一种状态变化，但是需要追问变更的原因，从而能找到业务领域中的专有术语或统一语言。

其次，事件溯源对 DDD 建模方式产生了影响，传统 DDD 只是关注有界上下文、聚合、实体等结构性的名词属性，虽然聚合概念包含了动作变更的逻辑一致性，但是并没有将这个概念与动词属性紧密结合，而事件溯源引入了改变状态的关键领域事件建模，将聚合看成了关键的领域事件集合。如果用类似“事件”的术语来表达，聚合某种程度上对应着“活动”这个概念，通常某个活动中会发生一系列事件，如果发生了一系列事件就代表这是一个活动，活动代表了事件集合的概念。

图 6-29 所示为结合传统 DDD 分析方法与事件溯源方法的综合图示。

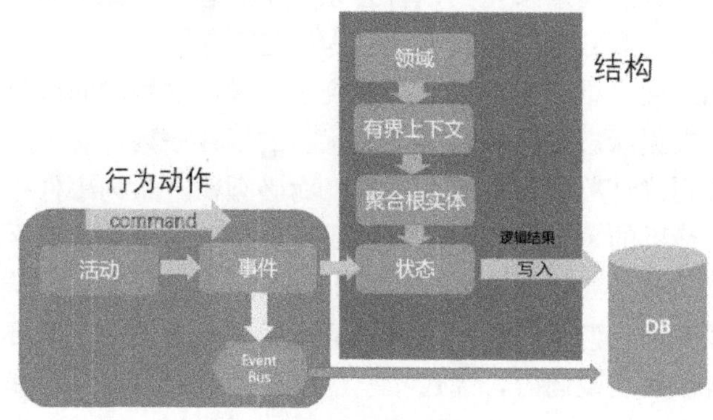

图 6-29 DDD 动名词结合分析法

在图 6-29 纵向这一块中，首先是瞄准领域的问题空间，划分核心子域、通用子域和支持子域等几个部分，同时，在提出的解决方案中，每个有界上下文最好与相应子域对齐，通过这种方式将一个大型开发团队划分、对应到这些子域与有界上下文，每个有界上下文对应一个开发小组，这也是微服务的边界。当然微服务的最终实现不只是划分边界这么简单，还要区分服务内部、服务 API 和服务交互等不同的上下文。服务 API 和服务交互的上下文可以使用领域事件来表达，当然领域事件必然涉及异步架构，而 API 一般是同步调用，这些差异都是实现的细节，在实践中需要注意。

当划分出有界上下文以后，可以使用聚合这个词语来表达有界上下文中发生的活动。聚合这个词语在 DDD 社区引起很多讨论，有些人甚至认为它不够确切，因为聚合既可以代表事物静止的结构性凝聚（例如，一间房子分卧室、客厅等几个部分，一辆车由方向盘、发动机、车轮和车身等组成，这些整体中部件的生命周期是与整体一致的，同生同死，这是一种结构性聚合），也可以是动词的凝聚，例如它可能是“活动”。活动这个词语本身有动词含义，举办一个酒会活动、举办一个运动会活动、举办一场比赛活动、组织一场讨论活动等，还有用户的购买活动、用户投币洗衣活动、用户投保活动、用户缴费活动等。在这些活动中，通常有人参与，有人参与就有事件动作发生。反之，如果没有人参与，只有事件动作发生，是否可以称为活动呢？当然也可以。地震活动频繁的依据是什么？发生地震的频率变得高了，原来一年发生一次地震事件，现在一个月发生好几次；也有其他领域（如物联网中设备发生的事件）被当作大数据保存在数据中心，数据分析一般是从时间窗口对这些事件进行分析汇总，这已经非常类似事件建模了。

另外，领域事件建模是从时间线对领域中发生的各种事件进行抽象建模，其中，导致状态变化的事件是关键领域事件，将成为事件溯源实现的重要输入。事件溯源应忠实记录这些关键领域事件，这种记录是必须遵循顺序性的，也就是按时间线不断追加新增。从事件维度观察业务领域，实际上就是从动词角度观察领域，动作发生后总是不可撤回的，因为时间不可逆转，这些都反映在事件溯源建模上。

而以前的 CRUD 方式却是从空间角度观察业务领域，数据库空间中新增一条记录后，只要找到它就能修改或删除它，即使是很多年前新增的。这种空间角度的建模很容易学习和使用，这其实也是传统数据库表建模的特点，这种方式会让人有一种确定感，数据可以查询到，也可以替换掉，这些非常符合人类的空间直觉，因为计算机软件这样的事物本身让人感觉虚幻，如果没有空间感来充实，将会让初学者感觉无比复杂和不可捉摸，一切像变魔术一样，自己无法驾驭它，又怎么能让它为自己工作呢？

CRUD 这种空间维度思维一旦养成，切换到事件溯源这种时间维度就可能比较难，数据库记录的不是当前数据状态，而是造成当前状态的事件序列，想要了解一个人的订单是否被支付了，无法找到“订单支付”这个字段，而必须在一系列事件中寻找订单支付的事件，还必须确认它是最近的事件，如果在其后还有支付取消事件，那么说明这个订单最终还是没有支付。这如同一个人想知道自己账户上还剩余多少钱时只能从进出明细中进行加减计算一样，虽然很麻烦，但是实际上这两种形式都是需要的——既要一眼就看到自己的账户余额，也能在自己发生疑问时，通过拉出进出明细进行核算，寻找导致当前账户余额的原因。

因此，事件溯源可以说是比 CRUD 高出一维，是从时间维度发生的事件来推演空间的即时状态。照片是电影流中的某个瞬间，是某个时间点的记录，在形成照片那一瞬间，时间几乎不存在，而电影播放是随着时间不断展现不同的空间状态。这两种艺术形式人们都是需要的，同理，状态和事件也是大部分系统同时需要的。一些简单系统只需要状态即可，例如购物车的功能实现中，用户只是关心自己购物车中最终有哪些商品，至于自己为什么会挑选这些商品，曾经挑选过哪些商品就不太关心了。当然现在很多用户通常也把购物车当成购物清单使用，将比较中意或打算半年后有可能会购买的商品提前放入购物车中，这样，购物车其实已经开始兼顾时间维度的一些事件，只是人们并没有明显意识到而已，如果设计一个新式购物车满足这种需求，那么无疑将大大提升购物体验。

这里还想说明的是，假设用户只关心购物车中的当前商品，对自己之前挑选商品的历史事件不感兴趣，但是商家可能很关心用户这些历史事件，这些事件如同物联网的事件一样，可以形成大数据分析报告，从而能从中分析出哪些商品更具竞争力。这种场景下，事件溯源只对商家有用处，对普通用户没有用处，那么，如果在购物车这个功能中使用事件溯源，引入时间维度的事件数据，可能就比较复杂。

如果事件溯源的引入有利于整个系统的各种利益相关者，那么这种适当复杂性的引入反而是一种好事，不必为每个参与者或利益相关者开发各自独立的数据结构，如果确实需要，也可以从统一的事件日志中输出或转换出各自独立的数据表或视图。

事件溯源的引入分两个部分：事件溯源的建模和事件溯源的数据设计。

事件溯源的建模主要表现为领域事件的风暴建模法。通过召开事件风暴会议，人们根据时间线不断寻找和发现领域中的动词或事件，将这些事件建模以后，数据库的数据设计还是可以使用传统的 ER 模型，并设计专门的状态字段记录这些领域事件，当然只能记录最新领域事件导致的状态，之前的事件就会丢失，无从寻找，领域中也没有寻找这些历史事件的需求。

但有些领域却是非常需要历史事件的，例如物流货物运输系统和保险投保缴费系统。在一次货物运输的活动中，货物各自的装箱、停靠事件是必须记录的，这样有助于客户跟踪、定位自己的货物运输情况，当然，某次货物运输活动结束后，这些事件可以归档为历史事件；同样，人们参与保险的活动时间线会更长，可能跨越一个人的一生，比如 30 岁投保，每年或每个月缴纳保费是缴费事件，持续到 60 岁退休，然后开始领取保费，这是领取事件，这一系列事件对于整个系统的可靠、正确运行非常关键，不是可有可无，也不是只适合作为大数据分析。对于这两个领域案例，事件溯源就是必不可少的，虽然可能在实现时没有意识到有事件溯源，但实际上已经按照事件溯源的原理实现了。

以上内容也阐述了事件溯源的适用性。DDD 是适合复杂业务的解决之道，而引入事件溯源似乎增加了解决方案的复杂性，但是通过增加一些复杂性却能一举多得，巧妙解决复杂系统的一些建模和构建实现问题。

事件溯源的适用场景和区块链的应用场景类似，因为两者本质上是一致的。可以说区块链就是一种事件溯源，传统的集中式事件溯源是将事件日志集中保存到事件库或 Apache Kafka 之类的流处理框架中，而区块链则是将事件日志分别保存在各个聚合所在的点。前面讨论过，活动代表一系列事件的聚合，区块链的不同之处在于，各个聚合所在点不是保存自己聚合内的事件集合或日志，而是保存全体聚合参与的一个完整的大事件集合或日志，然后就带来了如何向这个大而全的事件日志写入新事件的问题，且在不信任环境中为了安全性必然使得写入新事件的效率降低，而在信任环境中则可以牺牲一些安全性来提供写入新事件的吞吐量。

既然事件溯源的应用场景类似区块链，那么首先看看区块链的应用场景，事件溯源可以说是通向区块链的第一步。

区块链可记录几乎所有对人类有价值的事物：出生和死亡证明、结婚证、所有权契据、学位证、财务账户、就医历史、保险理赔单、选票、食品来源以及任何其他可以用代码表示的事物。具体应用场景如下。

（1）数字身份

用于出生证、房产证、结婚证等社会事务的管理。这些原来需要政府或第三方信用公司管理，而这些证明其实是记录某件事件发生的法律文件而已，出生证是记录出生事件，房产证是聚合某个房子的各种交易事件，结婚证是记录两个人结婚事件。

（2）卫生保健

将每个人的各种看病事件聚合在一起，形成一个大的共享的看病事件日志，这样看病时就不用换个医院就重复检查，也不用为报销医保而反复折腾，可以节省时间和开销。

（3）各种网络消费

现在大家都是利用中间商平台寻找目标然后下单购买产品或服务，中间商平台会抽取提成，而使用区块链的大而全事件的聚合，或称大账本，就能为服务提供商和客户实现直接交易。

（4）更便捷的交易

区块链可以让支付和交易变得更高效、更便捷。区块链平台允许用户创建在满足某些条件时才能激活的智能合约，这说明某些事件的发生是有条件的，只有当交易双方同意满足其条件时，才可以进行自动付款，让付款事件变成自动发生。

（5）产品质量溯源

假如人们买了一个产品，如有机生态猪肉、牛肉或水果，在区块链技术下，可以知道产品从生产到流通的全过程，这其中有政府的监管事件记录、专业的检测事件记录、企业的质量检验事件记录等。智慧的供应链将使日常吃到的食物、用到的商品更加安全。

产品溯源基本上完全是事件溯源的精确应用场景，因此，事件溯源和区块链一样，应用范围非常广泛。

区块链实现的分布式事务替代比使用 Apache Kafka 集中日志实现要优雅得多，而且没有单点中心化风险，但实现难度比较大，且吞吐量无法和 Apache Kafka 中心化方式相比。

无论怎样，事件溯源是通往区块链最便捷有效地手段之一，首先使用事件聚合概念对系统建模，然后决定采取统一共享方式存储事件日志，还是采取复制方式存储事件日志？统一共享方式比较简单可行，而分布式存储则需要选举一个主节点进行专门的事件日志追加，从而保证事件日志的顺序性，其他节点再复制保存这份新的事件日志作为备份，这样做的好处是没有单点中心化风险，在去单点中心化方向上，区块链则是更极致、完美的实现，与其自己投入巨资建立数据中心或数据湖，不如通过区块链实现全球平等共享数据。

现代软件架构或已走上了这样的设计思路：在接受前端请求向后端写入数据的方向上，采取事件溯源或区块链技术；而在从后端向前端返回查询数据的方向上，则采取人工智能和大数据分析，将更符合用户体验的数据定制化推向用户。其实，这是一种大型的CQRS架构，写入数据方面，内部数据采取事件溯源，将用户的各种原始操作事件记录下来，作为大数据分析的数据来源，外部采取区块链这样自己不能控制的系统实现安全共享，从而实现从内部到外部直至产业链最终端的全链追溯跟踪；在查询数据方面，基于事件溯源提供的大量事件数据，结合人工智能和机器学习，可以根据浏览者个人偏好推出具有黏性内容的数据，例如抖音短视频的推送等。

第 7 章　货物运输系统

本章以货物运输系统为案例阐述领域驱动设计的建模过程。由于 DDD 建模方法处于不断发展中，所以案例建模主要以 UML 和事件风暴两种方式进行。UML 建模方法虽然比较传统，但是表达严谨且成熟；事件风暴虽然是刚刚兴起了几年，但是由于不拘形式，不需要严格的 UML 图形符号知识，所以涉众广，适合业务人员和技术人员共同交流，能消除部门之间的隔阂，达成对需求的全景式扫描，发现核心领域，隔离子域边界，而且因为无需严谨的表达，只是使用便签表达领域事件等重要概念，所以改变起来非常容易，很适合系统不确定时期的思维碰撞。

7.1　领域描述

为了更接近现实中的实战场景，这里将完整的需求复制如下，同时在中间插入对需求的分析建模思路，主要方向是：在需求中发现领域的边界，及核心子域、通用/支持子域。也就是说：由于需求文档是具有不同文化背景的人编写的，他们的阐述方式可能不是那么直接面向领域的描述，可能是围绕人或部门岗位的职责而编写，因此，需要将这种以人为主角的用例需求转变为以领域为主要对象的表达，在这个转变过程中划分核心子域、通用/支持子域。

下面是该领域的需求描述。

项目背景

提高车辆利用率和车队工作效率，提高堆场作业效率，提升车队的智能化管理水平，降低成本。

主要功能要求

- 设立调度中心功能，对所有任务统一整理，集中派发，系统最大限度地提供相关信息以便调度执行派发任务操作，监控任务执行状态，提高任务派发合理性，减少不合理用车及人为错误率。
- 能和堆场系统、仓库系统紧密衔接，充分考虑堆场、仓库及车队的合理作业效率，减少堆场、仓库集装箱的搬倒，减少车辆无谓等待时间。
- 能嵌入 GPS 监控功能，根据车辆运输任务可以相应显示出车辆在 GPS 监控系统中的信息。
- 能实现车辆任务的短信派发，每次任务执行前都能将任务短信发送到司机手机上，司机可以回复不同信息表示任务执行状态，系统根据所收回复及时修改司机和车辆的当前状态。

- 能实现车辆及司机管理，根据任务执行情况对司机进行考核、评估。
- 实现公司产值、司机产值、司机工资的核算。
- 能实现油耗、轮胎、道桥费、报销等管理，实现财务部门的核算要求，单车成本核算系统内各个操作时间点、操作人应有明确的动作记录，以便追溯和提供查询统计功能。

从以上需求中来看，描述非常抽象，需求语境完全不同于技术人员寻求的问题空间。这种需求是一般官方机构的通用样本，文档的开始总是描述一段宏观政策或方向，但是作用不大。但是这里关键的场景可能被忽视了，这几点需求至少宏观地定位了货物运输系统在整个组织场景中的位置、功能、与周围哪些系统需要交接，这是一种宏观的上下文战略性描述，根据这种描述可以定位货物运输系统的边界，哪些可做与哪些可不做。

领域边界的定位与划分可以通过 UML 用例情景视图表达，如果是事件风暴会议，可以用不同的白板或房间来代表不同领域的边界划分。

UML 用例情景视图的主要用途为：

1）描述系统与环境的交互。

2）说明系统做什么和不做什么。

3）描述系统的领域边界在哪里。

图 7-1 所示为一个用例情景视图的轮廓，图中的圈代表某一系统的边界，它同时表达了与周围系统的交互情况。

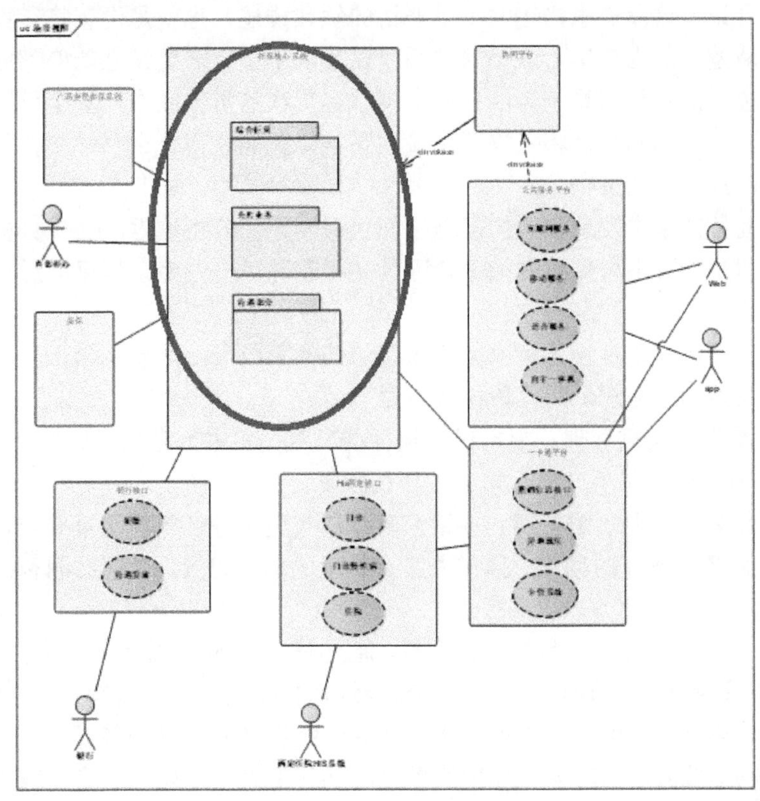

图 7-1　用例情景视图

下面对需求进行简要分析。

- 设立调度中心功能，对所有任务统一整理，集中派发，系统最大限度地提供相关信息以便调度执行派发任务操作，监控任务执行状态，提高任务派发合理性，减少不合理用车及人为错误率。

这其实是对系统的定位。它是一种车队调度中心系统，对所有派车任务进行统一整理计划，集中派发。为什么需要统一整理计划呢？这个疑问涉及进一步的领域知识，也就是说，需要对系统的运作流程有了解，而这些可能正是领域核心。从本章后面的知识会了解到：一个集装箱可能放不下一个客户的货物，或者多余，那么就需要几个客户拼箱，统一整理有助于将客户的货物拼成一个个集装箱。

货物能够凑成一个个集装箱以后，货运任务就诞生了，它们被派发到车队安排执行，货运任务的执行情况、在哪里装货、在哪里卸货等都需要跟踪。

大概理解货物运输领域的功能定位以后，会发现它比较类似《领域驱动设计》一书中 Cargo 案例。在原书中，Cargo 案例被拆分到不同章节描述，而初学者可能对完整案例更感兴趣，从而更好地将理论应用于实战，这里将进行这样的尝试，而且结合中国的货运特色。

为什么说有中国特色呢？因为这段需求描述是以人或部门为主角，例如开头是“设立调度中心功能”，这包含了成立调度中心部门的意思，里面有一级调度员和二级调用员等岗位设置，也就是说，这段需求描述并不是严格的领域描述，也就是没有将货物运输系统这个领域定位谈清楚，因为使用了这个软件系统以后，不一定需要设立调度部门，也不一定需要调度员岗位，而可能由系统算法自动实现顾客货物的拼箱操作，甚至可以面向互联网开放，只要商家通过网站界面将货物要求输入系统，就能获得什么时候来拉货的通知，并通过网站界面跟踪自己的货物。

因此，从业务需求中发现领域的问题空间也需要一个分析过程，这个分析有可能筛选出一些信息，但是最好不要做过多抽象，因为如果删除了一些多余信息以后，领域自然就显现在面前了。

需求中其他语句主要是描述货物运输系统与其他系统（如堆场系统、仓库系统和市场系统）之间的关系图。需求最后几段比较有意思。

- 能实现车辆及司机管理，根据任务执行情况对司机进行考核、评估。
- 实现公司产值、司机产值、司机工资的核算。
- 能实现油耗、轮胎、道桥费、报销等管理，实现财务部门的核算要求，单车成本核算系统内各个操作时间点、操作人应有明确的动作记录，以便追溯和提供查询统计功能。

这三段文字表达了管理者的迫切希望：通过货物运输系统实现考核、核算等人事、财务管理目标。这些目标不应该是当前系统边界内的功能要求，可能需要借助人事薪资系统或财务系统最终完成，但是货物运输系统要为这些系统提供原始数据。

这样，货物运输系统的输入和输出边界已经划分出来了，输入系统是堆场系统、仓库系统和市场系统，而输出系统是人事薪资系统或财务系统。当一个系统的输入和输出确定以后，其所在的上文（输入）和下文（输出）也就明确了，这样系统所处的上下文环境也明确了。

用例需求一般首先描述当前系统在整个大领域中的定位、与其他系统的衔接关系，这种情况下，可以依据这种衔接关系划分当前系统的领域边界。

图 7-2 所示为由用户提供的货物运输系统用例情景图，货物运输系统由几个子系统组成，在这些子系统中哪些是核心子域？哪些是通用或支持子域呢？

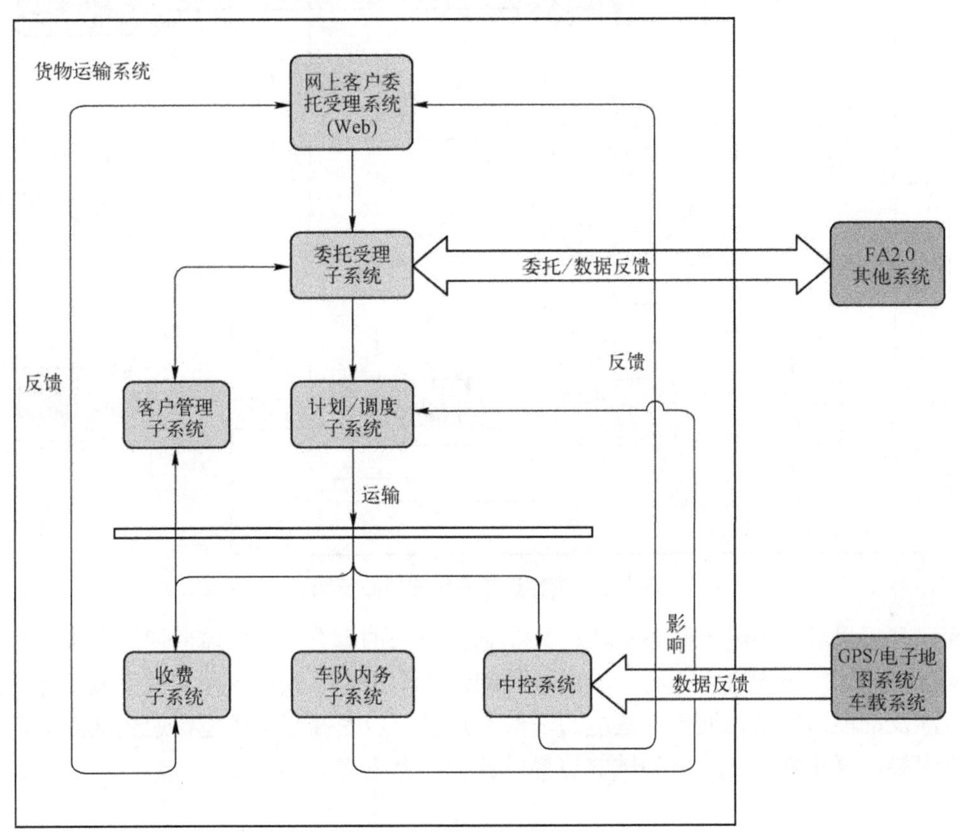

图 7-2　货物运输系统的用例情景图

货物运输系统的调度中心功能是统一整理、集中派发运输任务，调度中心是车队的核心，因此，这里的核心子域是围绕调度中心的功能：计划/调度子系统。但是必须注意的是，委托受理在这里体现在两个系统中，一个是网上客户委托受理系统，另一个是与 FA2.0 交互的委托受理子系统，后者还与客户管理子系统有关。从这些关系中看出，委托受理子系统是比较复杂的一个系统，处理的关系比较多，而 DDD 就是针对业务复杂核心的，因此，将委托受理子系统划入核心子域，如图 7-3 所示。

货物运输系统边界内的其他子系统基本属于支持子域，用来支持核心子域完成其功能，例如，客户管理子系统用于客户资料管理，收费子系统用于在运输任务完成后，向客户收取相关费用，而车辆运输过程中使用的 GPS 定位系统则属于通用子域，可以通过采购第三方系统来辅助实现。

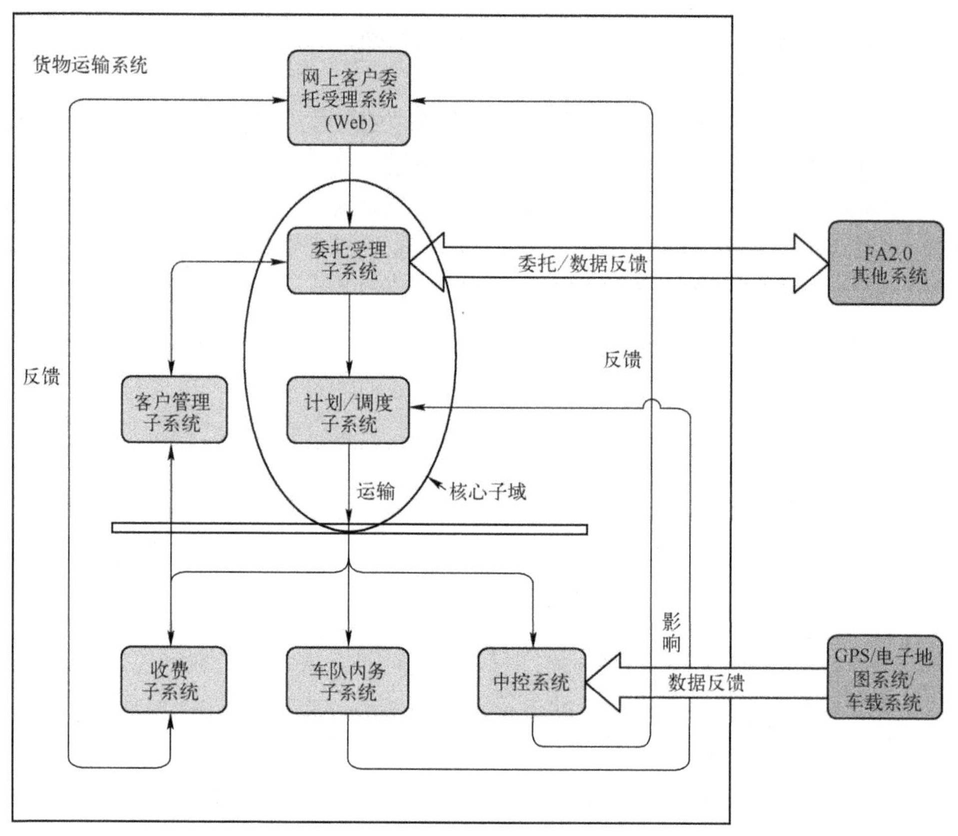

图 7-3　货物运输系统的核心子域

简单分析以后，实现了核心子域、支持/通用子域的划分，对领域的问题空间边界有了一个宏观的认识，下面进入核心子域，按时间线找出一个个领域事件，进而发现流程，划分流程涉及的能力环节，通过这些能力环节节点进一步挖掘深层模型，避免被业务需求中的偏见误导，真正划分出业务领域的边界以及有界上下文。

7.2　从流程中发现领域事件

从领域中找出一个个领域事件是一种动词发现方法，虽然比较琐碎，但是能够避开需求描述中的误导性暗示和影响，能够直指领域本质和核心。

发现领域事件有多种方式，事件风暴建模时将领域专家和技术人员召集在一起进行头脑风暴会议。这是一种观念碰撞的会议，也非常耗费脑力，通常人们在脑力枯竭之时会产生不好的情绪，从而给一场针对业务的理智大会带来情绪影响，同时，人的思考习惯不同，有的人通过独自思考才能理清思路，而不是通过语言交流等方式，因此，文档也是必要的。

现在看看业务专家提供的业务流程文档，针对每一行描述，发现其中的动词，将其变为领域事件。

受理流程说明

- 客户通过电话、传真、Email 等方式向市场部业务人员询价（询价事件）。

- 市场部业务人员和客户确认运价协议（包干费用），收到客户陆运委托书（协议已签订事件，委托已接受事件）。
- 市场部业务人员接受业务委托，确认该笔业务（委托已确认事件）。
- 市场部业务人员根据陆运委托书内容将业务相关信息录入系统，并生成业务编号（业务编号已生成事件）。
- 委托放箱公司进行放箱操作（已放箱事件）。
- 放箱公司取得并返回设备交接单后，市场部业务人员在内部业务委托单中完整录入箱货、做箱信息（设备已交接事件，箱货/做箱信息已录入事件）。
- 确认业务所需相关单证齐全，审核业务（已审核事件）。
- 市场部业务人员将该笔业务相关的设备交接单、装箱单等单证和内部业务托单送达运输部调度处等待调度（内部委托单已提交调度事件）。

作业流程说明

- 运输部一级调度按内部委托单内容制作计划大表（计划大表已制作事件）。
- 运输部一级调度根据计划大表和相关业务作业要求（作业时间、门店位置、业务类型等）将运输任务号分配至车队（运输任务已分配车队事件）。
- 车队二级调度根据作业时间节点要求拉出任务列表（运输任务已接受事件）。
- 车队二级调度根据作业要求、车辆情况将运输任务下达至车辆，产生派车号（派车号已生成事件）。
- 系统记录所分配车辆、司机信息到相关业务（车辆与司机信息已发出事件）。
- 车队制作作业票（车票已制作事件）。

以上两个流程是货物运输系统的主要流程，下面继续分析从流程中发现的这些事件。这些事件虽然都是业务领域中发生的事件，但也有可能是一种表面现象，因为这些流程的描述来自描述者的个人思考角度。

描述者自身可能是一位管理者，而管理人员的聚焦点是人员管理，通过管理人员驱动业务领域的事件发生，但是为什么让人们去做这些业务、业务领域中本身哪些规律的必然性迫使管理者采取这些管理步骤，这些才是领域建模的关键所在，才是问题领域的问题空间。

如果将问题空间的目标设定错误，那么软件系统就可能成为人工作业系统的复制品，不能发挥信息系统本身的优势，这是很多企业信息系统的通病所在，正是这种通病，促使很多软件开发商直接跳到客户的行业，例如滴滴打车的国外原型 Uber，原本是为出租车公司开发企业信息系统，但是当他们打通了整个领域逻辑以后，现有的出租车管理模式已经开始阻碍软件信息系统的发展，因此，他们直接通过互联网运营和调度出租车，从而形成了对传统出租车行业的巨大冲击。

7.2.1 受理流程

现在将受理流程中发生的事件专门罗列出来，如图 7-4 所示，可以使用便签贴在白板上表示，也可以使用 UML 状态图表达。

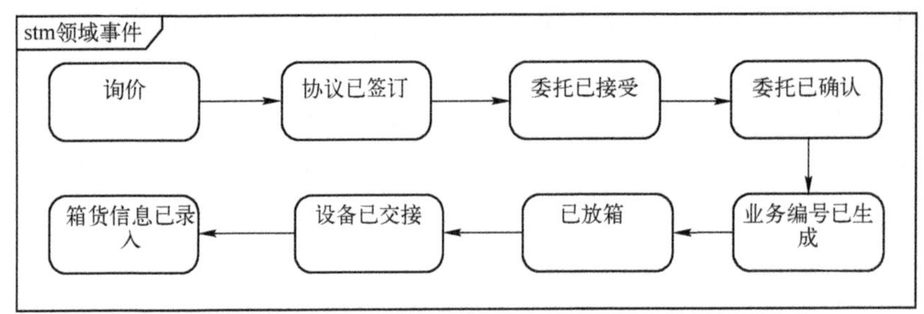

图 7-4　受理流程中发生的领域事件

图 7-4 也可以称为通过领域事件发现的受理流程，这个流程按照时间线发生的先后事件主要有八种，值得注意的是，这八种事件并不都是离散的，有的事件之间关系密切一些，有的事件之间关系疏远一些，例如委托已接受与委托已确认两种事件都是关于“委托”，说明这个环节的重要性，而业务编号生成应该与委托确认更紧密，这三种事件有一种一气呵成的感觉，委托书接受、确认、业务编号生成都是在一个能力环节中完成，回到需求流程说明中，会发现这三个事件确实是在市场部这个职能部门完成的。

这三种事件凝聚在一个能力环节中的原因是什么？是因为市场部人为的组织设置而产生的吗？还是因为领域中流程本身需要这样一个环节？将这两种因素区分开来是非常重要的，这决定了最终领域模型的稳定性：如果一个系统的领域模型建立在人为管理设置的基础上，那么随着管理演变和公司部门重组，领域模型将受到巨大的冲击，正如精心设计的一幢建筑却是建立在沙地之上，根基不稳，大厦易倾。

从表面上初步判断，这三种事件之所以凝聚在一个能力环节中，是因为这三种事件动作都发生在市场部，但是试想一下，如果业务规模扩大，有没有可能成立多个市场部门呢？例如设立市场部门一、市场部门二？因此，不能简单以管理部门的设置作为判断依据，管理部门设置也是依据业务领域的特点进行设置的，进行领域建模时，需要直接面向业务领域的本质。

业务领域的本质需要从整个业务流程的角度来判断，在整个受理流程中，这三种事件凝聚的能力环节代表 “托运受理”，“托运受理”的前面环节是“签订协议”，后面环节是“请求装箱公司投放集装箱”，前后这两个环节其实都是为“托运受理”而服务的，“签订协议”是与客户签订托运协议，当托运受理以后，需要进行各方面资源的准备，“请求装箱公司投放集装箱”是为了让货物装载到卡车上托运所做的一种准备。因此，“托运受理”环节是整个流程中承上启下的中间枢纽环节，是非常重要的，可以说是一种核心环节。

DDD 领域建模的关键是面向核心领域，直接面对复杂性、分解复杂性，“托运受理”正是这样一个核心子域，也是最复杂、最重要的问题空间。

“托运受理”环节之所以凝聚了三种事件（委托已接受、委托已确认和业务编号已生成），是因为“托运受理”是整个受理流程的核心环节，其他环节都是围绕这个核心环节展开的，这是从整个受理流程全局观察才发现的重要结论，是业务本身决定的。

在“托运受理”环节凝聚三种事件，说明这三种事件动作的发生具有高度凝聚性，因此根据 DDD 聚合模型的建模特点，可以初步判断这三种事件动作必须在一个聚合中完成，在一个事务过程中完成，要么三个事件全部完成，要么全部不完成，它们应该具有原子性。

当然，这三种事件的重要程度也不是并列的，其中最重要的领域事件应是“业务编号已生成”，“业务编号”也就是“受理业务编号”，说明受理流程中的核心环节标志性地完成了。

通过比较事件的重要程度，发现重要的标志性事件是领域建模的重要步骤，标志性重要事件是会对全局产生重要影响的事件，对流程中其他能力环节会产生影响——只有业务编号已生成，才能请求集装箱公司调拨集装箱。这种标志性事件决定了领域模型的重要状态，也就是聚合的状态，如同电商系统中订单的重要状态一样。订单有三种标志性重要事件状态：已下单、已付款和已发货，这里的“业务编号已生成”类似订单系统的“已下单”。

以上分析了受理流程中重要的核心环节：托运受理。这个核心环节是通过比较整个受理流程中发生事件的紧密程度发现的，按照这种思路继续分析“托运受理”后面的领域事件。

在图 7-4 中，业务编号已生成事件之后是已放箱事件、设备已交接事件。这两种事件也是比较紧密的事件，它们都发生在与放箱公司交互的能力环节，集装箱公司放箱，在设备交接单上签字并返还该交接单，以此宣告了集装箱设备已经取得这一重要事件完成，因此设备已交接事件是这个能力环节的重要标志性事件。

根据以上基于能力环节凝聚的分析结果对八种领域事件进行排列和重组，如图 7-5 所示，将属于一个能力环节的事件竖排在一起，如果是贴在白板上的便签便可以撕下重新粘上组合在一起。

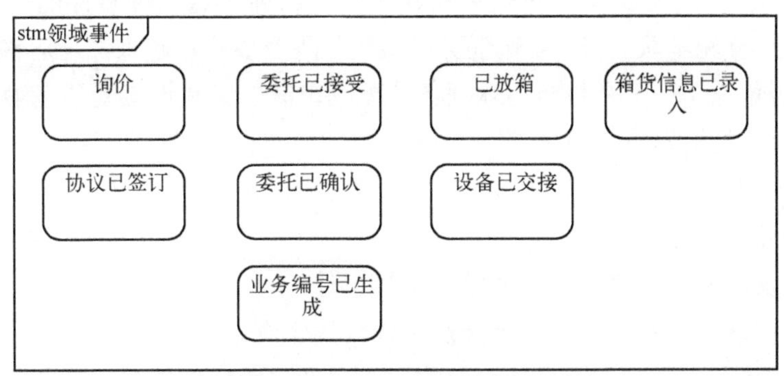

图 7-5　能力环节的领域事件排列

由此，受理流程基本有四个能力环节，分别是协议签订、托运受理、集装箱公司交互、箱货信息录入，这四个能力环节主要由市场部门完成，而放箱的操作与外部的集装箱公司有关。

基于这个受理流程的分析结果还是属于浅表模型，因为这是根据流程描述者叙述得来的。这种流程可能只是管理流程，而不是真正的业务领域流程。管理流程主要是围绕现有企业中的管理设置（如部门或人员角色职责）而进行的，这种管理设置可以在完全人工操作的情况下运行得很好，但是在有网络信息系统介入下就不一定需要这样的设置，因此从管理流程中发现真正的业务流程非常重要。需求描述者将管理流程误以为是业务流程，那只是他以为的流程而已，DDD 建模时必须明白重点方向是什么，否则被误导以后需要很长时间才能发现主攻方向完全错了。

将浅显的表面模型挖掘成深层模型，可以在事件风暴会议中进行，也可以在瀑布法的设计阶段或敏捷开发的重构阶段进行，当然越早发现越好，但事实经验证明人们很难做到及早发现，而往往是身在庐山中、不识庐山真面貌。

7.2.2 作业流程

上节对受理流程进行了初步的领域建模分析，下面按照同样的方式分析作业流程。图 7-6 罗列了作业流程中发生的事件，可以使用便签贴在白板上表示，也可以使用 UML 状态图表达。

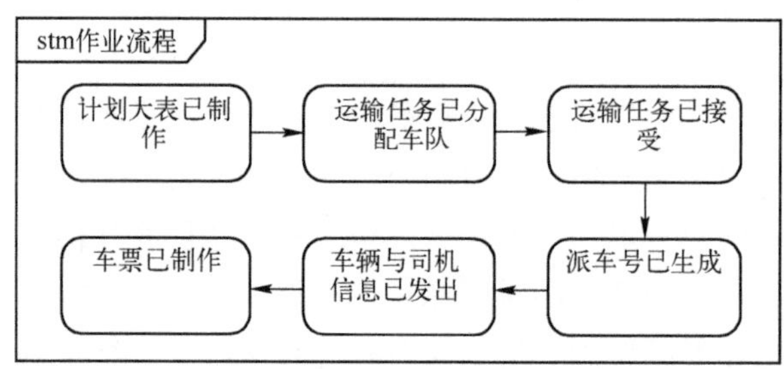

图 7-6　作业流程中发生的领域事件

作业流程中按照时间线发生的先后领域事件有六种，这六种事件的相互关系有疏有密，“运输任务已分配车队”与“运输任务已接受”两个事件看起来都与运输任务有关，这就需要了解主语角色了——是谁将运输任务分配到车队？又是谁接受了运输任务？

一般领域事件的触发有以下情况。

1）主语角色发出的命令触发。

2）一个外部系统触发。

3）时间触发，例如月底时间会触发转账等事件。

4）另外一种事件触发，这实际上涉及事件转为命令。

通过了解车队需求可以知道，运输部的一级调度将运输任务分配给车队，车队的二级调度接受了这样的运输任务。

从这里可以看出，分析过程中引入了更多因素。因为领域事件是一种动词，为了详细了解情况，需要分析主语角色名词，当然角色一般是企业组织的岗位角色，这些岗位角色设置不一定是遵循领域特征而设置的，依据现有的岗位角色设置来判断流程中的能力环节是会走入误区的。

除了引入主语以外，还需要明白主语角色发出的什么命令导致该事件发生了，这样引入更多详细信息可有助于领域事件的特征分析。

为了更直观、明白地说明主语角色发出什么命令导致了这六种事件的发生，使用 UML 用例图将作业流程表示为图 7-7 所示，这些用例动作都是导致六种事件发生的命令。

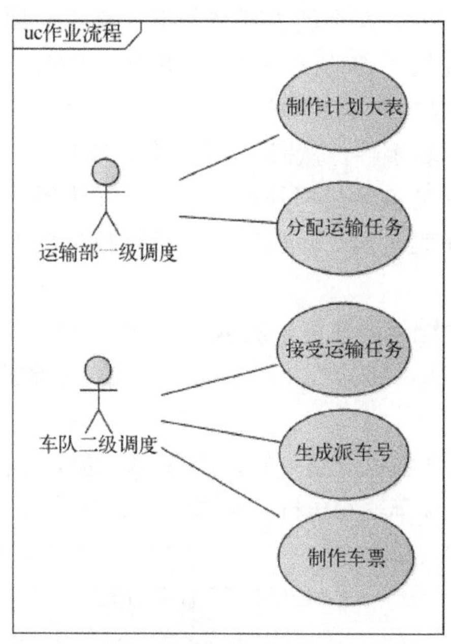

图 7-7 UML 用例图表示的命令

六种事件的发生都是因为两个角色发出的六种命令，这里可能会产生疑惑，为什么需要两个角色介入呢？一个是运输部调度，一个是车队调度，因为车队所在位置不同，可能需要运输部根据不同区域的车队和货物所在区域指派最近车队，或者车队回程时也可以拉一批货，两个调度人工介入实际是为了完成司机、车辆和货物以及目的地、路线之间的匹配。

值得注意的是，这种匹配由于是调度人员人工推算，因此并没有出现在需求中，客户也许只是希望通过软件系统辅助人工进行决策，但是领域中的关键算法并没有将这一点描述出来，这些是一个货运企业的核心竞争力，但是在使用 DDD 进行领域建模时，这些核心复杂算法不应该被回避，哪里复杂哪里就应该使用 DDD。

不过不要忘记现阶段的目标是划分能力环节节点。这两个角色所做的事情目标不同：运输部一级调度是为了分配运输任务；车队二级调度是为了派车。假设没有这两个角色，由系统算法自动实现，是否也需要这两个能力环节呢？

这两种角色所做的事情也就是职责的层次不同，运输部的一级调度员分配的运输任务是一种策略性职责，他是在全市范围内从车队外部综合多个车队的物理位置、当前任务和运输情况，再根据客户货物路线进行统筹调度；而车队二级调度员是在本车队范畴，针对本车队的所有车辆空闲情况进行调度。二级调度员的工作比较具体，相比较于一级调度员，他不过是根据一级调度员指示的总体目标进一步落实而已。

因此，无论是否需要两种角色参与这两件事，这两件事本身已构成了作业流程中的重要能力环节：一个是针对所有车队进行调度；一个是在车队内部对所有车辆进行调度。他们作业的目标不同，在时间顺序上也不同，一级调度职责先于二级调度职责。

现在可以将这两件事划分为两个能力环节节点：编排计划任务和派车。为能力环节节点取名时需要注意使用无所不在的统一语言，虽然这些业务语言一直存在，但是挑选发现它们却很难，例如，“编排计划任务”为什么不取名为“制作计划大表”呢？制作计划大表只是一个具体的命令和事件，从活动/事件建模角度分析，一个活动是一系列事件的集合或聚合，有界上下文的取名最好是对其边界内发生的领域事件的概括总称，制作计划大表的目的是什么？是为了向二级调度下达运输任务，因此在取名中最好将目的显式地表达出来。

制作计划大表是为了分配运输任务，所以，“编排计划任务”这个词语比较恰当，同时也包含了活动的概念，因为“编排”是一个动词，代表一个流程过程、一段时间，编排活动是要花费一定时间的。

同理，派车能力节点是落实运输任务的具体措施，通过派车号和车票两种形式有力地表明运输任务已经落实到具体车辆和司机。新的作业流程用例图如图 7-8 所示。

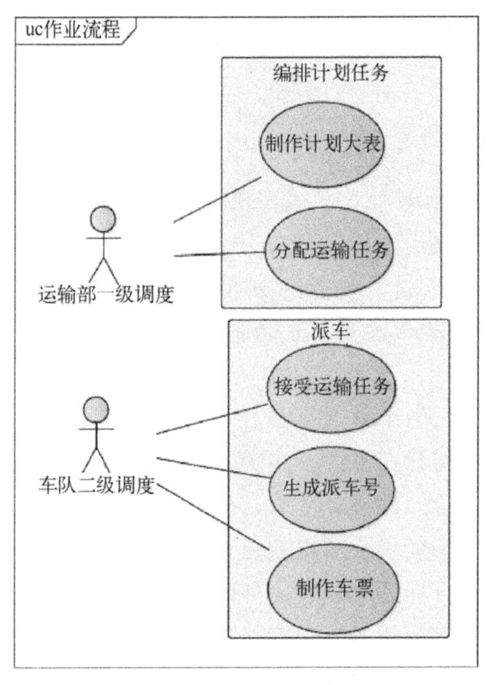

图 7-8　用例图的两个有界上下文

用例中制作计划大表和分配运输任务被归类到编排计划任务的有界上下文中，这两种动作是运输部一级调度员发出的命令，产生了两个事件结果：计划大表已制作、运输任务已分配。因此，可以对六种领域事件进行归类，分类到相应的能力环节节点，如图 7-9 所示。

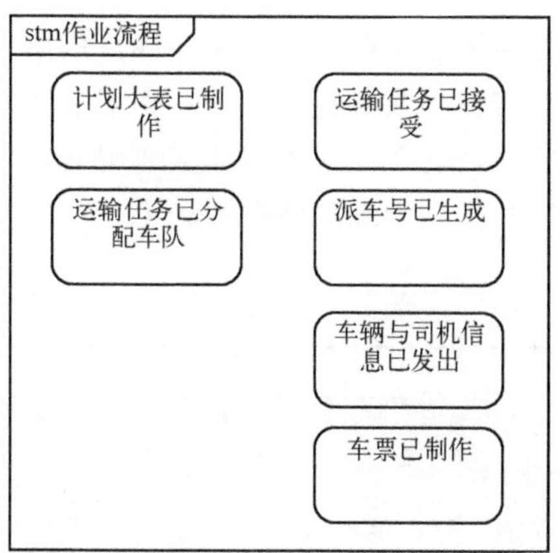

图 7-9　领域事件归类为两个能力环节

将属于同一个能力环节节点的领域事件竖排在一起，表示它们是一个能力环节节点中发生的事件，整个作业流程经过两个能力环节：编排计划任务和派车。

7.3　概念挖掘

通过从流程中挖掘领域事件的浅显模型，然后进行归类合并，基本发现了领域中的能力环节节点，但是划分的依据是流程描述，而流程描述是带有描述者的偏见的。他可能是一位管理者，可能会从人员管理角度描述流程，受理流程和作业流程可能更偏向于一种管理流程，管理流程是围绕人员或部门等角色的有关活动展开描述的。例如，作业流程是存在运输部一级调度和车队二级调度前提下的一种协作流程，但是这两级调度员岗位有存在的必要吗？是按照业务设置，还是因为其他管理动机？即使按照业务设置，是不是思考业务本质的深度不够呢？

因此，DDD 建模需要从以上表面模型进入深层模型。深层模型包含领域的中心概念和抽象，能够简洁而灵活地表达用户活动、问题及其解决方案的本质知识，这也是深层模型的强大之处。

Eric Evans 认为：在进行深层建模时，首先要设法在模型中将领域的本质概念表达出来；然后进行模型精化，不断消化知识、反复进行重构。

概念挖掘经过以下两个步骤。

1）倾听表达用语。这也是事件风暴会议中需要注意的事情，努力倾听产品经理、业务分析师或客户的表达用语，当他们在表达自己理解的需求领域描述时，已经掺入了他们的理解“偏见”，如同盲人摸象，在他们不知道大象的整体样子之前，他们都不知道自己描述的实际是大象的一个部分，问题是：人们可能永远不知道“大象”的整体样子。

2）检查逻辑矛盾之处。虽然检查需求描述中的矛盾之处是由业务分析师完成的，但是很多深层矛盾也只可能在实现过程中发现，因此，要通过不断深化概念模型来发现矛盾，这些矛盾要么是因为描述者误解造成，要么可能还没有在现实中实现，而是打算要做的一些功能。

在本章案例中，需求描述中的受理流程、作业流程是描述管理流程，需要通过概念挖掘将分析焦点从部门岗位职责转移到业务领域本身，为了实现这种转移，概念挖掘还得从描述语言中寻找，要再次反复“倾听”需求表达和描述用语。

需求文档中关于角色岗位职责的详细描述见表 7-1。

表 7-1　角色描述

角色名称	角色说明
客户	提供运输业务，并且支付相关费用，提供相关单据，关心运输状态
放箱公司	代理出口业务的放箱与进口业务的提箱计划
业务人员	维护客户资料，联系并拓展客户，根据客户要求安排运输事宜
一级调度	一级调度，将任务分配到车队，监控生产状态，跟踪异常情况
二级调度	二级调度，将任务分配到司机
中控	监控生产状态，处理异常情况
司机	运输任务的执行者

- 客户：此处运输业务的内容很重要，货物信息、出发点和目的地等路线要求属于运输业务要求。
- 放箱公司：提供运输货物的集装箱，提供集装箱存放地点和可提取时间。
- 业务人员：安排运输事宜，这里安排运输事宜的具体内容就是受理流程。
- 一级调度：制作计划大表，编排任务，将任务安排到车队。
- 二级调度：将任务分配到司机。
- 中控：运输任务的监控者。
- 司机：运输任务执行者。

从以上岗位职责分配中可以初步了解到整个货物运输业务的主要业务流程。

客户、放箱公司与业务人员之间的交互是通过受理流程完成的，而一级调度和二级调度的交互是通过作业流程完成的，这两个流程已经覆盖了整个业务领域的主要部分，因此根据这两个流程实际可以划分出两个有界上下文。

7.3.1　划分有界上下文

有界上下文的划分是与统一语言有关的，当在这里进行模型深层挖掘时，再次“倾听”了业务用语，这次检查通用语言不是发现了被遗漏的重要模型（如 DDD 原著中发现了“行程（Itinerary）”这个重要却被遗漏的模型），而是从之前的细节局部上升到全局鸟瞰。

受理流程和作业流程是整个业务领域的两个组成部分，这两个流程都属于核心子域，但是它们之间存在清晰的边界：受理流程主要是接受任务；作业流程主要是安排任务。两个流程的侧重点不同，属于两种不同的有界上下文。

受理流程的上下文是承接客户托运要求，做好各种准备步骤，如联系集装箱公司放箱、录入集装箱信息，所有这一切汇同箱货信息与放箱信息提供给第二个流程：作业流程。作业流程根据受理流程处理的信息制作计划大表，统一安排车辆资源来满足箱货运输的要求，不同的目的决定了不同的有界上下文。

受理流程对应的有界上下文应该是预订（委托）受理上下文，这里的预订其实是委托的意思，委托（预订）受理表示签订合同和下订单的阶段，是商务活动必备的第一个阶段，在这个阶段中，具体实施受理流程。

作业流程对应的有界上下文应该是运输作业上下文，这部分上下文主要是行程安排和车辆分配，属于具体落实的阶段。在“作业”前面加上“运输”，是为了突出这种作业是运输的作业，是运输任务的安排和执行阶段。

在这个案例中，有界上下文的划分是通过概念挖掘发现的。有些案例中，有界上下文可能在一开始建模时就会发现，这样就能够集中人力分别解决，一个团队专攻一个有界上下文，例如，购物车有界上下文专门由购物车团队负责；订单有界上下文专门由订单团队负责。这样就能实现比较理想的微服务架构。

但是，有时有界上下文之间的界限并不是那么明显，因为参与者对整个业务情况不是非常了解，不能鸟瞰整个业务领域，因此，通过事件风暴会议，将业务领域的相关人员全部邀请在一起，使“盲人摸象”的参与者汇集起来，它们的局部观点就能拼凑成一个整体认识。

通过事件风暴会议，大家能够看清楚彼此的战略定位，从而发现真正的有界上下文，而不会因为部门利益，将一些本不属于一个有界上下文的内容强行划分在一起（揽权），虽然也带来了沟通便利等诸多好处，但是本身却违背了领域本身的规律，给整个系统带来了不必要的复杂性。

事件风暴会议的好处是，在项目开始之时能够进行重要的有界上下文划分，从而安排相应团队进行专攻，否则安排一个大型团队负责整个业务领域的设计开发，无疑会降低效率，更加无法敏捷了。敏捷提倡者之一鲍勃大叔认为：敏捷只适合小型系统，而 DDD 则适合将大型系统切分为小型系统。

大型系统切分为小型系统主要是通过有界上下文的划分，一个有界上下文代表一个微服务，代表一个小型系统，由一个团队专攻，有自己专门的存储数据库。因此，有界上下文的划分决定了系统大小的划分，但是有界上下文之间的界限并不能只是从鸟瞰的角度发现，而是只有通过深入细节。

盲人摸象的故事中，大象最终的整体面貌不是一开始就能发现的，有界上下文之间的界限也很难一眼发现，只有通过几个盲人分别摸索以后才会拼凑出来。如果不深入细节，就很难了解业务用语的含义；不深刻理解通用语言/统一语言，就无法对领域边界有正确认识。

那么这种深入细节的探索是不是需要付出高昂的成本呢？如果程序员投入大量时间和精力开发大量代码，最后发现全部错误、必须抛弃，无疑会付出高昂的成本。DDD 和事件风暴会议提供了低成本的探索之道。资深的领域专家，如产品经理、财务经理或货运行业经理就能够根据经验提供一定的细节，虽然这些细节都有他们自身背景下的“偏见”，但是不失为探索建模的一种依据。这种代价要优于多次迭代开发的探索成本。

多次迭代开发也属于一种盲人摸象的过程，这种方式使得每个开发者通过编码摸索了整个业务领域，实际上这种认识也有专业背景下的“偏见”。开发人员会从数据库等技术角度认识或描述整个业务领域，这些数据库知识会成为再次迭代开发的羁绊，因为当划分完有界上下文后，探索建模过程中的所有遗产（包括数据库表结构）都可能失效，甚至成为新的羁绊，而且这种羁绊不是那么明显，往往是开发人员无法意识到的。

DDD 和事件风暴会议提供了从表面模型到深层模型的廉价探索途径，很多时候，有界上下文的界限可能只有接触到了深层模型以后才能发现。如何发现深层模型？实践中通过什么方式完成？这些取决于团队的自身特色。有人开玩笑说：欧洲人比较喜欢事件风暴，说明他们的思想比较深刻，欧洲催生哲学大师也是这个原因；而加拿大、美国则喜欢敏捷，实用主义强烈导向，在行动中思考。很难判断这两种思维习惯哪个更好。

笔者关于流程与有界上下文的映射关系有一些个人的经验总结。

有时流程中的能力环节节点对应有界上下文，有时整个流程对应一个有界上下文；流程存在于核心子域等问题空间中，而有界上下文存在于人为设计的解决方案空间，这两者之间没有什么规律。

可以首先尝试将一个流程中的能力环节对应到有界上下文，检查能力环节是不是过于简单，是不是有界上下文边界太小导致解决方案过于简单。DDD 是专攻复杂性的，有界上下文如同捕鱼的渔网，如果渔网不是针对鱼群撒下去或者捕上来时鱼很少，那么说明工具没有用好，没有瞄准目标（复杂性）。

但是也不能将整个复杂的流程都放在一个有界上下文中，否则复杂性过于集中，会变成混乱一团，等于没有使用有界上下文，因此，捕鱼成果不在于渔网大小，而在于捕鱼人的撒网能力，而这种能力只能实战中逐渐培养。

7.3.2 预订受理上下文

受理流程主要是在预订受理上下文完成的，当然在管理者眼中，受理流程主要是由市场部门完成，包括协调装箱公司，但是这是一种以角色岗位职责为核心的视角，而 DDD 是面向领域的驱动设计，因此需要发现领域边界，定位业务领域，而角色岗位只是业务领域中命令动作的发起者，他们的一言一行也必须围绕业务领域的本质进行。

那么面向领域的预订受理上下文应该是什么样？首先需要检查一下受理流程的领域事件，将不属于预订受理上下文的领域事件剔除在外。因为受理流程是一个跨多个上下文的管理流程，包括放箱公司的放箱和设备交接，这些动作事件显然不属于预订受理的上下文，届时只要将装箱信息人工输入到预定受理上下文即可。如果希望自动录入，那么将放箱作为一个新的有界上下文，两者通过上下文映射方式实现装箱信息交互，这是以后的设计，这里只关注预订受理这个领域的有界上下文。整理后的受理流程如图 7-10 所示。

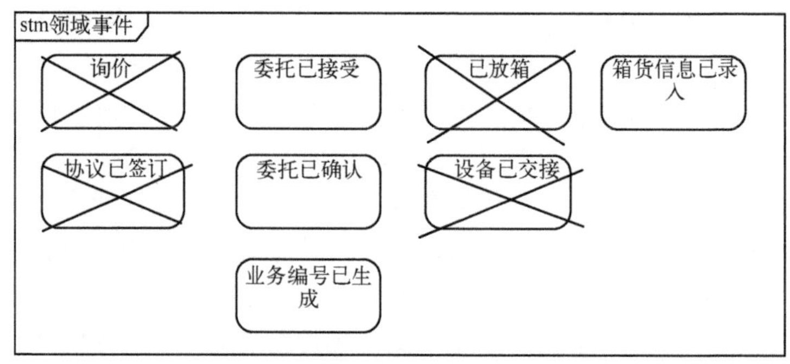

图 7-10　整理后的受理流程领域事件

询价与协议已签订也从预订受理上下文中分离出来，因为这两个动作事件的目标是达成一个合适价格，合同协议是将价格以契约方式确定下来，而价格模型与收费有界上下文有关。将这两种事件放入哪个有界上下文呢？这两种事件与客户相关，可以放入客户管理上下文中，当然如果这种合同签订非常重要，也可以单独设立一个合同有界上下文，如同电商系统中的订单有界上下文一样。但是就当前系统而言，合同与客户管理不属于核心子域，而是属于支持子域，可以将这两者归类在一起。同属于支持子域的系统还有收费系统，这是根据合同签订的价格，在运输作业完成后向客户收费的支持系统。这两种系统都是核心子域的前后支持系统。

通过整理受理流程中的事件，界定了预订受理上下文，同时也发现了其他有界上下文。在当前需要完成的领域中包括四种有界上下文，如图 7-11 所示。

通过以上整理以后，预订受理上下文包括委托运输接受确认、集装箱和货物信息录入等主要功能，通过这样的过滤整理，已经逐渐逼近领域中的核心目标。委托运输的主要内容应该与货物种类、货物运输要求等信息有关，集装箱信息等是运输的前置条件，这些都是为了运输货物这个目的而准备的，如图 7-12 所示。

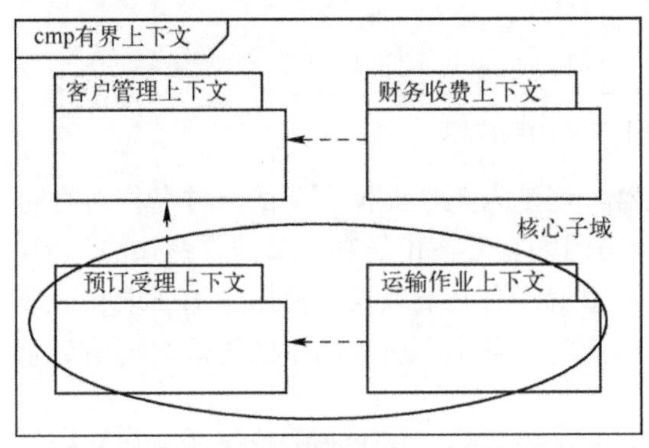

图 7-11 货物运输系统的四个有界上下文

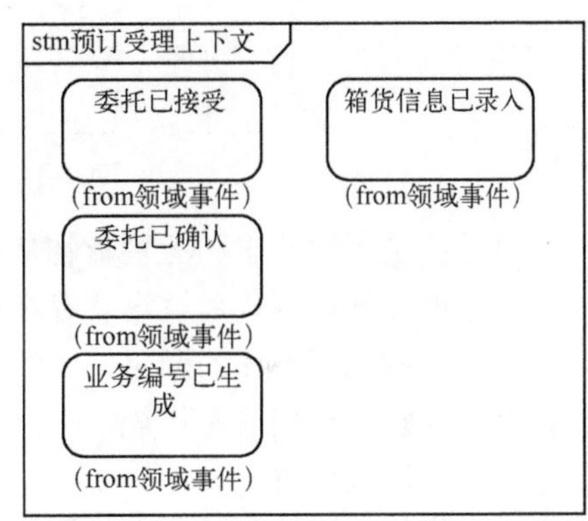

图 7-12 预订受理上下文的领域事件

现在目标范围越来越小了，集中在委托单的内容和箱货信息内容中，这是一种逐渐从管理流程到领域流程，剔除非核心功能的聚焦过程。预订受理上下文的焦点在信息内容中，这是从变化的流程中提取不变结构的重要建模阶段。

通过对客户需求的分析得到，市场部业务人员负责预订受理上下文的操作，他们的可交付工件是：运输委托单、箱号清单、装箱单。其中，运输委托单由客户提出、业务人员接受，然后生成业务编号；箱号清单来自装箱公司提供的集装箱信息；而装箱单罗列了需要装入集装箱的货物信息。当然还有一个隐藏的重要信息：这些都是被运输对象，运输路线才是运输系统整个领域的核心部分。

运输路线属于一种业务策略，具体行程是一种业务规则，运输路线虽然在预订受理上下文中不是很明显，但是在运输作业上下文肯定会是重要的运输指导原则和策略。预订受理上下文需要将运输路线以及更多运输要求下达给运输作业上下文，运输要求与运输货物是预订受理上下文中委托审核的重要项目。但是，值得注意的是，运输要求是在签订运输合同时约定的，因为不同的运输路线定价肯定不同，因此运输要求属于另外一个上下文——客户管理上下文，签订合同是在这个有界上下文确定的。

现在预订受理上下文的核心目标更加清晰了，运输要求与运输货物是该上下文重要的业务对象，运输要求属于签订合同时期的战略目标，而运输对象是每次委托单的具体内容。一份合同可能需要经过多个委托单完成，持续一段时间，因为从出发地到目的地的货物有很多，只要货物到达港口，EDI 报关系统产生货物数据，就需要进行运输委托，这是多次发生的活动。

为了明确预订受理上下文围绕运输要求和运输货物实现动作事件的顺序关系，可以使用 UML 顺序图表达为图 7-13 所示。

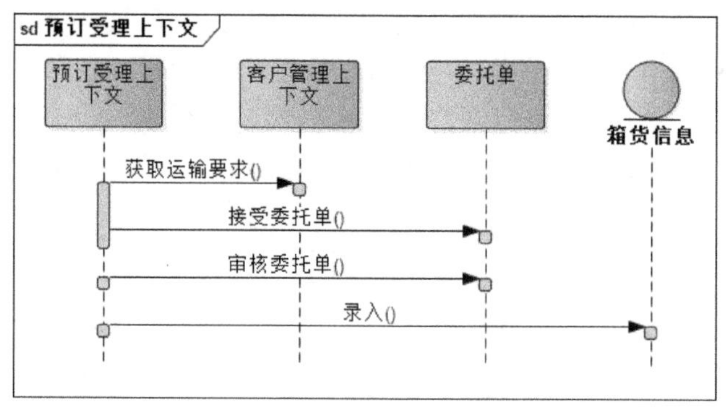

图 7-13　预订受理上下文的顺序图

委托单是运输要求和运输货物信息的包装器，这是人工作业情况下的一种名称，有时人工作业被计算机替代后就没有存在的必要，但是因为它是被市场部人员非常熟知的称谓，已经成为一种无所不在的通用统一语言，因此，也就没有必要取消。使用运输要求和运输货物来替代它，虽然非常正规，但是不符合该企业的上下文，引入陌生的正规名词不如企业行话容易让人理解。

运输货物和运输要求是当前预订受理上下文的主要目标，运输货物可以使用业务统一语言"Cargo"，那么运输要求是什么呢？要求是一种规范，DDD 中有一个 Specification（规格）模式，正是用来表达这种运输规范要求的。那么运输的规范要求到底是什么呢？

前面已经分析了，运输要求也就是运输规范要求来自客户管理上下文中的合同，假设合同里委托货运公司从广州运输一批货物到北京，从出发点广州到目的地北京属于运输中的路线要求，这是运输要求的核心规范，因此，使用业务统一语言"Route Specification"来表达运输要求。运输路线可以完整反映运输要求，如果运输的是危险化工品，而某些地方不允许装载化工品，就必须让 Route 遵循这些规则，因此，运输要求其实就是运输路线要求的简称，这属于一种概念挖掘。找出概念本质后，当然必须得到领域专家确认，有时因为管理口语化影响，会有一些行话简称，那么进行 DDD 建模时必须还原其原本的精确定义。

预订受理上下文的分析建模基本到此，该上下文的目标核心运输货物（Cargo）和运输要求（Route Specification）已经浮出水面，为提取聚合和实体等模型打下了基础。

7.3.3　运输作业上下文

在预订受理上下文中已经发现运输要求与运输货物是核心目标，那么现在需要分析运输作业上下文中的核心目标是什么。

通过前面对作业流程的初步分析，整个作业流程经过两个能力环节：编排计划任务和派车。一级调度员制作计划大表，然后下放任务到车队二级调度员，车队调度员完成派车任务，作业流程的核心目标是根据计划派车。在进入概念挖掘阶段时，需要掌握进一步的领域知识，了解根据计划派车的机制，这里面可能存在复杂的算法逻辑。

当深入计划大表的内容时，发现其中记录了作业的要求，包括作业时间、门店位置和业务类型，一级调度员需要将货物运输路线与车队位置进行匹配，这非常类似滴滴打车的派车算法，只不过这里是由人工实现的。制作计划大表是对具体运输行程（Itinerary）等业务规则进行制订，正如滴滴打车的核心竞争力是其派车算法一样，好的派车算法（业务规则）能够提高车辆的利用率，缩短运输时间。

这里触碰到了货物物流的领域本质特征，这个本质特征在物流行业已经被默认，甚至没有专门的统一语言或业内行话表达它们，为什么制作计划大表？为什么行程安排这样重要的事情被隐藏在制作计划大表这样笼统地管理概念之后？

联想到前面预订受理上下文中的运输路线，结合这里的运输行程安排，再思考一下人的旅游安排是怎么进行的呢？

如图 7-14 所示，出游旅行一般经过三个步骤。

图 7-14　旅游示意图

1）制订旅游路线（Route），例如从出发点广州到目的地北京旅行。

2）制订具体行程（Itinerary）：从广州到武汉，然后从武汉到北京。

3）确定行程段（leg）：广州如何到武汉？武汉如何到北京？

一个行程是由很多行程段组成的，在 Evans 的 DDD 图书中，团队盲人摸象般地只看到路线和行程段，忽视了行程这个重要概念，只有在概念挖掘的深入阶段才能发现这个重要概念，简单引用一下原文关于开发人员与运输专家的对话。

开发人员：我希望确认“货物预订”这个表是否包含了“作业”所需的所有数据？

潜台词分析：这里其实是预订受理上下文和运输作业上下文的关系问题，用数据表这样的概念和不懂计算机知识的运输专家交谈是否有效值得怀疑，如果他们之间还能对话，估计各有各的理解。

专家：工作人员（调度人员）需要货物的完整行程（Itinerary），运输日期是必需的，工作人员结合日期进行行程安排计划运输任务。

开发人员：运输作业已经提供了装货和卸货顺序，以及各种装卸作业的日期，这应该是行程。

潜台词分析：开发人员没有意识到行程段和行程的区别，装卸作业只能体现一个行程段内的动作事件，多个行程段合起来有一个虚拟的类似容器的概念——整个行程，正如 Car 实际是一个整体概念，Car 由车轮、发动机和方向盘等组成，一辆车上没有一个地方是 Car。实际上，这可能是一个聚合概念，聚合通常是容器式的、虚拟的，很难浮现在表面。

专家：对的，行程是作业需要的主要信息，但是行程本身从哪里来呢？预订受理可以将行程打印出来或给客户发送电子邮件吗？

潜台词分析：专家比较有礼貌地肯定开发人员的无知，但是专家没有认识到开发人员自己竟然没有意识到行程段与行程的区别，难道开发人员都是工作狂，没有自己旅游过吗？需要从运输专家和开发人员之间寻找共同点，这样才能让双方达成共识，否则事件风暴会议将变成各执一词的争吵会议，此处专家的思路还是在如何从预订受理上下文为下游作业上下文提供行程信息上。

开发人员：预订受理输出的行程是一个报表，无法将运输作业上下文需要的行程信息基于一张报表。

潜台词分析：开发人员的思路还是基于数据设计的概念，报表输出是一种查询操作，是用于向人类或打印机输出信息的，这些信息无法给软件系统自身提供所需的输入信息。这里明显体现了计算机技术知识妨碍了开发人员的业务领域理解，两种领域知识在这里相互干扰了，试想一下，如果这是一个事件风暴会议，大家都抛弃数据表、报表等 IT 知识或管理知识，使用动词事件描述，如预订受理上下文发生一个事件，行程信息已输出、行程信息已产生，或行程信息已生成，当分析到生成行程信息时，“行程”这个被隐藏的重要概念终于浮现表面，它不再是一个手工管理流程中的普通打印查询动作，而是领域中重要的、对其他上下文产生影响的领域事件。

突然，**开发人员**像是发现了什么，接着兴奋起来。

潜台词分析：如此重要的行程概念完全寄托于开发人员的大脑，是否茅塞顿开，还要取决于他的精神状态，如果没有兴奋起来，萎靡不振，大概这段对话就不会产生什么重要结果了。如果没有科学的方法能保证大概率挖掘深层概念，只是依靠个人的灵光闪现，这些软件系统能是一个工程项目吗？可能是一个艺术作品吧。

开发人员：哇哦，行程实际上把预订与作业连接起来了。

专家：对，还有一些客户关系在其中。

至此，行程 Itinerary 这样重要的概念终于在开发人员和运输专家之间达成共识了。

在当前的运输作业上下文中，制作计划大表其实就是在制作行程计划大表，行程计划这样的词语被业内节省为制作计划大表，这大概也是有行业特色的行话文化，将关键的、基础的、重要的、本质的概念隐藏起来，能增加入行门槛，也可以考验新人的专业水平，听不懂行话的人只能干瞪眼，但是，这种行话文化会阻碍 DDD 统一语言的发现和建模。

因此，如果只是表面上遵循无所不在的 DDD 统一语言，从业内行话、行业术语中寻找领域概念，可能无所适从，找不到方向，被行话搞得晕头转向，这大概也是企业信息系统建设过程中普遍遭遇的问题。

另外，技术行话也会进入业内行话，两种行话混合在一起。开发人员的数据表或报表等命名与概念可能会干扰领域专家的分析建模，误导领域专家从数据信息角度思考自己的领域知识，但是，领域专家只是自己业务内的专家，不是计算机信息技术专家，技术领域对于他们来说是一个陌生的、新的探索领域。

领域专家或产品经理接受数据库表等技术名词需要一个过程，这种过程是通过软件系统不断迭代进行的，无疑这样的试错代价是巨大的。所以，很多企业信息系统的第一个版本几乎是管理流程中人工作业的复制，根本没有发挥计算机网络信息系统的优势。

因此，在企业中实施大型 ERP 系统时，需要重要的实施顾问，统一 ERP 中涉及的各种名词称谓，这样也可消除原来企业中混乱的行话文化，推导企业的标准化管理。某大型公司曾经花费巨资聘请 IBM 进行信息化重塑，直接促进了后来华为的快速发展。企业领域知识通过统一语言显式地表达出来，降低沟通难度，提高新人的入行效率和生产效率，这些作用都来自对统一语言的重视。

经过上述分析，运输作业上下文的核心是制订行程计划，然后向车队分配运输行程任务，车队二级调度会根据分配到的行程运输任务进行具体的行程段派车。

图 7-15 所示的 UML 顺序图是从作业流程中总结出的有关运输作业的业务规则。作业流程掺入了人工痕迹和管理术语，以及流程描述者的认识偏见，通过面向领域的概念深入挖掘，发现了“行程”是整个运输作业的核心，“行程”这个概念从隐式走向显式。面向领域的设计就是需要将这些体现领域本质的概念显式表达出来，这些概念对于该行业从业者来说是不言自明的，他们总是没有明确地表达出来，主要原因是，明确表达不是他们的主要职责，而只是 DDD 建模的主要职责。

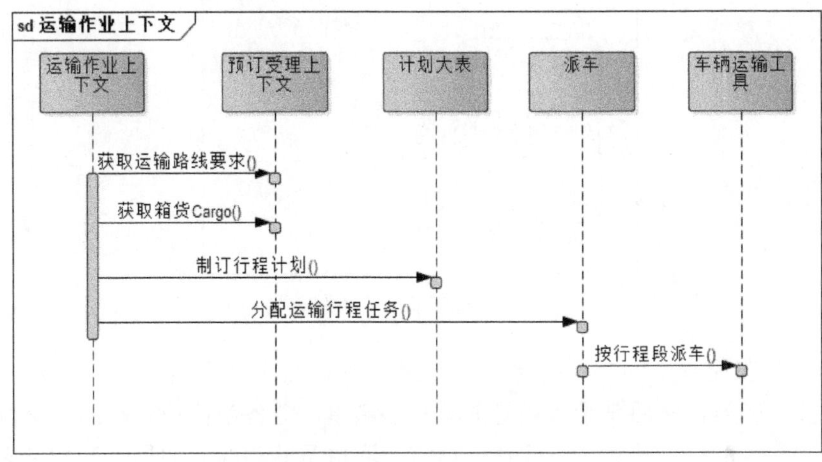

图 7-15 运输作业上下文的 UML 顺序图

7.4 预订受理的聚合设计

前面通过领域事件划分了受理流程和作业流程中的有界上下文，现在触及核心领域的本质部分，需要在这两个有界上下文中发现聚合。

聚合是一种凝聚、组合的体现，是一种活动的概念，是一系列事件的集合，是一种单子或原子概念，在聚合边界内的对象是一个整体，要么全部生存，要么全部销毁，它们的生命周期是一致的。

7.4.1 聚合的发现和命名

在预订受理上下文的分析中已经发现：运输要求与运输货物是预订受理上下文的核心

目标。有一批货物需要按照运输路线进行运输，这种需求是通过运输委托单的形式向运输业务部门提交的，委托单被看成和订单一样的一种委托协议，订单是一次订购活动的体现，那么运输委托单也是一次委托运输的体现，在一次委托运输中，指定特定的货物和运输路线要求。委托单的具体内容包括托运人名称、收货人名称、通知人名称、货物描述、数量、体积、毛重、起运地、目的地等。

运输货物和运输路线这两个核心目标可以在运输委托单上体现，那么运输委托单是不是一种聚合呢？运输委托单体现一次预订受理活动，其中包含多个领域事件：接受了委托；确认了委托；生成了业务编号、录入了箱货信息。

这看上去比较完美，运输委托单表达了一次预订委托和受理的活动或流程，但是它真的能完整代表整个预订受理流程吗？重新检查一下预订受理上下文中的领域事件（见图 7-16）。

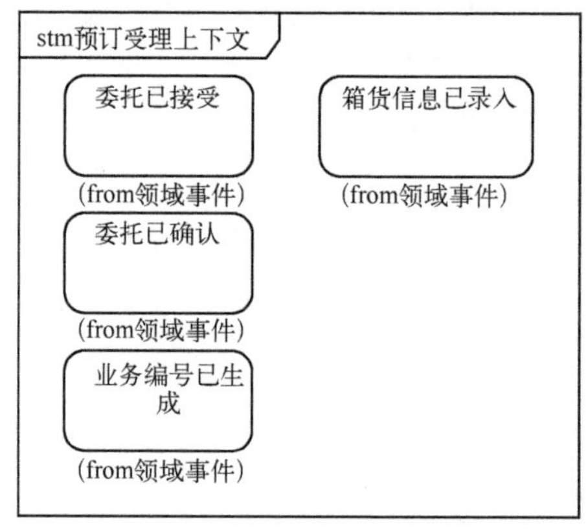

图 7-16　预订受理上下文中的领域事件

委托单只是在流程中的委托已接受和委托已确认两个步骤有体现，当委托单确认以后，生成了业务编号，然后是录入箱号清单和装箱单，业务部门业务员的可交付工件是：运输委托单、箱号清单、装箱单。注意：这三个清单是并列的，如果是互相包含的组成关系，那么只要交付一份运输委托单即可，因为运输委托单中应该包含箱号清单和装箱单信息。显然现实中不是这样的，因此，使用委托单可能不能完整代表整个预订受理流程。

那么是不是设计两个聚合拼凑成整个流程呢？

这时候需要用到聚合的不变性标准。聚合内部的对象生命周期是一致的，是一个事务过程，要么全部完成，要么全部不完成，委托单确认后，如果没有箱号清单和装箱单录入，整个预订受理流程应该不能算真正完成，这样的过程应该是事务性的。假设委托单已经完成，但是业务编号没有生成，箱号清单和装箱单没有录入，在这种情况下，如果客户取消委托，将造成业务部门和装箱公司之间的协调混乱。

因此，业务（市场）部门规定的业务规则是：如果委托单没有录入箱号和装箱单信息，就不能取消。这种业务规则正是体现了业务上的不变性，保证运输委托业务能够正确地执行。

著名的 DDD 专家 Nick Tune 认为，从根本上来说，选择聚合边界有一个简单的方程式。

- 正确性：执行永远不应该违反的业务规则。
- 并发性：确保用户可以并行工作而不会互相影响。
- 复杂性：大型的复杂聚合或异步流程（对于最终业务规则通常是必需的）可能会增加维护成本和软件应用程序的可靠性。
- 性能：无须加载和保存数据库中的大数据有效负载，从而优化系统的响应能力。

找到正确的平衡是挑战所在，这是一项DDD设计技能。

满足业务规则、保证正确性只是聚合的一条设计规则，此外还要考虑并发性，因为业务规则通常是强迫性、相制约的，在一个业务流程中，很多步骤必须等到前面的步骤完成后才能执行，这在时间效率上就变成了串行排队系统，丧失了并发性。

流程中的一些步骤其实是可以并行工作且互不影响的，因此在进行聚合设计时，不要将这些步骤中涉及的对象纳入一个聚合中，而是设计多个聚合，从而能够保证高并发性。

当然，聚合数量也不能太多，过多会引入异步流程，导致复杂性。每个聚合本身也不能太大，过大会导致加载或保存一个聚合时产生很多数据库开销。

经过以上分析，结合本案例，选择运输委托单作为预订受理上下文的唯一聚合不是最优设计，设计多个聚合也不是最优设计。

寻找聚合的另外一种方法是：寻找流程或有界上下文最后的结果是什么。预订受理上下文结束后的结果是什么？从受理流程的描述中可以发现，结果是业务部门的可交付工件。

预订受理有界上下文的结果是由三种单据组成的：运输委托单、箱号清单、装箱单。这三种单据组成一个事务性原子结构，它们应该纳入一个聚合边界内。也就是说，聚合的内部对象是由这三种单据凝聚而成的集合。

现在，既然聚合中的对象已经找到了，下一步应该是命名它们。命名需要从行业内术语，也就是在无所不在的统一通用语言、业内行话中寻找。如何寻找到一个简捷有力的名词代表预订受理这样的活动，同时还要意味着这种活动是一个原子性的、不可再分裂的凝聚概念？

目前有几个业务术语可供挑选：“运输”“集装箱”“货物”“预订受理”等。

“运输”概念范畴非常大，不只包含当前预订受理上下文，使用它作为聚合名称，会将聚合的边界定义得非常大。虽然它也是一个容器概念，但是这个容器太大，无法实现最小化不再划分的原子性。

“集装箱”是装载货物的工具，订购集装箱属于预订受理上下文中的一个活动，如同商品包装盒一样，这不应该是业务关注的重点，虽然它也是业务的容器，但是这个容器不属于当前核心子域，集装箱管理属于集装箱公司的核心子域，因此，“集装箱”也不适合作为聚合名称。

最后只有“预订受理”和“货物”两个概念可供选择。哪一个更贴合预订受理这样的有界上下文呢？

预订受理有界上下文主要是完成货物的预订和受理，因此，如果聚合取名为“预订受理”，这个概念比较广，是机票的预订受理，还是礼品的预订受理？这样的预订受理聚合没有突出当前业务的核心概念，当前业务的核心概念是货物运输，预订受理流程只是整个货物运输流程中的一小段。

既然“预订受理”不适合作为聚合名称，那么也许只能用“货物”这个名称了。这个概念既突出了业务核心，又能体现预订受理上下文的服务目的，预订受理上下文是围绕货物这个概念进行的，预订受理有界上下文可以更精确地命名为“货物的预订受理上下文”，因此，“货物（Cargo）”术语作为预订受理有界上下文中的聚合名称是相对合适的。

有的人可能比较担心“货物”这个术语范畴太广。后面流程也是围绕货物展开的，包括对货物的行程安排、运输工具安排和跟踪管理，但是值得注意的是：货物这个概念开始出现的地方恰恰是预订受理上下文，在这里将客户委托的商品装入集装箱，商品成为一种运输中的货物，这里应该是货物概念被创建的地方，而后面流程虽然也是围绕货物运输展开，但重点不同。

运输作业有界上下文中关注的是货物是如何运输、制订行程表等流程事件，还有运输过程中如何跟踪货物、货物在哪里装卸等，货物相对于后面的这些流程事件而言，实际上是一种输入概念，假设这些流程处理事件是自动化流水线，货物就是在流水线上流入的产品，运输作业有界上下文是围绕货物的运输继续进行“深加工”。

以订单为例，订单在订购活动中创建，之后流程中涉及的付款、运输等事件都是围绕订单的“深加工”，这些流程事件改变的只是订单的状态，而不是从无到有地创建订单，订单创建只发生订购活动的有界上下文中。

从这个类比中可以看出，寻找到聚合模型第一次被创建的有界上下文，确定流程后面的其他有界上下文只是对聚合模型的状态修改。货物是在预订受理有界上下文中第一次被创建，后面流程中只是对货物模型的状态修改。

货物模型的事件和状态包括：货物被（在）制订行程表、货物被（在）装卸，货物到达（在）目的地等。括号中代表状态。这些不同状态是由不同的领域事件触发的。

事件溯源设计倡导关注事件而不是关注状态，当前这个系统又是从事件风暴建模开始的，因此，基于货物发生的不同领域事件是整个系统的业务领域核心。分析建模的思路自始至终都不能偏离这些业务领域核心，这也正是 DDD 结合事件风暴和事件溯源的魅力所在，这样能够真正实现从业务到技术架构直至数据库表设计的贯通融合。

货物作为预订受理上下文的聚合名称是比较有意义的，它创建了整个系统的一个标杆，指引了方向。如果聚合取名有所偏差，就会使得后面的分析设计逐步偏离业务核心，变得有点似是而非。

假设以“预订委托”作为聚合名称，那么后面的行程安排、司机装卸货物就变成“预订委托”的落实阶段，这样理解并没有问题，但是这是企业管理角度的理解。市场部门负责受理货物委托，调度中心接收到委托单后对委托单进行调度落实，货物的装卸被理解为委托单跟随货物到达某个地方，海关根据委托单进行验收核准等。虽然这样的业务理解也没有问题，符合日常业务行话，但关键是它不直接面向业务领域，而是面向业务人员的管理，以企业中的人员为核心，而不是以企业中的事物为核心。

以“预订委托”作为聚合名称让人感觉似是而非，不是非常精确到位，这种解决方案虽然也可以运行多年，但是随着需求的变化，基本上会变得难以修改，无法拓展，更别说新功能的快速交付，因为整个解决方案瞄准的问题空间就错了，南辕北辙。“预订委托”作为聚合名称的解决方案将问题空间定位在人员管理方向，这是没有计算机网络信息状态下的人工作业流程，这套流程依靠对人员的强化管理能够有效运行，但是效率低下，使用计算机软件来解决这些问题时，就不能将问题空间中导致效率低下的人工管理流程掺入业务领域。

7.4.2 聚合设计

上一节分析出采用“货物”命名预定受理上下文中的聚合比较合适，本节将使用UML类图或类似的方框图将这些聚合详细地表达出来，当然也可以使用Java代码等表达，这些都是一种形式语言，表达的都是同一种聚合设计。

为了更精确地表达出货物聚合设计，还是需要有关货物委托受理的顺序图，如图7-17所示。

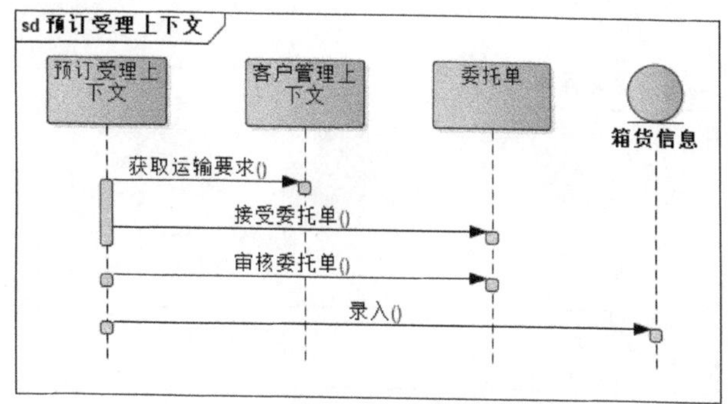

图7-17 预订受理上下文的顺序图

预订受理上下文中的领域事件如图7-18所示。

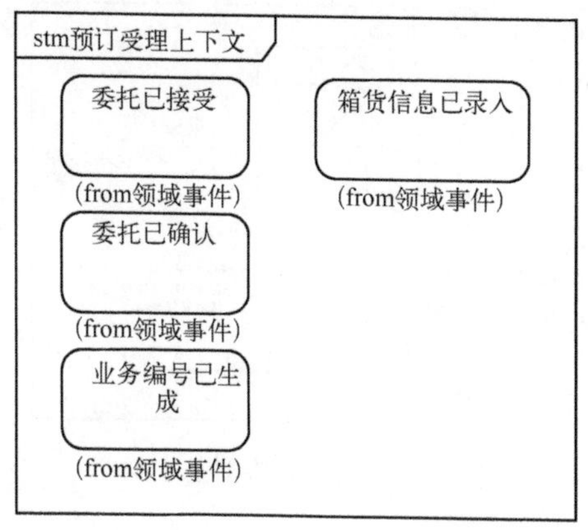

图7-18 预订受理上下文中的领域事件

图7-17中的顺序图表达了操作动作的发生顺序，而图7-18中的事件图表达的是重要事件或状态。结合这两种图作为聚合模型的输入参数条件，也就是说，聚合模型是根据这两种图推理出来的，这种推理过程是一种演绎过程，挖掘这两张图中隐藏的聚合模型，而不是无中生有地联想或总结出聚合模型。这是逻辑演绎思维的特点。

仔细观察这两张图，发现它们的共性是都围绕委托单展开动作和发生事件，因此，委托单作为一个被操作的业务对象是这两张图的连接点，那么委托单是不是就是聚合的根实体对象呢？根实体对象是聚合的“树根”，代表整个聚合，是一个聚合的关键。

上节中分析了使用“预订委托”作为聚合名称不是很合适，“预订委托”类似“委托单”，它们都是人工管理的产物，并不是业务领域的真正对象；聚合的命名使用“货物”比较合适。一般聚合的命名对应于聚合根的实体名称，那么这里的聚合根实体应该是货物，而不是委托单。

这两张图表面上是围绕委托单而展开的动作和事件，实际上委托单只是一种人工流程的表单形式，其内容还是关于货物的托运委托，因此，聚合根实体采用“货物”会更面向业务领域的核心目标。

委托单中除了指定一批货物等信息，还应该有其他关于托运的重要信息，如运输的目的地与路线。现在需要将图 7-17 顺序图中的委托单分解成货物和运输路线，重新绘制后如图 7-19 所示。

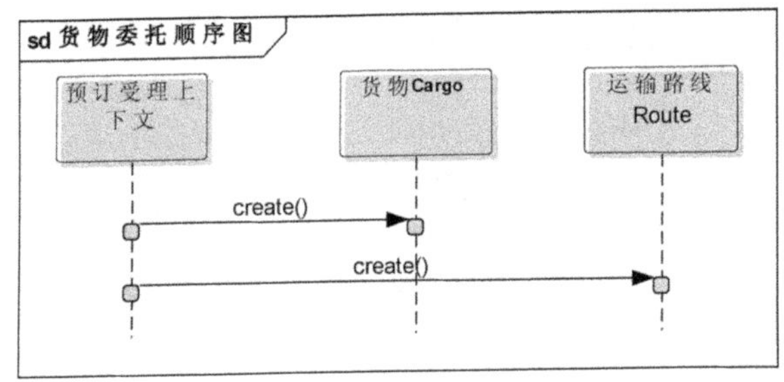

图 7-19　货物委托顺序图

根据图 7-19 的货物委托顺序图，基本上可以明确聚合模型的组成部分如图 7-20 所示。

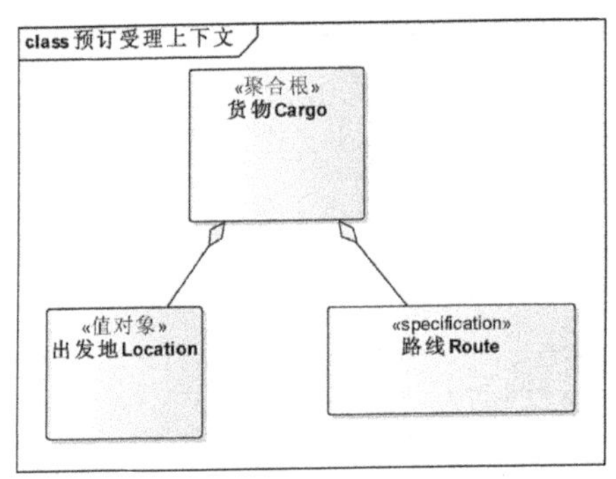

图 7-20　货物聚合模型基本类图

货物 Cargo 是聚合根实体，其组成部分有两个子对象：出发地 Location 和运输路线 Route。Location 是一个普通的值对象，其主要阐述当前货物出发地的数据信息，如具体地理位置等；而 Route 也是一种值对象，阐述运输路线等，但是这种路线值对象还有一个特点，它指定了货物的运输路线等要求，这种要求类似产品的规格，是有规定要求的，因此，它属于 Specification 模式。

以上是基本聚合设计模型，聚合设计主要侧重于聚合根实体的设计，聚合根实体的设计需要细化到实体标识的设计，值得注意的是：实体标识 ID 有时只能标识和区分实体自身，却不能标识、代表聚合本身。在电商系统的订单设计中，订单实体标识与订单聚合标识是合一的，可以用同一个 OrderId 来标识，但是在当前预订受理上下文中，货物标识 ID 并不能代表预定受理聚合的标识 ID，当前预定受理聚合的标识可以通过委托单 ID 表达，但是这里没有“委托单”这个聚合根实体，因此只能新设计一个 BookingId 作为聚合标识。

BookingId 一定是有业务含义的，不是单纯为了数据库使用，它在预订受理第一步就产生了，代表委托受理、委托审核和业务编号生成三个动作事件的原子性，也就是代表整个聚合的原子性、流程的事务性。通过跟踪 BookingId，可以确认预订受理的整个流程状态。

聚合模型的设计依据来自业务领域功能，预订受理上下文输出的可交付工件有运输委托单、箱号清单、装箱单。运输委托单（委托单）已经通过以上聚合模型得到了初步映射，箱号清单和装箱单还没有纳入聚合设计中。直觉设计是增加两个实体对象分别映射这两种单据，但是必须注意边界划分，需要区分委托单和装箱单之间的性质区别，如果将装箱信息和出发地、运输路线等信息并列、混合在一起，就无法区分这两种信息的性质。

事物的性质需要从职责角度进行区分，委托单的职责是预订托运受理这样的职责催生的，而装箱单信息是为了配合托运实施进行的准备工作，这两种职责是不一样的。在讨论托运计划和路线安排时不会考虑具体如何装载货物，而对货物进行跟踪时，必须考虑运输货物的容器和运输工具，这两种职责层次可以分别命名为：作业层和支持作业层的能力层。

出发地 Location 和运输路线 Route 的生命周期依赖于一次委托运输的时间范围，而集装箱信息是公司为了完成作业而利用的资源，因此，装箱单信息代表的能力层区别于运输路线代表的作业层，为了区分这两种信息职责，将装箱单信息包装在一个 Delivery 对象中。

综合以上分析，图 7-20 中的基本聚合模型扩展为图 7-21 所示的类图。

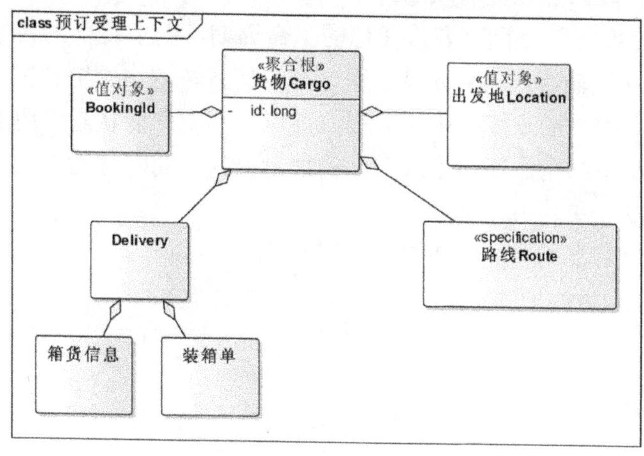

图 7-21 预订受理的聚合设计

通过引入 Delivery 对象，将代表能力资源职责的对象与代表策略作业的主要对象区分开来，并且通过聚合的层次体现了不同的重要性，最重要的作业对象是 Cargo 聚合的一级子对象，而支持资源对象则降级为二级或三级子对象。在 Delivery 中还可以封装更多与能力资源支持有关的职责，例如具体运输工具的信息等。

7.4.3 状态设计

图 7-21 中的聚合模型类图反映了预订受理中委托单的核心内容，但是还有一个重要的业务概念没有反映：围绕委托单发生了的几个领域事件（委托已受理、委托已确认、业务编号已生成）都是该聚合内部发生的事件，其中，业务编号已生成可能会对当前聚合以外的其他流程操作产生影响。

发生在聚合内部的事件应纳入聚合事务边界内处理，这三个动作事件必须是原子性的，要么全部完成，要么全部不完成，具体实现有三种方式。

1）传统方式：依靠数据库 ACID 事务锁住货物 Cargo 的状态字段。

2）流程锁：使用一个数据库字段代表整个事务是否处理完毕的状态，如果全部完成，将该字段复位。依靠流程锁需要依赖 Camunda 之类的流程框架。

3）使用事件溯源：使用领域事件直接替代状态字段，保存事件而不是保存状态，这样避免了高并发情况下对同一个状态字段的争夺，也避免了使用锁机制带来的性能降低。

这三种实现的复杂性和灵活性也是依次提高的：中小型系统通常使用第一种方案即可；具有复杂流程和高度安全性的应用中，需要使用第二种方案，委托受理和确认的操作者可能来自不同职能部门；第三种能够将关于货物的所有重要操作事件保存起来，类似形成审计日志，能够更全面地放映现实世界，这样的系统更加健壮，更能够应付复杂的变化，非常适合大型跨国物流企业的超级系统。

第一种方式中，在货物 Cargo 中设计一个状态字段反映货物的委托事件，如同订单系统中设置订单状态字段反映订单的处理情况一样，订单状态有已下单、已支付和已发货，这三种状态反映了订单的重要业务状态。

之所以称之为“状态”，是因为其值变化的生命周期不同于聚合的其他结构部分，Cargo 的出发地 Location 和运输路线 Route 是在受理接受后就与 Cargo 绑定在一起的，甚至跨越后续多道流程，它们的生命周期跨多道流程，并保持不变，而状态字段值则可能经过一道流程就发生改变，状态的生命周期是短于结构性对象的，同时它的变化也会由用户发出的命令或系统事件触发改变。

包含状态设计的聚合模型如图 7-22 所示。

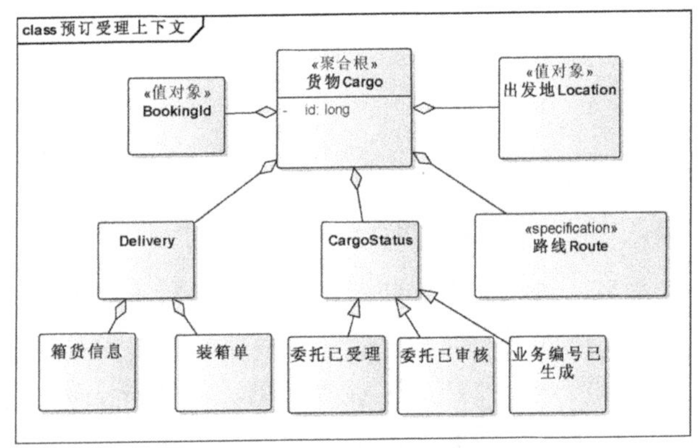

图 7-22 包含状态设计的聚合模型

图 7-22 中设计了一个 CargoStatus 状态字段对象，其有三个继承子类。注意这里不是聚合子类，而是继承子类，两者区别的是生命周期不同：聚合的所有子类与父类都是同时存在，具有相同的生命周期；而继承实现的子类只能有一个作为父类的实例出现，如货物受理状态有三个状态子类（委托已受理、已审核和业务编号已生成），它们中在任何时刻只能有一个实例出现。

这种状态设计非常类似前面章节讨论的订单设计，具体实现代码也差不多，这里不再赘述。

第二种方式涉及具体流程框架的使用，这里暂且不做讨论，感兴趣的读者可在网上查看有关 Camunda 等流程框架的应用。

第三种方式是使用命令事件替代状态设计，这种方式虽然有些复杂，但是比状态字段设计能更好地记录聚合的变化、迁移，更适合物流等业务事件比较突出的领域。物流运行过程中会发生各种装卸事件，这些事件都必须跟踪记录，它们也是一种领域事件。

7.4.4 命令与事件设计

从命令与事件角度完善聚合的设计其实延续了事件风暴建模，在前面的事件建模分析中，已经得出图 7-23 所示的结果。

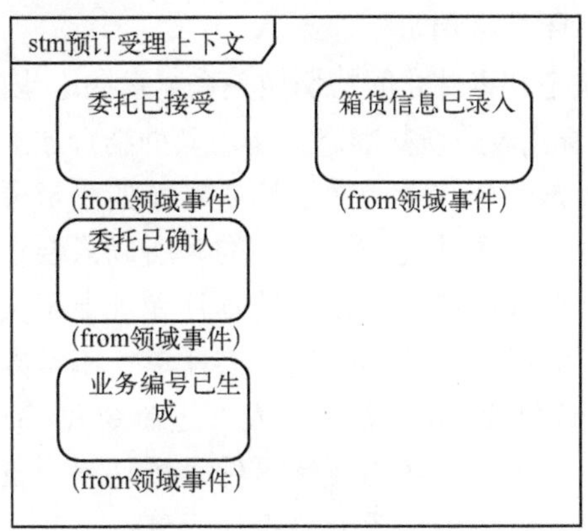

图 7-23 预定受理中的事件

通过这些委托事件可以推导出其相应的命令，推导原理如图 7-24 所示。

图 7-24 命令-聚合-事件原理图

从图 7-24 看出，命令实际是聚合的输入参数，而事件是聚合的输出参数。根据输出的领域事件，可以推导出相应的命令是：委托托运；确认委托；生成业务编号。委托托运命令实际就是预订托运命令，这三种命令和事件的映射关系如图 7-25 所示。

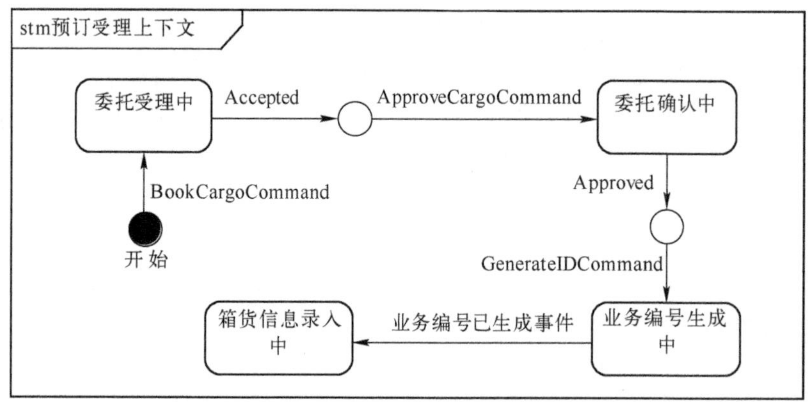

图 7-25　命令事件映射图

图 7-25 中，首先是由用户提交 BookCargoCommand 命令，使货物处于“委托受理中”状态，当受理操作完毕以后，产生委托已受理事件 Accepted；该事件转为下一个环节的输入命令 ApproveCargoCommand，触发货物聚合进入“委托确认中”状态，当审核人员确认委托以后，委托已确认事件 Approved 抛出；该事件转为下一个环节的输入命令 GenerateIDCommand，触发货物聚合进入“业务编号生成中”状态，直至业务编号已生成事件发生，表示进入下一个环节：箱货信息录入。

图 7-25 展示了命令、状态和事件之间的切换关系，掌握这些重要设计细节才能掌控系统的状态变化，而聚合结构本身代表系统的静态结构，动静结合才能完整掌控一个系统的设计。

命令和事件作为聚合状态的替代者，属于核心领域的一部分，因此需要将命令和事件设计到聚合模型中，因为命令和事件是一一对应的，所以只要选择两者之一即可。

命令或事件的选择依据是领域特点，在当前预订受理上下文中，驱动系统状态改变的动力主要来自市场部门员工的操作，他们会提交委托单、审核委托单等，这些主要来自人工介入驱动的流程，那么就选择命令，这属于“人下达命令”，命令反映了用户的操作意图；而在货物装卸跟踪上下文中，货物自身的装卸事件是驱动整个货物流动的主要力量，那么在这种上下文中选择领域事件作为聚合模型的设计元素。

图 7-26 所示为加入命令元素的货物聚合模型类图。

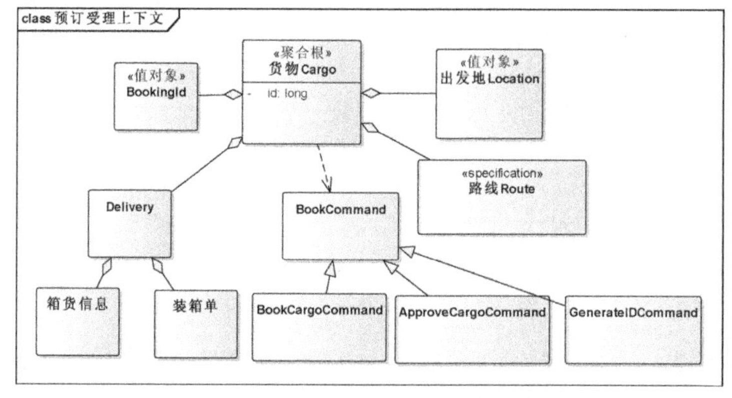

图 7-26　加入命令元素的货物聚合模型类图

图 7-26 图中，使用预订命令 BookCommand 替代了原来的状态 CargoStatus 对象，货物聚合依赖于 BookCommand，也就是说，货物实体的内容会依赖 BookCommand，这种依赖体现在函数方法中，例如可能体现在 Cargo 的构造函数上：

```
public Cargo(BookCargoCommand bookCargoCommand){…}
```

Cargo 的内容取决于 BookCargoCommand 的内容，而 BookCargoCommand 则来自前端市场部门提交的委托单表单。

图 7-26 中的预订托运命令有三个实现：预订委托受理货物；审核委托；产生业务编号。它们都来自用户在表单界面单击“提交”按钮后发出的命令，代表了用户想让计算机系统做的事件，为了清楚表达这种意图命令发出的流程，可以使用顺序图。

前面已经使用顺序图表达了初步的操作顺序，如图 7-27 所示。

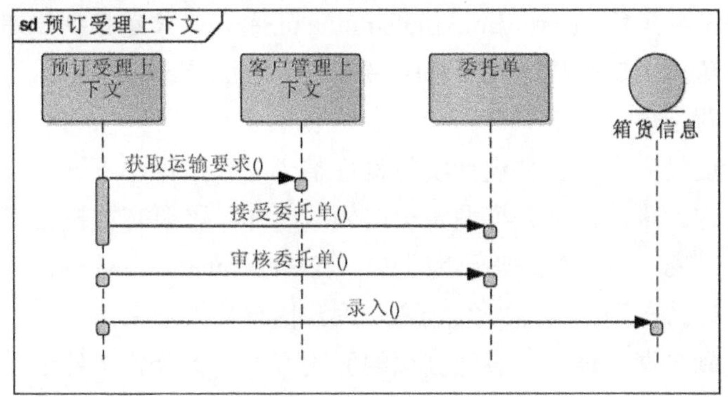

图 7-27　初步顺序图

图 7-28 所示为提炼出货物替代委托单的第二步顺序图。

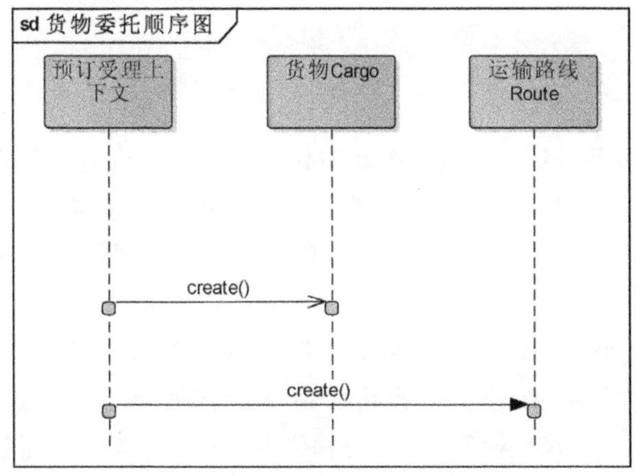

图 7-28　第二步：货物聚合的顺序图

现在是第三步：加入命令元素。这样的顺序图更加细化，基本可以直接输出 Java 等代码。在这样的细化阶段，需要明确操作者角色和操作的组件对象，按照前面聚合章节中提到的职责驱动设计原理，服务是一种提供给操作者服务的组件对象，如同餐厅服务员是提供客户服务一样，因此，第三步引入服务组件，如图 7-29 所示。

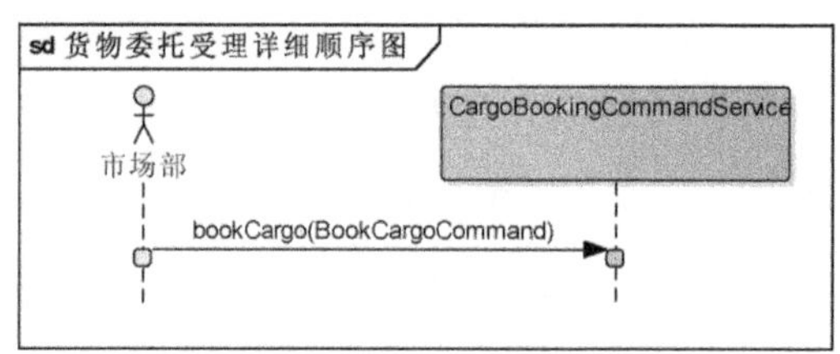

图 7-29　第三步：货物委托服务顺序图

市场部作为操作人员角色，向 CargoBookingCommandService 接口服务组件下达委托预订货物运输的指令，这个指令通过 BookCargoCommand 反映出来。CargoBookingCommandService 承担服务员的职责，将客户端数据 BookCargoCommand 传送给决策者 Cargo 聚合执行。聚合 Cargo 是一种决策者角色，CargoBookingCommandService 只是起到传递命令和返回事件的作用，不能将业务重要逻辑放入 CargoBookingCommandService 中，否则，服务职责就变成决策职责，违背了单一职责原理。

以上命令设计已经完成，事件设计实际贯穿整个建模过程，下一步是要确定是否采取基于事件的技术架构。事件是聚合模型发出的领域事件，主要有委托已受理（Accepted）、委托已审核（Approved）和业务编码已经生成（IDGenerated）三种事件，这三种事件的用途有两个：替代状态持久到数据库；发送通知到其他有界上下文。

替代状态保存到数据库是一种事件溯源的解决方案，聚合状态处于已受理还是已审核是通过保存在数据库中的事件追溯的。

发送通知到其他有界上下文可通过引入 RabbitMQ/Kafka 消息系统实现集成，例如 IDGenerated 事件对于其他有界上下文非常重要，其他上下文需要依据此事件判断受理流程是否结束。

7.4.5　代码实现

前面已经将涉及业务领域核心的业务逻辑设计完成，本节是更详细的代码实现和技术架构选取，代码和技术涉及 Java 和.NET 等不同领域更深入的详细知识，这些并不是本书重点，幸运的是 Cargo 案例也是 DDD 原著中的经典案例，因此各种围绕 Cargo 的开源实现代码非常多。

这里推荐 https://github.com/practicalddd 中的 Cargo 源代码实现，这是 Vijay Nai 编写的书籍中的源码实现，他使用 Jakarta EE、Eclipse MicroProfile、Spring Boot 和 Axon Framework 等企业 Java 框架实现了 Cargo 案例，包括各种详细的技术方案，技术实现非常详细到位，而本书着重 DDD 分析建模和模式实现，因此如果两者结合在一起，应该可以带给读者一个非常全面的从思想方法到具体技术的实现过程。

当然该代码中的实现也有与本章建模结不完全对齐的情况，例如，其预订委托微服务 CargoBookingCommandService 中不只有预订委托方法 bookCargo()，还有制订计划行程方法 assignRouteToCargo()；而在本章中，预订委托属于预订受理有界上下文，制订行程属于作业有界上下文，分属于不同的有界上下文，也就是分属于不同的微服务。有界上下文是根据不同的业务领域进行划分的，这些不应该影响读者的建模与技术实现思路。

本节代码主要以 Spring Boot 的 DDD 实现为对齐目标，具体代码见 https://github.com/practicalddd/practicaldddbook/tree/master/Chapter5，主要侧重于预订受理和作业行程制订两个环节，后续货物跟踪等有界上下文与微服务就比较简单地介绍一下。

下面是预订托运命令类 BookCargoCommand。

```
/**
 * Book Cargo Command class
 */
public class BookCargoCommand {
   private String bookingId;
   private int bookingAmount;
   private String originLocation;
   private String destLocation;
   private Date destArrivalDeadline;
   ……
}
```

BookCargoCommand 中包括预订委托 Id、委托数量、原始出发地、目的地等委托单信息。BookCargoCommand 是接受前端委托单表单信息的提交形成的。

BookCargoCommand 的全部代码可参考：https://github.com/practicalddd/practicaldddbook/blob/master/Chapter5/bookingms/src/main/java/com/practicalddd/cargotracker/bookingms/domain/model/commands/BookCargoCommand.java（由于网址冗长，以下源码不再标注 Github 网址，可自行在该项目下寻找）。

BookCargoCommand 从前端携带用户的操作意图传递到后端微服务 CargoBookingCommandService，微服务 CargoBookingCommandService 的内容如下所示。

```
@Service
public class CargoBookingCommandService {
   private CargoRepository cargoRepository;
   private ExternalCargoRoutingService externalCargoRoutingService;
   public CargoBookingCommandService(CargoRepository cargoRepository,
ExternalCargoRoutingService externalCargoRoutingService){
       this.cargoRepository = cargoRepository;
       this.externalCargoRoutingService = externalCargoRoutingService;
   }
   public BookingId bookCargo(BookCargoCommand bookCargoCommand){
       String random = UUID.randomUUID().toString().toUpperCase();
       bookCargoCommand.setBookingId(random.substring(0,random.indexOf
("-")));
       Cargo cargo = new Cargo(bookCargoCommand);
```

```
            cargoRepository.save(cargo);
            return new BookingId(bookCargoCommand.getBookingId());
        }
        ......
    }
```

CargoBookingCommandService 中的 bookCargo()方法实现了委托受理的接受服务，生成 Cargo 聚合对象实例，并将新的 Cargo 保存到数据库中。Cargo 在前面已经分析过，代表的是委托单内容，是预定受理上下文的唯一聚合对象。

下面看看聚合 Cargo 的代码，它基本与前面小节的聚合设计吻合（见图 7-26）。

```
@Entity
@NamedQueries({
        @NamedQuery(name = "Cargo.findAll",query = "Select c from Cargo c"),
        @NamedQuery(name = "Cargo.findByBookingId",
                query = "Select c from Cargo c where c.bookingId = :bookingId"),
        @NamedQuery(name = "Cargo.findAllBookingIds",
                query = "Select c.bookingId from Cargo c") })
public class Cargo extends AbstractAggregateRoot<Cargo> {
    @Id
    @GeneratedValue(strategy = GenerationType.IDENTITY)
    private Long id;
    @Embedded
    private BookingId bookingId;
    @Embedded
    private BookingAmount bookingAmount;
    @Embedded
    private Location origin;
    @Embedded
    private RouteSpecification routeSpecification;
    @Embedded
    private CargoItinerary itinerary;
    @Embedded
    private Delivery delivery; //检查货物的运输过程
    ......
}
```

Cargo 作为一个聚合根实体，这里使用 JPA 注释在代码之上，让 JPA 技术之类的框架污染业务模型的做法是不值得推荐的，但是迫于技术实现压力，只能采取这种折中方式。真正的业务领域模型是凌驾于技术实体之上的，这是本书在清洁架构和六边形架构中反复强调的。现在市面上几乎没有真正支持清洁架构的持久性框架，因此，为了实现清洁架构，保证领域模型不被技术污染，只能自己使用 JDBC 实现持久，具体做法可见 CQRS 章节的 JiveJdon 源码实现。

另外一种方式是使用 Axon 框架基于事件溯源来实现，下面是 https://github.com/practicalddd 源码中 Axon 框架的 Cargo 实现。不同于 Spring Boot JPA 实现的是，Cargo 类多了一些 Axon 框架注释，主要注意@CommandHandler 注释，这是接受前端提交的委托单的真正业务核心所在。这是一个构造函数，在其中将 CargoBookedEvent 事件实现了持久化保存，CargoBookedEvent 类似前面分析的接受委托事件 Accepted。当然，Cargo 除了接受委托，在本书案例中，还需要确认审核和输入箱货信息，这些都类似 CargoBookedEvent 事件的处理方式，有兴趣者可自行处理。

```
@Aggregate
public class Cargo {
    private final static Logger logger = LoggerFactory.getLogger
(MethodHandles.lookup().lookupClass());
    @AggregateIdentifier
    private String bookingId;
    private BookingAmount bookingAmount;
    private Location origin; //Origin Location of the Cargo
    private RouteSpecification routeSpecification;
    private Itinerary itinerary;
    private RoutingStatus routingStatus;
    private TransportStatus transportStatus;
    protected Cargo(){
        logger.info("Empty Cargo created.");
    }
    @CommandHandler
    public Cargo(BookCargoCommand bookCargoCommand) {
        logger.info("Handling{}", bookCargoCommand);
        if(bookCargoCommand.getBookingAmount()<0){
            throw new IllegalArgumentException("Booking Amount cannot be
negative");
        }
        apply(new CargoBookedEvent(bookCargoCommand.getBookingId(),
              new BookingAmount(bookCargoCommand.getBookingAmount()),
              new Location(bookCargoCommand.getOriginLocation()),
              new RouteSpecification(
                  new Location(bookCargoCommand.getOriginLocation()),
                  new Location(bookCargoCommand.getDestLocation()),
                  bookCargoCommand.getDestArrivalDeadline())));
    }
    ......
}
```

图 7-30 和图 7-31 展示了 practicalddd 中整个预订受理微服务的代码包结构，采取了六边形架构。

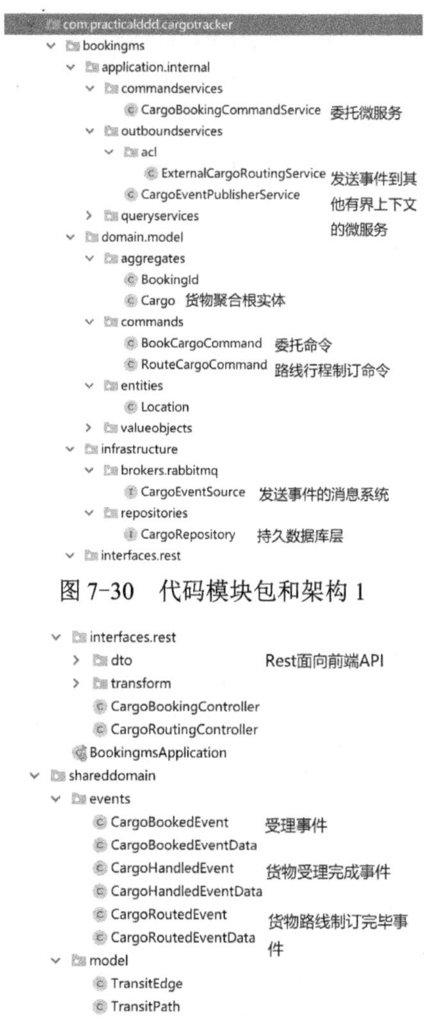

图 7-30　代码模块包和架构 1

图 7-31　代码模块包和架构 2

这两张图展示了前面的分析结果和具体实现代码包之间的关系，虽然包结构采取了六边形架构，主要分为 Application（应用）层、Domain（领域）层和 Infrastructure（基础设施）层三个一级包层，但是其实在 Cargo 领域模型中侵入了基础设施层的 JPA 框架实现注释，这是一种折中方式，元注释在技术侵入性上已经比代码弱了。

预订受理微服务属于应用层，向其他有界上下文发送领域事件的服务也位于应用层。在应用层还有一种查询服务，这是 CQRS 架构中的查询服务。

在领域层中，有聚合、命令、实体和值对象几个子包分层，Cargo 是聚合根实体，BookingId 是聚合根实体的标识实体，两者关系如同 Car 和发动机的关系，每一辆车 Car 需要依靠发动机编号来标识。也可以认为这是一个双聚合根的聚合，这两个聚合根实体聚合在一起才能反映货物委托的含义，否则如果没有 BookingId，单纯的 Cargo 就不能说明当前上下文是预订受理。

在基础设施层，主要是消息系统和数据库两个基础设施。消息系统使用了 Spring Cloud Stream 框架，RabbitMQ 通过配置成为其实现，通过此消息系统，可以将 CargoBookedEvent

事件发送给其他有界上下文，其他有界上下文只要也通过 Spring Cloud Stream 订阅该通道主题即可接收到消息通知。数据库仓储层采取了 Spring JPA 实现框架，这里就不多介绍。

这里还多了一个共享领域的包层 shareddomain，因为 CargoBookedEvent 是发送给其他有界上下文，当前预订受理上下文会与其他有界上下文共享这些领域事件，包括前面分析的 IDGenerated 业务编号已生成事件都属于该包层下，当然这里只有 CargoHandledEvent 事件比较接近，意味着受理流程的结束。

7.4.6 设计和实现的差异

预订受理流程中需要进行货物的运输路线指定，在 practicalddd 代码实现中，运输路线分配指定和预订受理都是在 CargoBookingCommandService 中完成的，CargoBookingCommandService 服务有两个方法。

1）bookCargo(BookCargoCommand bookCargoCommand)：实现预订受理。

2）assignRouteToCargo(RouteCargoCommand routeCargoCommand)：表示分配运输路线。该方法使用了新的命令 RouteCargoCommand，practicalddd 源码认为这个分配运输路线命令应该和预订受理命令是并行的。

命令的设计可能影响服务的方法，两个或多个命令意味着服务有两个或多个方法参数，也就是服务需要设计对应的两个或多个函数方法。

在本书案例中设计了三个主要命令：委托受理、委托审核、业务编号生成，其中并没有设计分配运输路线命令，那么本书案例设计和 practicalddd 实现是否存在冲突呢？

其实未必，practicalddd 是将分配运输路线命令看成预订受理命令之后的新命令，但是在本书案例设计中，默认运输路线分配是委托受理的一个组成部分，也就是说，RouteCargoCommand 被包含在了 BookCargoCommand 中，BookCargoCommand 其实代表委托单的内容，在委托单中，不只有货物名称规格，还有运输要求与运输路线，也就是说，Cargo 聚合根实体的构造函数不但包含货物本身的描述，还有其运输路线，这样整个合起来才是一个委托单，而不只是纯粹的货物名称等内容。

以下代码为 practicalddd 的 Cargo 构造函数。

```
    public Cargo(BookCargoCommand bookCargoCommand){
        this.bookingId = new BookingId(bookCargoCommand.getBookingId());
        this.routeSpecification = new RouteSpecification(
                new Location(bookCargoCommand.getOriginLocation()),
                new Location(bookCargoCommand.getDestLocation()),
                bookCargoCommand.getDestArrivalDeadline());
        this.origin = routeSpecification.getOrigin();
        this.itinerary = CargoItinerary.EMPTY_ITINERARY;
        //货物还没有运输，所以行程为空
        this.bookingAmount = new BookingAmount(bookCargoCommand.getBooking
Amount());
        this.delivery = Delivery.derivedFrom(this.routeSpecification,
              this.itinerary, LastCargoHandledEvent.EMPTY);
        addDomainEvent(new CargoBookedEvent(
```

```
                    new CargoBookedEventData(this.bookingId.getBookingId()));
    }
    ......
}
```

图 7-32 所示为本书案例设计的 Cargo 聚合模型。

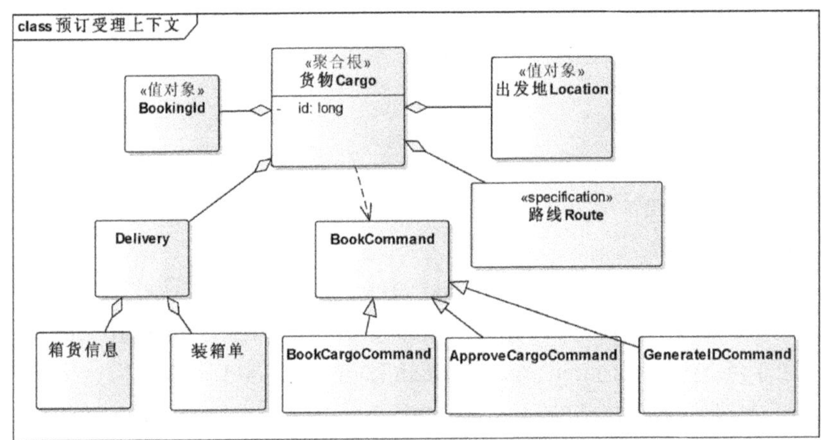

图 7-32　本书设计的 Cargo 聚合模型

practicalddd 的 BookCargoCommand 中 bookingId、routeSpecification、origin 分别对应本书聚合设计图中的 BookingId、Route、Location。在 Delivery 对象中，本书设计了箱货信息，因为集装箱、车队这些都是运输的资源，而不是属于计划指定层面的职责，practicalddd 中的 Delivery 则是包含运输路线和运输行程两个业务对象。

分配运输路线作为 Cargo 的重要组成部分，是委托单的重要内容，因此，运输路线 routeSpecification 应该是 Cargo 对象的构造函数，practicalddd 也确实将 routeSpecification 作为 Cargo 构造函数了。

既然运输路线已经作为 Cargo 的构造函数，那么为什么 practicalddd 还会在 CargoBookingCommandService 中提供运输路线“再次”分配的专门命令和方法？该方法内容如下。

```
public void assignRouteToCargo(RouteCargoCommand routeCargoCommand){
    System.out.println("Route Cargo command"+routeCargoCommand.
getCargoBookingId());
    Cargo cargo = cargoRepository.findByBookingId(
            new BookingId(routeCargoCommand.getCargoBookingId()));
    CargoItinerary cargoItinerary = externalCargoRoutingService
            .fetchRouteForSpecification(cargo.getRouteSpecification());
    cargo.assignToRoute(cargoItinerary);
    cargoRepository.save(cargo);
}
```

这里修改分配路线是从外部有界上下文 externalCargoRoutingService（运输作业上下文）获得 CargoItinerary 货物行程安排，这个行程是根据货物的运输路线获得的，RouteSpecification 作为 externalCargoRoutingService 的 fetchRouteForSpecification()方法的输

入参数，这说明在其他有界上下文专门有一个根据运输路线安排行程的算法处理。

从这里可以看出，行程 Itineray 是满足路线 RouteSpecification 的一个实现，分配路线方法名 assignRouteToCargo 意思是为这种运输路线分配一个特定的行程实现。Route 类似一个接口，因此它是规格模式（Specification），而 Itineray 是接口的实现，需要经过后面作业流程计算后分配实现。这是业务上的一个继承和实现的关系。

安排运输行程（Itinerar）是在运输作业上下文中专门由两级调度员完成的，行程安排包含一些相当复杂的算法（滴滴打车的核心竞争力其实就是派车算法，其派车算法是相当复杂的），作为核心竞争力的领域知识应该在 DDD 建模中映射到核心子域，因此，行程安排应该设计为一个单独的有界上下文。

阅读代码和阅读 UML 等设计图，两者的逻辑概念应该是一致的，如果深刻掌握了业务领域的特点，那么就可以从代码阅读中发现设计意图，甚至发现代码实现的 Bug。程序员处于编码实现技术细节中，可能经常将一些重要概念混淆，例如将运输路线和行程安排两者混淆，它们在概念上很类似，但是在抽象层次上不一样，路线指明了方向，属于战略层次，而行程属于通向方向的路径，是战术实现。

因此，在领域专家或产品经理看来，路线和行程两种概念是有本质区别的，从这里也体现了领域驱动设计的真正核心所在，如果没有领域专家的复查和指导，那么代码实现与业务领域之间就会发生偏移，最后导致业务需求不能准确、完整、一致地实现。

7.5 运输作业的聚合设计

运输路线 Route 是在预订受理上下文中指定，而行程 Itinerary 的安排则是在专门的运输作业上下文中处理。之所以专门设计一个上下文实现行程的安排，是因为它具有相当大的复杂性，它也是货物运输系统的核心竞争力所在。例如，有的客户需要将货物从广州运输到北京，有的客户需要将货物从广州运输到武汉，这两条运输路线中有一段行程是相同的，如果运输车辆存在空余车位，那么将这两条路线合并到同一辆车辆上无疑会节省成本，拼货的原理其实类似拼车，运输作业上下文的核心目标之一是如何实现拼货。

现在回顾一下前面的运输作业上下文分析结果（见图 7-33）。

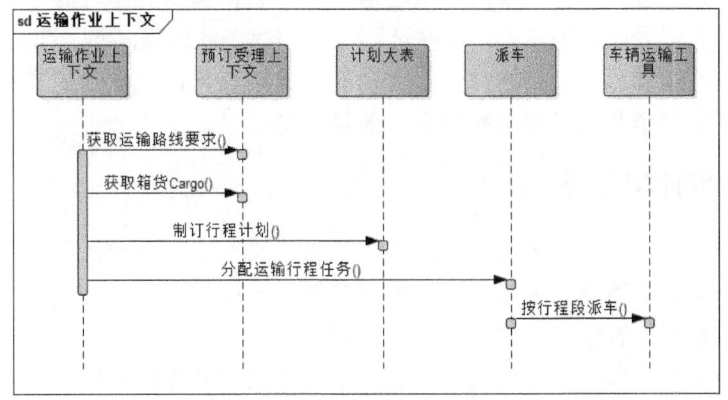

图 7-33 运输作业上下文中的操作或事件顺序图

图 7-33 展示的 UML 顺序图是一种按照时间线整理的命令或事件顺序图，这些内容并不一定要采用 UML 表达，因为 UML 也需要学习成本，不过本书推荐的 UML 只有两种：顺序图（时序图）和类图，学习起来并不费劲，而且表达非常正式。事件风暴建模中常采取颜色便签，用不同颜色代表聚合根实体、值对象、命令和事件等元素，通过不断调整这几种便签的组合，可以逐步发现聚集和彼此的边界，这些聚集体现了聚合，边界体现了有界上下文的边界。

从图 7-33 可以看出，运输作业上下文需要获得运输路线，然后根据运输路线指定行程安排，因此，运输路线 Route 是运输作业上下文的假定前提和输入参数。这是逻辑推演的前提，如果这个前提不存在，那么整个逻辑推演的结果都没有意义，这也是特斯拉创始人马斯克第一性原理的核心思想。

在整个 DDD 建模演绎过程中，需要时刻注意和回溯自己的分析前提是什么。不要假设太多的前提条件，这样推理出来的模型可能不容易站住脚。很多人认为在初中学习的平面几何和数学没有用，平面几何中“两点定一直线”是一个公理，根据这个公理可以推导出很多定理，这些定理结果确实在现实中很少用到，因此，人们误以为平面几何没有用。其实这是形式和内容没有分离导致的，平面几何的这些定理内容确实很少用到，但应学习的不只是这些定理内容，而更应该是如何推导出这些定理结果，让自己学会这种推理形式，并时刻注意自己的假设前提有没有问题，这是重要的学习目的。

当 DDD 建模者使用这种逻辑思考业务领域时，他或已接近业务领域的本质，甚至可能会颠覆整个业务领域的设计思路，这是创新的根源所在。Uber 和滴滴打车发现了拼车的核心算法所在，当他们作为解决方案提供商为那些出租车公司重新设计软件时，发现由于这些公司的管理和人员配置问题，无法真正高效地实现其拼车、派车算法，不如自己重新创建一个出租车公司，这就催生了网约车行业。同样，在货物运输领域，通常管理流程中会需要两级调度员实现行程安排，这种管理流程本身就可能限制了行程安排的高效实现。

但是如果设计思考不是从管理流程角度出发，而是从领域本身（例如，这里注意到运输路线是整个运输作业上下文的前提条件，一级调度员和二级调度员并不是运输作业上下文的主要条件），那么思考路径就更接近领域本质，但是通常情况下，人们总是在思考调度员的职责是什么、调度员做什么事情，这些思考已经默认调度员作为前提条件必须存在，其实这可能是一个错误的前提条件，调度员不是必须存在的前提条件，Uber 和滴滴打车中的派车算法就没有调度员，都是软件自身实现的，如果存在调度员，就需要雇用大批人员进行调度指挥，这种企业人员成本相当高，而且容易出错。

7.5.1 命令、事件和聚合

前面分析过：运输作业上下文的前提条件是将运输参数作为输入条件，这种输入条件也就是一种命令意图的体现。无论命令意图来自调度员还是来自系统算法的自动触发，都是一种输入，有输入就有输出，输出又是什么呢？

根据图 7-33 所示顺序图，在运输作业上下文中主要进行运输作业计划大表的制作，然后分配车辆的运输任务，为了准确发现该上下文中发生的事件，重新看一下作业流程中发生的领域事件，如图 7-34 所示。

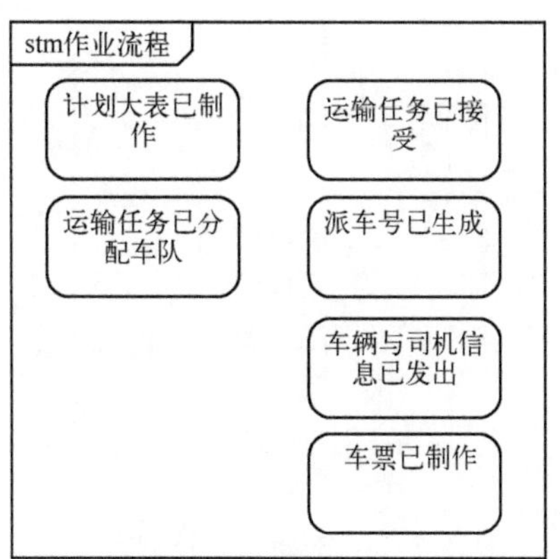

图 7-34　运输作业上下文中的领域事件

图 7-34 中左列是一级调度员的操作事件，右列是车队二级调度员的操作事件，总体来说，运输作业上下文中最终输出事件是发出派车命令，在这个过程中间，还有制作计划大表、分配运输任务等输出。

这里需要详细了解一下运输计划大表，这是货物运输企业编制的运输量计划，根据运输量计划制订车辆运行计划，实际上就是为了最大限度提高车辆运输效率。图 7-35 所示为车辆各项利用指标的样图。

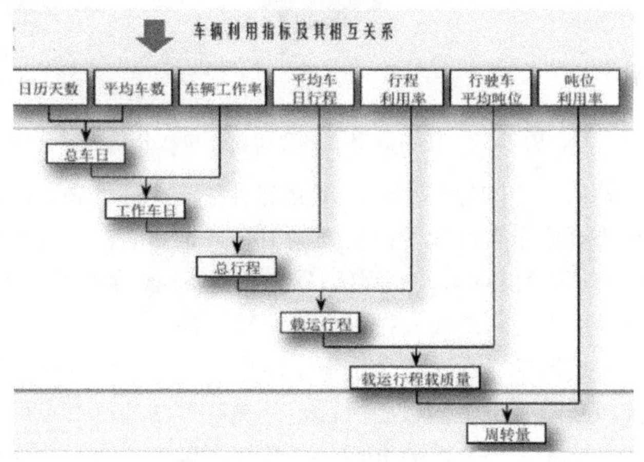

图 7-35　车辆利用指标的关系

为了提高车辆运行效率，需要考虑图 7-35 中各种指标的综合平衡，主要指标是有多少车辆、需要运输多少吨货物、行程是多长，然后在这三个指标中还要考虑利用率，不是有多少车辆就能派出多少车辆，有的车辆可能在维护阶段。

根据这些指标，最终需要将货物运输落实到具体车辆上，车辆运行作业计划是每辆车在一定时间（月、旬、五日）内的运输任务，包括按日历顺序安排的车辆作业起止时间、运行路线和装卸货地点、应完成的运输量等。图 7-36 所示为一个车辆运行计划样图。

某货运企业营运车辆运行作业计划表

车属单位		吨位	主车		年 月 日至 日
车号					
驾驶员			挂车		

日期	车号	装货		卸货		货物名称	吨数	运距	工作时间		车公里		吨公里	总里程吨位公里	重驶吨位公里	执行情况检查
		发货单位	装货地点	收货单位	卸货地点				出库	回库	重驶公里	总车公里				
…	…	…	…	…	…	…	…	…	…	…	…	…	…	…		
合计																

指标：（计划值/实际	总运量： 总行程： 总行程吨位公里： 吨位利用率： 平均车日行程： 完好率： 回程量： 重驶行程： 里程利用率： 实在率： 平均

图 7-36 车辆运行计划表

一级调度员产生了这样的计划表，二级调度员根据这种表落实到具体车辆生成派车号。

因此，可以总结出：运输作业上下文输出结果是派车事件，也就是某个具体车辆的行程，整个作业流程都是为了提高车辆行程的利用率，输出更有效率的行程安排。

输入条件和输出结果可以使用命令和事件表达，图 7-37 所示为书中反复用到的“公式”。

图 7-37 输出命令、聚合和输出事件公式

根据图 7-37，在输入命令和输出事件之间必然存在一个聚合体，该聚合体的名称是什么呢？一般面向对象的对象命名过程中，根据输出结果来命名，这里输出的事件结果是行程 Itinerary，那么就可以用“Itinerary”命名该聚合。Itinerary 聚合的输入命令是运输路线，运输作业上下文是根据货物运输路线安排车辆行程输出的。

通过这样简单的公式推导，现在已经发现了聚合 Itinerary 的存在，并且命名了它。聚合是一种聚集和集合，是上下文中的核心目标，是复杂算法的核心点所在，Itinerary 封装了这种复杂算法的过程结果，一个好的 Itinerary 是综合车辆利用率、行程利用率和吨位利用率等因素的权衡结果。

这里需要注意的是，货物的行程和车辆的行程是两种不同的重要行程概念，不能混淆在一起，货物的行程和车辆的行程需要对应起来，根据货物能够查询到是哪个车辆完成某段行程，根据车辆车号也必须查询到该车辆需要完成哪些货物的行程。

在实际设计时，将车辆执行的行程统一规定为行程段，行程是由一个个行程段组成的，就像广州到北京的行程由广州到武汉和武汉到北京的两个行程段组成。车辆执行的某个行程段使用专业术语 Transport Leg 来表达，这是一种无所不在的统一语言，也就是行业术语，在聚合对象群的命名过程中，名称一定要来自统一语言、行业术语。

现在，已经诞生了两个概念：行程 Itinerary 和运输工具行程段 Transport Leg，这是聚合 Itinerary 的两个核心内容。当然运输路线也是其中一项重要内容，虽然路线是作为输入命令传入聚合 Itinerary，但同时路线也作为聚合 Itinerary 结构本身的一部分，类似数据的键，通常可以根据键查询某行数据，同时键也是该行数据的主键，这两者在概念上是类似的。

行程聚合的设计草图如图 7-38 所示。

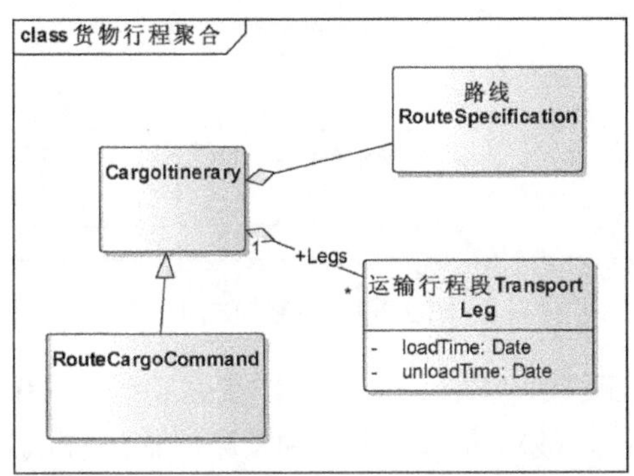

图 7-38　CargoItinerary 聚合的设计草图

图 7-38 中，行程段 Transport Leg 包含装货地点和时间、卸货地点和时间，这样的聚合设计草图是否可以产生最有效率的行程安排呢？最复杂的核心算法好像没有体现出来，这张图只是表达了货物行程由多个运输工具的行程段组成，但是没有指出如何找到符合运输路线 RouteSpecifictaion 的行程实现，因此，这张草图只是一种浅表模型的实现。

7.5.2　有界上下文映射

是否将核心算法显式表达出来还不是目前建模的主要问题，主要问题是：图 7-38 中并没有货物对象 Cargo。如果在当前上下文需要涉及 Cargo 的数据，只能通过访问预订受理上下文的服务来实现，或者订阅 Cargo 聚合的业务编号已生成事件，而行程计算是一个时间不确定的事情，因此实时性要求并没有那么高，采取事件订阅的异步方式不是很合适，这里考虑采取 RPC 之类的同步访问方式，那么问题又来了，这两个上下文是谁主动访问谁呢？

假设当前作业上下文通过 RPC 主动访问预订受理上下文，那么需要获取预定受理上下文的 Cargo 聚合信息，因此，现在除了运输路线作为当前作业上下文的输入之外，实际上还存在另外一个输入参数，即整个 Cargo 聚合，这就使得当前作业上下文不只是运输路线，还依赖更大、更复杂的 Cargo 聚合，也就是说在更大粒度上依赖预订受理上下文，这显然违背了高度松耦合的原则。两个上下文之所以能够隔离，是因为它们之间的依赖性最小，如果依赖性最大化了，那还有什么必要划分两个有界上下文呢？

因此，经过如上分析，只能采取当前上下文被预订受理上下文调用的方式了。那么这在设计上能够达到高度松耦合吗？

这里需要好好梳理一下路线 RouteSpecification 和行程 Iteneray 之间的关系，关于这一点在 7.4 节最后做了一些分析，路线 RouteSpecification 是一种运输路线的规格要求，指定了运输的方向，而行程 Iteneray 是通往路线的路径实现。条条大路通罗马，这里的“罗马”指明了方向，“条条大路”则是通往罗马的路径。

熟悉 Gof 设计模式的人可能会联想到策略模式，如图 7-39 所示。

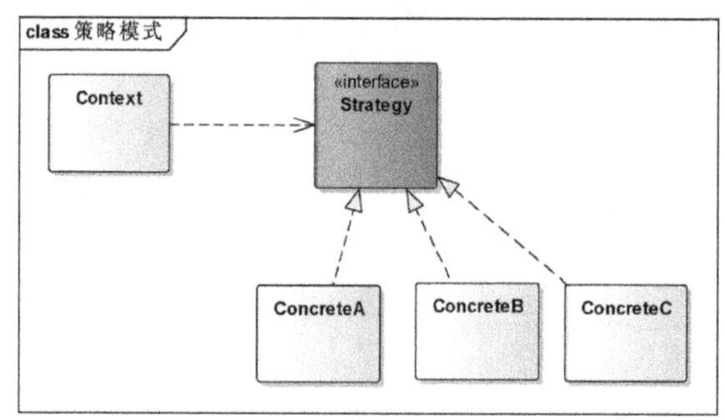

图 7-39　策略模式

客户端 Context 只和策略接口耦合，而与具体策略实现 A、B、C 没有发生耦合，这是一种最低限度的松耦合设计，战略方向属于一种策略，而通往战略方式的战术途径则属于策略实现，因此，运输路线和行程之间的松耦合设计可采取策略模式。

图 7-40 所示为运输路线和行程的策略模式实现。

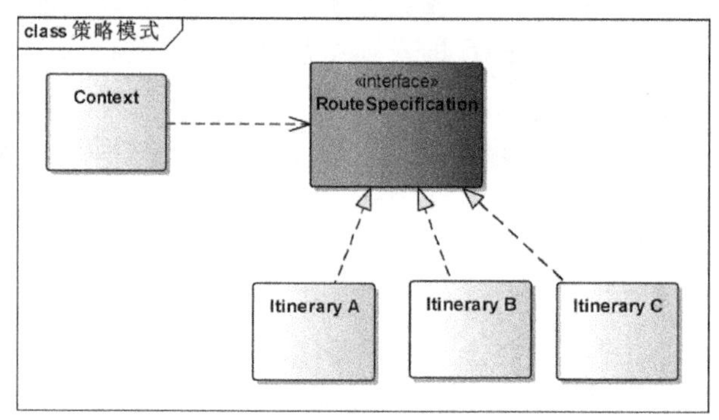

图 7-40　运输路线和行程的策略模式

举例来说，从广州运输到北京是于路线规格要求，从广州到北京的行程有多种实现，例如从广州到武汉，再从武汉到北京；或者由广州直飞北京；或者从广州经过南京再到北京。哪种行程最优呢？这里存在行程的最大效率计算方式，是否可以拼货？行程利用率是否能够最大化？吨位是否可最大化？车辆利用率是否可最大化，这些涉及派车的核心算法。

值得欣慰的是，通过策略模式的引入，当前建模设计已经触及到了最复杂的核心算法，说明设计已经离业务领域核心越来越近了。

策略模式的设计非常好，分离了业务策略和业务实现，但是业务实现子类会依赖业务策略，如何实现这种依赖的最小化呢？通常依赖的实现是在业务实现层次引入业务策略接口，造成了业务实现层依赖业务策略层，虽然低层次依赖高层次不是什么不合理设计，但是显得不够优雅。

在面向对象设计中，有一种依赖反转原则，也就是依赖注入模式。熟悉 Spring 框架的人都知道，Spring 框架依赖 IOC/DI 模式一举击败了 EJB，以前的 EJB 2.0 采取的是接口和实现的传统依赖方式，一个实现子类会依赖多个接口，既要依赖自己的业务接口，还要依赖 EJB 的本地接口、远程接口，非常繁杂，而依赖反转则是将低层次的依赖实现反过来注入高层次的策略接口中。

在当前案例中，可以将行程实现反转注入预订受理上下文的货物路线中，这种反转注入可以通过 RPC 调用实现，由预订受理上下文主动调用当前运输作业上下文，在预订受理上下文的服务 CargoBookingCommandService 中提供以下分配路线的方法。

```
public void assignRouteToCargo(RouteCargoCommand routeCargoCommand){
    ......
    CargoItinerary cargoItinerary = externalCargoRoutingService
            .fetchRouteForSpecification(cargo.getRouteSpecification());
    cargo.assignToRoute(cargoItinerary);
    cargoRepository.save(cargo);
}
```

以上代码中通过 externalCargoRoutingService 进行 RPC 调用运输作业上下文的行程实现如下。

```
    public CargoItinerary  fetchRouteForSpecification(RouteSpecification
routeSpecification){
        RestTemplate restTemplate = new RestTemplate();
        Map<String,Object> params = new HashMap<>();
        params.put("origin",routeSpecification.getOrigin().getUnLocCode());
        params.put("destination",routeSpecification.getDestination().
getUnLocCode());
        params.put("deadline",routeSpecification.getArrivalDeadline().
toString());
        TransitPath transitPath =
          restTemplate.getForObject("http://localhost:8081/cargorouting/
optimalRoute? origin=&destination=&deadline=",TransitPath.class);
        List<Leg> legs = new ArrayList<>(transitPath.getTransitEdges().size());
        for(TransitEdge edge:transitPath.getTransitEdges()) {
            legs.add(toLeg(edge));
        }
        return new CargoItinerary(legs);
    }
```

以上代码来自 https://github.com/practicalddd 的 Spring Boot 实现。在上面的代码中，访问运输作业上下文的 Rest API(http://localhost:8081/cargorouting/)获得 TransiPath 以后，合成行程段 legs，然后多个行程段合成了一个行程 CargoItinerary。

运输作业上下文的 Rest API 提供了行程的最优解决方案，这也是当前讨论的重点。现在来看看这个 REST API 的内部，API 提供者 CargoRoutingController 的内容如下。

```
        @GetMapping(path = "/optimalRoute")
        @ResponseBody
        public TransitPath findOptimalRoute(
            @RequestParam("origin") String originUnLocode,
            @RequestParam("destination") String destinationUnLocode,
            @RequestParam("deadline") String deadline) {
            List<Voyage> voyages = cargoRoutingQueryService.findAll();
            TransitPath transitPath = new TransitPath();
            List<TransitEdge> transitEdges = new ArrayList<>();
            for(Voyage voyage:voyages){
                TransitEdge transitEdge = new TransitEdge();
                transitEdge.setVoyageNumber(voyage.getVoyageNumber().
getVoyageNumber());
                CarrierMovement movement =((List<CarrierMovement>)voyage
                .getSchedule()
                 .getCarrierMovements()).get(0);
                transitEdge.setFromDate(movement.getArrivalDate());
                transitEdge.setToDate(movement.getDepartureDate());
                transitEdge.setFromUnLocode(movement.getArrivalLocation().
getUnLocCode());
                transitEdge.setToUnLocode(movement.getDepartureLocation().
getUnLocCode());
                transitEdges.add(transitEdge);
            }
            transitPath.setTransitEdges(transitEdges);
            return transitPath;
        }
```

以上代码中，首先发现所有运输工具的行程段 Voyages，然后在这些行程段中寻找是否有符合货物路线要求的行程段，例如查找是否有从广州前往北京的行程段，如果有，那么将运输工具的这段行程作为货物路线的一个行程段，货物可以由这些运输工具送往目的地了。

这里使用比较简单的时间切合方式匹配，如果货运公司自己拥有车队或航船系统，则这种核心派车拼货算法更加有效，这里只是采取 practicalddd 源码举例说明，更详细的派车算法讨论已经偏离本书重点，本书就不再深入讨论。DDD 建模过程中，需要时刻防止自己陷入算法细节中，虽然算法细节和计算机技术细节通常可以增加一个人的经验，但是却不适合进行业务建模设计实现的人，这样的人也是一个组织的核心人员，因为他们在战略高度抓住了核心问题，但是又不会因为陷入细节而失去俯视全局的视角。

7.5.3 聚合重构设计

通过以上分析，运输作业上下文中制作计划大表实际就是提供一种最优的行程安排，以最简单的算法为例，例如只要某段路线有运输工具计划前往，那么就将该运输工具指定为这批货物的运输工具，聚合设计如图 7-41 所示。

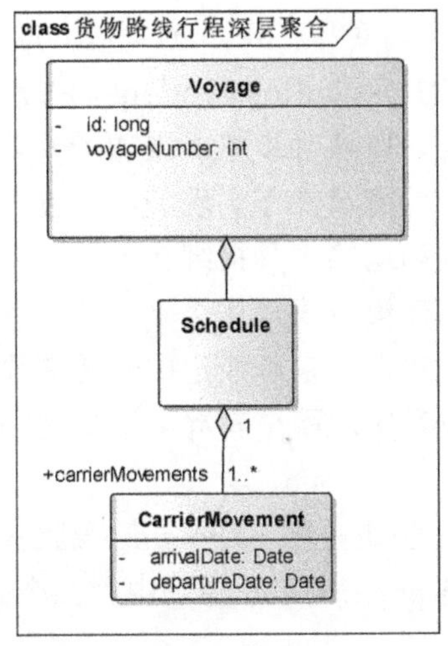

图 7-41 运输作业上下文中行程段聚合

在图 7-41 的设计中，使用 Voyage（行程段/航程段）替代了 Itinerary，这是从运输行程段和运输工具等更细节的角度设计的结果。对每个行程段编号，每个行程段都是有时间安排的，例如广州到北京行程段，本月安排了 15 班次的运输，具体运输工具没有确定，货车或航船都可以。

图 7-41 的行程段聚合设计更加落地，能够将运输工具自身的时间计划引入进来，已经触及了派车拼货算法的核心目标。

运输作业上下文的行程段聚合设计出来了，这些行程段需要依赖反转注入预订受理上下文的运输路线中。7.5.2 节的预订受理上下文中 CargoBookingCommandService 的 assignRouteToCargo()方法实现了这种注入，这种策略实现的注入是一种业务策略注入，势必对预订受理上下文的聚合模型形成冲击，因此，必须在预订受理上下文中对 Cargo 聚合模型进行修改，以接受这种反转注入。

图 7-42 所示为预订受理上下文的 Cargo 聚合模型修改结果。

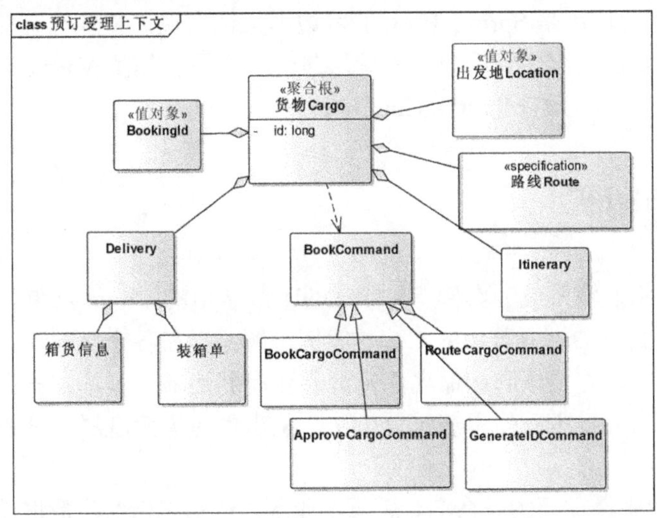

图 7-42 Cargo 聚合模型扩充后的结果

图 7-42 所示模型增加了两个新对象：Itinerary 和 RouteCargoCommand，主要是为了从 CargoBookingCommandService 的 assignRouteToCargo()方法接收来自运输作业上下文的行程注入，这样，货物从委托接受、审核等步骤，增加了人工输入行程安排的命令。这个命令的输入一般是由本案例的一级调度员操作实现的，通过人工输入，触发依赖的注入，将路线和行程捆绑在一起，将货物和运输工具捆绑在一起。

当然，如果使用传统数据库建模方式，这么复杂的业务分析背后其实是几个数据库字段的关联，虽然看起来很简单，实现起来可能也比较敏捷快速，但是这样的系统没有经过上述高低层次的松耦合设计，没有实现两个有界上下文的隔离，系统必然高度耦合，可维护性和可拓展性非常差。

图 7-43 所示为 practicalddd 源码中的 routingms 微服务模块，该模块类似实现了本书案例中的运输作业上下文，这是 practicalddd 源码中第二个微服务模块，bookms 对应了本书案例中的预订受理上下文。

图 7-43 practicalddd 源码中的 routingms 微服务

routingms 微服务模块是 Spring Boot 的六边形架构实现，主要也有应用层、领域层和基础设施层，该模块的内容比较简单，领域层包含一个聚合模型 Voyage，API 接口层是提供行程安排的 URL 实现 CargoRoutingController。

7.6 总结与拓展

本章主要以货物运输系统为案例，结合 DDD 原著中的 Cargo 案例，从无到有完成了整个 DDD 建模过程。DDD 原著中的 Cargo 案例讲解穿插在各个章节，没有以项目为线索进行整体的梳理，一些重要概念和命名的来源并没有叙述清楚，本章试图以一个运输货物运输系统的详细需求为样本，使用演绎分析法，从事件建模角度层层分析、分解，直至得到整个聚合设计。

DDD 建模过程中最重要的是命名，需要以业务术语命名，也就是将设计概念通过业务通用语言表达出来，不能无中生有地制造一个名词。所有聚合群中的对象名称都是来自业务领域，它们的关系和一致性以及生命周期都必须反映业务概念。

命名的一个重要技巧是寻找核心领域，找到核心领域中的一个名词，纲举目张，因此，核心领域的定位成了 DDD 建模过程中的重要方向，如果核心领域抓错了，且浑然不知，将导致整个项目偏离方向，变得似是而非，难以扩展、维护。

著名 DDD 领域专家 Nick Tune 提出了关于核心领域的几点建议。

1）时间和资源是有限的，在开发软件系统时，如何花费有限时间并利用有限资源解决最根本、最困难的挑战？在可能要做的所有事情中，首先应该做什么？应该要求多少质量和严格度？

2）对于软件工程师来说，自然的趋势是迎接最有趣的“技术”挑战，而不是“业务”挑战，当然，软件工程师会推托说，业务问题由产品经理和领域专家负责，但是现实中能够兼顾业务领域和技术架构、通晓 DDD 方法的人很少，每个人都带有自己背景的“偏见”，并且不自知。

3）遵循 DDD 方法的开发人员在业务和及时之间进行平衡。如何平衡？在哪里平衡效率最高？核心子域的定位和发现是系统中具有最高业务投资回报率的部分。

4）作为开发人员，应该寻找这种核心领域，以使自己的专注能产生最大的效果，而不是被技术上有趣但投资回报率低的功能所吸引。

5）核心子域伴随着支持子域和通用子域。支持子域是业务必需品，它们包含与该域相关的业务概念，但是投资回报率有限。通用子域代表的是域中不独有的概念，例如用户身份、发送电子邮件、付款等，开发人员应该考虑购买 SaaS 或使用开源代码而不是构建通用子域。

6）核心子域的特征是：具有高度业务差异性。这代表了引人注目的 ROI（投资回报）。另外，实现必须至少具有合理的复杂度（模型复杂度）。如果一个简单的基于数据的表格（又名 CRUD）解决方案就足够了，那就不应该浪费时间进行过度的设计。

结合 Nick Tune 的核心子域特征，可以重新看看本章货物运输系统的需求。

（1）项目背景

提高车辆利用率和车队工作效率，提高堆场作业效率，提升车队的智能化管理水平，降低成本。

（2）主要功能要求

设立调度中心功能，对所有任务统一整理，集中派发，系统最大限度地提供相关信息以便调度执行派发任务操作，监控任务执行状态，提高任务派发合理性，减少不合理用车及人为错误率。

项目主要目标是提高车辆利用率，其中的措施有设立调度中心，制订计划大表，对所有派车任务统一整理、集中派发。这些目标和主要措施里面其实包含了复杂的算法，很显然，调度中心派车算法成了核心子域。

Nick Tune 就此提出了一些具体可量化的措施。

1）决定性核心：当核心子域极其复杂并提供最大的业务差异化潜力时，这是决定性的能力，具有决定性意义，因为无论哪个组织拥有这项权利，都有可能成为市场领导者。

高度的复杂性使得需要大笔投资才能取得胜利。

2）短期核心：当核心子域具有较高的分化潜力而复杂性相对较低时，它可能是短期核心。由于复杂性低，这不是防御性的优势，竞争对手将在相对较短的时间内赶上。

3）隐藏的核心：潜在的反模式值得警惕。如果上下文的复杂性很低，并且是一个简单数据表单的 CRUD 系统，那么它就不是需要创新的核心领域。

但是，如果这种能力代表着与企业不同的东西，就应该提防：复杂性如果仍由员工手动处理，软件系统只是在更换纸张。在这种情况下，企业应该问："我们可以在这里利用技术的潜力吗？我们可以让计算机完成人们当前正在做的所有艰苦工作吗？"。

Nick Tune 上述最后一段话很精彩，计算机并不是简单完成手工流程，但是软件工程师常常被需求误导，因为编写需求的人本身就带有人工流程的偏见，他们从来没有见过计算机网络化的系统，当然也无从想象使用计算机实现后的效果。

在判断问题空间中的核心子域时，最大的挑战就是去伪存真，去除很多人工流程的痕迹。在人工流程中，某些领域可能是核心子域，但是这种核心子域可能属于短期核心，使用计算机网络以后，这些领域的复杂性就降低了，例如本章案例中，调度中心在人工流程情况下需要和业务部门协调箱货信息，这些协调复杂性是人工流程中最复杂的部分，不断地打电话或开会都不能很好地解决信息协调，但是这种复杂性在使用计算机网络系统以后会大幅降低，属于短期核心。

发现问题空间中的核心子域时，需要警惕反模式，一种隐藏的核心子域，这种领域的上下文复杂性很低，只是独立的 CRUD 系统，例如本案例中的客户管理系统，虽然客户信息会参与预订受理和运输作业等上下文，似乎上下文复杂性很高，但它的独立性很强，参与其他上下文只是作为一种能力资源友情站台，处于一种值对象的位置，是一种配角，它和运输工具一样都是支持作业实现的资源基础，类似六边形架构中基础设施层的数据库。数据库在 DDD 实现中也是一种资源支持，消息系统也是基础设施层的资源支持，它们都是业务的资源支持。

Nick Tune 还提到一种商品化的核心：曾经是核心子域的领域可以变成一种通用功能，任何公司都可以轻松地将其用作 SaaS 产品或开源工具。商品化核心的一个示例是搜索引擎。如果产品依靠高级搜索功能来与竞争对手区分开来，那么像 Elasticsearch 这样的最先进的开源软件和 SaaS 搜索引擎的到来将破坏这个优势，从而为任何潜在的竞争对手提供竞争能力。

本案例中的调度中心功能表面上是一种核心子域，调度中心需要平衡车辆利用率、吨位堆场利用率和行程利用率三者，这种平衡本身就是复杂的算法，那么这种用于计算的复杂算法是不是核心子域呢？未必，因为这种算法可以外包给数学专业或统计专业的人员，甚至未来 Uber 或滴滴打车开放它们的派车算法 API，任何运输企业都可以借助它们的 SaaS API 获得自己企业的最优算法。

对于 DDD 建模设计而言，发现问题空间的核心子域并不是去解决核心子域中的算法问题，否则 DDD 专家就是编程算法技术专家，而不是设计专家。设计的核心目标是在发现核心子域以后，隔离核心子域，将领域之间的区别标注、隔离开来，这种隔离既不能影响业务功能的实现，也不能偏离业务功能的目标，因此，使用有界上下文隔离核心子域是

DDD建模的设计手段。

使用有界上下文隔离后，一些藕断丝连的功能是需要优雅处理的，例如本案例中行程的制订。货物的行程需要调度中心的复杂算法才能确定，调度中心在制作计划大表、进行复杂计算和权衡以后，给一批货物分配路线行程，这就使得两个有界上下文发生了关系，但是有界上下文之间必须最大限度地松耦合，如何解决这个矛盾？这个矛盾的解决具有普遍参考意义，也是保证核心子域隔离的主要措施，这个矛盾解决得不好，有界上下文形同虚设，发现了核心子域而无法隔离它们，等同于没有发现。

因此，有界上下文之间的映射成为隔离核心子域的重要技巧。两个上下文通常有同步和异步两种方式，微服务架构中通常使用RPC/REST之类的同步调用方式，将服务之间的调用看成方法之间的调用。当然这种RPC封装网络通信容易让人掉入陷阱，因为网络通信是复杂的，网络游戏都需要网络加速器保证实时性和降低丢包率，何况重视数据完整性的信息系统；同时，同步RPC调用也会造成共享内核，如practicalddd源码中的shareddomain（参见图7-43），共享内核的问题是会造成全局耦合，所有使用RPC调用的输入和输出参数都与这个共享内核有关，一旦修改就会引发全局变动，破坏了有界上下文和微服务架构的隔离性、自治性。

因此，异步通信通常成为上下文映射的主要手段。发布订阅是一种最大化松耦合方式，发送者和接收者可以各自按照自己的意图将消息中的JSON等格式转为自己的对象，不存在共享内核问题，当然带来的问题是具有一定复杂性，但是消息系统与数据库作为基础设施标配以后，再配合Spring Cloud Stream之类的框架简化，复杂性将大大降低，唯一不便的是思考模式的改变，以前通常是在需要时调用，现在则需要用推送替代调用。

上下文的隔离方式选择取决于业务领域特征，本案例中路线与行程之间的关系处理体现了这种权衡。行程是路线的实现，路线是一种业务策略，行程是一种业务规则，规则是为了实现策略，行程规则是通过调用中心派车算法制订出来的，然后还需要将行程规则赋值注入货物的路线中，这种依赖注入就涉及两个上下文之间隔离方式的选择。

虽然异步通信是两个上下文发生依赖的最松耦合的方式，但是在当前这个案例中，如果行程算法不是机器自动完成的，那么受理流程完毕以后，发送完毕事件到运输作业上下文，试图触发行程算法，这种设计思路就行不通了，因为现在行程算法是通过人工制作计划大表完成的，涉及人工操作，属于人机协调的设计，所以需要考虑人工操作的时间不确定性。当然人工作业也有优点，如具有主动性，可以通过表单提交界面触发系统、下达命令。

因此，在这种情况下，采取两个上下文的同步方式，在预订受理上下文中提供一个微服务功能接受界面，接受人工的命令触发，当然也不需要人工输入详细行程信息，而是直接到运输作业上下文读取行程计算结果，人工触发的是一种通知命令，告诉预订受理上下文，现在运输作业上下文中的行程计算已经完毕。

分析到这里，有人提议：那是不是可以让运输作业上下文在行程结果计算完毕以后，再发送事件通知给预订受理上下文，可以过来读取自己的行程了。这样降低了人工参与的成本，上下文之间的联系变得更加自动化了，这是一种好的想法，也是可以进行重构提升的地方。

总之，发现核心子域的过程是复杂的，要通过复杂性或差异性等特征分辨；其次是有界上下文或聚合的命名，这些解决方案的名称体现了是否可解决核心子域的隔离，将核心子域与支持子域、通用子域分离。命名的依据来自业务术语，企业中无所不在的通用统一语言中，哪些术语使用频率高，就有可能成为有界上下文或聚合的命名。

命名需要避免人工流程的影响，例如委托单明显是人工流程的痕迹，只有在人工参与下，才需要填写各自的表单，而使用计算机以后则不一定，因此，使用“货物”替代“委托单”更加贴切。货物一词更具有普遍意义，使用频率更广，当然使用货物命名聚合以后，需要参考委托单集合的特征去设计，这时的货物带有预订委托受理的特征，因此可以使用一个新的聚合标识 Id，以区分货物自身实体 Id。

进行适当、准确的命名以后，下一步是解决有界上下文隔离带来的业务联系问题。很多业务功能会跨多个上下文实现，如果发现这种现象，解决方案并不是求助于技术上的分布式事务实现。很多人关心微服务架构的分布式事务如何实现，认为这种分布式事务中间件很有效，因此投入大量精力研究自己的分布式事务中间件，其实这就是 DDD 设计中最大的反模式：将精力和时间投入在技术解决方案上。

当一个功能需要跨多个有界上下文在一个事务内完成时，首先需要反省自己的有界上下文设计是否合理，因为有界上下文中的聚合是事务的实现，除非这个事务是一个人机互动的长事务流程，否则就应该将这个事务设计到一个聚合中。说得极端一点，聚合就代表一个事务，如果一个功能需要跨多个上下文放入一个事务，那么需要的不是寻求分布式事务来保证这个事务的 ACID，而是应该将这个功能放入一个聚合中，或者重新思考有界上下文的设计和聚合设计，重新思考核心子域是否发现错误。

当然，如果一个事务需要人工输入或确认，人工介入带来时间的不确定性会造成整个事务的执行时间很长，那么这个事务的回滚或重试都要纳入流程的业务设计中，也就是在聚合模型或微服务设计中都要有反映，例如设计一个微服务的重试或回滚方法；同时聚合模型需要支持重试的幂等性，将可变状态使用不可变的事件日志替代，这样回滚一个状态就变成了追加一个对冲事件，如同财务记账一样，这种事件溯源架构的引入会大大增强系统的 DDD 设计效果。

支持长时间流程事务的另外一种方式是使用工作流或 BPM 引擎，但是传统的 BPM 引擎基本依赖数据库锁，造成吞吐量和并发性不够，重试或失败时需要人工介入解决，这时候需要一个可视化的事务交易监控平台，这种事务监控平台是 SAP 等企业软件巨头公司的核心产品。

总之，分布式事务实则是一种分布式交易的问题，英文“Transaction”可以翻译成交易或事务，如果翻译成事务，会将我们的思路导向纯技术解决方案，实际上这条路已经基本到头了——没有万能的分布式事务中间件，因为受到 CAP 定理的限制，支持分布式事务的数据库只有 Google 等巨头能够研发，需要配合物理上的 GPS 原子时钟校验。数据库设计可以将 CAP 定理解决问题空间限制起来，因此能够获得余地，而如果没有数据库这个盒子界限，试图在业务服务级别更大范围内研发一种通用的分布式事务中间件，几乎不可能。

换一种思路，分布式事务实则是分布式交易，交易是一种业务问题，通过发现核心子域，将交易局限在核心子域，然后引入有界上下文，使用聚合代表一段交易过程，包含交易过程中发生的各种事件集合，这样就可以解决事务或交易的强一致性、原子性和隔离性等问题。

聚合设计的要旨是代表强一致性的活动过程，生命周期一致，逻辑一致，这些设计要旨和事务或交易本身是统一的，一个聚合被包含在一个微服务中，对应一个自治的数据库，因此聚合的状态修改可以依靠数据库 ACID 机制，当然，如果使用事件集合替代状态修改，那么就可以摆脱对 ACID 数据库的依赖，可以使用更广泛的 NoSQL 数据库，将事务的回滚和重试纳入事件溯源的设计之中。